高等学校计算机应用规划教材

Python 程序设计

曹仰杰　段鹏松　陈永霞　杨聪　编著

清华大学出版社
北　京

内 容 简 介

本书全面讲述Python的基本知识和开发技术。全书分三部分，共15章。第一部分基础篇，介绍Python的起源和发展、开发工具、语法基础、控制结构、复合数据结构、字符串与正则表达式、函数、类与对象、文件操作、错误与异常等内容；第二部分进阶篇，深入讲解Python的虚拟环境Anaconda、科学计算库NumPy、数据分析库Pandas、绘图工具matplotlib和数据分析工具SciPy；第三部分实践篇，主要介绍Python在机器学习领域的应用。

本书内容丰富、难度适中、结构清晰、内容翔实，通过三部分以层次递进方式进行讲解，以引导读者循序渐进地学习、掌握并运用 Python。本书可作为普通高等院校计算机、人工智能、大数据科学、物联网等专业Python相关课程的教材，也可作为Python爱好者的入门级教程。

本书配套的电子课件、实例源文件、习题答案可以到http://www.tupwk.com.cn/downpage网站下载，也可以扫描前言中的二维码下载。

图书在版编目(CIP)数据

Python程序设计/曹仰杰等编著. —北京：清华大学出版社，2019.12（2023.2 重印）
高等学校计算机应用规划教材
ISBN 978-7-302-53925-4

Ⅰ. ①P… Ⅱ. ①曹… Ⅲ. ①软件工具—程序设计—高等学校—教材 Ⅳ. ①TP311.561

中国版本图书馆CIP数据核字(2019)第224357号

责任编辑：胡辰浩
装帧设计：孔祥峰
责任校对：牛艳敏
责任印制：刘海龙

出版发行：清华大学出版社
网　　址：http://www.tup.com.cn，http://www.wqbook.com
地　　址：北京清华大学学研大厦A座　　**邮　　编**：100084
社 总 机：010-83470000　　**邮　　购**：010-62786544
投稿与读者服务：010-62776969，c-service@tup.tsinghua.edu.cn
质 量 反 馈：010-62772015，zhiliang@tup.tsinghua.edu.cn
印 装 者：三河市龙大印装有限公司
经　　销：全国新华书店
开　　本：185mm×260mm　　**印　　张**：24.25　　**字　　数**：620千字
版　　次：2019年12月第1版　　**印　　次**：2023年2月第3次印刷
印　　数：3501～4500
定　　价：79.00元

产品编号：075914-02

前　言

Python是一种解释型的、面向对象的、带有动态语义的高级编程语言。它由荷兰人Guido van Rossum于1989年发明，第一个公开发行版发行于1991年。经过二十多年的发展，Python已经成为最受欢迎的程序设计语言之一。自从2004年以后，Python的使用率呈线性增长。2011年1月，Python首次被TIOBE编程语言排行榜评为“2010年年度编程语言”；2019年1月，时隔8年后，Python再度被TIOBE编程语言排行榜评为“2018年年度编程语言”。此外，在由著名杂志*IEEE Spectrum*发布的“年度编程语言排行榜”上，Python更是连续获得2017年和2018年年度冠军。近年来，Python在数据分析与处理、Web应用开发、人工智能应用、桌面软件、网络爬虫开发、云计算开发、自动化运维、金融分析、科学计算以及游戏开发等领域得以广泛应用。

Python语言具有简洁性、易读性以及可扩展性等特点，受到广大专业编程人士的青睐，一些知名大学已经采用Python来教授程序设计课程。近年来，Python已经成为目前美国顶尖大学里最受欢迎的计算机编程入门语言之一。目前美国计算机排名前10的学校里，有8所学校使用Python作为编程入门语言。在计算机排名前39的学校里，有27所学校使用Python作为编程入门语言。其中，卡耐基梅隆大学的编程基础、麻省理工学院的计算机科学及编程导论就使用Python语言讲授。在国内，高校Python课程的开设相对滞后，但近年来一些高校也逐渐将Python引进课堂。

Python是一门开源的编程语言，支持命令式编程、函数式编程以及面向对象编程；众多开源的科学计算软件包都提供了Python的调用接口，其中包括著名的计算机视觉库OpenCV、三维可视化库VTK、医学图像处理库ITK；同时Python拥有大量专用的科学计算扩展库，如当前三个十分经典的科学计算扩展库——NumPy、SciPy和matplotlib，它们分别为Python提供了快速数组处理、数值运算以及绘图功能。因此，Python语言及其众多的扩展库所构成的开发环境十分适合工程技术人员、科研人员处理实验数据、制作图表，甚至开发科学计算应用程序。

学习Python是一个快乐的过程。相较其他编程语言，Python语法清晰简洁，代码可读性强，编码方式符合人类思维习惯，易学易用。另外，Python自带的各种模块加上丰富的第三方模块，免去了很多“重复造轮子”的工作，可以更快地写出东西，非常适合初学者入门以及相关的专业编程人士。

本书分三部分，共15章。第一部分基础篇，包含第1~9章，介绍Python的起源和发展、开发工具、语法基础、控制结构、复合数据结构、字符串与正则表达式、函数、类与对象、文件操作、错误与异常等内容；第二部分进阶篇，包含第10~14章，深入讲解Python的虚拟环境Anaconda、科学计算库NumPy、数据分析库Pandas、绘图工具matplotlib和数据分析工具SciPy；第三部分实践篇，包含第15章，主要介绍Python在机器学习领域的应用。

本书内容丰富、难度适中、结构清晰、内容翔实，通过三部分以层次递进方式进行讲解并提供大量实例，引导读者循序渐进地学习、掌握并运用Python。本书可作为普通高等院校计算机、人工智能、大数据科学、物联网等专业Python相关课程的教材，也可作为Python爱好者的入门级教程。

除封面署名的作者外，参与本书编写的人员还有周志一、芦扬、刘畅、吕晓阳、王福超、魏婷婷、李昊等。由于作者水平有限，本书难免有不足之处，欢迎广大读者批评指正。我们的信箱是huchenhao@263.net，电话是010-62796045。

本书配套的电子课件、实例源文件、习题答案可以到http://www.tupwk.com.cn/downpage网站下载，也可以扫描下方的二维码下载。

作者

2019年8月

目　录

第一部分　基础篇

第1章　认识Python……3
1.1　初识Python……3
1.1.1　编程语言概述……3
1.1.2　Python常用解释器……5
1.1.3　Python语言特点……5
1.2　Python的安装……6
1.2.1　Windows环境中Python的安装……6
1.2.2　Linux环境中Python的安装……9
1.2.3　Mac OS环境中Python的安装……11
1.3　Python代码的执行……13
1.3.1　在交互模式下执行Python代码……13
1.3.2　在脚本模式下执行Python代码……15
1.4　Python集成开发环境……15
1.4.1　PyCharm的安装……16
1.4.2　PyCharm的使用……18
1.4.3　PyCharm的插件……20
1.5　Python 2.x与Python 3.x的区别……22
1.6　本章小结……23

第2章　Python语法基础……24
2.1　数据类型……24
2.1.1　整数类型……25
2.1.2　浮点型(float)……27
2.1.3　复数(complex)……27
2.1.4　布尔型(Bool)……28
2.1.5　数值运算……29
2.1.6　数值计算函数库……31
2.1.7　type函数的应用……32
2.2　标识符……32
2.2.1　标识符的含义……33
2.2.2　标识符的命名……33
2.2.3　Python关键字……33
2.2.4　Python的BIF……34
2.2.5　专有标识符……34
2.3　变量的作用域……35
2.3.1　Python作用域类型……35
2.3.2　赋值操作符……41
2.3.3　增量赋值……41
2.3.4　多元赋值……42
2.4　语法规则……42
2.4.1　注释……42
2.4.2　代码组与代码块……43
2.4.3　同行书写多条语句……43
2.4.4　空行与缩进……44
2.5　I/O操作……44
2.5.1　输出操作……44
2.5.2　输入操作……46
2.6　Python模块……47
2.6.1　模块的分类……47
2.6.2　使用pip管理Python扩展库……47
2.6.3　模块的导入和使用……48
2.6.4　模块的导入顺序……48
2.7　Python对象……48
2.8　本章小结……50

第3章　流程控制语句……51
3.1　条件语句……51
3.1.1　条件表达式……51

3.1.2 单分支选择结构 53
3.1.3 双分支选择结构 53
3.1.4 多分支选择结构 54
3.1.5 选择结构的嵌套 55
3.1.6 三元表达式 56
3.2 循环语句 57
3.2.1 while循环 57
3.2.2 while…else循环 59
3.2.3 for循环 60
3.2.3 for…else循环 63
3.3 循环控制语句 64
3.3.1 break语句 64
3.3.2 continue语句 65
3.3.3 pass语句 65
3.4 迭代器 66
3.4.1 可迭代对象 66
3.4.2 迭代器的定义 66
3.4.3 创建迭代器 67
3.5 生成器 68
3.5.1 生成器的定义 69
3.5.2 生成器的创建 69
3.6 与条件循环相关的内置函数 72
3.6.1 range函数 73
3.6.2 enumerate函数 73
3.6.3 reversed函数 74
3.6.4 zip函数 75
3.6.5 *zip函数 76
3.6.6 sorted函数 76
3.7 本章小结 76

第4章 复合数据类型 77
4.1 列表 77
4.1.1 列表的创建 77
4.1.2 基本操作 78
4.1.3 多维列表 80
4.1.4 迭代器 81
4.1.5 列表解析 82
4.1.6 列表函数和方法 82
4.2 元组 83
4.2.1 元组的创建 83
4.2.2 基本操作 84
4.2.3 元组函数和方法 86
4.2.4 元组的优势 87
4.3 字典 88
4.3.1 字典的创建 88
4.3.2 基本操作 88
4.3.3 字典的嵌套 90
4.3.4 字典的遍历 90
4.3.5 字典函数和方法 90
4.4 集合 91
4.4.1 集合的创建 91
4.4.2 集合的数学运算 92
4.4.3 基本操作 93
4.4.4 不可变集合 94
4.4.5 集合函数和方法 95
4.5 类型转换和格式化输出 96
4.5.1 类型转换 96
4.5.2 格式化输出 97
4.6 本章小结 99

第5章 字符串和正则表达式 100
5.1 字符串表示 100
5.1.1 单/双引号 100
5.1.2 三重引号 101
5.1.3 转义字符 102
5.1.4 raw字符串 103
5.2 字符串操作 104
5.2.1 索引和分片 104
5.2.2 连接字符串 105
5.2.3 修改字符串 106
5.2.4 其他操作 107
5.3 字符串格式化 108
5.3.1 符号格式化 109
5.3.2 函数格式化 110
5.3.3 字典格式化 111
5.4 正则表达式 112
5.4.1 概述 112
5.4.2 语法规则 112

5.4.3 re模块 114
5.5 本章小结 120

第6章 函数和函数式编程 121
6.1 函数定义 121
6.1.1 函数概述 121
6.1.2 函数定义 122
6.1.3 形参和实参 124
6.1.4 函数的返回值 125
6.2 函数分类 126
6.2.1 内建函数 126
6.2.2 自定义函数 128
6.3 函数参数 129
6.3.1 参数种类 129
6.3.2 位置参数 130
6.3.3 默认参数 132
6.3.4 不定长参数 135
6.3.5 关键字参数 136
6.3.6 命名关键字参数 138
6.3.7 参数组合 139
6.4 函数式编程 140
6.4.1 高阶函数 140
6.4.2 匿名函数 141
6.5 本章小结 141

第7章 Python面向对象编程 142
7.1 面向对象编程概述 142
7.1.1 OOP的产生 142
7.1.2 OOP核心思想 143
7.1.3 OOP特征 144
7.2 类和对象 144
7.2.1 类的创建 144
7.2.2 对象的创建 146
7.2.3 类的属性 146
7.2.4 类的方法 149
7.2.5 内部类 151
7.2.6 魔术方法 151
7.3 类间关系 155
7.3.1 依赖关系 155
7.3.2 关联关系 156
7.3.3 继承关系 157
7.4 本章小结 159

第8章 文件操作 160
8.1 文件对象 160
8.1.1 打开文件 160
8.1.2 关闭文件 162
8.1.3 文件对象的属性 163
8.1.4 文件对象的方法 163
8.2 文件系统访问 167
8.2.1 os模块 168
8.2.2 文件路径操作 170
8.3 文件数据处理 171
8.3.1 按字节处理数据 171
8.3.2 使用文件迭代器 172
8.3.3 结构化数据存储 172
8.3.4 序列化存储 173
8.4 综合案例 174
8.5 本章小结 176

第9章 错误与异常 177
9.1 基本概念 177
9.1.1 什么是错误 177
9.1.2 什么是异常 178
9.2 Python中的异常 179
9.2.1 内置异常 180
9.2.2 用户自定义异常 183
9.3 Python中异常的检测与处理 183
9.3.1 try-except 184
9.3.2 try-except-else 186
9.3.3 try-finally 187
9.3.4 try-except-else-finally 188
9.3.5 强制触发异常raise 190
9.3.6 断言机制assert 191
9.3.7 预定义的清理行为with 192
9.4 本章小结 192

第二部分 进阶篇

第10章 Python虚拟环境 195
10.1 初识Anaconda 195

10.2 安装Anaconda······196
10.2.1 Windows环境下的Anaconda安装······196
10.2.2 macOS环境下的Anaconda安装······198
10.2.3 Linux环境下的Anaconda安装······202
10.3 conda管理工具······204
10.3.1 包管理······204
10.3.2 环境管理······207
10.4 本章小结······209

第11章 科学计算库NumPy······210
11.1 初识NumPy······210
11.1.1 NumPy的特点······210
11.1.2 安装NumPy······211
11.1.3 NumPy简单实例······212
11.2 NumPy数组基础······213
11.2.1 数据类型······213
11.2.2 创建数组······215
11.2.3 数组属性······217
11.2.4 数组操作······218
11.3 NumPy矩阵基础······223
11.3.1 NumPy多维数组······223
11.3.2 NumPy矩阵对象······225
11.4 NumPy方法进阶······226
11.4.1 常用文件方法······226
11.4.2 常用数学方法······227
11.4.3 常用统计方法······228
11.5 NumPy综合实例······231
11.5.1 预处理数据······232
11.5.2 根据日期分析股票涨幅······233
11.6 本章小结······234

第12章 数据分析库Pandas······235
12.1 初识Pandas······235
12.1.1 安装Pandas······236
12.1.2 Pandas简单实例······237
12.2 序列Series······238
12.2.1 创建Series对象······238
12.2.2 Series数据操作······240
12.2.3 Series数据分析······242
12.3 数据帧DataFrame······247
12.3.1 创建DataFrame对象······247
12.3.2 DataFrame数据操作······248
12.3.3 DataFrame数据分析······251
12.4 综合实例······257
12.4.1 数据集概况······257
12.4.2 数据集分析······259
12.4.3 数据预处理······261
12.5 本章小结······264

第13章 可视化工具库matplotlib······265
13.1 初识matplotlib······265
13.1.1 安装matplotlib······266
13.1.2 matplotlib简单图形绘制······267
13.2 常用2D图形······268
13.2.1 绘制散点图······268
13.2.2 绘制线性图······270
13.2.3 绘制柱状图······273
13.2.4 绘制直方图······274
13.2.5 绘制饼状图······276
13.3 常用3D图形······278
13.3.1 绘制3D散点图······278
13.3.2 绘制3D曲线······279
13.3.3 绘制3D曲面······280
13.3.4 绘制3D柱状图······281
13.4 图形设置······282
13.4.1 设置颜色······282
13.4.2 添加注释和标题······284
13.4.3 设置图例和标签······285
13.5 文件操作······286
13.5.1 从CSV文件中加载数据······286
13.5.2 从文本文件中加载数据······287
13.5.3 从Excel文件中加载数据······288
13.6 图像操作······290
13.6.1 图像的读取与显示······290
13.6.2 图像的保存与转换······292
13.7 综合实例······293
13.7.1 绘制子图······293
13.7.2 鸢尾花可视化属性分析······296
13.8 本章小结······297

第14章 高级科学计算库SciPy ············298
14.1 初识SciPy ············298
14.1.1 SciPy的特点 ············298
14.1.2 安装SciPy ············299
14.1.3 SciPy简单实例 ············300
14.1.4 SciPy使用基础 ············300
14.2 数值积分模块(integrate) ············301
14.2.1 常用积分方法 ············301
14.2.2 求解常微分方程 ············306
14.3 插值模块(interpolate) ············307
14.3.1 一维插值方法 ············308
14.3.2 多维插值方法 ············309
14.4 概率统计模块(stats) ············310
14.4.1 连续型随机变量 ············311
14.4.2 离散型随机变量 ············312
14.4.3 常用统计方法 ············313
14.5 优化模块(optimize) ············314
14.5.1 leastsq拟合方法 ············315
14.5.2 函数最小值方法 ············316
14.5.3 fsolve方法 ············319
14.6 其他常用模块 ············320
14.6.1 线性代数模块(linalg) ············321
14.6.2 文件模块(io) ············321
14.6.3 图像处理模块(ndimage) ············322
14.6.4 特殊方法模块(special) ············326
14.7 综合实例 ············327
14.8 本章小结 ············331

第三部分 实践篇

第15章 Python机器学习 ············335
15.1 初识机器学习 ············335
15.1.1 什么是机器学习 ············335
15.1.2 机器学习模型分类 ············336
15.1.3 Python与机器学习 ············338
15.2 机器学习开发流程 ············339
15.2.1 数据采集 ············339
15.2.2 数据清洗 ············339
15.2.3 数据标注 ············340
15.2.4 模型选择 ············340
15.2.5 模型评估和优化 ············341
15.3 初识scikit-learn ············342
15.3.1 scikit-learn简介 ············342
15.3.2 安装scikit-learn ············343
15.3.3 scikit-learn常用模块 ············344
15.4 常用的机器学习算法 ············346
15.4.1 *K*近邻算法 ············346
15.4.2 线性回归算法 ············350
15.4.3 决策树算法 ············353
15.4.4 支持向量机算法 ············356
15.4.5 朴素贝叶斯算法 ············359
15.4.6 几种机器学习算法的比较 ············361
15.5 机器学习实例 ············361
15.5.1 数据准备 ············361
15.5.2 选择和训练模型 ············362
15.5.3 使用模型 ············364
15.5.4 评估模型 ············365
15.6 机器学习综合实践 ············366
15.6.1 文本分类实例 ············366
15.6.2 回归项目实例 ············370
15.7 本章小结 ············375

第一部分　基 础 篇

第1章 认识Python

Python 是一种解释型的、面向对象的、带有动态语义的高级编程语言，是当今主流编程语言之一。Python 以简洁的语法结构、规范的代码格式、强大且稳定的标准库以及对第三方库的良好兼容而得以广泛应用。本章重点介绍 Python 的基本知识、开发环境的搭建和使用以及 Python 集成开发环境的使用。通过本章的学习，读者可以对 Python 有一个初步的了解，并且学会搭建基本的 Python 开发环境。

本章的学习目标：

- 了解 Python 语言的特点
- 理解 Python 解释器和程序运行过程
- 掌握 Python 在不同操作系统环境的安装方法
- 掌握 Python 代码的两种基本运行方式
- 掌握 Python 集成开发环境的安装和使用
- 了解 Python 的版本差异

1.1 初识 Python

Python 是一种易于学习、功能强大的编程语言。它不仅具有高效的数据结构和简洁的面向对象编程方法，而且具备优雅的语法规范和动态数据类型等特点，这使得它成为许多领域的脚本编写和快速应用程序开发的理想语言。此外，强大且稳定的标准库以及对第三方库的良好兼容能力使得 Python 得到更广泛的应用。特别是近年来随着人工智能技术的快速发展，Python 作为数据分析的强有力工具而大放异彩。系统地学习和掌握 Python 语言不仅适合于初学者，对于有经验的专业技术人员也相当重要。

1.1.1 编程语言概述

除 Python 编程语言外，目前流行的编程语言非常多，如 C/C++、Java、C#等。为了更深入地理解 Python 编程语言及其优势，有必要对计算机编程语言的基本知识做些了解。编程语言是用来定义计算机程序的形式语言，通常包括机器语言、汇编语言、高级语言。简单来讲，编程语言是一种被标准化的交流方式，用来向计算机发出指令并指导计算机按照指定要求进行工作。因此，编程语言是让程序员能够准确地定义计算机所要使用的数据，并精确地定义在不同情况下应当采取什么行动的一种工具。

1. 机器语言

机器语言是一种指令集，属于低级语言。这种指令集通常被称为机器码(Machine Code)，是计算机中央处理器(CPU)可直接解读的数据和指令。通俗来讲，机器语言是用二进制代码表示计算机能直接识别和执行的机器指令系统，是计算机的设计者通过计算机的硬件结构赋予计算机的基本操作功能。机器语言具有灵活、直接执行和速度快等特点。但是使用机器语言编写的程序无明显特征，难以记忆，不便阅读和书写，且依赖于具体机器硬件，局限性很大。

2. 汇编语言

汇编语言是面向机器的程序设计语言。在汇编语言中，采用助记符代替操作码，用地址符号(Symbol)或标号(Label)代替地址码，因此汇编语言又称为符号语言。使用汇编语言编写的程序，机器不能直接识别，需要用一种系统程序(即汇编程序)将汇编语言翻译成机器语言。在实际编程中，通常使用汇编语言来完成一般高级语言所不能够实现的低层功能。由于经汇编生成的可执行文件不仅比较小，而且执行速度很快，因此汇编语言多适用于编写与底层硬件密切相关的系统程序。然而，汇编程序的源代码一般比较冗长、结构较复杂，因此不方便阅读且容易出错。使用汇编语言编程通常需要更多的计算机专业知识，因此实际使用汇编语言编写的应用程序相对较少。

3. 高级语言

高级语言相对于汇编语言而言，编程方式与人们思考问题的思维方式更加接近，语法结构更加符合自然语言。高级语言通常并不特指某种具体语言，而是包括多种编程语言，如目前流行的 Java、C/C++、C#、Pascal、Python 等。使用高级语言编写的程序也不能直接被计算机识别，必须经过转换才能执行，按转换方式的不同通常将它们分为两类：编译型语言和解释型语言。

编译型语言：编译型语言是指在程序执行之前，需要将程序的源代码“翻译”成目标程序(机器语言)，目标程序可以脱离语言环境独立执行。编译型语言通常使用比较方便、执行效率较高。但应用程序一旦需要修改，就必须重新编译生成新的目标文件才能执行。以 C 语言为例，编译型语言从编辑到输出结果的整个过程如图 1-1 所示。

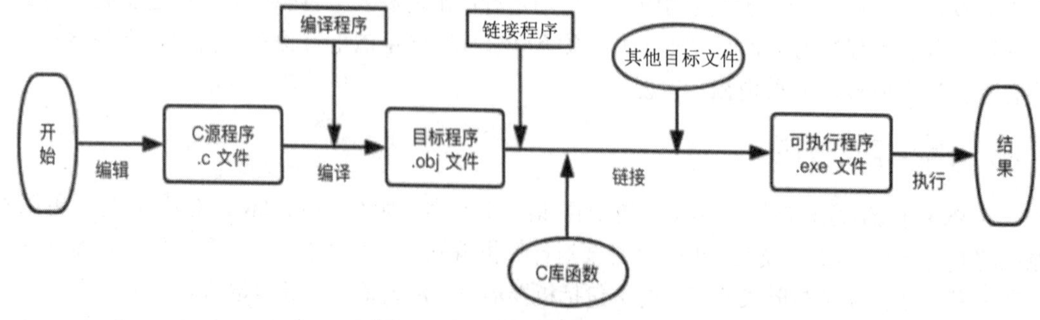

图 1-1　C 语言程序的执行过程

C 语言程序从开始编写到输出需要经过编辑、编译、链接和运行四个步骤。其他编译型语言与此类类似。首先按照语言规定的语法格式编写程序代码，然后通过编译程序将程序代码翻译成二进制表示的目标文件，接着进行程序链接，即使用系统提供的链接程序将目标程序、库函数或其他目标程序链接装配成可执行的目标程序，最后将可执行的目标程序调入实际机器的内存，执行并输出结果。编译型语言通常能够依据目标机器的硬件特性进行编译时优化，因此执行效率较高。

解释型语言：执行方式类似于日常生活中的“同声翻译”，程序的源代码一边由相应语言的解释器“翻译”成目标代码(机器语言)，一边执行，因此执行效率相比编译型语言要低一些。解释型语言通常不生成可独立执行的可执行文件，因此程序不能脱离解释器独立运行。但是这种方式提供了比编译型语言更高的灵活性，可以更容易实现程序的交互执行和动态调整优化等。比较流行的解释型编程语言有 Python、Perl 等。

解释型语言的关键部分是解释器和虚拟机。解释器负责将源代码翻译为与平台无关的字节码文件，而虚拟机是解释型语言的运行引擎，负责实际代码指令的执行，如图 1-2 所示。解释型语言在程序运行时需要通过解释器对程序进行动态解释和执行，因此使用更加灵活、可移植性也非常好。

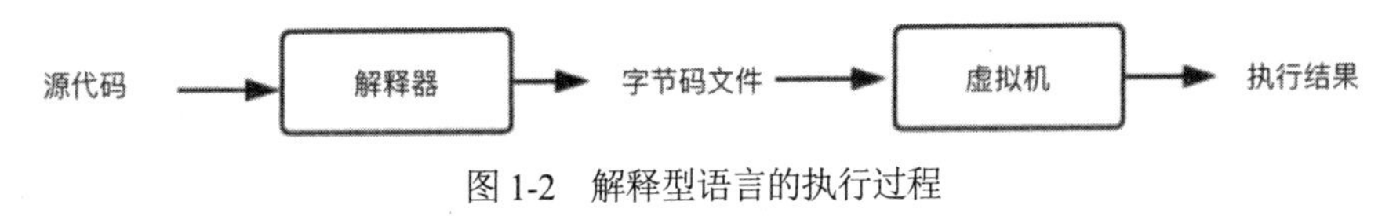

图 1-2　解释型语言的执行过程

1.1.2　Python 常用解释器

Python 是一种解释型高级编程语言，因此 Python 代码的成功运行依赖于设计良好的解释器。在具体实现上，Python 语言的解释器有多种不同版本，其中包括 CPython、IPython、PyPy、Jython 和 IronPython 等，如表 1-1 所示。

表 1-1　Python 常用解释器

名称	特点
CPython	官方版本的解释器。使用 C 语言开发，是使用最广泛的 Python 解释器
IPython	基于 CPython，但在交互方式上有所增强，执行 Python 代码的功能和 CPython 完全一样
PyPy	一种追求执行速度的 Python 解释器。采用 JIT 技术，对 Python 代码进行动态编译，能提升 Python 代码的执行速度
Jython	运行在 Java 平台上的 Python 解释器，可以直接把 Python 代码编译成 Java 字节码
IronPython	运行在微软.NET 平台上的 Python 解释器，可以直接把 Python 代码编译成.NET 的字节码

1.1.3　Python 语言特点

Python 本身是由诸多其他语言发展而来的，因此不仅具有其他语言许多共同的特性，而且具备很多其他语言没有的特点。Python 除了具有作为解释型语言和面向对象编程语言的固有优势外，还具有许多其他鲜明的特点，例如互动模式、可嵌入性、动态语言等，如表 1-2 所示。

表 1-2 Python 语言特点

特点	说明
易于学习	Python 语言的关键字较少、结构相对简单、语法定义简洁
易于阅读	Python 代码更清晰。和其他语言不同，Python 不需要定义变量类型、代码块和命令式符号等
丰富的标准库	Python 标准库足够丰富，例如 NumPy、matplotlib、SciPy 等用于数值计算与可视化的 Python 库
互动模式	互动模式支持用户直接从终端输入代码执行，并即时返回运行结果
跨平台性	Python 使用 C 语言编写，因此 Python 可以运行在任何带有 ANSIC 编译器的平台上。Python 程序无须修改即可在主流平台上运行，如 Linux、Windows 等
数据库支持	Python 提供了大量主流数据库的接口，例如 MySQL、SQLServer 和 Oracle 等
GUI 编程	Python 支持 GUI(图形用户界面)编程
可扩展性	如果需要一段关键代码运行得更快或者希望某些算法不公开，可以部分程序用 C 或 C++编写，然后在 Python 程序中使用它们
可嵌入性	Python 语言可嵌入 C/C++程序，让程序具有“脚本化”能力
解释性	Python 解释器把源代码转换成称为字节码的中间形式，然后再把它们翻译成计算机使用的机器语言并运行
动态语言	Python 能够在运行时修改程序结构，相比编译型语言提供了更为灵活的运行方式
面向对象	Python 支持以对象作为基本程序结构单位，因此 Python 程序是由对象(对象由数据和功能组合而成)构建起来的

编程语言从接近于机器语言的汇编语言起步，到经典的 C/C++语言，再到以 Java 和 C#为代表的完全面向对象编程语言，在此发展过程中，大量工程实践证明，完全的面向对象编程方式虽然可以达到相当高程度的抽象和封装，但是对于公共模块或功能的调用在一定程度上过于刻板，容易造成代码的大量冗余。Python 语言融合了面向过程和面向对象的优点，以功能强大、跨平台、友好、易学等特点完美诠释了人们追求的理念。

1.2 Python 的安装

在不同的操作系统环境中，Python 的安装也不尽相同。本节主要介绍 Python 在 Windows、Linux、macOS 环境中的安装过程及注意事项。

1.2.1 Windows 环境中 Python 的安装

1. Python 安装包的下载

访问 Python 官网(https://www.python.org/downloads/)，如图 1-3 所示，页面默认提供 Python 3.7.x 版本供下载，单击 Download Python 3.7.2 按钮可以直接下载 Python 3.7.2 的安装文件。当然也可以通过访问页面下方的 Looking for a specific release 列表以下载特定版本，例如 Python

2.7.6 的 Python 安装文件，如图 1-4 所示。

图 1-3　Python 官网下载界面

Looking for a specific release?

Python releases by version number:

Release version	Release date	
Python 3.3.4	2014-02-09	Download
Python 3.3.3	2013-11-17	Download
Python 2.7.6	2013-11-10	Download
Python 2.6.9	2013-10-29	Download
Python 3.3.2	2013-05-15	Download
Python 3.2.5	2013-05-15	Download
Python 2.7.5	2013-05-12	Download

图 1-4　Python 安装版本列表

选择合适的 Python 版本后，单击 Download 进入下载详情页面。选择 Windows 平台常用的 Python 安装文件 Windows x86-64 executable installer 进行下载，如图 1-5 所示。

Files

Version	Operating System	Description
Gzipped source tarball	Source release	
XZ compressed source tarball	Source release	
macOS 64-bit/32-bit installer	Mac OS X	for Mac OS X 10.6 and later
macOS 64-bit installer	Mac OS X	for OS X 10.9 and later
Windows help file	Windows	
Windows x86-64 embeddable zip file	Windows	for AMD64/EM64T/x64
Windows x86-64 executable installer	Windows	for AMD64/EM64T/x64
Windows x86-64 web-based installer	Windows	for AMD64/EM64T/x64
Windows x86 embeddable zip file	Windows	
Windows x86 executable installer	Windows	
Windows x86 web-based installer	Windows	

图 1-5　Python 安装文件列表

在选择 Python 版本时，需要注意以下事项：

(1) Python 软件包名中的 x86 指 32 位机，x86-64 指 64 位机，注意 64 位机既可以安装 64 位也可以安装 32 位的软件包，但 32 位机只能安装 32 位的软件包。

(2) 首选下载 Python x.x.x 版本，Python x.x.x rc 版本属于候选版本。

(3) 注意区分图 1-5 中软件安装包的类别。

- web-based install 表示通过网页完成安装。
- executable install 表示以可执行文件(*.exe)方式安装，下载后直接在本地安装。
- embeddable zip file 表示嵌入式版本，可以集成到其他应用中。

(4) 在 Python 2.x 和某些 Python 3.x 版本中，安装包是以 msi 数据包的形式提供的。但是在最新的 Python 3.6 和 Python 3.7 版本中，安装包主要以.exe 文件的形式提供。

2. Python 的安装与配置

具体步骤如下：

(1) 双击已下载的安装包，例如 python-3.7.2-amd64.exe，进入 Python 安装向导，如图 1-6 所示。

(2) 选中 Add Python 3.7 to PATH 以方便后面直接运行 python 命令，然后选择 Install Now 按照系统默认配置进行安装。默认安装路径通常是 C:\User\<user name>\AppData\Local\Programs\Python\Python37。为了环境配置方便，此处建议选择 Customize installation，进行自定义安装。

(3) 建议不改变默认设置，安装所有可选特性库，如图 1-7 所示，然后单击 Next，进入 Python 安装高级选项界面。

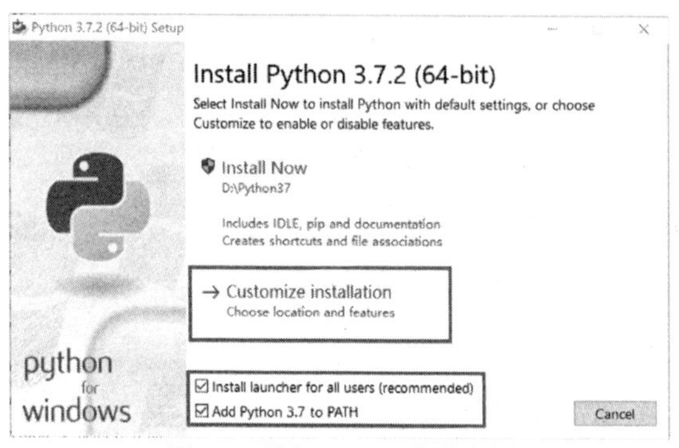

图 1-6 进入 Python 安装向导

Optional Features
Documentation
Installs the Python documentation file.
pip
Installs pip, which can download and install other Python packages.
tcl/tk and IDLE
Installs tkinter and the IDLE development environment.
Python test suite
Installs the standard library test suite.
py launcher for all users (requires elevation)
Installs the global 'py' launcher to make it easier to start Python.
Back Next Cancel

图 1-7 Python 安装可选功能界面

(4) 在 Python 安装高级选项界面中，建议选中所有选项，并更改安装路径，建议设置为 D:\Python37，如图 1-8 所示。单击 Install 进入 Python 加载安装界面。

Install for all users 选项选中后，表示为所有用户安装 Python，未选中则表示仅为当前用户安装 Python。

(5) 在安装阶段，安装器会将软件包复制到指定文件夹，并进行相关配置，如图 1-9 所示。

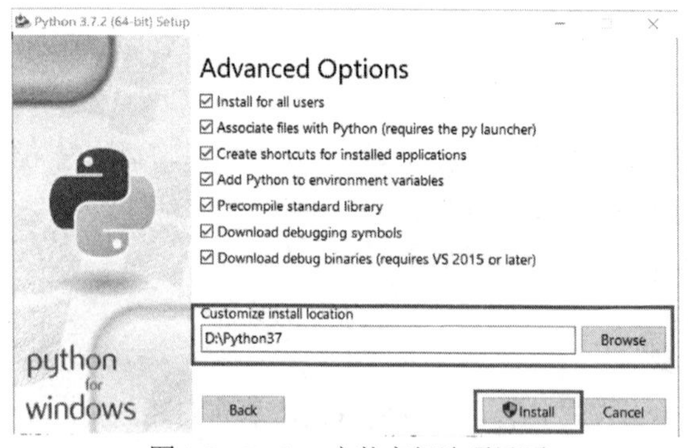

图 1-8 Python 安装高级选项界面

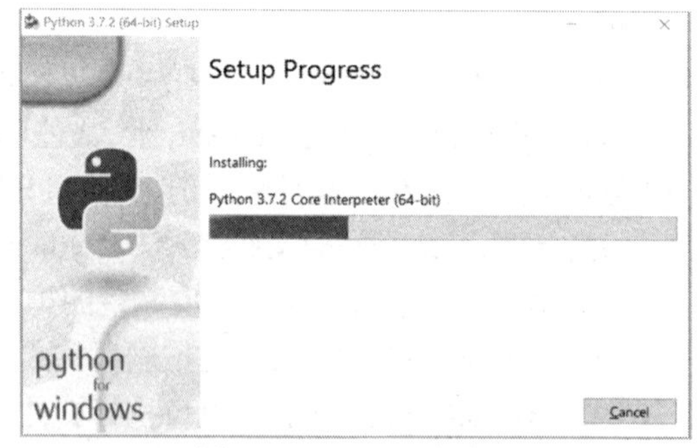

图 1-9 Python 正在安装

(6) 安装完成后会提示安装成功，如图 1-10 所示。

(7) 安装完之后，“开始”菜单中会出现 Python 3.7 图标，如图 1-11 所示。单击该图标可进入 Python 交互式界面，如图 1-12 所示。此时，Python 在 Windows 环境中的安装已经完成，可以愉快地开始 Python 之旅了。

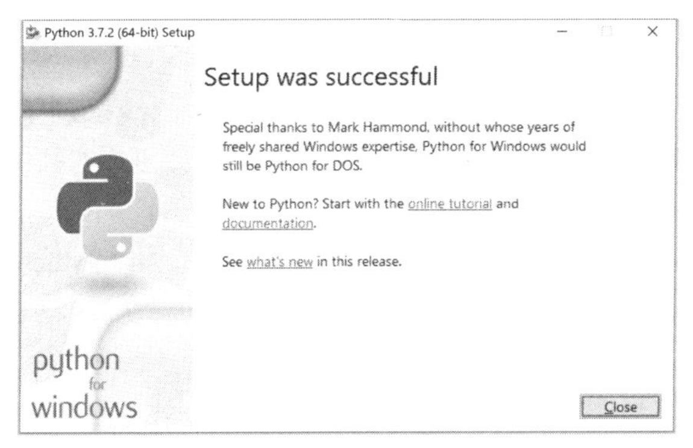

图 1-10　安装完成

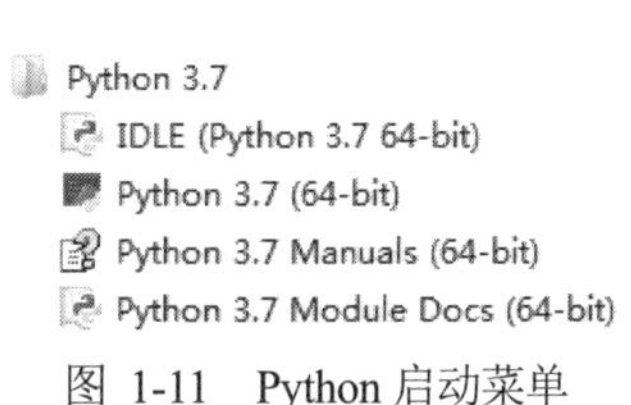

图 1-11　Python 启动菜单

```
Python 3.7 (64-bit)
Python 3.7.2 (tags/v3.7.2:9a3ffc0492, Dec 23 2018, 23:09:28) [MSC v.1916 64 bit
(AMD64)] on win32
Type "help", "copyright", "credits" or "license" for more information.
>>> print('Hello,World!')
Hello,World!
>>> _
```

图 1-12　Python 交互式界面

1.2.2　Linux 环境中 Python 的安装

大多数 Linux 系统中已经预装了 Python，但如果对版本有特殊需求，可以自行下载不同版本的 Python 进行安装。下面介绍两种基本安装方式：源码编译安装方式和包管理器安装方式。

1. 包管理器安装方式

Linux 操作系统存在多种软件包管理系统和安装机制，可以通过 Linux 系统自带的包管理器安装软件。受限于 Linux 的安全机制，通过 Linux 包管理器安装软件需要具备系统管理员(root 或 sudo 账号)权限。利用 Linux 包管理器安装 Python 非常简便，以在 Ubuntu 系统中安装 Python 3.5 版本为例，如图 1-13 所示，只需要执行如下命令：

```
$ sudo apt-get install python3.5
```

安装完成后，可以在命令行终端打开 Python 3.5 的交互式环境。在 Linux 终端输入命令 python3.5 后回车执行，如图 1-14 所示。

```
leo@ubuntu: ~
leo@ubuntu:~$ sudo apt-get install python3.5
[sudo] password for leo:
Reading package lists... Done
Building dependency tree
Reading state information... Done
The following extra packages will be installed:
  libpython3.5-minimal libpython3.5-stdlib python3.5-minimal
Suggested packages:
  python3.5-venv python3.5-doc binfmt-support
The following NEW packages will be installed:
  libpython3.5-minimal libpython3.5-stdlib python3.5
  python3.5-minimal
0 upgraded, 4 newly installed, 0 to remove and 788 not upgraded
Need to get 4,109 kB of archives.
After this operation, 18.4 MB of additional disk space will be
used.
Do you want to continue? [Y/n] y
Get:1 http://us.archive.ubuntu.com/ubuntu/ trusty-updates/unive
rse libpython3.5-minimal amd64 3.5.2-2ubuntu0~16.04.4~14.04.1 [
520 kB]
```

图 1-13　安装 Python 3.5

```
leo@ubuntu: ~
leo@ubuntu:~$ python3.5
Python 3.5.2 (default, May 23 2018, 00:00:00)
[GCC 4.8.4] on linux
Type "help", "copyright", "credits" or "license" for more infor
mation.
>>>
```

图 1-14　Python 3.5 的交互式环境

2. 源码编译安装方式

使用包管理器安装 Python 相当方便，但是在某些情况下不能使用包管理器进行安装，例如当前用户没有 root 权限、需要特殊 Python 版本等，此时可以通过源码编译安装方式进行安装。通过源码安装 Python 虽然过程稍有点复杂，但是更加灵活，安装步骤如下：

(1) 访问 https://www.python.org/downloads/source/，选择下载 Python 源码文件。以 Python 3.7.2 版本为例，选择 Gzipped source tarball 进行下载，如图 1-15 所示，获得 Python-3.7.2.tgz 软件压缩包。

(2) 对 Python-3.7.2.tgz 软件压缩包进行解压，解压指令为：

```
$ tar  -zvxf  Python-3.7.2.tgz
```

注意，Python-3.7.2.tgz 可替换为实际下载的文件名。解压后生成新的目录 Python-3.7.2，如图 1-16 所示。

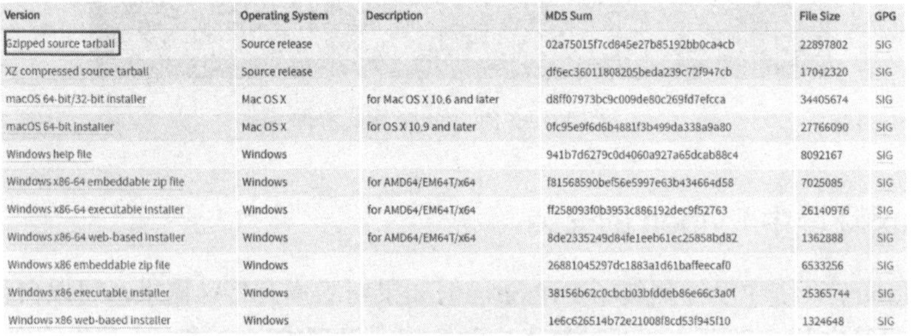

Version	Operating System	Description	MD5 Sum	File Size	GPG
Gzipped source tarball	Source release		02a75015f7cd845e27b85192bb0ca4cb	22897802	SIG
XZ compressed source tarball	Source release		df6ec36011808205beda239c72f947cb	17042320	SIG
macOS 64-bit/32-bit installer	Mac OS X	for Mac OS X 10.6 and later	d8ff07973bc9c009de80c269fd7efcca	34405674	SIG
macOS 64-bit installer	Mac OS X	for OS X 10.9 and later	0fc95e9f6d6b4881f3b499da338a9a80	27766090	SIG
Windows help file	Windows		941b7d6279c0d4060a927a65dcab88c4	8092167	SIG
Windows x86-64 embeddable zip file	Windows	for AMD64/EM64T/x64	f81568590bef56e5997e63b434664d58	7025085	SIG
Windows x86-64 executable installer	Windows	for AMD64/EM64T/x64	ff258093f0b3953c886192dec9f52763	26140976	SIG
Windows x86-64 web-based installer	Windows	for AMD64/EM64T/x64	8de2335249d84fe1eeb61ec25858bd82	1362888	SIG
Windows x86 embeddable zip file	Windows		26881045297dc1883a1d61baffeecaf0	6533256	SIG
Windows x86 executable installer	Windows		38156b62c0cbcb03bfddeb86e66c3a0f	25365744	SIG
Windows x86 web-based installer	Windows		1e6c626514b72e21008f8cd53f945f10	1324648	SIG

图 1-15　Python 下载页面

```
leo@ubuntu:~$ tar -zxf Python-3.7.2.tgz
leo@ubuntu:~$ ls
Desktop    Downloads  Pictures  Python-3.7.2      Templates
Documents  Music      Public    Python-3.7.2.tgz  Videos
leo@ubuntu:~$
```

图 1-16　解压文件并生成新的目录

通过 cd 命令切换到 Python 源码目录进行编译安装。在 Linux 环境中通过源码安装软件通常需要执行 3 个基本步骤：配置(configure)、编译(make)、安装(make install)。进入 Python 源码目录后，顺序执行如下命令即可完成安装。

```
$ ./configure
$ make
$ make install
```

详细安装过程参考图 1-17~图 1-21。

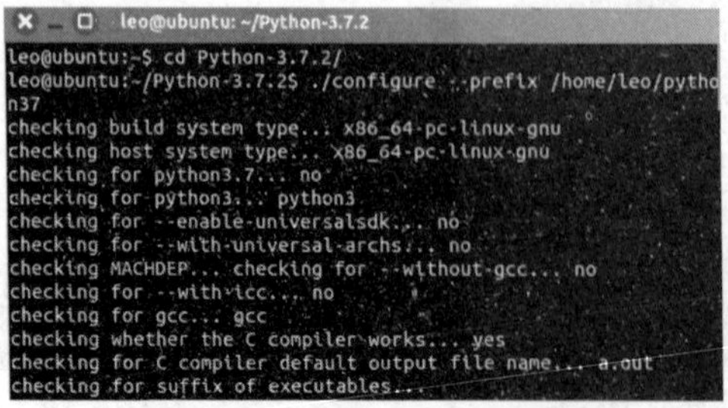

```
leo@ubuntu:~$ cd Python-3.7.2/
leo@ubuntu:~/Python-3.7.2$ ./configure --prefix /home/leo/python37
checking build system type... x86_64-pc-linux-gnu
checking host system type... x86_64-pc-linux-gnu
checking for python3.7... no
checking for python3... python3
checking for --enable-universalsdk... no
checking for --with-universal-archs... no
checking MACHDEP... checking for --without-gcc... no
checking for --with-icc... no
checking for gcc... gcc
checking whether the C compiler works... yes
checking for C compiler default output file name... a.out
checking for suffix of executables...
```

图 1-17　配置 Python 安装环境

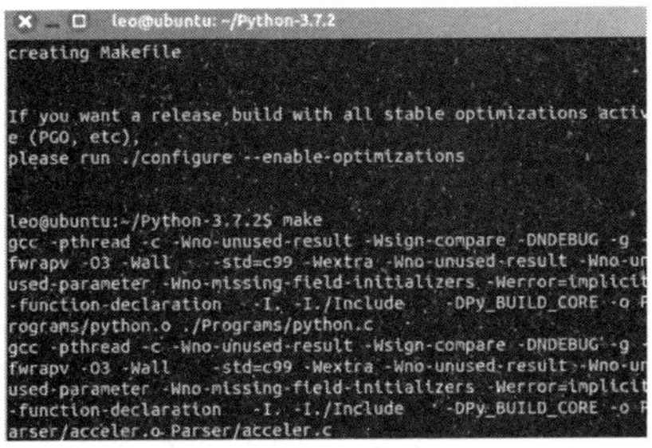

图 1-18　编译 Python 源码

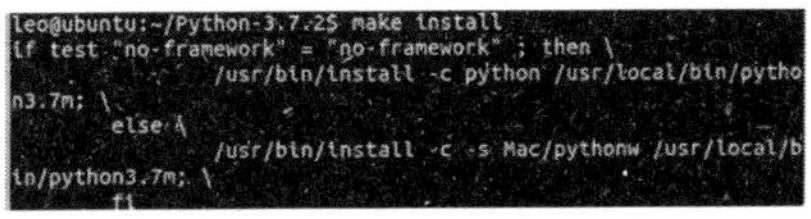

图 1-19　安装 Python 到指定目录

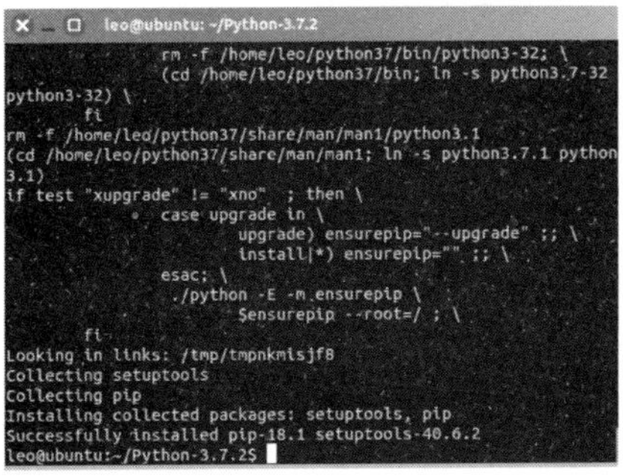

图 1-20　Python 安装成功

图 1-21　执行 Python 解释器

通过源码安装 Python 可以非常方便地指定最终执行文件的安装路径。可通过配置指令 configure 的--prefix 参数指定安装路径，例如：

```
$ ./configure --prefix /home/leo/python37
```

通过--prefix 参数，可将 Python 安装到用户 leo 自己的主目录的 python37 目录中。由于在 Linux 系统中，普通用户对自己的主目录有完全的读写权限，因此在没有管理员权限时，这种安装方式更为灵活。注意，如果使用 configure 指令时未指定--prefix 参数，Python 可执行文件默认将放置在/usr/local/bin 目录中，库文件默认放置在/usr/local/lib 目录中，配置文件默认放置在/usr/local/etc 目录中，其他相关的资源文件放置在/usr/local/share 目录中。

运行命令./python37/bin/python3 以启动 Python 交互式环境，图 1-21 表明 Python 在 Linux 系统中已安装完成。

注意，如果使用 configure 指令为 Python 指定了安装路径，为了能够方便使用新版 Python，在 Linux 系统中还需要手动修改 PATH 环境变量。利用 Vim 等文本编辑器编辑 Linux 用户主目录中的.bashrc 文件，在文件的最后增加一行并输入如下内容：

```
export PATH= /home/leo/python37/bin:$PATH
```

1.2.3　Mac OS 环境中 Python 的安装

同 Linux 系统一样，Mac OS 系统一般也预装了 Python，当然也可以使用和 Linux 相似的方式，用源码编译安装特定版本的 Python，这里不再赘述。下面介绍使用图形界面的方法安装 Python。

1. Python 安装包的下载

访问 Python 官网(https://www.python.org/downloads/)，选择下载 Python Releases for Mac OS

X。以 Python 3.7.2 版本为例，选择 macOS 64-bit installer 进行下载，如图 1-22 所示，获得 python-3.7.2-macosx10.9.pkg 文件。

Version	Operating System	Description	MD5 Sum	File Size	GPG
Gzipped source tarball	Source release		02a75015f7cd845e27b85192bb0ca4cb	22897802	SIG
XZ compressed source tarball	Source release		df6ec36011808205beda239c72f947cb	17042320	SIG
macOS 64-bit/32-bit installer	Mac OS X	for Mac OS X 10.6 and later	d8ff07973bc9c009de80c269fd7efcca	34405674	SIG
macOS 64-bit installer	Mac OS X	for OS X 10.9 and later	0fc95e9f6d6b4881f3b499da338a9a80	27766090	SIG
Windows help file	Windows		941b7d6279c0d4060a927a65dcab88c4	8092167	SIG
Windows x86-64 embeddable zip file	Windows	for AMD64/EM64T/x64	f81568590bef56e5997e63b434664d58	7025085	SIG
Windows x86-64 executable installer	Windows	for AMD64/EM64T/x64	ff258093f0b3953c886192dec9f52763	26140976	SIG
Windows x86-64 web-based installer	Windows	for AMD64/EM64T/x64	8de2335249d84fe1eeb61ec25858bd82	1362888	SIG
Windows x86 embeddable zip file	Windows		26881045297dc1883a1d61baffeecaf0	6533256	SIG
Windows x86 executable installer	Windows		38156b62c0cbcb03bfddeb86e66c3a0f	25365744	SIG
Windows x86 web-based installer	Windows		1e6c626514b72e21008f8cd53f945f10	1324648	SIG

图 1-22　下载 Python 安装文件

2. 安装 Python

具体步骤如下：

(1) 双击下载的 python-3.7.2-macosx10.9.pkg 文件，进入安装介绍界面，如图 1-23 所示。单击“继续”，进入安装前需要阅读的重要信息界面。

(2) 阅读“请先阅读”和“许可”相关内容，并同意相关要求，如图 1-24 和图 1-25 所示，单击“继续”。

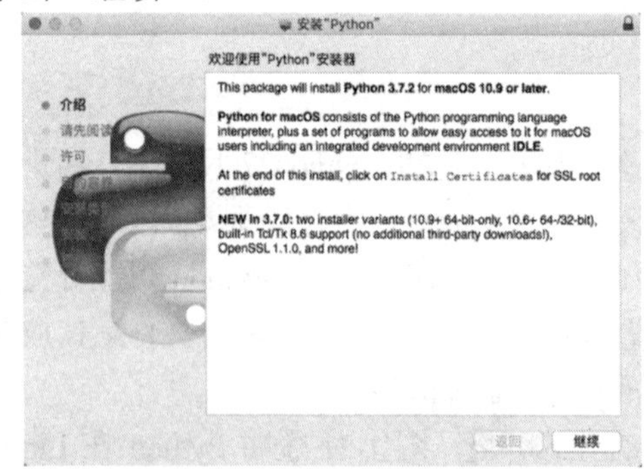

图 1-23　安装介绍界面

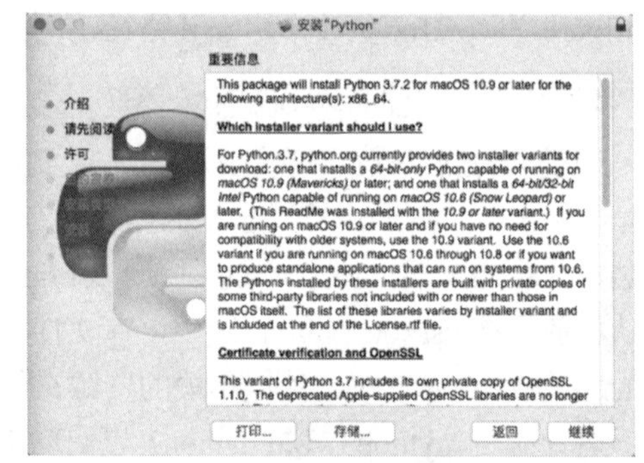

图 1-24　安装前需要阅读的重要信息界面

(4) 选择目的卷宗，可以安装在不同的磁盘上，如图 1-26 所示，单击“继续”进入“安装类型”界面。

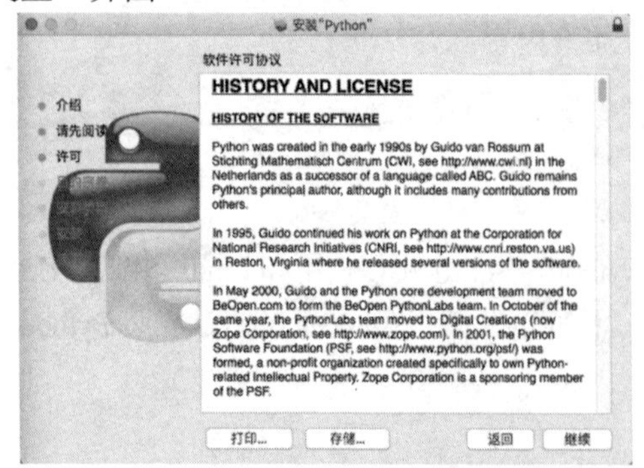

图 1-25　许可信息

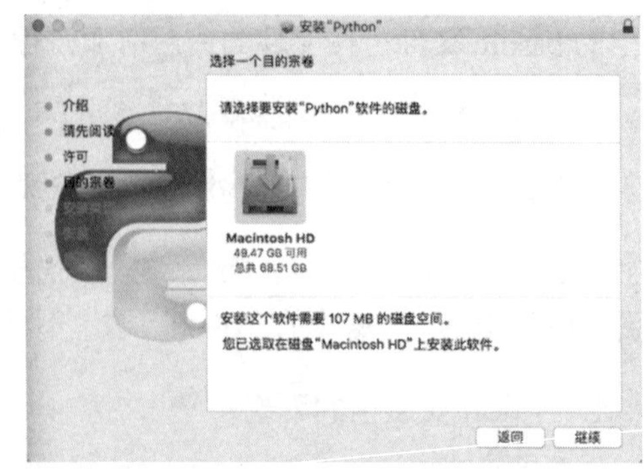

图 1-26　选择安装的目标存储位置

(5) 单击“更改安装位置”按钮可选择安装位置，如图 1-27 所示，单击“安装”进入安装界面。

(6) 安装完成后会提示安装成功，如图 1-28 所示。

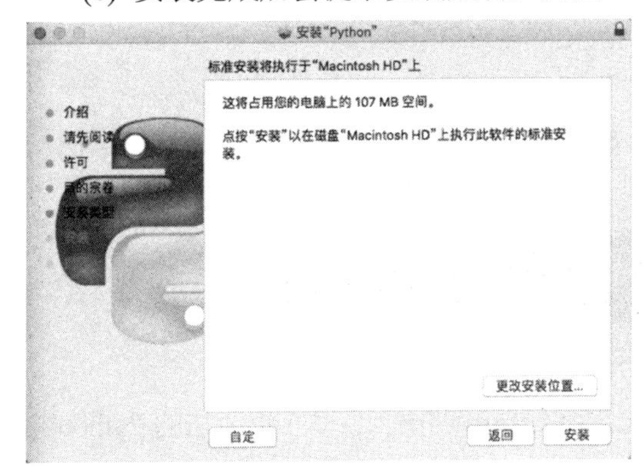

图 1-27　设置完成后的安装确认界面

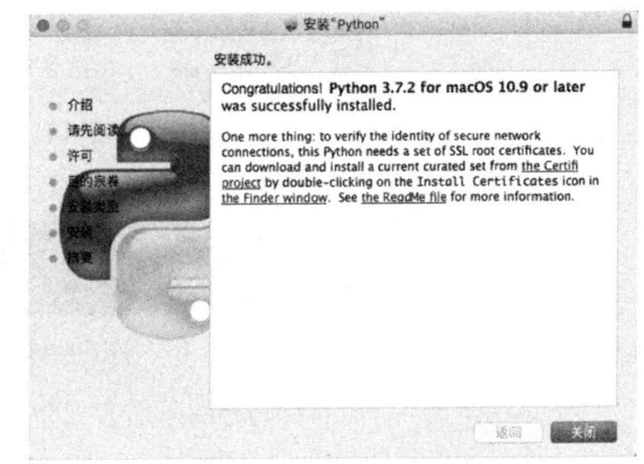

图 1-28　安装成功界面

(7) 安装成功后会自动打开 Python 应用程序文件夹，如图 1-29 所示。

(8) 双击图 1-29 中的 IDLE 图标，打开 Python Shell，显示 Python 解释器的相关信息，如图 1-30 所示。

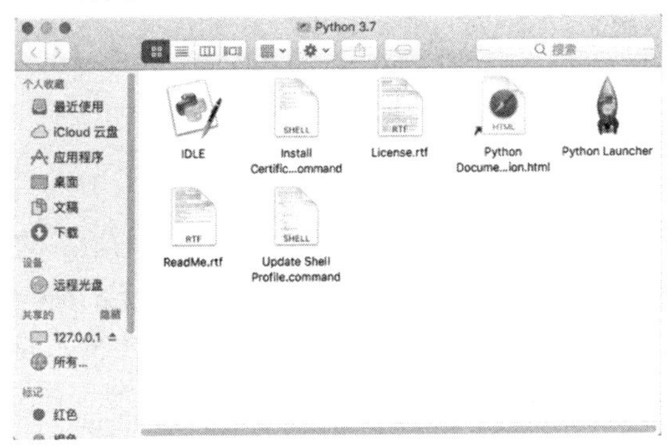

图 1-29　Python 应用程序文件夹

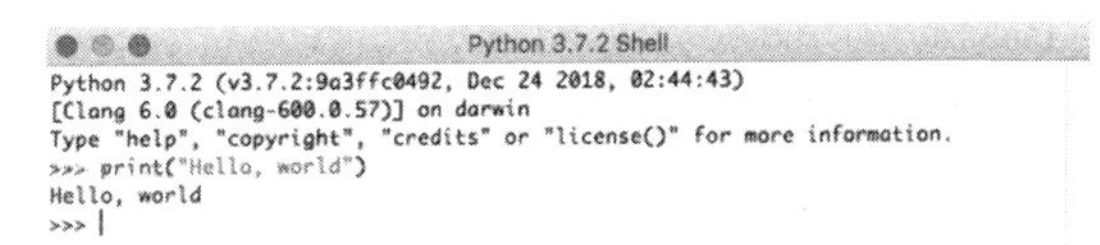

图 1-30　Python Shell

1.3 Python 代码的执行

Python 代码的编辑和运行方式主要分为两种：交互模式和脚本模式。在交互模式下，用户输入 Python 代码并按回车键后，Python 解释器将立即解释执行代码并返回结果；在脚本模式下，用户将已经编写好的 Python 代码文件作为 Python 解释器命令的参数，由解释器解释批量执行并返回结果。下面通过具体实例介绍这两种方式。

1.3.1　在交互模式下执行 Python 代码

一般来说，成功安装 Python 之后，有两种方式可以进入 Python 交互模式。一种是通过 Python 自带的非常简洁的集成开发环境 IDLE，如图 1-31 所示。另一种是在系统命令行终端直接运行

python 命令，如图 1-32 所示。在成功进入 Python 交互模式后，控制台的最后一行会显示 Python 命令提示符>>>，此时可以键入 Python 语句进行交互式执行。

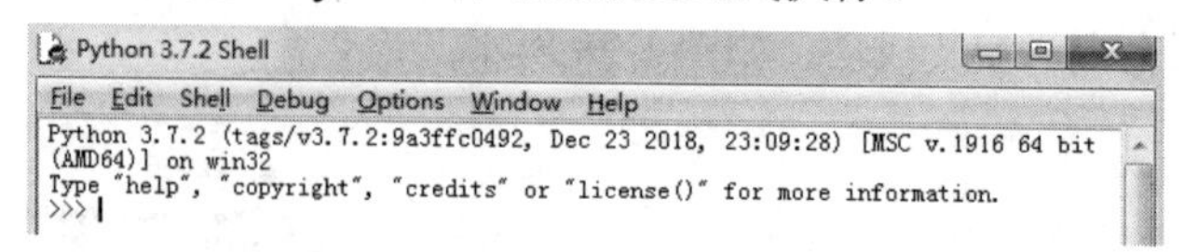

图 1-31　Python 自带集成开发环境 IDLE

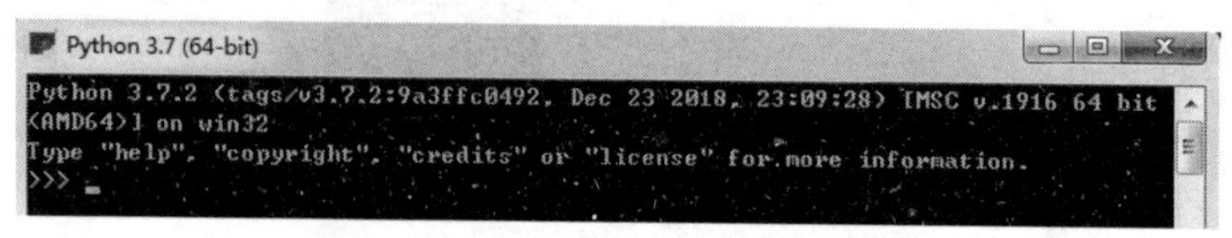

图 1-32　Python 命令终端的交互模式

在交互模式下，输入代码并回车后会立即执行并打印执行结果，当输入不合法的 Python 语句时，控制台将立即显示相关错误信息，如图 1-33 所示。

```
Python 3.7.2 Shell
File Edit Shell Debug Options Window Help
Python 3.7.2 (tags/v3.7.2:9a3ffc0492, Dec 23 2018, 23:09:28) [MSC v.1916 64 bit (AMD64)] on win32
Type "help", "copyright", "credits" or "license()" for more information.
>>> print('Hello World!')
Hello World!
>>> 2+3
5
>>> 2**3   #幂运算
8
>>> n   #无定义，结果报错
Traceback (most recent call last):
  File "<pyshell#3>", line 1, in <module>
    n   #无定义，结果报错
NameError: name 'n' is not defined
>>>
```

图 1-33　Python 交互式实例

在 IDLE 环境下使用 Python 交互模式时，可以通过 Alt+P 和 Alt+N 组合键查询之前输入的历史命令。在系统命令行终端直接运行 python 命令，进入交互模式，可使用向上和向下的箭头查询之前输入的命令，实现 Python 程序语句的重复使用和执行。但时，在交互式环境中输入的代码不会被自动保存，所以在关闭或退出 Python 交互式环境后，之前输入的代码将不复存在。

在 IDLE 环境下，其他较常用的快捷键如表 1-3 所示。

表 1-3　IDLE 常用快捷键

名称	功能说明
Alt+3	多行注释
Alt+4	取消多行注释
Tab	命令自动补全
Alt+P	浏览上一条命令
Alt+N	浏览下一条命令
Ctrl+]	多行代码缩进
Ctrl+[	取消多行代码缩进
F5	进入 Python Shell 调试界面

1.3.2　在脚本模式下执行 Python 代码

Python 脚本通常是扩展名为.py 的文本文件，Python 脚本文件可以使用常用的任何文本编译器进行编辑修改。例如，以 Windows 平台为例，可以将代码实例 1-1 保存到 D:\Python_src\Exam01.py 文件中。

代码实例 1-1

```
print('Hello World!')        # 打印字符串
print('2 + 3 = ', 2 + 3)     # 进行简单计算
print('2**3 = ', 2**3)       # 幂计算
print('a = ', a)             # 无定义，结果会报错
```

进入 Windows 命令行终端，执行 python D:\Python_src\Exam01.py 命令，结果如图 1-34 所示。Python 脚本在执行过程中，如果遇到错误，将会终止脚本的执行并在系统终端控制台打印错误信息。

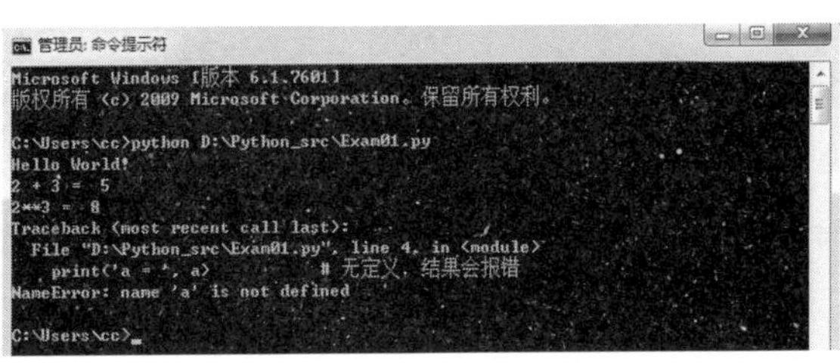

图 1-34　运行 Python 脚本

在脚本模式下，在 python 命令的后面可以附加一些参数来扩展功能。例如，可以使用 python -V 查看 Python 版本信息，python 命令的常用参数如表 1-4 所示。

表 1-4　Python 常用的命令行参数

选项	描述
-d	在解析时显示调试信息
-O	生成优化代码(.pyo 文件)
-S	启动时不引入查找 Python 路径的位置
-V	输出 Python 版本信息
-x	忽略脚本的第一行，以更好兼容非 UNIX 平台的脚本
-c cmd	执行 Python 脚本，并将运行结果作为 cmd 字符串
-h	打印 python 命令的帮助信息

1.4　Python 集成开发环境

集成开发环境(IDE，Integrated Development Environment)是专用于软件开发的软件程序。顾

名思义，IDE集成了为软件开发而设计的工具，通常包括专门为了处理代码的编辑器(包含语法高亮和自动补全等功能)，以及构建、执行、调试工具和某种形式的源代码控制。大部分的集成开发环境兼容多种编程语言，并且提供方便灵活的扩展机制以便支持更多功能。

目前支持Python语言开发的IDE非常多，如PyCharm、VS Code、Eclipse + PyDev、Spyder、Thonny和Komodo等。不同IDE的使用方法大同小异，本书以PyCharm为例进行简要介绍。PyCharm由JetBrains公司推出，是目前较为常用的Python IDE，带有一系列可以提升Python开发效率的工具，如调试、语法高亮、代码跳转、智能提示、自动完成、单元测试、版本控制、项目管理等。在使用PyCharm时，可以根据需要在线或离线安装所需第三方库，非常便捷。

1.4.1 PyCharm的安装

JetBrains公司的官网分别提供了支持Windows、Linux和Mac OS平台的PyCharm版本，开发者可以根据需要选择下载。针对各种操作系统的PyCharm版本的安装过程大同小异，本书以Windows平台上的安装为例进行介绍。

1. 下载PyCharm

访问http://www.jetbrains.com/pycharm/download/index.html#section=windows并下载软件包，下载页面如图1-35所示。

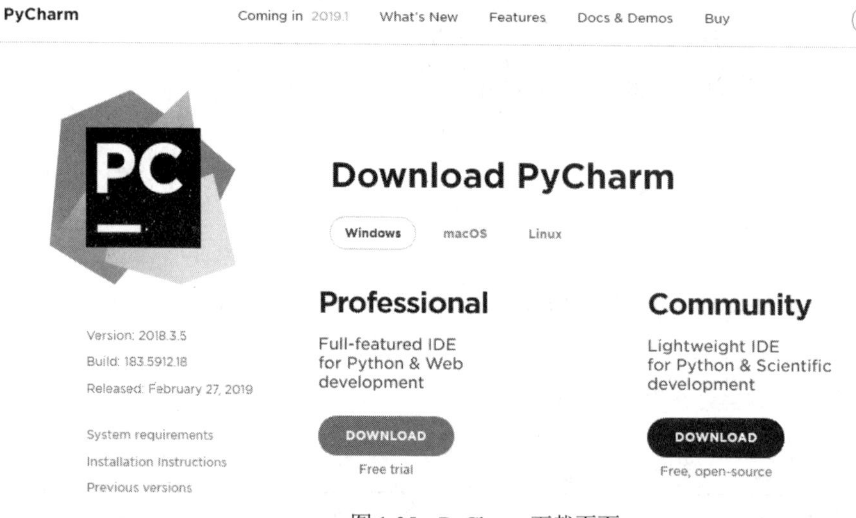

图1-35 PyCharm下载页面

针对每种操作系统，PyCharm均分为Professional版本和Community版本。其中，Professional版本提供Python开发的全部功能，可免费试用，商用时需要付费。Community版本完全免费，但是不能开发Web项目。本书以Professional版本的pycharm-professional-2018.3.4.exe安装为例进行介绍。

2. 安装PyCharm

(1) 双击下载好的文件pycharm-professional-2018.3.4.exe，进入安装向导，如图1-36所示，单击Next>按钮。

(2) 进入安装路径选择界面，如图 1-37 所示，单击 Next>按钮。

(3) 进入安装参数设置界面，如图 1-38 所示。开发者可以根据需要勾选所需的选项，单击 Next 按钮继续安装。

(4) 设置开始菜单文件夹的名字，一般使用默认设置即可，如图 1-39 所示。单击 Install 按钮，进入正式安装过程。

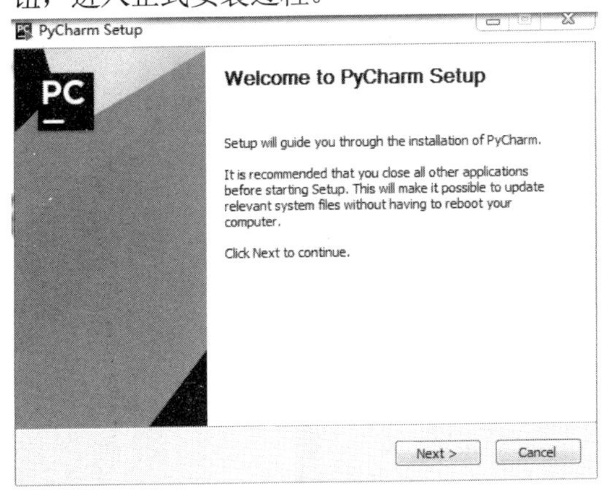

图 1-36　安装向导

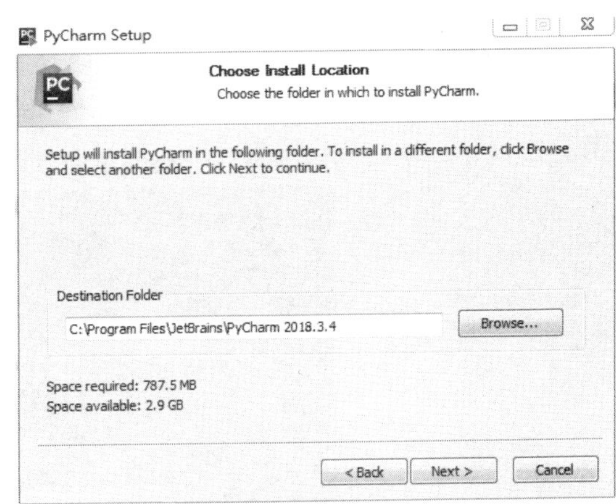

图 1-37　安装路径选择界面

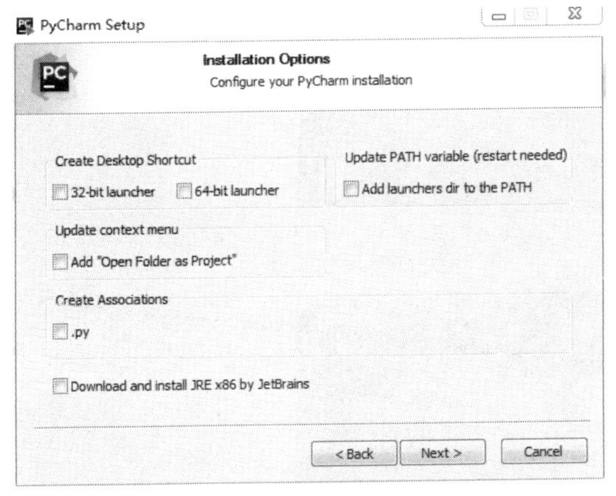

图 1-38　安装参数设置界面

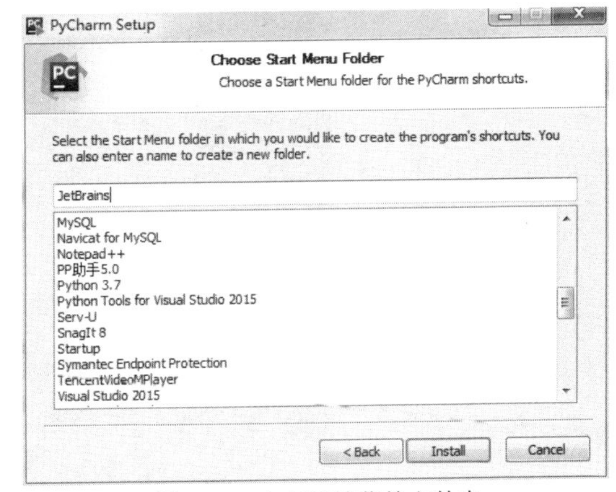

图 1-39　命名开始菜单文件夹

(5) 开始安装后，会出现安装进度提示，如图 1-40 所示。安装完成后的界面如图 1-41 所示。

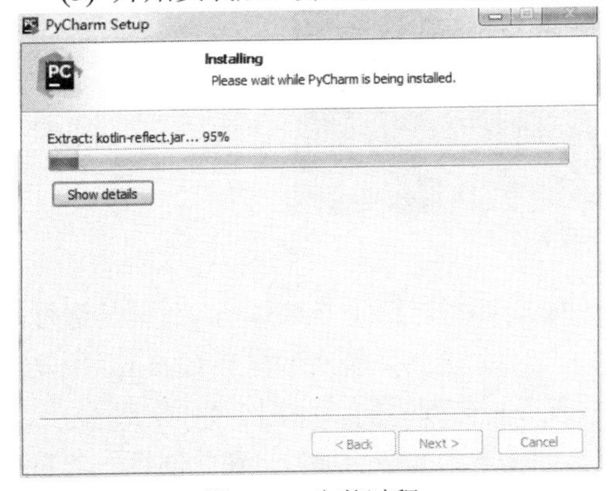

图 1-40　安装过程

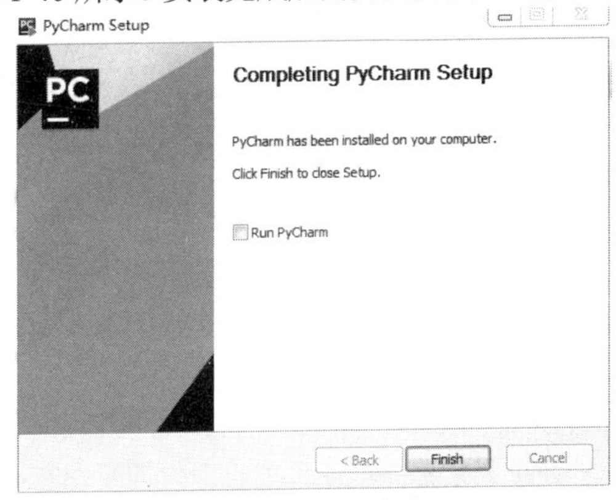

图 1-41　安装完成

至此，PyCharm 已经安装完成。开发者可以选中图 1-41 中的 Run PyCharm 复选框运行 PyCharm 软件了。需要注意的是，在运行 PyCharm 软件之前，一定要确保操作系统中已经搭建好相应的 Python 环境了。

1.4.2　PyCharm 的使用

首次打开 PyCharm IDE 时，会提示选择界面的 UI 主题，如图 1-42 所示。

对于初学者，可以单击 Skip Remaining and Set Defaults 按钮，使用系统默认的 UI 风格，如图 1-42 所示。单击该按钮后，进入项目引导界面，如图 1-43 所示。

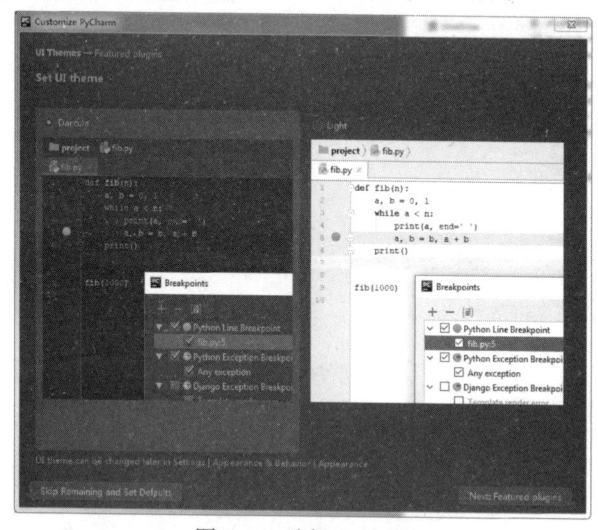

图 1-42　选择 UI 主题

图 1-43　项目引导界面

在项目引导界面中，可以选择创建新项目或打开已有项目。对于 PyCharm，代码的运行是以项目为单位组织的，一个项目下可以有多个 Python 文件。因为是首次运行 PyCharm，所以需要新建一个项目。单击 Create New Project 按钮，进入项目创建界面，如图 1-44 所示。

在项目创建界面中，可以根据需要在左边栏选择创建不同类型的项目。在此创建一个 Pure Python 类型的项目，项目名为 MyProject，然后单击 Create 按钮后，进入 PyCharm 主界面，如

图 1-45 所示。

在 Python 主界面中，可以在所创建项目的名称上右击，选择创建 Python 文件，如图 1-46 所示。

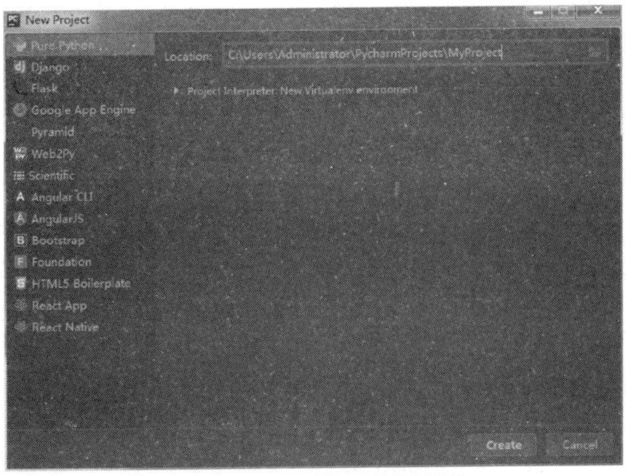

图 1-44　项目创建界面

图 1-45　PyCharm 主界面

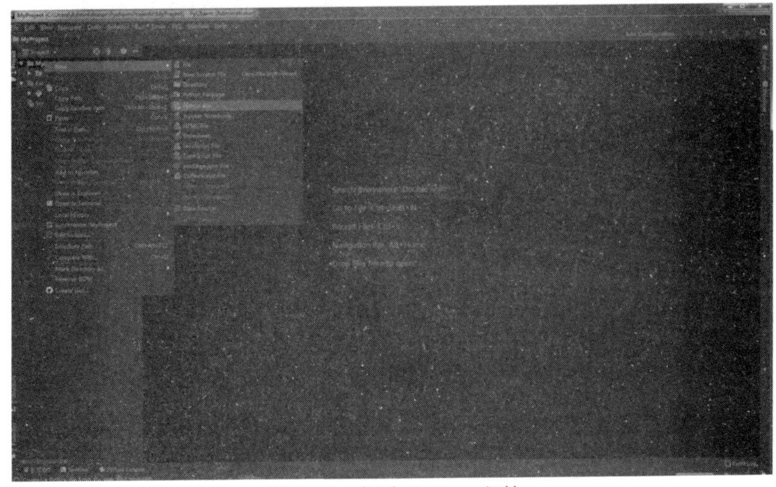

图 1-46　创建 Python 文件

在此，创建一个名为 MyTest 的 Python 文件，并完成输出"Hello World"字符串的功能，如图 1-47 所示。

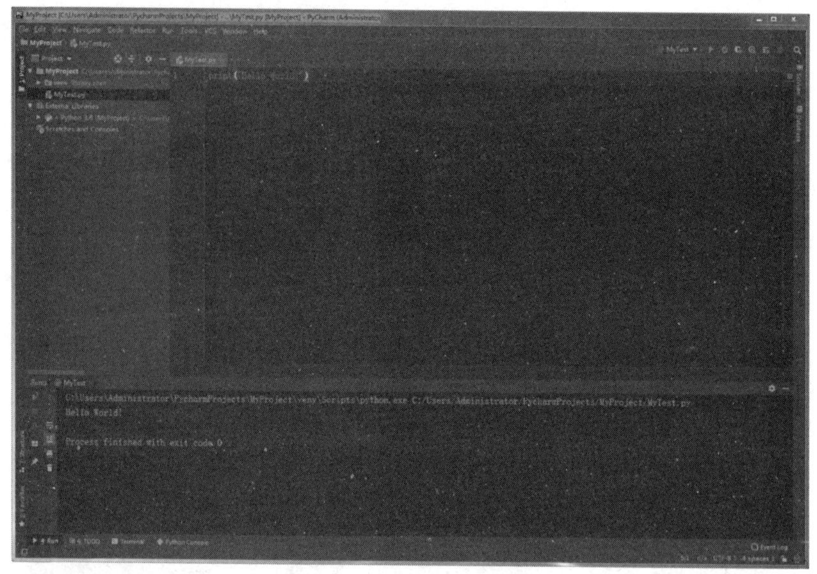

图 1-47　运行 Python 代码

1.4.3　PyCharm 的插件

PyCharm 在按照默认设置安装完成后，实际上已经集成了很多常用插件，对于初学者来说已经足够。如果要开发较为复杂的项目，需要第三方插件，也可以在 PyCharm 中进行添加。下面以 Python 中常用的绘图库 matplotlib 为例介绍 PyCharm 中安装插件的流程，其他插件的安装流程与此类似。

(1) 单击菜单项 File | Settings，进入插件添加界面，如图 1-48 所示。单击+后，进入插件搜索界面。

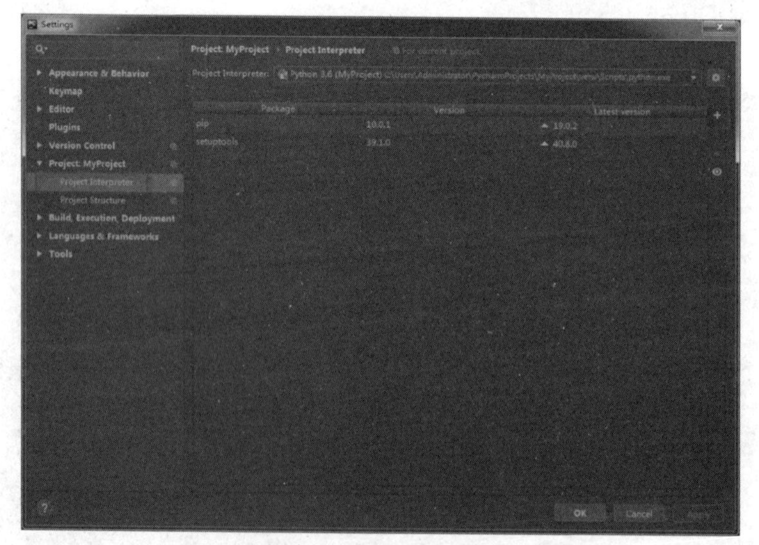

图 1-48　插件添加界面

(2) 在搜索栏中输入要搜索的插件名称 matplotlib，找到相应的插件后，单击 Install Package 按钮安装插件，如图 1-49 所示。

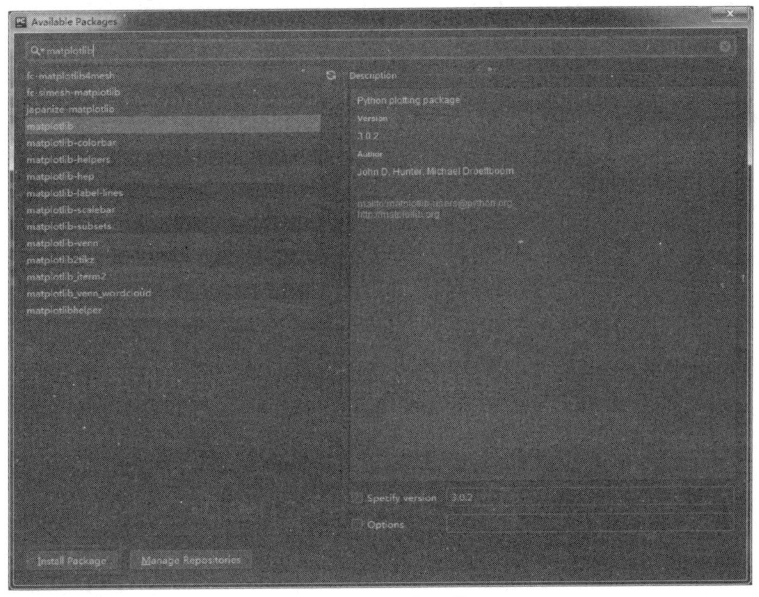

图 1-49　搜索插件

(3) 安装过程通常是在线安装，所以在安装时要保证网络畅通。根据网络连接速度的快慢以及插件包的大小，安装时长不定。安装成功后，出现 Package 'matplotlib' installed successfully 提示，如图 1-50 所示。

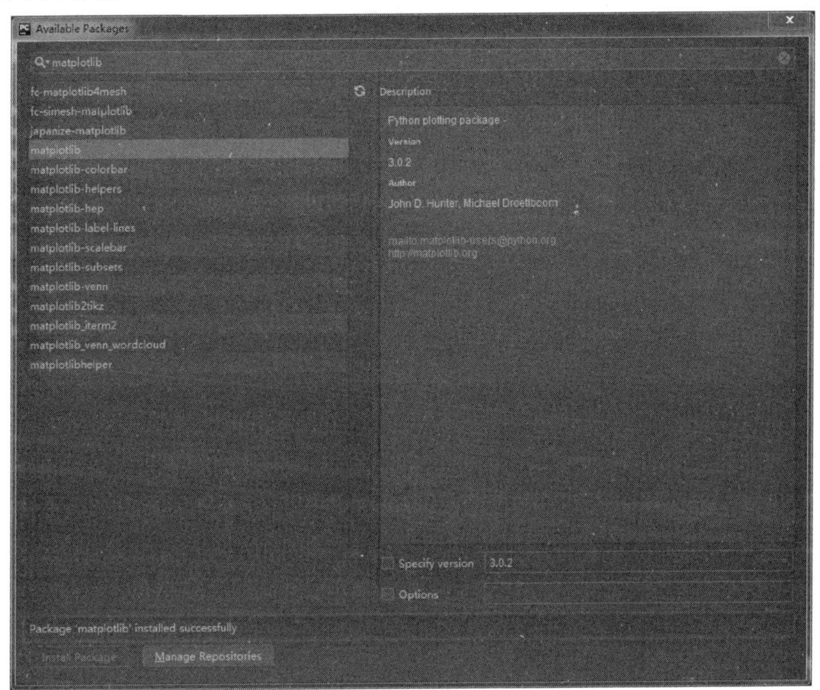

图 1-50　成功安装 matplotlib 插件

为确保插件安装成功，可以使用 matplotlib 插件绘制一张折线图，如图 1-51 所示。

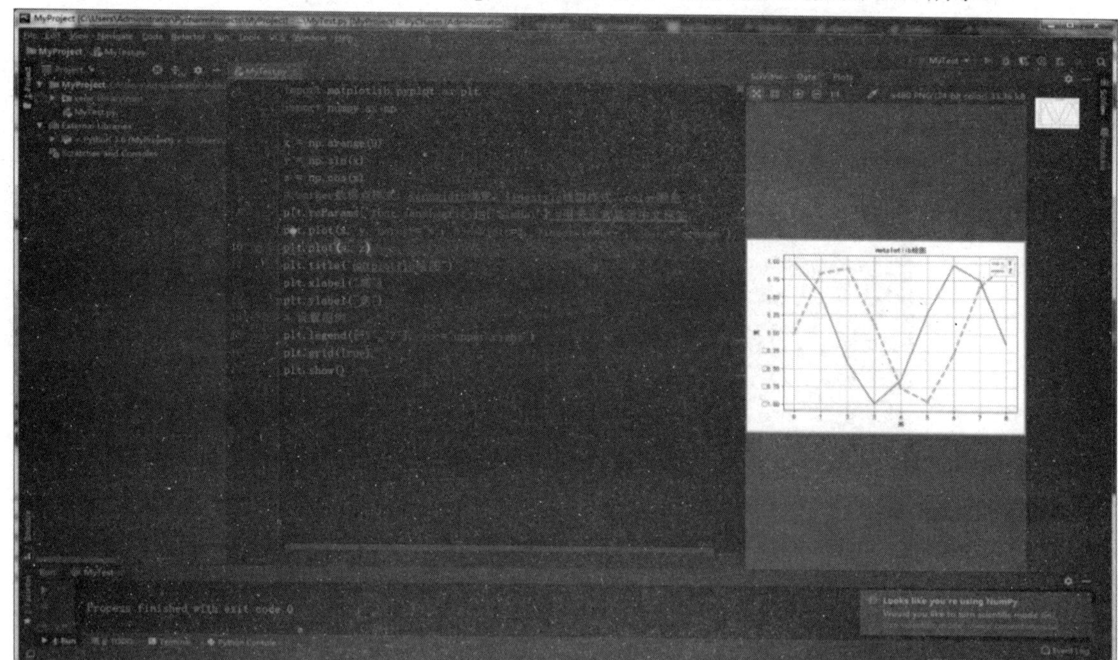

图 1-51　使用 matplotlib 插件绘制折线图

1.5　Python 2.x 与 Python 3.x 的区别

Python 主要有 Python 2.x 和 Python 3.x 两个不同版本系列，它们互不兼容。2008 年 Python 3.0 发布，两年后，Python 2.x 系列的最后一个版本 Python 2.7 发布。在这之后，Python 2.x 系列没有任何主要的新属性发布。Python 3.x 一直处于持续开发中，这意味着新开发的标准库只在 Python 3.x 中展现。Python 3.x 对 Python 2.x 的语法进行了适当的废弃、修改，并新增了一些特性，所有在 Python 3.x 中增加的新特性在 Python 2.x 中均不支持。通过 pip 官方下载源 PyPI 搜索两个版本的第三方工具包可以发现，两个版本在第三方工具包的支持数量上差距也相当大。Python 3.x 引入了一些与 Python 2.x 不兼容的关键字和特性，在 Python 2.x 中，可以通过内置的__future__模块导入这些新内容。如果希望在 Python 2.x 环境下编写的代码也可以在 Python 3.x 环境下运行，那么建议使用__future__模块。例如，如果希望在 Python 2.x 中拥有 Python 3.x 的整数除法行为，可以通过下面的语句导入相应的模块。

```
from __future__ import division
```

两个 Python 系列版本之间的部分区别如表 1-5 所示， Python 版本的每次更新都可能会增加新的特性，想要了解更多的新特性，可以查看官方文档。

表 1-5　Python 2.x 和 Python 3.x 的主要区别

	Python 2.x	Python 3.x
字符编码	默认编码方式是 ASCII，所以默认编码方式下不支持中文，解决方式：在文件的首行加上#-*- encoding:utf-8 -*-	默认编码方式是 UTF-8
基础数据类型	对于长整型，type()得到的数据类型是 long	对于长整型，type()得到的数据类型是 int
整数除法	整数除法的取值结果是向下取整数	除法/的结果包含小数，实现真除；除法//实现整除，结果是向下取整
print	print 可以加括号也可以不加，如 print 'abc' 或 print('abc')	print 只有一种用法，必须加括号，如 print('abc')
range	分为 range()和 xrange()，用法基本相同，但原理不同，range()直接生成一个列表，而 xrange()是一个生成器，类似于迭代器	range() 就 是 Python 2.x 中 的 xrange()
input	分为 raw_input()和 input()，区别在于，raw_input()读取的输入流默认转换为字符串，而 input()读取的输入流要按照基本格式输入，比如输入字符串需要加引号，数字则不需要	只有 input()，相当于 Python 2.x 中的 raw_input()，默认得到的输入都是字符串

1.6　本章小结

本章首先介绍了 Python 语言的运行机制与特点，并详细讲述了 Python 在主流操作系统平台上的安装和使用；其次，介绍了 Python 代码的编辑与运行以及 Python 集成开发环境；最后就 Python 2.x 与 Python 3.x 两个系列版本的区别做了对比。

第2章

Python语法基础

Python 语法与 C/C++、Java 和 C#等语言有相似之处，但是也存在很大差异。Python 具有更为简洁的语法结构，Python 程序更具有可读性且易于维护。本章主要介绍 Python 语法基础。通过本章的学习，读者可以掌握数据类型、标识符和变量的基本概念及用法，掌握语法规则和 I/O 操作相关函数的使用，了解 Python 对象的含义及用法，为使用 Python 编程打下基础。

本章的学习目标：

- 掌握 Python 数据类型的含义及用法
- 掌握 Python 标识符的含义及用法
- 掌握 Python 变量的定义及使用
- 掌握 Python 编程的语法规则
- 掌握 I/O 操作相关函数的使用
- 了解 Python 对象的含义及用法

2.1 数据类型

计算机最终执行的都是二进制形式的机器指令，但为了提高编程效率并同时降低编程难度，绝大多数编程语言都在逻辑层面设置了不同的数据类型，Python 语言也是如此。和其他编程语言不同，Python 语言中的变量在使用前并不需要进行显式数据类型声明。但是，这并不代表它们没有类型，因为每个变量在使用前都必须赋值，变量只有赋值以后才会被真正创建。

通常，变量的类型实质上是指变量在内存中对应对象的存储类型，Python 变量的类型是依据变量的赋值内容而自动生成的。Python 变量可以是不同的数据类型，不仅可以是数字，还可以是任意合法的数据类型。

Python 的六大数据类型如下所示。

- 数字(Number)：包含 int(整型)、long(长整型)、complex(复数)、float(浮点型)、bool(布尔型)。
- 字符串(String)：例如"Python"、'Python'。
- 列表(List)：例如[1,2,3,4]、[5,6,7,[8,9],10]。
- 字典(Dictionary)：例如{1:"study",2:"Python"}。

- 元组(Tuple)：例如(1, "shuai",2)。
- 集合(Set)：例如{'P', 'y', 't', 'h', 'o', 'n'}。

以上六种数据类型是 Python 语言最基本的数据类型，在编程过程中使用较多。本节主要介绍数字类型，其余五大数据类型将在后续章节中详细介绍。

2.1.1　整数类型

Python 3.x 之后已经不区分 int 和 long，统一用 int 来表示整数类型，但 Python 2.x 中还是区分的，如代码实例 2-1 所示。

代码实例 2-1

```
#Python 2.x
>>>a = 1000                    #定义变量 a，并赋值为 1000
>>>type(a)                     #查看变量 a 的数据类型
<class'int'>                   #显示数据类型为 int
>>>b = 10000000000
>>>type(b)
<class'long'>
```

在 Python 2.x 中，int 和 long 是有明确区分的，1000 的数据类型是 int，而 10 000 000 000 的数据类型是 long，这是因为 int 类型能够存储的最大值为 $2^{31}-1$，即 2 147 483 647，可以用 sys.maxint 来确定 int 类型整数的最大值，如代码实例 2-2 所示。

代码实例 2-2

```
>>>import sys                  #导入 sys 模块
>>>2**31-1
2147483647L
>>>sys.maxint                  #查看 int 类型整数的最大值
2147483647
```

2**31-1 的计算结果为 2 147 483 647L，　L 代表 long。2 的 31 次方结果是 long 类型，根据 Python 语言的混合类型运算规则，long 类型整数减 1 后还是 long 类型。对于混合类型运算，后续章节中将会介绍。

Python 中的整数类型可使用十进制、二进制、八进制和十六进制形式表示。

十进制：如 99、-100。

二进制：如 0b010、-0B01 (0b、0B 开头的表示二进制数)。

八进制：如 0O10，-0o10(0O、0o 开头的表示八进制数)。

十六进制：如 0x123、-0X123(0x、0X 开头的表示十六进制数)。

在 Python 3.x 中，对不同进制数据的使用如代码实例 2-3 所示。

代码实例 2-3

```
>>>0b010
2
>>>0O10
8
>>>0X123
291
```

在 Python 中，尽管可以使用不同进制对数据进行存储，但使用了这些进制的数据可以很容易转换为十进制数进行输出。Python 默认使用十进制来进行计算和输出。

在 Python 中，当多个变量的值一样时，这个值在内存中并没有被保存多次，变量名像标签一样，多个标签可以指向同一内存空间，如代码实例 2-4 所示。

代码实例 2-4

```
>>>x = 3
>>>y = 3
>>>z = x
>>>print(x,y,z)                    #显示变量 x、y、z 的值
3 3 3
>>> print(id(x),id(y),id(z))       #显示变量 x、y、z 的值的内存地址
8791440810896   8791440810896   8791440810896
```

数字属于 Python 中的不可变对象，当修改整型变量的值时，并不是真的修改内存中变量的值，而是先把新值存放到内存中，然后修改变量，使其指向新值的内存地址，浮点数、复数等数字类型以及其他类型的变量具有同样的特点，如代码实例 2-5 所示。

代码实例 2-5

```
>>>x = 4
>>> print(id(x),id(y),id(z))
8791440810928   8791440810896   8791440810896
>>>del x                            #删除变量 x
>>>print(x)                         #提示 name 'x' is not defined，x 不存在
>>>del y                            #删除变量 x
>>>print(y)                         #提示 name 'y' is not defined，y 不存在
>>>print(z)
 3
>>> del z                           #删除变量 z
>>>print(z)                         #提示 name 'z' is not defined，z 不存在
```

当删除的变量所对应的内存有多个变量指向时，只是删除变量对内存的指向，而非删除内存中的值，因而不影响指向该内存的其他变量的使用；当删除的变量所对应的内存只有当前

一个变量指向时，则删除内存中实际的值。

Python 具有自动内存管理功能，对于没有任何变量指向的值，Python 自动将其删除。因此，Python 程序员一般情况下不需要太多考虑内存管理的问题，但显式使用 del 命令删除不需要的值或显式关闭不再需要访问的资源，仍是一个好的习惯，同时也是一名优秀程序员必须具备的基本素养。

2.1.2　浮点型(float)

Python 中的浮点数就是数学中的小数，可以看作带有小数点及小数的数字。Python 中的浮点数存在限制，小数精度也存在限制，这种限制与计算机系统有关。在 Python 中，浮点数可以用小数点形式表示，也可以用科学记数法形式表示，如代码实例 2-6 所示。

代码实例 2-6

```
>>> a = 0.0
>>>type(a)
<class 'float'>
>>> b = 1e4
>>> type(b)
<class 'float'>
```

科学记数法使用字母 e 和 E 作为幂的符号，以 10 为基数，格式为<x>e<y> = x*10y。用科学记数法表示时，浮点数的小数点位置是可变的，比如，1.23x109 和 12.3x108 是相等的。浮点数也可以采用数学写法，如 1.23、3.14、−9.01 等。对于很大或很小的浮点数，传统的数学写法较为复杂，可以采用科学记数法形式，如 1.23x109 就是 1.23e9 或 12.3e8，而 0.000012 可以写成 1.2e−5，等等。整数和浮点数在计算机内部的存储方式是不同的，整数运算永远是精确的，而浮点数运算则可能产生四舍五入。

2.1.3　复数(complex)

和传统数学表示方法一致，复数由实数部分和虚数部分构成，Python 语言中通常使用 a+bj 或 complex(a,b)表示，如代码实例 2-7 所示。其中 a 表示复数的实部，b 表示复数的虚部，并且复数的实部 a 和虚部 b 都是浮点型。

代码实例 2-7

```
>>> C = 1+2j
>>> type(C)
<class 'complex'>
```

复数是 Python 中的一种基本类型，由于 Python 语言中的所有变量都可以看作类，因此复数也有固定的成员变量和成员方法，如代码实例 2-8 所示。

代码实例 2-8

```
>>> C.real              #返回复数的实数部分
1.0
>>> C.imag              #返回复数的虚数部分
2.0
>>>C.conjugate()         #返回共轭复数
(1-2j)
```

2.1.4 布尔型(Bool)

布尔型是只有 True 和 False 两种值(注意单词首字母要大写)的数据类型。常用的布尔运算包括 and、or、not 三种，如表 2-1 和代码实例 2-9 所示。

表 2-1 布尔运算及结果

运算	结果
x and *y*	只有当 *x* 和 *y* 同时为 True 时，结果为 True
x or *y*	只要 *x* 和 *y* 中的一个为 True，结果就为 True
not*x*	取反，当 *x* 为 True 时，结果为 False；反之亦然

代码实例 2-9

```
>>> print(True and True)
  True
>>> print(True and False)
False
>>> print(False and True)
False
 >>>  print(False and False)
 False
>>> print(True or True)
  True
>>> print(True or False)
True
>>> print(False or True)
True
 >>>  print(False or False)
 False
>>> print(not True)
False
 >>>  print(not   False)
 True
```

布尔型还可以与其他数据类型做 and、or 和 not 运算，如代码实例 2-10 所示。

代码实例 2-10

```
>>> x= True and 'abc'
>>> print( x)
'abc'
>>>y= '123' and 'abc'
>>>print( y)
'abc'
>>> z = True
>>> print(z and 'z=T' or 'z=F')
  z=T
```

Python 将 0、空字符串""和 None 看成 False，将其他数值和非空字符串都看成 True。另外，此处体现了 and 和 or 运算的一条重要法则：短路计算。

(1) 在计算 *a* and *b* 时，如果 *a* 是 False，则根据与运算法则，整个结果必定为 False，因此返回 *a*；如果 *a* 是 True，则整个计算结果必定取决于 *b*，因此返回 *b*。

(2) 在计算 *a* or *b* 时，如果 *a* 是 True，则根据或运算法则，整个计算结果必定为 True，因此返回 *a*；如果 *a* 是 False，则整个计算结果必定取决于 *b*，因此返回 *b*。

由上可知，print (z and 'z=T' or 'z=F')语句中 z and z= 'T'的计算结果是'z=T'，继续计算'z=T' or 'z=F'，计算结果还是'z=T'。

当 True 和 False 遇到 int 类型并进行运算时(+ − * / **等)，True 被看成 1，False 被看成 0，如代码实例 2-11 所示。

代码实例 2-11

```
>>> print(True + 3)
4
>>> print(False + 3)
3
>>>print('aaz' > 'aba')      #比较字符串对应字母的 ASCII 码，首字母相同则比较第二个字母
False
>>>print( 3.2-True)
2.2
>>>print( 3.2*True)
3.2
>>>print( 3.2/True)
3.2
>>>print('h' > 1)            #不同数据类型不能比较
>>>print(False + "asd")      #不支持对'bool'和'str'求和
```

2.1.5　数值运算

常见的数值运算，如加减乘除等，Python 均能支持良好，并且在交互模式下可以直接输出数值运算的结果，如代码实例 2-12 所示。

代码实例 2-12

```
>>>7 + 4        # 加法
11
>>> 5.3 - 2     # 减法
3.3
>>> 3 * 8       # 乘法
24
>>> 179 % 3   # 取余
2
>>> 2 ** 6      # 指数运算
64
```

需要说明的是，Python 中有两种除法——/和//，这两种除法在 Python 2.x 和 Python 3.x 中的用法不尽相同，如代码实例 2-13 和代码实例 2-14 所示。

代码实例 2-13

```
>>>2/5                 #在 Python 3.x 中，/实现真除法
0.4
>>> 2//5               #在 Python 3.x 中，//实现整除法，向下取整
0
>>> 2.0/5
0.4
>>> 2.0 //5
0.0
>>> 12/5
2.4
>>> 12//5
2
>>> -12//5
-3
```

代码实例 2-14

```
>>>2/5                 #在 Python 2.x 中，/实现整除，向下取整
0
>>> 2//5               #在 Python 2.x 中，//实现整除法，向下取整
0
>>> 2.0/5              #在 Python 2.x 中，被除数为浮点数时，/实现真除
0.4
>>> 2.0 //5
0.0
>>> 12/5
2.4
>>> 12//5
2
>>> -12//5
-3
```

算术运算符是双目运算符，有两个操作数参与运算，当参与运算的两个操作数的类型不一致时，首先将它们转换成同一类型，然后进行运算，否则会提示错误。转换的基本规则是：如果参与算术运算的两个操作数中有一个是复数，则把另一个也转换为复数；如果两个操作数中有一个是浮点数，则把另一个也转换成浮点数；如果两个操作数中有一个是长整数，则把另一个也转换成长整数。转换时，不同类型之间的转换必须遵循一定的转换方向，比如不可以把浮点数转换为整数，也不能把复数转换为其他数值类型。由于 Python 3.x 中没有了长整数，因此转换机制更为简洁。

2.1.6　数值计算函数库

Python 内置了很多实用的数值函数，不需要引入第三方包即可进行调用，如表 2-2 所示。

表 2-2　数值函数

函数名	函数用法
abs(x)	返回数字的绝对值，如 abs(-10)返回 10
ceil(x)	返回数字的上入整数，如 math.ceil(4.1)返回 5
cmp(x, y)	如果 $x<y$，返回-1；如果 $x==y$，返回 0；如果 $x>y$，返回 1。该函数 Python 3.x 中已废弃，使用(x>y)- (x<y) 替换
exp(x)	返回 e 的 x 次幂，比如 math.exp(1)返回 2.718281828459045
fabs(x)	返回数字的绝对值，如 math.fabs(-10)返回 10.0
floor(x)	返回数字的下舍整数，如 math.floor(4.9)返回 4
log(x)	比如 math.log(math.e)返回 1.0、math.log(100,10)返回 2.0
log10(x)	返回以 10 为基数的 x 的对数，如 math.log10(100)返回 2.0
max($x1$, $x2$,…)	返回给定参数的最大值，参数可以为序列
min($x1$, $x2$,…)	返回给定参数的最小值，参数可以为序列
modf(x)	返回 x 的整数部分与小数部分，两部分的数值符号与 x 相同，整数部分用浮点型表示
pow(x, y)	返回 x**y 运算后的值
round(x [,n])	返回浮点数 x 的四舍五入值，如给出 n 值，则代表舍入到小数点后的位数
sqrt(x)	返回数字 x 的平方根

此外，随机数在计算机编程中是一种非常有用的数据生成方法，不仅经常用于数学、游戏、安全等领域，而且还经常被嵌入到算法中以提高算法的效率和程序的安全性。Python 语言中包含一些常用的随机数函数，如表 2-3 所示。不过在使用这些函数之前，需要使用 import random 导入 random 模块，如代码实例 2-15 所示。

表 2-3　常用的随机数函数

函数名	函数用法
choice(seq)	从元素序列中随机挑选一个元素，比如 random.choice(range(10))，表示从 0 到 9 中随机挑选一个整数
randrange([start,]stop [,step])	在指定范围内，从按指定基数递增的集合中获取一个随机数，基数默认为 1
random()	随机生成下一个实数，在[0,1]范围内

(续表)

函数名	函数用法
randint(*a*,*b*)	随机生成下一个整数，在[*a*,*b*]范围内
seed([*x*])	改变随机数生成器的种子。如果不了解原理，那么不必特意去设定种子，Python 会帮你选择种子
shuffle(lst)	将序列中的所有元素随机排序
uniform(*x*, *y*)	随机生成下一个实数，在[*x*,*y*]范围内

代码实例 2-15

```
>>>import random                #导入 random 模块
>>> a = random.random()          #调用 random 模块中的 random 函数
>>> print(a)
0.015109619344840453
>>> b = random.randint(1, 1000)     #调用 random 模块中的 randint 函数
>>>print(b)
816
```

2.1.7 type 函数的应用

当不清楚变量的数据类型时，可以通过 Python 内置的 type 函数来查询，如代码实例 2-16 所示。

代码实例 2-16

```
>>> x = 3
>>>type(x)
<class 'int'>
>>> a, b, c = 20, 5.5, 4+3j
>>> print(type(a), type(b), type(c))
<class 'int'><class 'float'><class 'complex'>
>>> type(type(a))
<class 'type'>
```

2.2 标识符

在编程语言中，标识符就是程序员自己规定的具有特定含义的名称和符号，比如类名、属性名、变量名等。Python 语言中以下划线开头的标识符是有特殊意义的。例如，以单下划线开头(如_foo)的标识符代表不能直接访问的类属性，需要通过类提供的接口进行访问，不能通过 from xxx import *方式导入；以双下划线开头(如__foo)的标识符代表类的私有成员；以双下划线开头和结尾(如__foo__)的标识符代表 Python 中的特殊方法，如__init__()代表类的构造函数。

2.2.1　标识符的含义

以变量为例，一切变量在使用前必须定义，可以通过变量名引用定义的变量。此外，要注意以下两点：

- Python 可以同时对多个变量赋值。
- 一个变量可以通过赋值指向不同类型的对象，如代码实例 2-17 所示。

代码实例 2-17

```
>>> x = 3
>>>print(type(x))
<class 'int'>
>>> x = [1,2,3]
>>> print(type(x)
<class 'list'>
```

2.2.2　标识符的命名

标识符在命名时应遵守一定的规则，总结如下：

- 标识符必须是英文字母、数字和下划线(_)的组合，并且不能以数字开头。
- 标识符中不能有空格以及标点符号(如括号、引号、逗号、斜线、反斜线、冒号、句号、问号等)。
- Python 语言是区分大小写的，因此 abc 和 Abc 是两个不同的标识符。
- 标识符不能与 Python 关键字同名。
- 不要使用内置函数名、内置数据类型或异常名作为标识符。

为了使标识符更清晰易读，一般使用驼峰命名法。驼峰命名法由驼峰这种直观形状衍生而来，主要有两种命名方法。

- 小驼峰式命名法(lower camel case)：第一个单词以小写字母开头，第二个单词的首字母大写，例如 myName、aDog。
- 大驼峰式命名法(upper camel case)：每个单词的首字母都采用大写字母，例如 FirstName、LastName。

另外，在程序员中还有一种命名法比较流行，就是使用下划线_来连接所有的单词，比如 send_buf。

2.2.3　Python 关键字

Python 中一些具有特殊功能的标识符，就是 Python 关键字。这些关键字在 Python 内部使用，因此不允许开发者再定义和关键字同名的标识符。Python 关键字的查看方法参见代码实例 2-18。运行结果中出现的就是当前环境下的关键字。

代码实例 2-18

```
>>> import keyword
>>> keyword.kwlist
['False', 'None', 'True', 'and', 'as', 'assert', 'async', 'await', 'break', 'class', 'continue', 'def', 'del', 'elif', 'else', 'except', 'finally', 'for', 'from', 'global', 'if', 'import', 'in', 'is', 'lambda', 'nonlocal', 'not', 'or', 'pass', 'raise', 'return', 'try', 'while', 'with', 'yield']
```

2.2.4 Python 的 BIF

BIF(Bulit In Function)意为内置函数，是 Python 自身提供的函数功能。对于这些函数，开发人员可以直接使用。Python 提供了大量的内置函数，在 Python 运行环境中可以使用 dir(__builtins__)命令查看这些内置函数，如代码实例 2-19 所示。

代码实例 2-19

```
>>> dir(__builtins__)
['ArithmeticError', 'AssertionError', 'AttributeError', 'BaseException', 'BlockingIOError', 'BrokenPipeError', 'BufferError', 'BytesWarning', 'ChildProcessError', 'ConnectionAbortedError', 'ConnectionError', 'ConnectionRefusedError', 'ConnectionResetError', 'DeprecationWarning', 'EOFError', 'Ellipsis', 'EnvironmentError', 'Exception', 'False', 'FileExistsError', 'FileNotFoundError', 'FloatingPointError', 'FutureWarning', 'GeneratorExit', 'IOError', 'ImportError', 'ImportWarning', 'IndentationError', 'IndexError', 'InterruptedError', 'IsADirectoryError', 'KeyError', 'KeyboardInterrupt', 'LookupError', 'MemoryError', 'ModuleNotFoundError', 'NameError', 'None', 'NotADirectoryError', 'NotImplemented', 'NotImplementedError', 'OSError', 'OverflowError', 'PendingDeprecationWarning', 'PermissionError', 'ProcessLookupError', 'RecursionError', 'ReferenceError', 'ResourceWarning', 'RuntimeError', 'RuntimeWarning', 'StopAsyncIteration', 'StopIteration', 'SyntaxError', 'SyntaxWarning', 'SystemError', 'SystemExit', 'TabError', 'TimeoutError', 'True', 'TypeError', 'UnboundLocalError', 'UnicodeDecodeError', 'UnicodeEncodeError', 'UnicodeError', 'UnicodeTranslateError', 'UnicodeWarning', 'UserWarning', 'ValueError', 'Warning', 'WindowsError', 'ZeroDivisionError', '_', '__build_class__', '__debug__', '__doc__', '__import__', '__loader__', '__name__', '__package__', '__spec__', 'abs', 'all', 'any', 'ascii', 'bin', 'bool', 'breakpoint', 'bytearray', 'bytes', 'callable', 'chr', 'classmethod', 'compile', 'complex', 'copyright', 'credits', 'delattr', 'dict', 'dir', 'divmod', 'enumerate', 'eval', 'exec', 'exit', 'filter', 'float', 'format', 'frozenset', 'getattr', 'globals', 'hasattr', 'hash', 'help', 'hex', 'id', 'input', 'int', 'isinstance', 'issubclass', 'iter', 'len', 'license', 'list', 'locals', 'map', 'max', 'memoryview', 'min', 'next', 'object', 'oct', 'open', 'ord', 'pow', 'print', 'property', 'quit', 'range', 'repr', 'reversed', 'round', 'set', 'setattr', 'slice', 'sorted', 'staticmethod', 'str', 'sum', 'super', 'tuple', 'type', 'vars', 'zip']
```

2.2.5 专有标识符

Python 标识符中有一些具有特殊的含义。

可以使用下划线作为变量前缀和后缀来指定 Python 特殊变量。

- _xxx：不通过 from module import *方式导入，一般被看作私有的，在模块或类的外部不可使用。
- __xxx__：由系统定义。
- __xxx：类中的私有变量。

另外，使用__name__标识符判断模块被导入还是被直接执行。

如果模块被导入，__name__的值为模块名；如果模块被直接执行，__name__的值为__main__；如代码实例 2-20 和代码实例 2-21 所示。

代码实例 2-20

```
#module1.py
def main():
    print "we are in %s"%__name__
    if __name__ =='__main__':
    main()
```

module1.py 中定义了 main()函数，直接执行的结果是打印出" we are in __main__"，说明此时__name__ =='__main__'，if 语句中的内容得以执行，调用了 main()函数。

代码实例 2-21

```
#module2.py
from module import  main
main()
```

如果从模块导入并调用一次 main()函数，执行结果是打印出" we are in module "，说明此时__name__== 'module'，导入时 __name__=='__main__' 下面的函数没有执行。

2.3 变量的作用域

在 Python 程序中创建、修改、查找变量时，都是在保存了变量名的空间中进行，称为名称空间，也被称为作用域。Python 变量的作用域是静态的，在源代码中，变量被赋值的位置决定了变量能被访问的范围，即变量的作用域由变量在源代码中的位置决定。

2.3.1 Python 作用域类型

在 Python 程序中，变量并不是在哪个位置都可以访问的，变量的定义位置决定了变量的访问权限，即变量的作用域决定了在哪部分程序可以访问哪些特定的变量。Python 变量的作用域分为 4 种。

1. 全局作用域

在模块文件顶层声明的变量具有全局作用域。从外部看，模块中的全局变量就是模块对象的属性。全局作用域的作用范围仅限于单个模块文件内，如代码实例 2-22 所示。

代码实例 2-22

```
#2-22.py
def fun():
```

```
    print('乘法的运行结果：',num1)
num1 = 1
fun()
print('初始 num1=',num1)
```

执行结果：

乘法的运行结果：1
初始 num1= 1

全局变量 num1 的作用域是文件 2-22.py，在函数 fun 的内部依然有效。但如果在函数中修改全局变量的值，那么有效范围仅限于函数内部，函数外全局变量的值未变，如代码实例 2-23 所示。

代码实例 2-23

```
def fun():
    num1 = 2
    print('乘法的运行结果：',num1)
num1 = 1
fun()
print('初始 num1=',num1)
```

执行结果：

乘法的运行结果：2
初始 num1= 1

在函数中更改全局变量时，原来的全局变量并未改变，而是在函数内创建了一个和所要改变的变量名字一样的变量，新创建的变量的有效范围仅限于函数内部。如果要使改变在全局有效，可使用 global 关键字在函数内声明该变量，如代码实例 2-24 所示。

代码实例 2-24

```
def fun():
    global num1
    num1 = 2
    print('乘法的运行结果：',num1)
num1 = 1
fun()
print('初始 num1=',num1)
```

执行结果：

乘法的运行结果：2
初始 num1= 2

2. 局部作用域

局部变量包含在使用 def 关键字定义的语句块中，它们是在函数中定义的变量。每当函数被调用时，都会创建一个新的局部作用域。在函数内部，除非特别声明为全局变量，否则默认为局部变量，局部变量只能在函数内部访问，如代码实例 2-25 所示。

代码实例 2-25

```
def fun(x):
    y = 2
    print('乘法的运行结果：',x*y)
num1 = 1
print('初始 num1=',num1)
fun(num1)
print('y 的值是：',y)
```

执行结果：

```
初始 num1= 1
乘法的运行结果：2
Traceback (most recent call last):
  File "E:/实验室/书/2019/2-15.py", line 7, in <module>
    print('y 的值是：',y)
NameError: name 'y' is not defined
```

局部变量 y 的作用域是函数 fun，当试图在 fun 函数的外部调用 y 时，会报错。

但有些情况下需要在函数内部定义全局变量，这时可以使用 global 关键字来提升变量的作用域范围为全局作用域，如代码实例 2-26 所示。

代码实例 2-26

```
#2-19.py
def fun(x):
    global y
    y = 2
    print('乘法的运行结果：',x*y)
num1 = 1
print('初始 num1=',num1)
fun(num1)
print('y 的值是：',y)
```

执行结果：

```
初始 num1= 1
乘法的运行结果：2
y 的值是：2
```

在 fun 函数内部，使用 global 声明 y 为全局变量，它在 fun 函数外部依然有效。

一般建议尽量使用局部变量而少定义全局变量，因为全局变量在模块文件运行的过程中会一直存在，占用内存空间，并且更容易引发错误。

3. 闭包函数的嵌套作用域

在嵌套函数中，如果嵌套函数引用了外层函数中的变量，则称之为闭包，如代码实例 2-27 所示。

代码实例 2-27

```
def fun1():
    num1 = 2
    def fun2():
        print('num1 是：',num1)
    return fun2()

fun1()
```

执行结果：

```
num1 是：2
```

num1 为内嵌函数中的非全局变量，在内嵌函数中可以直接引用 num1，但不能修改 num1 的值，如代码实例 2-28 所示。

代码实例 2-28

```
def fun1():
    num1 = 2
    def fun2():
        num1   += 5
        print(num1)
    return fun2()

fun1()
```

执行结果：

```
Traceback(most recent call last):
File "E:/Python /2-17.py", line 8, in <module>
  fun1()
File "E:/ Python /2-17.py", line 6, in fun1
  return fun2()
File "E:/ Python /2-17.py", line 4, in fun2
  num1   += 5
UnboundLocalError: local variable 'num1' referenced before assignment
```

在内嵌函数 fun2 中对 num1 重新赋值，运行不成功。在内嵌函数中试图修改 num1 时，外部函数中 num1 的值会被屏蔽起来，此时在内嵌函数中 num1 并未赋值，因此不能进行赋值运算。解决方案有两种，分别是使用列表和 nonlocal 关键字，nonlocal 关键字是在内嵌函数中强制声明 num1 不是局部变量，如代码实例 2-29 和代码实例 2-30 所示。

代码实例 2-29

```
#2-22.py
def fun1():
    num1 = [2]
    def fun2():
        num1[0] += 5
        print(num1[0])
    return fun2()
fun1()
```

执行结果：

```
7
```

代码实例 2-30

```
#2-23.py
def fun1():
    num1 = 2
    def fun2():
        nonlocal num1
        num1 += 5
        print(num1)
    return fun2()
fun1()
```

执行结果：

```
7
```

4. 内置作用域

系统内固定模块里定义的变量拥有内置作用域，如预定义在 builtin 模块内的变量。

变量作用域的优先级顺序：局部作用域 > 嵌套作用域 > 全局作用域 > 内置作用域。

LEGB(Local Enclosing Global Builtin)法则：当在函数中使用未确定的变量名时，Python 会按照优先级依次搜索 LEGB 的 4 个作用域，以此来确定该变量名的意义。首先搜索局部作用域(L)，之后是上一层嵌套结构中 def 或 lambda 函数的嵌套作用域(E)，再之后是全局作用域(G)，最后是内置作用域(B)。按照上述查找原则，在第一处找到的地方停止。如果都没有找到，则会发出 NameError 错误。Python 中变量的作用域如代码实例 2-31 所示。

代码实例 2-31

```
x = int(2.9)          # 内建作用域
g_count = 0           # 全局作用域
def outer():
    o_count = 1    # 闭包函数外的函数
    def inner():
        i_count = 2    # 局部作用域
```

Python 中只有模块(module)、类(class)以及函数(def、lambda)才会引入新的作用域，其他的代码块(如 if/elif/else/、try/except、for/while 等)是不会引入新的作用域的。也就是说，在这些语句内定义的变量，从外部也可以访问，如代码实例 2-32 所示。

代码实例 2-32

```
>>> if True:
...    msg = 'I am from Runoob'
...
>>> msg
'I am from Runoob'
```

msg 变量定义在 if 代码块中，但从外部也是可以访问的。如果将 msg 变量定义在函数中，那它就是局部变量，从外部不能访问，如代码实例 2-33 所示。

代码实例 2-33

```
>>> def test():
...         msg_inner = 'I am from Runoob'
...
>>> msg_inner
Traceback (most recent call last):
  File "<stdin>", line 1, in <module>
NameError: name 'msg_inner' is not defined
```

从报错信息可以看出， msg_inner 未定义，无法使用，因为它是局部变量，仅在函数内部可以使用。

通常，定义在函数内部的变量拥有局部作用域，定义在函数外部的变量拥有全局作用域。局部变量只能在它被声明的函数内部访问，而全局变量可以在整个程序范围内访问。调用函数时，在函数内部声明的所有变量都将被加入作用域中，如代码实例 2-34 所示。

代码实例 2-34

```
total = 0;                              # 这是一个全局变量
def sum( arg1, arg2 ):                  # 返回两个参数的和
    total = arg1 + arg2;                # total 在这里是局部变量
    print ("函数内是局部变量：", total)
    return total;
```

```
  #调用 sum 函数
  sum( 10, 20 );
print ("函数外是全局变量：", total)

执行结果：
函数内是局部变量：30
函数外是全局变量：0
```

2.3.2　赋值操作符

Python 中，主要的赋值运算符是等号(=)。对变量赋值不是直接将值赋给变量，变量是通过引用传递的。不管是新创建的还是已经存在的变量，都是将变量的引用赋值给变量。Python 中的变量赋值不需要类型声明。在内存中创建每个变量时，都会包括变量的标识、名称和数据这些信息。每个变量在使用前都必须赋值，变量在赋值以后才会被创建。等号(=)运算符的左边是变量名，右边是存储在变量中的值，如代码实例 2-35 所示。

代码实例 2-35

```
# -*- coding: UTF-8 -*-
counter = 10                # 赋值整型变量
miles = 10.0                # 浮点型
name = "Lily"               # 字符串
print(counter)
print(miles)
print(name)

执行结果：
10
10.0
Lily
```

10、10.0 和"Lily "分别被赋值给 counter、miles、name 变量。

2.3.3　增量赋值

和其他编程语言类似，Python 语言也提供了增量赋值运算符。在 Python 语言中，增量赋值相对于普通赋值不仅仅是写法上的改变，最有意义的变化是第一个对象仅被处理一次，Python 语言中常用的增量赋值运算符如表 2-4 所示。

表 2-4　增量赋值运算符

运算符	描述	实例
+=	加法赋值运算符	c += a 等效于 c = c + a
-=	减法赋值运算符	c -= a 等效于 c = c - a
*=	乘法赋值运算符	c *= a 等效于 c = c * a

(续表)

运算符	描述	实例
/=	除法赋值运算符	c /= a 等效于 c = c / a
%=	取模赋值运算符	c %= a 等效于 c = c % a
**=	幂赋值运算符	c **= a 等效于 c = c ** a
//=	取整除赋值运算符	c //= a 等效于 c = c // a

需要注意，Python 不支持 x++或--x 这样的前置或后置形式的自增和自减运算。

2.3.4 多元赋值

Python 语言允许同时为多个变量赋值，例如：

```
a = b = c = 100
```

该例中，我们创建了一个整型对象，值为 100，并且三个变量被分配了相同的内存空间。也可以为多个对象指定多种类型的变量，例如：

```
a, b, c = 1, 2, "Lily"
```

该例中，两个整型对象 1 和 2 被分别分配给变量 a 和 b，字符串对象 "Lily" 被分配给变量 c。赋值时将等号两边的对象都看成元组，使用多元赋值的方法可以不使用中间变量而直接交换变量的值，如代码实例 2-36 所示。

代码实例 2-36

```
>>> a = 3
>>> b = 4
>>> a,b = b,a
>>> a
4
>>> b
3
```

2.4 语法规则

Python 代码的语法规则相对简单，并且有良好的交互性。本节将从注释、代码组与代码块、同行书写多条语句以及空行与缩进等方面进行介绍。

2.4.1 注释

Python 中的注释有单行注释和多行注释两种，其中单行注释以#开头，多行注释可以换行后再以#开头，Python 解释器会自动忽略以#开头的行，或者使用三个单引号 '''注释内容'''， 也可以使用三个双引号 """注释内容"""，如代码实例 2-37 所示。

代码实例 2-37

```
# 这是一个单行注释
print("Hello, World!")        #此处也可以注释
'''三对单引号，Python 多行注释
三对单引号，Python 多行注释
三对单引号，Python 多行注释'''
"""三对双引号，Python 多行注释
三对双引号，Python 多行注释
三对双引号，Python 多行注释"""
```

执行结果：

```
Hello, World!
```

2.4.2　代码组与代码块

缩进相同的一组语句构成一个代码块，也称为代码组。像 if、while、def 和 class 这样的复合语句，首行以关键字开始，以冒号(:)结束，首行之后的一行或多行代码构成代码组。一般将首行以及后面的代码组称为子句(clause)。下面这段代码包含 if、elif 和 else 三个子句，其中每个子句包含一个代码组，即 suite 所示位置。

```
if expression :
        suite
elif expression :
        suite
else :
        suite
```

2.4.3　同行书写多条语句

Python 通常是一行写完一条语句，但如果语句很长，可以使用反斜杠(\)来实现多行语句，如代码实例 2-38 所示。

代码实例 2-38

```
>>> print('Hello \
World')
Hello World
```

需要注意的是，[]、{}或()中的多行语句，不需要使用反斜杠(\)，如代码实例 2-39 所示。

代码实例 2-39

```
>>> months = ['January ', 'February ', 'March','April ',
 'May','June ', 'July ', 'August ',
'September ', 'October','November ', 'December ']
>>>months
['January ', 'February ', 'March', 'April ', 'May', 'June ', 'July ', 'August ', 'September ',
'October', 'November ', 'December ']
```

2.4.4 空行与缩进

函数之间或类的方法之间用空行分隔，表示一段新代码的开始。类和函数入口之间也用空行分隔，以突出函数入口的开始。空行与代码缩进不同，空行并不是Python语法的一部分。书写时不插入空行，Python解释器也不会报错。空行的作用在于分隔两段功能或含义不同的代码，便于日后维护或重构。空行也是程序代码的一部分。

Python最具特色的就是使用缩进来表示代码块，不需要使用大括号{}。缩进的空格数是可变的，但是同一代码块中的语句必须包含相同的缩进空格数，如代码实例2-40和代码实例2-41所示。

代码实例2-40

```
if  True:
    print ('Answer')
    print ('True')
else:
    print ('Answer')
    print ('False')
```

执行结果：

```
Answer
True
```

代码实例2-41

```
if  True:
    print ('Answer')
  print ('True')                    # 缩进不一致，会导致运行错误
else:
    print ('Answer')
 print ('False')                    # 缩进不一致，会导致运行错误
```

2.5 I/O操作

I/O在计算机中指Input/Output，也就是输入输出。由于程序和运行时数据驻留在内存中，由CPU这个超快的计算核心来执行，涉及数据交换的地方，通常是磁盘、网络等，就需要I/O接口。比如打开浏览器并访问新浪网的首页，浏览器这个程序就需要通过网络I/O获取新浪网的网页。浏览器首先会发送数据给新浪服务器，告诉它访问者想要首页的HTML，这个动作是往外发数据，叫作Output；随后新浪服务器把网页发过来，这个动作是从外面接收数据，叫作Input。

2.5.1 输出操作

Python 2.x和Python 3.x中的输出方法也不一样。在Python 2.x中，使用print语句进行输

出；在 Python 3.x 中，使用 print 函数进行输出；如代码实例 2-42 和代码实例 2-43 所示。

代码实例 2-42

```
#Python 2.x
>>> print 'Hello, Python'
Hello, Python
```

代码实例 2-43

```
#Python 3.x
>>> print ('Hello, Python')
Hello, Python
```

在 Python 2.x 中，通过逗号在末行抑制输出换行。在 Python 3.x 则在 print 函数中使用 end='' 附加空格而不是换行，如代码实例 2-44 和代码实例 2-45 所示。

代码实例 2-44

```
#Python 2.x
a = list(range(10)
for i in a
    print i,

执行结果：
0 1 2 3 4 5 6 7 8 9
```

代码实例 2-45

```
#Python 3.x
a = list(range(10)
for i in a
    print(i,end=' ')

执行结果：
0 1 2 3 4 5 6 7 8 9
```

print 函数可以跟上多个字符串，用逗号隔开，就可以连成一串输出。Print 函数会依次打印每个字符串，遇到逗号会输出一个空格，如代码实例 2-46 所示。

代码实例 2-46

```
>>> print ("Deep learning is", "a kind of", "machine learning. ")
Deep learning is a kind of machine learning.
```

print 函数也可以打印整数或者计算结果，如代码实例 2-47 所示。

代码实例 2-47

```
>>> print(100)
100
>>> print(20 + 30)
50
>>> print('20 + 30', 20 + 30)
20 + 30 = 50
```

对于 20 + 30，Python 解释器自动计算出结果 50，但是，'20 + 30 ='是字符串而非数学公式，Python 会把它视为字符串。

2.5.2 输入操作

在 Python 2.x 中，raw_input 函数将所有输入作为字符串看待，返回字符串类型。input 函数在对待纯数字输入时具有自己的特性，它返回所输入数字的类型(int 或 float)。input 函数相等于 eval(raw_input(prompt))，用来获取控制台输入，其中 eval 函数用于将输入数据还原成原有数据类型。

在 Python 3.x 中，不存在 raw_input 函数，只提供了 input 函数用来接收用户的键盘输入。不论用户输入数据时使用什么界定符，input 函数的返回结果都是字符串，需要转换为相应的类型后再处理。也可使用 eval(input(prompt))，再把输入数据还原成原有的数据类型，如代码实例 2-48 所示。

代码实例 2-48

```
>>> a = input('Please input:')
Please input:6
>>> print(type(a))
<class 'str'>
>>> a = input('Please input:')
Please input:[1,2,3]
>>> print(type(a))
<class 'str'>
>>> a = input('Please input:')
Please input:(1,2,3)
>>> print(type(a))
<class 'str'>
>>> a =eval(input('Please input:'))
Please input:1
>>> print(type(a))
<class 'int'>
>>> a =int(input('Please input:'))
Please input:1
>>> print(type(a))
<class 'int'>
>>> a = raw_input('Please input:')
NameError: name 'raw_input' is not defined
```

任何计算机程序都是为了执行某个特定的任务，有了输入，用户才能告诉计算机程序所需的信息，有了输出，程序运行后才能告诉用户任务的执行结果。input 和 print 是命令行下最基本的输入输出函数。用户也可以通过其他更高级的图形界面完成输入输出。比如，在网页上的文本框中输入自己的名字，单击“确定”后在网页上看到输出信息。

2.6 Python 模块

为了编写可维护的代码，可以将函数分组，分别放到不同的文件里。这样，每个文件包含的代码就相对较少，很多编程语言都采用这种代码组织方式。在 Python 中，一个.py 文件就称为一个模块(Module)。使用模块可以提高代码的可维护性，模块还可以在其他地方引用，另外，使用模块可以避免函数名和变量名冲突。

2.6.1 模块的分类

在 Python 中，模块分为三种：

- 内置标准模块(又称标准库)，执行 help('modules')可查看所有 Python 自带模块。
- 第三方开源模块，可通过“pip install 模块名”联网安装。
- 自定义模块，只要创建了一个.py 文件，就可以称之为模块，可以在另一个程序中导入。

2.6.2 使用 pip 管理 Python 扩展库

Python 的默认安装中仅包含部分基本模块和核心模块，第 1 章已经介绍了如何使用 PyCharm 工具来添加第三方库，此外也可以使用 pip 指令来添加。在 Python 2.7.9 和 Python 3.4.0 之前的版本中，需要先安装 pip 命令才能使用，之后的版本则不再需要单独安装。

pip 是官方推荐的安装和管理 Python 扩展库的工具，用它来下载和管理 Python 扩展库非常方便。pip 最大的优势在于不仅能将需要的扩展库下载下来，而且会把依赖的相关包也下载下来。使用 pip 命令可完成扩展库的安装、升级、卸载等操作。

一般情况下，可使用 pip install 命令在线安装 Python 扩展库，但是有些扩展库在安装的时候可能会遇到困难，这时我们可能需要离线安装.whl 文件来安装它们。常用的 pip 命令使用方法如表 2-5 所示。

表 2-5　常用的 pip 命令使用方法

pip 命令示例	说明
pip install SomePackage	安装 SomePackage 模块
pip list	列出当前已安装的所有模块
pip intall --upgrade SomePackage	升级 SomePackage 模块
pip uninstall SomePackage	卸载 SomePackage 模块
pip install ***.whl	使用.whl 文件进行离线安装

2.6.3 模块的导入和使用

Python 在启动时，仅自动加载很少一部分模块，在需要时可显式的加载需要的模块。使用 sys.modules.items()可以查看所有预加载模块的相关信息。

```
import 模块名 [as 别名]
```

使用 import 指令可对模块进行加载，加载后，使用“模块名.对象名”的方式进行访问。如果设置了模块别名，可使用“别名.对象名”的方式进行访问，如代码实例 2-49 所示。

代码实例 2-49

```
>>>import sys
>>> sys.modules.items()                #显示所有预加载信息
>>>import math
>>>math.cos(1)                         #计算 cos(1)的值
0.5403023058681398
>>>import random as rdm
>>>x = rdm.random()                    #获取[0,1]区间内的随机小数
0.8886071581968092
```

```
from 模块名 import 对象名[as 别名]
```

如果只需要使用模块中的某个对象，可使用“from 模块名 import 对象名”的方式进行导入，加载后可使用对象名直接进行访问，而不需要将模块名作为前缀；在导入的同时，可以指定别名，使用别名也可直接访问，如代码实例 2-50 所示。

代码实例 2-50

```
>>> from math import cos
>>> cos(1)                             #计算 cos(1)的值
0.5403023058681398
>>> from random import randint as rdi
>>>x = rdi(1,1000)                     #获取[1,1000]区间内的随机整数
869
```

也可以使用“from 模块名 import *”的方式一次性导入模块中的所有对象，但是如果两个模块中含有名称相同的对象，在访问时将导致混乱。

2.6.4 模块的导入顺序

当需要导入的模块类型较多时，一般遵守如下导入顺序：

(1) 导入 Python 标准模块，如 sys、os、math 等。

(2) 导入第三方开源模块，如 NumPy、Pandas、matplotlib 等。

(3) 导入自己开发的模块。

2.7 Python 对象

Python 从设计之初就是一门面向对象的语言，对象在 Python 程序设计中无处不在，比如变

量以及后面将要介绍的函数、容器、类等皆是对象。对象在现实生活中处处可见，例如，每个具体的人是对象，一本书是对象，一只小猫也是对象……既然人、书、猫都是对象，那么不难想到，人有人名，书有书名，猫有可能也有好听的名字，我们将名字称为对象的属性。人会说话，书可供人阅读，猫会喵喵叫……这些可以说是对象具有的功能，在面向对象编程语言中，我们将这些功能称为对象的方法。

Python 中的对象是怎样产生的呢？Python 中有一种以关键字 class 定义的类型——类，通过实例化类，就能得到类的对象，如代码实例 2-51 所示。关于类的定义和对象的声明将在后续章节中详细讲解。

代码实例 2-51

```
class Cat(object):
    name = 'Tom'                    # 定义属性
    def miaow(self):                # 定义方法
        print('喵喵喵……')

if __name__ == '__main__':
    obj = Cat()
    print(obj.name)
    obj.miaow()
```

执行结果：

```
Tom
喵喵喵……
```

上例中，首先使用 class 关键字定义了一个名为 Cat 的类，然后在 Cat 类中定义了类的属性 name 并赋值为 Tom，最后使用 def 关键字定义了一个名为 miaow 的方法。在类定义之后，使用 obj = Cat()实例化类，生成名为 obj 的对象，然后使用 . 操作符获取对象的 name 属性并打印其值，最后通过 . 操作符调用对象的方法并打印猫叫声。

除了自定义的类，Python 中还有许多可以直接使用的对象类型，称为 Python 内置对象，例如列表(list)、集合(set)、元组(tuple)等。内置对象 list 的使用方法如代码实例 2-52 所示。

代码实例 2-52

```
if __name__ == '__main__':
    list1 = list([1, 2, 3, 4])          # 等价于 list1 = [1, 2, 3, 4]
  print(list1)
  list1.append(5)
  print(list1)
```

执行结果：

```
[1, 2, 3, 4]
[1, 2, 3, 4, 5]
```

该例中，首先通过 list 类实例化一个拥有元素 1、2、3、4 的列表，然后通过 list 对象方法 append 向其中添加元素 5。Python 中内置对象的使用相对简单，复杂的面向对象编程方法将在后续章节中进行详细讲解。

2.8 本章小结

本章首先详细介绍了 Python 的数据类型、标识符和变量作用域的含义及使用方法，然后介绍了 Python 的语法规则、I/O 操作和模块的分类及使用方法，最后就 Python 对象做出简要介绍。

第3章 流程控制语句

程序有三种最基本的控制结构：顺序结构、选择结构和循环结构。采用顺序结构的程序通常按照由前到后的顺序执行各个语句，直到程序结束。通过引入选择结构和循环结构，可改变程序的执行流程。本章主要介绍 Python 语言中的选择结构和循环结构等相关知识，通过本章的学习，读者可以掌握 Python 编程中流程控制的使用方法。

本章的学习目标：

- 了解条件表达式的书写方法
- 掌握选择结构的使用方法
- 掌握循环语句的使用方法
- 掌握循环控制语句的使用方法
- 理解可迭代对象的含义
- 掌握迭代器的使用方法
- 掌握生成器的使用方法
- 掌握与条件循环相关的内置函数的用法

3.1 条件语句

条件语句用来判断给定的条件是否满足，并根据判断的结果(True 或 False)做出决策，控制代码块的执行。条件语句适合于带有逻辑或关系比较等条件判断的计算，可使问题根据分支逐步简单化、次序化。选择结构和循环结构通过条件语句来确定下一步的执行流程。

3.1.1 条件表达式

典型的条件表达式一般由运算符、操作数组成，其中，操作数指运算符处理的数据，运算符指对操作数进行运算处理的符号。Python 语言中，条件表达式常用的运算符如下。

- 算术运算符：+、 −、*、 /、 //、 %、 **、 ~。
- 关系运算符：> 、< 、== 、!=、 <>、 <=、 >= 。
- 测试运算符：in、not in、is、not is。
- 逻辑运算符：and、or、not。

其中，算术运算符可查看 2.1.5 小节。常用的关系运算符和测试运算符如表 3-1 和表 3-2 所示。

表 3-1 Python 关系运算符

运算符示例	功能说明
a == b	等于，比较对象是否相等；a 等于 b 返回 True
a != b	不等于，比较两个对象是否不相等；a 不等于 b 返回 True
a <> b	不等于，比较两个对象是否不相等；a 不等于 b 返回 True，类似!=
a > b	大于，返回 a 是否大于 b；a 大于 b 返回 True
a < b	小于，返回 a 是否小于 b；a 小于 b 返回 True
a >= b	大于或等于，返回 a 是否大于或等于 b；a 大于或等于 b 返回 True
a <= b	小于或等于，返回 a 是否小于或等于 b；a 小于或等于 b 返回 True

表 3-2 Python 测试运算符

运算符示例	功能说明
a in b	a 是否在 b 序列中，如果 a 在 b 序列中，返回 True，否则返回 False
a not in b	a 是否不在 b 序列中，如果 a 不在 b 序列中，返回 True，否则返回 False
a is b	判断 a、b 两个标识符是否引用同一个对象，类似 id(a) == id(b)。如果引用的是同一个对象，返回 True，否则返回 False
a is not b	判断 a、b 两个标识符是否不引用同一个对象，类似 id(a) != id(b)，如果引用的不是同一个对象，返回 True，否则返回 False

当需要对多个条件同时做判断时，使用 or(或)，表示两个条件中有一个成立时判断条件成功；使用 and(与)，表示只有在两个条件同时成立的情况下，判断条件才成功；可查看 2.1.4 节。

对 Python 复合布尔表达式的计算采用短路规则，如果通过前面部分已经计算出整个表达式的值，则后面部分不再计算。比如在代码实例 3-1 中，代码将正常执行而不会报除零错误，这种计算方式可以最大限度提升程序的实际运行效率。

代码实例 3-1

```
>>> a = 0
>>> b = 1
>>> if (a>0) and (b/a>2):
        print("yes")
    else:
     print("no")
```

执行结果：

```
no
```

但是代码实例 3-2 中的代码则会报错。

代码实例 3-2

```
>>> a = 0
>>> b = 1
>>> if (a>0) or (b/a>2):
     print("yes")
```

```
    else:
     print("no")

执行结果：
Traceback (most recent call last):
  File "<pyshell#163>", line 1, in <module>
    if(a>0) or (b/a>2):
ZeroDivisionError: division by zero
```

有多个条件时可使用括号来区分判断的先后顺序，括号中的判断优先执行，此外 and 和 or 的优先级低于>(大于)、<(小于)等判断符号。

3.1.2　单分支选择结构

Python 中，指定任何非零和非空(null)值为 True、0 或 null 为 False。单分支选择结构具体的实现形式如下：

```
if 条件表达式:
        语句块...
或
if 条件表达式:语句
```

在单分支选择结构中，“条件表达式”后的英文冒号:是不可或缺的部分。此外，“条件表达式”可通过使用 and / or / not 将多个单独的条件组合而成，只能返回 bool 类型。条件成立，返回 True，执行后面的语句块，语句块可以为多行语句，且缩进相同；条件不成立，返回 False，不进行任何操作；如代码实例 3-3 所示。如果单分支语句的语句块只有一条语句，可以把 if 语句和代码写在同一行。

代码实例 3-3

```
a=5
b=3
if a>b:
    a,b=b,a                                   #对 a、b 的值进行互换
print('从小到大输出：',a,b)

执行结果：
从小到大输出：3 5
```

3.1.3　双分支选择结构

在单分支选择结构的基础上，要对条件不成立(“条件表达式”返回 False)的情况进行处理，可以使用双分支选择结构。双分支选择结构的具体实现形式如下：

```
if 条件表达式:
  语句块...
```

```
else :
  语句块…
```

条件成立，返回 True，执行后面的语句块；条件不成立，返回 False，执行 else 后面的语句块；如代码实例 3-4 所示。

代码实例 3-4

```
import math
radius = eval(input('请输入半径面积：'))
if (radius >= 0):
    area = radius*radius*math.pi                #计算圆的面积
    print('半径为：',radius)
    print('圆的面积为：',area)
else:
    print('请输入正确的半径值')
```

当输入的半径值大于或等于 0 时，计算并输出圆的面积；当输入的半径值小于 0 时，提示“请输入正确的半径值”。

3.1.4 多分支选择结构

实际生产生活中有很多比双分支选择结构更为复杂的业务逻辑，需要依据多种不同情况分别进行处理，这时候要用到多分支选择结构。

Python 语言并不支持 switch 语句，可以在 if 语句中配合使用 elif 语句来实现多分支选择结构，其中 elif 是 else if 的缩写，多分支选择结构的具体实现形式如下：

```
if 条件表达式 1:
  语句块 1…
elif 条件表达式 2:
  语句块 2…
elif 条件表达式 3:
  语句块 3…

else :
  语句块 n…
```

多分支选择结构中，多个条件表达式之间是互斥的关系。当“条件表达式 1”返回 True 时，执行“语句块 1…”；反之，判断“条件表达式 2”是否返回 True，返回 True 则执行“语句块 2…”，以此类推；如果所有条件表达式均不成立，执行 else 后面的“语句块 *n*…”，如代码实例 3-5 和代码实例 3-6 所示。

代码实例 3-5

```
weight = eval(input('请输入您的体重(kg)：'))
height = eval(input('请输入您的身高(m)：'))
BMI = weight/height**2
```

```
if BMI<18.5:
    print('您的体型偏瘦')
elif BMI >=18.5 and BMI<25:
    print('您的体型正常')
else:
    print('您的体型偏胖哦！！！')
```

代码实例 3-6

```
num = eval(input('请输入您的分数：'))
if   num >= 90 and num <= 100:
    print('优秀')
elif num >= 70 and num < 90:
    print('良好')
elif num>=60 and num<70:
    print('一般')
elif num>=0 and num<60:
    print('较差')
else:
    print('请输入正确的分数！')
```

3.1.5　选择结构的嵌套

如果在 if 语句中需要再次使用 if 语句，则可以选择使用嵌套 if 语句。在嵌套 if 语句中，可以把一个 if…else 结构放在另外一个 if…else 结构中，也可以把 if…elif…else 结构放在另外一个 if…elif…else 结构中。具体实现形式如下：

```
if 条件表达式 1:
    语句块 1…
    if 条件表达式 2:
        语句块 2…
    else:
        语句块 3…
else:
语句块 4…
```

如果“条件表达式 1”成立，返回 True，执行“语句块 1…”，并判断“条件表达式 2”是否成立，如果成立，执行“语句块 2…”，不成立执行“语句块 3…”；如果“条件表达式 1”不成立，执行“语句块 3…”；如代码实例 3-7 和代码实例 3-8 所示。

代码实例 3-7

```
has_ticket = input('请输入是否有票(1：有票。0：没票)：')
knife_length = int(input('请输入刀的长度(厘米)：'))
if has_ticket:
    print('车票检查通过，准备开始安检')
    if knife_length <20:
        print('刀的长度有 %d 厘米，不超过 20 厘米，允许上车' % knife_length)
```

```
        else:
            print('刀的长度有 %d 厘米，超过 20 厘米，不允许上车' % knife_length)
else:
    print('没有车票，不允许进站')
```

代码实例 3-8

```
score = eval(input('请输入您的分数：'))
if score >= 60:
    print('你已经及格')
    if score >= 80:
        print('您很优秀')
    else:
        print('还行，可以更好噢！')
else:
    print('不及格')
    if score < 30:
        print('有点难办，要加油哦')
    else:
        print('还能抢救一下')
print("程序结束")
```

3.1.6 三元表达式

Python 并不支持 C++语言中的三目运算符(如 a>1?1:0)，但是可以通过以下形式的语句实现三目运算符的功能。

格式：条件判断为真时的结果 if 判断条件 else 判断为假时的结果

示例：x = x+1 if x%2==1 else x

等价于：

```
if x%2==1：
    x = x+1
else:
    x=x
```

当 x 是奇数时，x 自动加 1；当 x 是偶数时，x 不变。

三元表达式可以通过真值测试方法 bool 返回的 0 或 1 来选择相应的值，如代码实例 3-9 所示。

代码实例 3-9

```
>>> x = 1
>>> [1,2][bool(x)]
2
>>> x = False
>>>[1,2][bool(x)]
1
```

下面利用三元表达式实现一个非常精简的、递归版本的斐波那契数列，如代码实例 3-10 所示。

代码实例 3-10

```
def fn(n):
    return n if n < 2 else fn(n-1)+fn(n-2)
```

3.2 循环语句

在许多实际问题中往往有一些具有规律性的重复操作，因此，在程序设计中就需要重复执行某些语句。循环结构是在一定条件下反复执行某段程序的流程结构，由循环体及循环的终止条件两部分组成。循环体是一组被重复执行的语句，循环的终止条件决定循环体能否继续执行。Python 中提供的循环语句有 while 循环和 for 循环。

3.2.1 while 循环

while 循环在满足某一条件的前提下，让计算机重复执行相同的代码。根据循环条件的不同设置，while 循环分条件循环和无限循环两种。

1. while 条件循环

Python 语言中 while 条件循环的一般形式如下：

```
while 条件表达式:
    循环体
```

其中，当“条件表达式”成立，返回 True 时，执行循环体，循环体可以是多行语句，并且保持一样的缩进格式。循环体执行完毕后，程序会再次判断“条件表达式”是否成立，决定是否进入下一次循环。当“条件表达式”不成立，返回 False 时，退出循环，如代码实例 3-11、代码实例 3-12 和代码实例 3-13 所示。

代码实例 3-11

```
count = 0
while count < 9:
    print('The count is:', count)
    count = count + 1
print('Good bye!')

执行结果：
The count is: 0
The count is: 1
The count is: 2
The count is: 3
The count is: 4
```

```
The count is: 5
The count is: 6
The count is: 7
The count is: 8
Good bye!
```

代码实例 3-12

```
#输出 10 以内的偶数
num = 1
while num <=10:
    if num%2 == 0:
        print(num)
num += 1

执行结果：
2
4
6
8
10
```

代码实例 3-13

```
#猜数字
import random
secret = random.randint(1,10)
print("_________Guess Guess Guess__________")
guess = int(input("请输入一个数字："))

while guess != secret:
    guess = int(input("嘿嘿错了，请再输入一个数字："))
    if guess == secret:
        print('哇，你真棒！')
        print('你真是天才！')
    else:
        if guess > secret:
            print("嘿，大了大了")
        else:
            print("嘿，小了小了")
       print("游戏结束")

执行结果：
_________Guess Guess Guess__________
请输入一个数字：5
嘿嘿错了，请再输入一个数字：2
嘿，小了小了
嘿嘿错了，请再输入一个数字：9
```

```
嘿，大了大了
嘿嘿错了，请再输入一个数字：7
哇，你真棒！
你真是天才！
游戏结束
```

2. while 无限循环

特殊情况下，有可能需要无限循环(又称死循环)，可以通过设置条件表达式为 True 来实现无限循环，编程时需要注意设置好循环退出条件，如代码实例 3-14 和代码实例 3-15 所示。无限循环程序可通过 Ctrl+C 组合键强制结束。

代码实例 3-14

```
while True:
    print('这是一个死循环')

执行结果：
这是一个死循环
这是一个死循环
这是一个死循环
...
```

代码实例 3-15

```
var = 1
while var == 1 :                    # 条件永远为 True，循环将无限执行下去
    num = eval(('Enter a number    :'))
    print('You entered:', num)
print('Good bye!')
```

此外，Python 语言中没有像其他语言中类似的 do…while 循环，但可以通过 while True 方式来实现，如代码实例 3-16 所示。

代码实例 3-16

```
var = 1
while var == 1 :                    # 条件永远为 True，循环将无限执行下去
    num = eval(input('Enter a number    :'))
    print('You entered:', num)
    if num ==100:                   # 如果输入的数值为 100，则结束循环
        break
print('Good bye!')
```

3.2.2　while…else 循环

其他语言中，else 只可以和 if 组合，也就是常见的 if…else。但是 Python 为 else 赋予了新的声明，它可以和 while、for、try 一起串联使用。

在 while 循环中，当“条件表达式”成立时，执行循环体；当“条件表达式”不成立时，

循环结束，可使用 else 定义要执行的语句块；具体实现形式如下：

```
while 条件表达式:
    循环体
else :
    语句块
```

else 中的语句块会在 while 循环正常执行完的情况下执行。但是需要注意，如果 while 循环被 break 中断，那么 else 中的语句块不会执行，如代码实例 3-17 所示。

代码实例 3-17

```
count = 0
while count < 5:
    print(count, ' is    less than 5')
    count = count + 1
else:
    print(count, ' is not less than 5')

执行结果:
0   is    less than 5
1   is    less than 5
2   is    less than 5
3   is    less than 5
4   is    less than 5
5   is not less than 5
```

3.2.3 for 循环

在 Python 中，for 循环是一种非常强大的循环机制。for 循环是一种迭代循环，而 while 循环是条件循环。所谓迭代，是指重复执行相同的逻辑操作，每次操作都是基于上一次的结果而进行的。for 循环通常用于遍历序列(如 list、tuple、range、str)、集合(如 set)和映射对象(如 dict)等。for 循环的一般格式如下：

```
for 变量 in 序列:
    循环体
```

其中，先将“变量”赋值给“序列”中的第一个值，执行“循环体”，再将“变量”赋值给“序列”中的第二个值，执行“循环体”，以此类推，直到将“变量”赋值给“序列”中的最后一个值，执行“循环体”后结束循环。for 循环的基本用法和代码实例 3-18 所示。

代码实例 3-18

```
students = ['Tom','Jack','Ken']
for std in students:
    print('学生：',std)

执行结果:
学生：  Tom
```

```
学生： Jack
学生： Ken
```

每循环一次，将变量 std 由左至右依次赋值给 students 列表中的元素，再使用 print 语句对元素进行输出。

下面使用 for 循环计算列表中所有元素的和，如代码实例 3-19 所示。

代码实例 3-19

```
sum = 0
for i in [1, 2, 3, 4, 5]:
    sum = sum + i
print(sum)

执行结果：
15
```

下面对 for 循环进行嵌套，实现 1~9 乘法表，如代码实例 3-20 所示。

代码实例 3-20

```
#1~9 乘法表
for i in range(1,10):                  # range(1,10) = [0, 1, 2, 3, 4, 5,6,7,8,9]
    for s in range(1,i+1):
        print('%s ×%s=%s      '%(s,i,s*i),end ='')
    print()

执行结果：
1 × 1=1
1 × 2=2   2× 2=4
1 × 3=3   2 × 3=6   3 × 3=9
1 × 4=4   2 × 4=8   3 × 4=12   4 × 4=16
1 × 5=5   2 × 5=10   3 × 5=15   4 × 5=20   5 × 5=25
1 × 6=6   2 × 6=12   3 × 6=18   4 × 6=24   5 × 6=30   6 × 6=36
1 × 7=7   2 × 7=14   3 × 7=21   4 × 7=28   5 × 7=35   6 × 7=42   7 × 7=49
1 × 8=8   2 × 8=16   3 × 8=24   4 × 8=32   5 × 8=40   6 × 8=48   7 × 8=56   8 × 8=64
1 × 9=9   2 × 9=18   3 × 9=27   4 × 9=36   5 × 9=45   6 × 9=54   7 × 9=63   8 × 9=72   9 × 9=81
```

for 循环不仅可以遍历列表，也可以应用在其他序列上。for 循环在字符串上的应用如代码实例 3-21 所示。

代码实例 3-21

```
string = 'abcdefg'
for s in string:
    print(s)

执行结果：
a
```

```
b
c
d
e
f
g
```

for 循环在元组上的应用如代码实例 3-22 所示。元组是 Python 内置对象，它与列表的不同之处在于，列表元素放在[]内，而元组中的元素放在()内并且自创建之后不可改变。

代码实例 3-22

```
t = ('I','am','okay!')
for x in t:
    print(x)

执行结果：
I
am
okay!
```

在 for 循环中还可以实现元组的赋值，如代码实例 3-23 所示。在第一次循环中，相当于编写代码(a,b)=(1,2)；在第二次循环中，相当于编写(a,b)=(3,4)；以此类推。

代码实例 3-23

```
T = [(1,2),(3,4),(5,6)]
for (a,b) in T:
    print(a,b)

执行结果：
1 2
3 4
5 6
```

for 循环在字典对象上的应用如代码实例 3-24~代码实例 3-27 所示。利用字典对象不同的方法，可以分别对键和键值进行遍历，也可以对键和键值一起进行遍历。

代码实例 3-24

```
D = {'a':1, 'b':2, 'c':3}          #定义字典 D
for k in D:                        #无特殊要求，遍历字典 D 中的键
    print(k, '=>',D[k])

执行结果：
b => 2
a => 1
c => 3
```

代码实例 3-25

```
D = {'a':1, 'b':2, 'c':3}
for k in D.items():    #使用字典对象的方法 items，遍历字典 D 中的元素，包括键和键值
    print(k)
```

执行结果：

```
('a', 1)
('b', 2)
('c', 3)
```

代码实例 3-26

```
D = {'a':1, 'b':2, 'c':3}
for k,v in D.items():      #使用字典对象的方法 items 遍历字典 D 中的元素，包括键和键值
    print('键是%s，键值是%d'%(k,v))
```

执行结果：

```
键是 a，键值是 1
键是 b，键值是 2
键是 c，键值是 3
```

代码实例 3-27

```
D = {'a':1, 'b':2, 'c':3}
for k in D.values():      #使用字典对象的方法 values 遍历字典 D 中的键值
    print(k)
```

执行结果：

```
1
2
3
```

3.2.3 for…else 循环

for…else 循环的具体实现形式如下：

```
for 变量 in 序列:
    循环体
else:
    语句块…
```

for…else 循环的用法与 while…else 相同，如果循环结束后没有碰到 break 语句，就会执行 else 语句块，如代码实例 3-28 所示。

代码实例 3-28

```
for i in range(10):
    if i == 5:
        print('found it! i = %s' % i)
        break
else:
    print('not found it ...')

    执行结果：
    found it! i = 5
```

3.3 循环控制语句

在程序设计中，有时需要控制循环体不按照正常流程执行，这就需要通过循环控制语句更改循环体中程序的执行过程，如中断循环、跳过本次循环直接执行一下次循环等。

在 Python 语言中，循环体中可以使用 continue、break 语句来控制循环的执行过程。其中，continue 语句用于跳过本次循环直接进入下一次循环，break 语句用于退出循环而不执行后续所有剩余循环。

3.3.1 break 语句

break 语句在 while 和 for 循环中被用来终止循环，即使循环条件仍满足或者序列还没被完全递归完，也会停止循环语句的执行，如代码实例 3-29 所示。

代码实例 3-29

```
for letter in 'Python':
    if letter == 't':
        break
    print ('当前字母为：', letter)

执行结果：
当前字母为：P
当前字母为：y
```

如果使用的是嵌套循环，break 语句将停止执行最深层的循环，并开始执行上一层的下一次循环，如代码实例 3-30 所示。

代码实例 3-30

```
for i in range(3):
    print('-----%d-----' %i)
    for j in range(3):
        if j > 1:
            break
```

```
        print(j)

执行结果：
-----0-----
0
1
-----1-----
0
1
-----2-----
0
1
```

3.3.2　continue 语句

continue 语句的作用是跳过当前循环的剩余语句，然后进行下一轮循环，如代码实例 3-31 所示。

代码实例 3-31

```
i = 5
while i>0:
    i = i-1
    if i==3:
        continue
    print(i)

执行结果：
4
2
1
0
```

3.3.3　pass 语句

pass 语句是空语句，是为了保持程序结构在形式上的完整性。pass 语句不做任何事情，一般用作占位语句，如代码实例 3-32 所示。

代码实例 3-32

```
for letter in 'Python':
    if letter == 'h':
        pass                        #占位用，使程序结构完整，可在后期实现
    else:
        print('当前字母：', letter)
执行结果：
当前字母：P
```

```
当前字母：y
当前字母：t
当前字母：o
当前字母：n
```

3.4 迭代器

迭代器(Iterator)是访问集合元素的一种方式。迭代器从集合的第一个元素开始访问，直到所有的元素被访问完才结束。迭代器只能往前，不能后退。

3.4.1 可迭代对象

可迭代对象与迭代器关系密切，但二者却是不同的概念。为了让你更好地理解迭代器，先就可迭代对象做如下介绍。

在 Python 中，如果一个对象有__iter__( )或__getitem__( )方法，则称这个对象是可迭代的(Iterable)，可以使用 Python 内置函数 dir 查询对象的属性、方法列表，如代码实例 3-33 所示。

代码实例 3-33

```
>>> dir(list)
['__add__', '__class__', '__contains__', '__delattr__', '__delitem__', '__dir__', '__doc__',
'__eq__', '__format__', '__ge__', '__getattribute__', '__getitem__', '__gt__', '__hash__',
'__iadd__', '__imul__', '__init__', '__init_subclass__', '__iter__', '__le__', '__len__', '__lt__',
'__mul__', '__ne__', '__new__', '__reduce__', '__reduce_ex__', '__repr__', '__reversed__',
'__rmul__', '__setattr__', '__setitem__', '__sizeof__', '__str__', '__subclasshook__', 'append',
'clear', 'copy', 'count', 'extend', 'index', 'insert', 'pop', 'remove', 'reverse', 'sort']
```

其中，__iter__( )方法的作用是让对象可以使用 for…in 进行循环遍历，__getitem__( )方法的作用是让对象可以通过“实例名[index]”的方式访问实例中的元素。上述两个条件中只要满足一个，就可以说对象是可迭代的。显然，列表、元组、字典、字符串等数据类型都是可迭代的。当然，自定义的类中只要实现了__iter__( )或__getitem__( )方法，就也是可迭代的。

3.4.2 迭代器的定义

在 Python 中，如果一个对象有__iter__( )和__next__( )方法，则称这个对象是迭代器；其中，__iter__( )方法的作用是让对象可以使用 for…in 进行循环遍历，__next__( )方法的作用是让对象可以通过 next(实例名)访问下一个元素。需要注意的是，这两个方法必须同时具备，才能称之为迭代器。列表、元组、字典、字符串等数据类型虽然是可迭代的，但都不是迭代器，因为它们都没有 next 方法，使用 Python 内置函数 isinstance 可进行测试，如代码实例 3-34 所示。

代码实例 3-34

```
>>> from collections import Iterable
>>> from collections import Iterator
```

```
#列表、元组、字典、字符串是可迭代的
>>>print(isinstance([ ],Iterable))            #True
>>>print(isinstance(( ),Iterable))            #True
>>>print(isinstance({},Iterable))             #True
>>>print(isinstance(' ',Iterable))            #True
#列表、元组、字典、字符串并不是迭代器
>>>print(isinstance([ ],Iterator))            #False
>>>print(isinstance(( ),Iterator))            #False
>>>print(isinstance({},Iterator))             #False
>>>print(isinstance(' ',Iterator))            #False
```

通过对定义进行分析和比较得知：迭代器都是可迭代的，但可迭代的不一定是迭代器；可使用 for…in 进行循环遍历的都是可迭代的，可使用 next 方法进行遍历的才是迭代器；next 方法是单向的，一次只获取一个元素，获取到最后一个元素后停止；可迭代对象中提前存储了所有元素，而迭代器是惰性的，只有迭代到某个元素，该元素才会生成，在迭代之前元素可以不存在，在迭代之后元素也可以被销毁。因此，迭代器在处理大量数据甚至无限数据时具有加载数据快、占用内存小等优势。

迭代器是有限制的，具体表现如下：

(1) 不能向后移动。

(2) 不能回到开始。

(3) 无法复制。

因此，如果要再次进行迭代，只能重新生成新的迭代器。

3.4.3　创建迭代器

1. 内建工厂函数 iter(iterable)

内建工厂函数 iter(iterable)返回一个迭代器，可以将可迭代对象转换为迭代器，如代码实例 3-35 所示。

代码实例 3-35

```
>>> a = [1,2,3,4]
>>> b = (1,2,3)
>>> c = 'Python'
>>> print(iter(a))
<list_iterator object at 0x0000000002F5BF98>
>>> print(iter(b))
<tuple_iterator object at 0x00000000030710F0>
>>> print(iter(c))
<str_iterator object at 0x0000000002E32828>
>>>d = iter(a)
>>>next(iter(a))
1
```

```
>>> next(iter(a))
2
>>> next(iter(a))
3
>>> next(iter(a))
4
>>> next(iter(a))
Traceback(most recent call last):
  File "<pyshell#112>", line 1, in <module>
    next(d)
StopIteration
```

2. 自定义迭代器

实现了__iter__( )和__next__( )方法的对象就是迭代器。除了使用 iter 函数将内置的序列对象转换成相应的迭代器之外，还可以通过自己实现迭代器协议来创建迭代器。实现迭代器协议就是重新定义类，并且在类中实现__iter__( )和__next__( )方法，如代码实例 3-36 所示。

代码实例 3-36

```
#自定义类以实现__iter__( )和__next__( )方法
class Date():
 def __init__(self, data):
    self.__data = data
 def __iter__(self):
    return self
 def __next__(self):
    if self.data > 5:
        raise StopIteration
    else:
        self.Data += 1
        return self.data
stu1 = Data(0)
print(isinstance(stu1,Iterator))
for i in rang(3):
      print(next(stu1))

执行结果:
True
1
2
3
```

3.5 生成器

在 Python 中，由于受到内存的限制，列表的容量有限的。如果需要创建一个包含一亿个元素的列表，Python 首先会在内存中开辟足够的空间来存储这个列表，然后才允许用户使用这个列表，这可能导致没有足够的内存空间来存储列表，或者导致虽创建成功但耗时过长、效率低下。此时，如果只是需要访问列表中前面的几个元素，那么后面的绝大多数元素占用的空间就被浪费了。

为了有效解决上述问题，Python 引入了一种“一边循环，一边计算”的新机制。当用户需要使用某个对象时，Python 根据事先设计好的规则开辟内存空间，创建这个对象供用户使用，而不是像列表一样，先将所有的对象都创建完毕之后再提供给用户使用。这种机制在 Python 中称为生成器(Generator)。

3.5.1 生成器的定义

生成器是一种特殊的迭代器，通过调用一个返回迭代器的函数 yield 来实现迭代操作。yield 相当于为函数封装了__iter__( )和__next__( )，每次遇到 yield 时函数会暂停执行，并保存当前所有运行信息，而下一次运行时会从上一次暂停的位置继续执行。

一般来说，生成器只能前进不能后退，在每次迭代时返回一个值，在函数终止的时候会抛出 StopIteration 异常。生成器和迭代器虽然类似，但是存在以下区别。

(1) 生成器函数包含一个或多个 yield。

(2) 当调用生成器函数时，函数将返回一个对象，但是不会立刻向下执行。

(3) __iter__( )和__next__( )等方法是自动实现的，所以可以通过 next 方法对对象进行迭代。

(4) 一旦函数被 yield，函数就会暂停，将控制权返回给调用者。

(5) 局部变量和它们的状态会被保存，直到下一次调用。

(6) 当函数终止的时候，StopIteraion 异常会被自动抛出。

3.5.2 生成器的创建

创建生成器有多种方法，此处主要介绍生成器推导式和 yield 关键字两种方式。

1. 生成器推导式

与列表推导式类似，可以通过将列表生成式的[]改成()来实现生成器的创建，如代码实例 3-37 所示。

代码实例 3-37

```
>>> L = [x * x for x in range(10)]          #使用列表推导式定义列表
>>> g = (x * x for x in range(10))          #使用生成器推导式定义生成器
>>> print(L)
[0, 1, 4, 9, 16, 25, 36, 49, 64, 81]
>>> print(g)                                #打印生成器对象 g
<generator object <genexpr> at 0x0000019D93895A20>
```

可以看出，g 返回的是一个生成器对象，此时可以通过__next__( )方法来完成取值，如代码实例 3-38 所示。

代码实例 3-38

```
>>> g = (x * x for x in range(10))
>>> print(g)
<generator object <genexpr> at 0x0000019D93895A20>
>>> g.__next__()
0
>>> g.__next__()
1
>>> g.__next__()
4
>>> g.__next__()
9
>>> g.__next__()
16
>>> g.__next__()
25
>>> g.__next__()
36
>>> g.__next__()
49
>>> g.__next__()
64
>>> g.__next__()
81
>>> g.__next__()
Traceback (most recent call last):
  File "<pyshell#12>", line 1, in <module>
    g.__next__()
StopIteration
```

如前所述，生成器中保存的是算法，每次调用__next__()就会自动计算出下一个元素的值，直到计算到最后一个元素；没有更多的元素时，抛出 StopIteration 异常。但是不断调用__next__()方法有些令人烦琐，可以使用 for 循环实现元素的快速输出，如代码实例 3-39 所示。

代码实例 3-39

```
>>> g = (x*x for x in range(10))
>>> for n in g:
 print(n)
0
1
4
9
```

```
16
25
36
49
64
81
```

一般来说，在创建了一个生成器之后，很少会直接调用__next__()方法，而是通过 for 循环进行遍历访问。

生成器对象被访问过一次后，如果需要再次访问，则需要重新定义，如代码实例 3-40 所示。

代码实例 3-40

```
>>> g = (x*x for x in range(10))
>>> L = list(g)                    #使用 list 内置函数，把生成器对象转换为列表
>>> L
[0, 1, 4, 9, 16, 25, 36, 49, 64, 81]
>>> for n in g:                    #使用 for 循环遍历生成器 g
 print(n)
                                   #此处没有输出
>>> g = (x*x for x in range(10))
>>> for n in g:
 print(n)
0
1

64
81
```

2. yield 关键字

如果一个函数的定义中包含 yield 关键字，那么这个函数就不再是一个普通函数，而是一个生成器。下面通过斐波那契数列演示 yield 的用法。

斐波那契数列是一个非常简单的递归数列，除第一个数和第二个数外，任意一个数都可由前两个数相加得到，具体实现如代码实例 3-41 所示。

代码实例 3-41

```
def fib(max):
    n, a, b = 0, 0, 1
    while n<max:
        print(b)
        a,b = b,a + b
        n= n + 1
f=fib(6)
```

执行结果：

```
1
1
2
3
5
8
```

可以看出，fib 函数实际上定义了斐波那契数列的推算规则，可以从第一个元素开始，推算出后续任意元素，并打印出来。这种逻辑其实非常类似于生成器，要把 fib 函数变成于生成器，只需要把 print(b)改为 yield b 就可以了，如代码实例 3-42 所示。

代码实例 3-42

```
def fib(max):
    n, a, b = 0, 0, 1
    while n<max:
        yield b
        a,b = b,a + b
        n= n + 1
f = fib(6)
print(f)                #打印生成器 f
L = list(f)             #使用 list 内置函数，把生成器对象 f 转换为列表
print(L)
```

执行结果：

```
<generator object fib at 0x0000000002F7D138>
[1, 1, 2, 3, 5, 8]
```

yield 的作用实质上就是把函数变成生成器。生成器与普通函数截然不同，普通函数是顺序执行的，遇到 return 或到达最后一行语句，函数就返回。而变成生成器的函数在每次调用 __next__( )方法时执行，遇到 yield 语句后生成一个值并返回，此后函数将被冻结，等待重新被唤醒，被唤醒后，函数将从停止的地方开始执行。

3.6 与条件循环相关的内置函数

为了提升开发者的编程效率，Python 语言提供了大量的内置函数(Built-In Function，BIF)，复杂的数据结构隐藏在内置函数中，只要写出相应的业务逻辑，Python 就会自动得出想要的结果，可以极大降低编码量，简化编码过程。

3.6.1　range 函数

range 函数的作用是返回一个可迭代对象，语法结构如下：

```
range ([start, ]end[, step])
```

其中，start 为起始位置，默认从 0 开始；end 为结束位置，但不包含 end，计算区间是[start,end]；step 则为步长，默认为 1，step 也可以为负数，表示反向遍历。对于 range 函数返回的可迭代对象，可使用 list 函数转换为列表，如代码实例 3-43 和代码实例 3-44 所示。

代码实例 3-43

```
>>>range(5)
range(0, 5)                    #返回可迭代对象
>>> list(range(5))             #取值区间为[0,5)，步长为 1，等价于 range(5)与 range(0,5,1)
[0, 1, 2, 3, 4]
>>> list(range(1,7,2) )        #取值区间为[1,7)，步长为 2
[1, 3, 5]
>>> list(range(9,2,-2) )       #取值区间为(2,9]，步长为-2
[9, 7, 5, 3]
```

代码实例 3-44

```
>>> list(range(5)) , list(range(2, 5)) , list(range(0, 10, 2))
([0, 1, 2, 3, 4], [2, 3, 4], [0, 2, 4, 6, 8])
```

此外，也可使用 for 循环对 range 函数返回的可迭代对象进行遍历，如代码实例 3-45 所示。

代码实例 3-45

```
>>> for i in range(5):
 print(i)
0
1
2
3
4
```

3.6.2　enumerate 函数

enumerate 函数返回的是一个 enumerate 对象，作用是枚举可迭代对象 iterable 的每一个元素，将它们组成一个索引序列，可以同时获得索引和值，语法结构如下：

```
enumerate(iterable[, start])
```

其中，iterable 为可迭代对象，start 是索引的起始值，如代码实例 3-46 所示。

代码实例 3-46

```
>>> lst = [1, 2, 3, 4, 10, 5]
>>> enumerate(lst)
<enumerate object at 0x0000019D93908D80>
```

如果需要引用 enumerate 对象的索引和值，可以使用 for 循环来实现，如代码实例 3-47 所示。

代码实例 3-47

```
>>> lst = [1,2,3,4,5,6]
>>> for index,value in enumerate(lst):
        print ('%s,%s' % (index,value))

0,1
1,2
2,3
3,4
4,5
5,6

>>> #指定索引从 1 开始
>>> lst = [1,2,3,4,5,6]
>>> for index,value in enumerate(lst, 1):
print ('%s,%s' % (index,value))

1,1
2,2
3,3
4,4
5,5
6,6
```

3.6.3 reversed 函数

如果程序需要进行反向遍历，可使用 reversed 函数，该函数可接收各种序列(元组、列表、字符串、区间等)参数，然后返回一个“反序排列”的可迭代对象，该函数对参数本身不会产生任何影响。

reversed 函数将返回序列 seq 的反向遍历的迭代序列，参数可以是列表、元组、字符串等。reversed 函数不会改变原有对象，如代码实例 3-48 所示。

代码实例 3-48

```
>>> lst=[3,4,5,6]
>>> lst1=reversed(lst)
>>> lst
[3, 4, 5, 6]
>>> list(lst1)                    #第一次
[6, 5, 4, 3]
>>> list(lst)                     #第二次
[]
```

执行 reversed 函数之后，只在第一次遍历时返回反序后的序列，再次调用则会返回空值。

3.6.4　zip 函数

zip 函数接收一系列可迭代对象作为参数，将对象中对应的元素打包成一个个元组，返回一个 zip 对象，并且可以转换为列表或元组。语法结构如下：

```
zip (seq1[seq2,[...]])
```

其中，seq1、seq2 等为一系列可迭代对象，可以是元组、列表、字典等，如代码实例 3-49 所示。

代码实例 3-49

```
>>> list1 = [1,2,3,4]
>>> list2 = [5,6,7,8]
>>> zip(list1)                                  # zip 函数使用单个参数
<zip object at 0x0000000002F8CB08>              #返回一个 zip 对象
>>> list(zip(list1))
[(1,), (2,), (3,), (4,)]
>>> list(zip(list1,list2))                      # zip 函数使用两个参数
[(1, 5), (2, 6), (3, 7), (4, 8)]
>>> m = [[1, 2, 3],   [4, 5, 6],   [7, 8, 9]]
>>> n = [[2, 2, 2],   [3, 3, 3],   [4, 4, 4]]
>>> list(zip(m, n))
[([1, 2, 3], [2, 2, 2]), ([4, 5, 6], [3, 3, 3]), ([7, 8, 9], [4, 4, 4])]
```

在 zip 函数的多参数版本中，当元素个数不相同时，以元素最少的参数为准，对各参数相应位置的元素进行组合，如代码实例 3-50 所示。

代码实例 3-50

```
>>> list1 = [1,2,3,4]
>>> list3 = [5,6,7,8,9]
>>> list(zip(list1,list3))
[(1, 5), (2, 6), (3, 7), (4, 8)]
```

当 zip 函数有多个参数时，可利用 for 循环进行并行迭代，如代码实例 3-51 所示。

代码实例 3-51

```
>>> list1 = [1,2,3,4]
>>> list2 = [5,6,7,8]
>>> for (x,y) in zip(list1,list2):
        print('x+y=',x+y)
x+y= 6
x+y= 8
x+y= 10
x+y= 12
```

3.6.5 *zip 函数

*zip 函数是 zip 函数的逆过程，可将 zip 对象还原为组合前的数据，如代码实例 3-52 所示。

代码实例 3-52

```
>>> list1 = [1,2,3,4]
>>> list2 = [5,6,7,8]
>>>zipped = zip(list1,list2)
>>> zip(*zipped)                    # 与 zip 函数相反，可理解为解压，返回二维矩阵形式
 [(1, 2, 3,4), (4, 5, 6,8)]
```

3.6.6 sorted 函数

使用 sorted 函数可以对所有可迭代对象进行排序。需要注意的是，sort 与 sorted 函数是有区别的。sort 函数主要应用于列表对象，sorted 函数则可以对所有可迭代对象进行排序。sort 函数是对已经存在的列表进行操作，而 sorted 函数返回的是一个新的列表，不是在原来的列表基础上进行操作，如代码实例 3-53 和代码实例 3-54 所示。

代码实例 3-53

```
>>> my_list = [3, 5, 1, 4, 2]
>>> id(my_list)
50015432
>>> my_list.sort()                      #使用列表对象的 sort 函数进行排序
>>> print(my_list)                      #打印 my_list 列表
[1, 2, 3, 4, 5]
>>> id(my_list)
50015432
```

代码实例 3-54

```
>>> my_list1 = [4, 9, 7, 5, 2]
>>> id(my_list1)
50107912
>>> my_list2 = sorted(my_list1)                  #使用列表对象的 sorted 函数进行排序
>>> my_list2
[2, 4, 5, 7, 9]
>>> id(my_list2)
50993864
```

3.7 本章小结

本章重点介绍了 Python 中条件语句和循环语句的使用，在此基础上对迭代器、生成器的使用方法做了进一步讲解，最后介绍了可以使循环机制更为灵活的部分 Python 内置函数。

第4章

复合数据类型

Python 语言中的数据类型分为基本数据类型和复合数据类型。复合数据类型是在基本数据类型的基础上，通过标准类库封装而成，用以实现复杂的数据操作。本章重点讲解列表、元组、字典和集合这四种典型复合数据类型的基本概念和使用流程。另外，本章还介绍数据类型的转换和格式化输出等相关知识。通过本章的学习，读者可以较为深入地掌握 Python 语言中复合数据类型的使用方法，并能在实际项目中加以灵活使用。

本章的学习目标：

- 掌握列表、元组、字典和集合这四种复合数据类型的定义
- 掌握列表、元组、字典和集合这四种复合数据类型的使用流程
- 掌握类型转换和格式化输出的方法
- 掌握元组和列表的区别
- 熟悉复合数据类型在实际项目中的使用技巧
- 了解列表、元组、字典和集合这四种复合数据类型的使用区别

4.1 列表

在 Python 语言中，列表是非常重要的数据结构，也是使用最频繁的复合数据类型，列表的类型名称为 list。列表是有序的对象集合，并且属于可变类型，即列表创建完毕后，其元素值可以根据需要修改。

4.1.1 列表的创建

列表元素的类型可以是数字、字符串等基本类型，也可以是列表、元组、字典等复合数据类型，甚至可以是自定义类型。列表在定义时，其元素类型可以互不相同。列表的元素写在方括号[ ]内，相互之间以逗号隔开。在 Python 语言中，列表的创建格式如下：

```
变量名 =[元素 1,元素 2,…,元素 n]
```

例如，如果要列出班里所有同学的名字，就可以用一个 list 类型的变量来表示，如代码实例 4-1 所示。

代码实例 4-1

```
>>> classmates = ['Michael', 'Bob', 'Tracy']
>>> type(classmates)
<class 'list '>
```

上述代码中，classmates 就是创建的一个 list 类型变量，其内部包含三个字符串类型的元素。使用 Python 语言内置的 len()函数可以获得 list 类型变量的长度，即得到其中所包含元素的个数，如代码实例 4-2 所示。

代码实例 4-2

```
>>>len(classmates)
3
```

类似于其他编程语言中的数组类型，list 类型区分元素的顺序，并且允许包含重复的元素。创建好列表后，就可以进行列表的各种操作了。关于列表的基本操作，将在 4.1.2 节中介绍。

4.1.2　基本操作

在 Python 语言中，列表属于使用最频繁的数据类型，针对列表的操作也较多，包括索引、切片、加法、减法、修改、删除、追加、插入和扩展等。

1. 索引

列表中的每一个元素都对应一个整型的索引值，可以通过索引值得到相应的元素值。在 Python 语言中，同时支持列表元素的正向索引和反向索引。正向索引即索引值为正，从 0 开始；反向索引即索引值为负，从-1 开始。若使用反向索引，则-1 为末尾元素对应的索引编号，参见代码实例 4-3。

代码实例 4-3

```
>>>c = [1,2,3,4]
>>>print(c[0])
1
>>>print(c[-1])
4
```

上述代码中，分别对列表变量 c 进行了正向索引和反向索引，并且分别输出了每种索引的第一个元素。

2. 切片

通过执行切片操作可以截取列表变量中的部分元素，并返回一个子列表变量。切片操作通过类似[a:b:c]的方式来进行，其中 a、b、c 分别表示起始索引、终止索引和步长。切片操作中，生成的子列表中的元素包含起始索引对应的元素，但是不包含终止索引对应的元素。在实际使用中，若不提供步长，则默认步长为 1，参见代码实例 4-4。

代码实例 4-4

```
>>>c = [1，2，3，4]
>>>print(c[0:2])
[1，2]
```

上述代码中，创建了一个列表变量 c，并且通过切片操作输出变量 c 的对应索引为 0 和 1 的子列表变量。

3. 加法和乘法

在 Python 语言中，针对列表类型的变量提供了相应的加法和乘法操作。其中，加法操作使用加号(+)完成，表示把加号两端的列表变量连接成一个新列表；乘法操作使用星号(*)完成，表示对当前列表对象进行复制并连接，形成一个新列表；参见代码实例 4-5。

代码实例 4-5

```
>>>lst1 = ["hello","world"]
>>>lst2 = ['good','time']
>>>print( lst1+lst2)
['hello', 'world', 'good', 'time']
>>>print(lst1*5)
['hello', 'world', 'hello', 'world', 'hello', 'world', 'hello', 'world', 'hello', 'world']
```

上述代码中，创建了两个列表类型的变量 lst1 和 lst2，并分别对这两个列表变量执行了加法和乘法操作。

4. 修改和删除

列表变量属于可变类型变量，可以通过索引值对相应元素进行修改或删除。要删除整个列表或列表中的部分元素，可使用 del 命令。删除整个列表后，列表就不存在了，再次引用会出错。代码实例 4-6 演示了删除列表中单个元素和删除整个列表的方法。

代码实例 4-6

```
>>> x =["lenovo", "apple", "mac"]
>>> del x[1]
>>> x
['lenovo', 'mac']

>>>del x
>>>x
#错误
```

上述代码中，创建了一个列表类型的变量 x，并执行了一系列修改操作。首先，删除了 x 的第 2 个元素，并输出 x，这可以得到预期结果；然后，使用 del 命令删除变量 x，并再出输出 x。因为删除变量 x 后，系统将从内存中清除该变量，所以再次引用将会出错。

5. 追加、插入和扩展

列表的追加、插入和扩展可分别通过append()、insert()和extend()三个函数来实现。其中，append()函数表示在当前列表对象的末尾追加元素，insert()函数可以在当前列表的指定索引位置插入元素，extend()函数可以对当前列表元素进行批量增加，参见代码实例4-7。

代码实例4-7

```
>>> info= ["name","age","hobbies","sex",1,2,3,"height"]
>>> info.append("girls")          #将girls追加到列表的末尾
>>> info
['name', 'age', 'hobbies', 'sex', 1, 2, 3, 'height', 'girls']

>>> info.insert(1,"apple")        #第一个参数是插入的索引位置，第二个参数是插入的内容
>>> info
['name', 'apple', 'age', 'hobbies', 'sex', 1, 2, 3, 'height', 'girls']

>>> x =["lenovo","apple","mac"]
>>> info.extend(x)                #将列表x添加至列表info的末尾
>>> info
['name', 'apple', 'age', 'hobbies', 'sex', 1, 2,3, 'height', 'girls', 'lenovo', 'apple', 'mac']
```

上述代码中，首先创建了一个列表变量info，其中包含8个元素。然后，对info变量执行追加操作，可以实现在列表末尾追加元素的功能；接下来，对info变量执行插入操作，在索引为1的位置插入一个新元素；最后，创建了一个列表变量x，并使用extend()函数把x变量的所有元素批量追加到info变量的末尾。

4.1.3 多维列表

根据前面的介绍可知，列表元素可以使用任意数据结构。如果列表元素本身也是列表类型，那么称这种列表为多维列表，参见代码实例4-8。

代码实例4-8

```
>>> a = ['a',1]
>>> n = ['b',2]
>>> x = [a,n]
>>> x
[['a',1],['b',2]]
>>> x[0]       # 显示第一个元素
['a', 1]
>>> x[0][1]    # 显示第一个元素中的第二个元素
1
```

上述代码中，创建了三个列表类型的变量a、n和x。其中，列表变量a和n中的元素都是基本类型，但列表变量x中的元素都是列表类型。

使用多维列表可以实现较为复杂的数据结构，如数值运算中常用的矩阵等。在Python语言

中，直接输入列表数据，系统会根据输入生成相应的列表维度，参见代码实例 4-9。

代码实例 4-9

```
>>>l = [[1,2,3],[4,5,6]]
>>>print(l)
输出结果:
[
[1,2,3],
[4,5,6]
]
```

上述代码中，创建了一个两行三列的列表变量 l。在 Python 语言中，可以使用列表解析方式快速生成相应行数和列数的二维矩阵，参见代码实例 4-10。

代码实例 4-10

```
>>>list_2d = [[for col in range(cols)] for row in range(rows)]
```

上述代码中，使用列表解析方式生成了二维矩阵。使用列表解析方式可以通过运算结果直接生成列表，是 Python 语言经常使用的技巧，后续章节将详细介绍。

4.1.4　迭代器

在 Python 语言中，迭代器具有__next__()方法。在调用__next__()方法时，迭代器会返回所迭代对象的下一个值。如果__next__()方法被调用，但迭代器没有值可以返回，就会引发 StopIteration 异常。如果要以迭代器的方式访问列表，可以使用 iter()方法，参见代码实例 4-11。

代码实例 4-11

```
>>>lst = [1,2,3,4,5]
>>>lstiter = iter(lst)
>>>for i in range(len(lst)):
>>> print( lstiter. __next__())
输出结果:
1
2
3
4
5
```

上述代码中，首先创建了一个列表类型的变量 lst，然后创建了迭代器对象 lstiter，并且通过迭代器对象 lstiter 的__next__()方法遍历列表 lst 中的元素。

和直接使用列表相比，迭代器不必一次性将列表加入内存，而是可以依次访问列表中的数据，能够节省系统资源，尤其在列表元素数量巨大时十分有用。

4.1.5 列表解析

列表解析是 Python 语言中创建列表的一种特殊方式。例如，利用传统方式创建一个由 1 到 10 的数字组成的列表时，通常可以采用直接指定或使用循环依次追加两种方法，参见代码实例 4-12。

代码实例 4-12

```
>>>list=[1,2,3,4,5,6,7,8,9,10]    #直接指定
>>>list=[]                        #先创建一个空列表，再通过 for 循环实现
    for n in range(1,11):
        list.append(n);
```

在 Python 语言中，除了上述两种方法外，还可以通过列表解析方式来完成，而且代码更为简洁和高效，如代码实例 4-13 所示。

代码实例 4-13

```
>>>list(range(1,11))
 [1,2,3,4,5,6,7,8,9,10]
```

上述代码中，先使用 range()函数生成指定范围内的元素值，再把返回值转换为列表类型，整个过程使用列表解析方式来完成。

列表解析不仅可以进行数值运算，也可以进行字符运算，并生成相应的列表变量。代码实例 4-14 演示了这两种运算。

代码实例 4-14

```
>>> [x * x for x in range(1, 11)]
[1, 4, 9, 16, 25, 36, 49, 64, 81, 100]

>>> [m + n for m in 'ABC' for n in 'XYZ']
['AX', 'AY', 'AZ', 'BX', 'BY', 'BZ', 'CX', 'CY', 'CZ']
```

上述代码中，首先针对数值运算，使用列表解析方式生成了数字 1 到 10 的平方值；其次，针对字符运算，使用列表解析方式生成了指定范围内的字母组合列表。由于列表解析方式简洁高效，因此在 Python 语言中被大量使用。熟练掌握列表解析方式的使用技巧，能极大提高编程效率。

4.1.6 列表函数和方法

为了方便操作，Python 语言提供了大量与列表操作相关的列表函数和方法。其中，列表函数指的是 Python 语言针对列表对象提供的内建函数，调用时需要以列表变量为参数，参见表 4-1；列表方法指的是 Python 语言在定义内置的 list 类时所定义的成员方法，调用时需要以列表变量为 list 类的实例化对象去调用，参见表 4-2。

表 4-1　列表函数

列表函数	描述
len(list)	返回列表元素的个数
max(list)	返回列表元素的最大值
min(list)	返回列表元素的最小值
list(seq)	将元组转换为列表

表 4-2　列表方法

列表方法	描述
list.append(obj)	在列表的末尾添加新的对象
list.count(obj)	统计某个元素在列表中出现的次数
list.extend(seq)	在列表的末尾一次性追加另一个序列中的多个值(用新列表扩展原来的列表)
list.index(obj)	对于某个值，从列表中找出第一个匹配项的索引位置
list.pop(obj=list[-1])	将对象插入列表
list.insert(index, obj)	移除列表中的一个元素(默认是最后一个元素)，并且返回该元素的值
list.remove(obj)	移除列表中的某个值的第一个匹配项
list.reverse()	反向列表中的元素
list.sort([func])	对原列表进行排序
list.clear()	清空列表
list.copy()	复制列表

4.2 元组

在 Python 语言中，元组的类型名称为 tuple。元组与列表类似，都是有序的对象集合，不同之处在于元组属于不可变类型，创建完毕后元素不能修改。

4.2.1　元组的创建

元组的创建很简单，只需要在小括号中添加元素，并使用逗号隔开即可。元组中元素的类型可以不同。在 Python 语言中，元组的创建格式如下，参见代码实例 4-15。

```
变量名 = (元素 1,元素 2,...,元素 n)
```

代码实例 4-15

```
>>>tuple1 = ('LOL', 'dota',123)
>>>type(tuple1)
<class 'tuple'>
```

上述代码中，创建了一个类型为元组的变量 tuple1，其中包含 3 个元素，然后输出它们所属的类型。可以看到，所属类型为 tuple。

要定义一个空的元组，直接用一对小括号()赋值即可。需要特别注意的是，当元组中只包含一个元素时，需要在元素的后面添加逗号，否则小括号会被当作运算符使用，参见代码实例 4-16。

代码实例 4-16

```
tup1 = (1)
type(tup1)    # 不加逗号，系统默认为整型数字
<class 'int'>
tup1 = (1,)
type(tup1)    # 加上逗号，类型为元组
<class 'tuple'>
```

上述代码中，创建了一个元组变量 tup1，其中包含一个元素。由于未添加逗号，系统默认为整型数字而非元组类型。在元素的后面添加逗号后，系统识别出该变量为元组类型。

4.2.2 基本操作

元组的基本操作有访问、修改、删除、统计、查找等。由于元组中的元素不能修改，因此元组没有提供 append()、insert()方法，也不能对元素进行赋值操作，元组元素的其余操作方法和列表基本相同。

1. 访问

对于元组，可以使用下标索引来访问相应的元素值。和列表类似，元组的索引也可以采用正向索引和反向索引两种方式，并且也支持切片操作，参见代码实例 4-17。

代码实例 4-17

```
tup1 = ('Hello', 'Python', 100, 99)
tup2 = (1, 2, 3, 4, 5, 6, 7 )
print ("tup1[0]: ", tup1[0])
print ("tup1[-1]: ", tup1[-1])
print ("tup2[1:5]: ", tup2[1:5])

输出结果：
tup1[0]:   Hello
tup1[-1]:   99
tup2[1:5]:   (2, 3, 4, 5)
```

上述代码中，创建了一个元组类型的变量 tup1，并且分别对该变量进行正向索引、反向索引和切片操作。可以看出，在元素访问方式上，元组和列表完全相同。

2. 修改

根据 Python 语言对元组类型的内部定义，元组中元素的值是不允许修改的，但可以对元组进行连接以生成新的元组，参见代码实例 4-18。

代码实例 4-18

```
tup1 = (12, 34.56);
tup2 = ('abc', 'xyz')
# 创建一个新的元组
tup3 = tup1 + tup2
print (tup3)

输出结果：
(12, 34.56, 'abc', 'xyz')
```

上述代码中，创建了两个元组类型的变量 tup1 和 tup2，然后对这两个变量执行加法操作，生成新的元组变量 tup3。可以看出，新生成的变量 tup3 包含变量 tup1 和 tup2 中的所有元素。

3. 删除

由于元组中的元素不允许修改，因此元组元素的值也是不允许删除的，但可以使用 del 命令来删除整个元组。需要注意的是，删除后的元组对象不能再次引用，否则会出错，参见代码实例 4-19。

代码实例 4-19

```
tup=("tom","egon","hello","jerry","tom","mouse")
print (tup)
del tup;
print ("删除后的元组 tup : ")
print (tup)
```

上述代码中，创建了一个元组类型的变量 tup，然后使用 del 命令对整个元组变量进行删除操作。最后，又尝试输出该元组变量。由于执行 del 命令后，该元组变量已被删除，因此再次输出它会产生异常信息，参见代码实例 4-20。

代码实例 4-20

```
Traceback (most recent call last):
  File "test.py", line 8, in <module>
print (tup)
NameError: name 'tup' is not defined
```

4. 统计

与列表类似，元组可以通过内置的 count()方法统计某个元素出现的次数，参见代码实例 4-21。

代码实例 4-21

```
>>> tup = ("tom","egon","hello","jerry","tom","mouse")
>>> tup.count("tom")   #统计元素 alex 出现的次数
2
```

上述代码中，创建了一个元组类型的变量 tup，其中包含 6 个元素。然后，调用 count()方法统计变量 tup 中元素 tom 出现的次数。

5. 查找

对于元组，可以通过内置的 index()方法查找某个元素首次出现的索引位置，参见代码实例 4-22。

代码实例 4-22

```
>>> tup = ("tom","egon","hello","jerry","tom","mouse")
>>> tup.index("tom")  #查找元素在元组中的索引位置，多个重复元素只返回第一个索引位置
0
```

上述代码中，创建了一个元组类型的变量 tup，其中包含 6 个元素。然后，调用 index()方法查找变量 tup 中元素 tom 首次出现的索引位置。若元组中不包含该元素，则会触发异常信息：ValueError: tuple.index(x): x not in tuple。

4.2.3 元组函数和方法

和列表数据类型类似，元组也有相应的函数和方法。元组函数主要指内建函数，元组方法主要指类方法。这些函数和方法可以提供方便的元组操作，表 4-3 列出了元组函数，以便开发者查阅。

表 4-3 元组函数

元组函数	描述
cmp(tuple1, tuple2)	比较两个元组元素
len(tuple)	计算元组元素的个数
max(tuple)	返回元组中元素的最大值
min(tuple)	返回元组中元素的最小值
tuple(seq)	将列表转换为元组

针对上述元组函数，分别提供示例代码，参见代码实例 4-23。

代码实例 4-23

```
>>> tuple1 = ('Google', 'Runoob', 'Taobao')
>>> len(tuple1)
3
tuple2 = ('5', '4', '8')
>>> max(tuple2)
'8'
>>> min(tuple2)
'4'
list1= ['Google', 'Taobao', 'Runoob', 'Baidu']
>>> tuple1=tuple(list1)
```

```
>>> tuple1
('Google', 'Taobao', 'Runoob', 'Baidu')
```

上述代码中，分别演示了元组函数 len(tuple)、max(tuple)、min(tuple)和 tuple(seq)的使用方法。在实际开发中，经常使用元组函数 tuple(seq)在列表类型和元组类型之间转换。

表 4-4 列出了元组方法。

表 4-4　元组方法

方法	描述
tuple.count(value)	统计元组中元素 value 的个数
tuple.index(value, [start, [stop]])	返回元组中指定元素所在的索引位置，可以通过 start 和 stop 参数设置搜索范围。如果元素不存在，则会报出异常

表 4-4 中，count()和 index()方法在元组类型和列表类型中是共有的，使用方法完全相同。

4.2.4　元组的优势

很多传统编程语言刚开始时都没有元组类型，如 C++、Java、C#等。但是由于元组十分灵活和便捷，后来这些编程语言也纷纷添加了类似的数据类型。很多新兴的编程语言，如 Python、Scala 等，则一开始就内置了元组类型。实际编程中，使用元组有很多优势。

1. 可以使函数返回多个值

元组凭借语法的灵活性和便捷性，大大提升了编程体验。其中，元组最大的一个特性就是支持函数返回多个值，参见代码实例 4-24。

代码实例 4-24

```
def get_info():
    name = "张三"
    age   = 35
    return name,age
info = get_info()
print(type(info))
print(info)
name, age = get_info()
print("name = ",name,"    age = ",age)

输出结果：
<class 'tuple'>
('张三', 35)
name =   张三     age =   35
```

上述代码中，定义的 get_info()函数有两个返回值。从输出结果可以看出，当有多个返回值时，系统自动把多个返回值封装为元组类型。当然，可以使用类似 name, age = get_info()的形式同时得到多个返回值。

2. 可以使程序运行性能提升

相对于列表类型 list 而言，元组类型 tuple 是不可变的，这使得它可以作为字典类型 dict 的键，或是作为集合类型 set 中的元素，列表类型 list 则不行。元组类型 tuple 放弃了对元素的增删改操作，使得内存结构在设计上变得更精简，换得性能上的提升。一般来说，创建元组类型的变量相比列表类型要快，而且占用更小的存储空间。在实际开发中，如果能用元组类型实现，就不建议用列表类型。

3. 使用元组是线程安全的

当多线程并发执行时，元组类型 tuple 是不需要加锁的，不用担心安全问题，代码编写比较简洁。由于元组中的元素是不可更改的，因此可以保证多线程读写时的安全问题。

4.3 字典

类似于 C++和 Java 语言中的 Map 类型，字典是 Python 语言内置的另一种非常有用的复合数据类型。在 Python 语言中，字典的类型名称为 dict。按照定义，列表是有序的对象集合，字典是无序的对象集合。

4.3.1 字典的创建

在 Python 语言中，字典用大括号{ }表示，其中的元素是一个个的键(key) : 值(value)对。每个键与值用冒号(:)分隔，每个键值对之间用逗号分隔，整体放在大括号{}中。字典的元素是可变的，可以是列表、元组、字典等任意数据类型，但 key 值必须使用不可变类型。在同一个字典变量中，key 值必须是唯一的。在 Python 语言中，字典对象的创建语法如下，参见代码实例 4-25。

```
变量名 =  (key1:value1, key2:value2,..., keyn:valuen)
```

代码实例 4-25

```
>>>dict1 = {'lol': '2341', 'dota': '9102', 'wow': '3258'}   #冒号的前面为键，后面为值
>>>class<dict1>
<class’ dict’ >
```

上述代码中，创建了一个字典类型的变量 dict1，该变量包含 3 个元素，每个元素都是一个键值对。

4.3.2 基本操作

1. 访问

字典是无序的，所以字典没有索引，不能通过下标索引来访问。字典的访问是通过对 key 值的索引实现的，参见代码实例 4-26。

代码实例 4-26

```
>>>dict = {'Name': 'Kim', 'Age': 7, 'Class': 'First'}
>>>print ("dict['Name']: ", dict['Name'])
>>>print ("dict['Age']: ", dict['Age'])
dict['Name']:   Kim
dict['Age']:   7
```

上述代码中，定义了一个字典类型的变量 dict，该变量包含 3 个元素。定义了字典类型的变量后，就可以通过 key 值索引的方式获取相应的 value 值。

2. 修改

可以通过对 key 值的引用实现对 value 值的修改操作，参见代码实例 4-27。

代码实例 4-27

```
>>>dict = {'Name': 'Kim', 'Age': 7, 'Class': 'First'}
>>>dict['Age'] = 8
>>>dict['School'] = "DPS "
>>>print ("dict['Name']: ", dict['Name'])
>>>print ("dict['Age']: ", dict['Age'])
dict['Name']:   DPS
dict['Age']:   8
```

上述代码中，定义了一个字典类型的变量 dict，该变量包含 3 个元素。定义了字典类型的变量后，就可以通过 key 值索引的方式修改相应的 value 值。从运行结果可以看到，我们成功实现了对 value 值的修改操作。

3. 删除

字典的删除操作中，可以删除某个元素或删除整个字典，也可以清空字典元素，参见代码实例 4-28。

代码实例 4-28

```
>>>del dict['Name']
#再调用 Name 键的值就会引起错误

>>>del dict
#del 命令直接使 dict 这个对象消失，任何有关调用都无效。

>>>dict.clear()
#框架还在，但数据没有了。
```

从上述代码可以看出，使用 del 命令可以删除单个元素，也可以删除整个字典对象。另外，通过调用 clear()方法，可以删除字典类型变量中的所有元素。

4.3.3 字典的嵌套

将字典嵌套可以使程序的设计更加灵活，在嵌套的字典中，value 值可能是复合数据类型，甚至字典对象本身也作为其他复合数据类型的元素，参见代码实例 4-29。

代码实例 4-29

```
>>>Va1 = {a:{b:1,c:2},d:{e:3,f:4}} #字典的 value 值是字典
>>>Va2 = {a:[1,2,3],b:[4,5,6]}      #字典的 value 值是序列

>>>n1={'surname':'wang','name':'gang'}
>>>n2={'surname':'zhang','name':'san'}
>>>n3={'surname':'liu','name':'wen'}
>>>n4=[n1,n2,n3]                    #序列的元素是字典
```

上述代码中，首先定义了 Va1 和 Va2 两个字典类型的变量，在这两个字典变量中，元素的 value 值又是另外一个字典类型的变量。接着，定义了 n1、n2、n3 和 n4 四个变量。其中，n1、n2、n3 是字典类型的变量，n4 是列表类型的变量，并且 n4 中的元素为 n1、n2、n3。

4.3.4 字典的遍历

字典的遍历是指对字典元素的访问，可分为全部遍历、按键遍历和按值遍历，参见代码实例 4-30。

代码实例 4-30

```
username={'full_name':'ZhangWei', 'surname':'Zhang', 'name':'Wei'   }
#遍历所有的键-值对
for k,v in username.items():
 print('key:'+k)
     print('value:'+v+'\n')

#遍历所有键
for k in username.keys():
print(k)
print('key:'+k+'-value:'+username[k])

#遍历所有值
for v in username.values():
print(v)
```

上述代码分别实现了全部遍历、按键遍历和按值遍历三种不同的遍历方法。需要注意的是，遍历字典时的访问顺序是随机的。因为字典是无序类型，所以遍历的顺序无法事先确定。

4.3.5 字典函数和方法

Python 语言提供了大量的与字典操作相关的函数和方法，字典函数指的是 Python 语言针对

字典对象提供的内建函数，调用时需要以字典变量为参数，参见表 4-5；字典方法指的是 Python 语言在定义 dict 类时所定义的成员方法，调用时需要以字典变量为 dict 类的实例化对象去调用，参见表 4-6。

表 4-5　字典函数

字典函数	描述
cmp(dict1, dict2)	比较两个字典元素
len(dict)	计算字典元素的个数
str(dict)	输出字典可打印的字符串表示

在表 4-6 中，假设 radiansdict 是一个字典类型的对象。

表 4-6　字典方法

字典方法	描述
radiansdict.clear()	删除字典中的所有元素
radiansdict.copy()	返回字典的浅复制
radiansdict.fromkeys(seq[,val])	创建一个新字典，以序列 seq 中的元素作为字典的键，val 为字典所有键对应的初始值
radiansdict.get(key,default=None)	返回指定键的值，如果值不在字典中，就返回 default 值
radiansdict.has_key(key)	如果键在字典中，返回 true，否则返回 false
radiansdict.items()	以列表形式返回可遍历的(键, 值)元组数组
radiansdict.keys()	以列表形式返回一个字典中所有的键
radiansdict.setdefault(key,default=None)	如果键已经存在于字典中，将会添加键并将值设为 default
radiansdict.update(dict2)	把字典 dict2 的键/值对更新到对象 radiansdict 中
radiansdict.values()	以列表形式返回字典中的所有值

4.4 集合

在 Python 语言中，集合的类型名称为 set。集合是一种无序且元素不重复的序列，主要功能是进行成员关系测试或删除重复元素。一般情况下，集合具有以下特性。

- 无序性：元素之间没有确定的顺序。
- 互异性：不会出现重复的元素。
- 确定性：元素和集合只有属于或不属于的关系。

4.4.1 集合的创建

在 Python 语言中，可以使用大括号{}或 set()函数创建集合。通常情况下，使用大括号{}创建集合对象的语法如下，参见代码实例 4-31。

```
变量名 = {元素 1,元素 2,…,元素 n}
```

代码实例 4-31

```
>>>s = {'P', 'y', 't', 'h', 'o', 'n'}   #使用{}定义集合
>>>type(s)++
 <class 'set'>

>>>a = set()                    #也可以通过 set()函数来进行
>>>type(a)
<class 'set'>
```

上述代码中，首先使用大括号{}创建了一个集合类型的变量 s，其中包含 6 个元素。接着，使用 set()函数创建了一个空的集合。需要注意的是，创建空的集合时必须使用 set()而不是大括号{}，因为大括号{}是用来创建空字典的。

4.4.2 集合的数学运算

和数学描述类似，集合对象支持子集、并集、交集、差集、对称差集等数学运算。在 Python 语言中，可以方便地实现这些数学运算。下面通过示例代码对这些操作分别进行介绍，参见代码实例 4-32~代码实例 4-36。

1. 子集

代码实例 4-32

```
>>> A = set('abcd')
>>> B = set('cdef')
>>> C = set('ab')
>>> C < A
True
>>> C.issubset(A)
True
```

上述代码中，使用 set()函数定义了 A、B、C 三个集合，并判断集合 C 是否是集合 A 的子集。在 Python 语言中，<运算符的作用和 issubset()方法一样，都用于子集判断运算。

2. 并集

代码实例 4-33

```
>>> A|B
{'e', 'f', 'd', 'c', 'b', 'a'}
>>> A.union(B)
{'e', 'f', 'd', 'c', 'b', 'a'}
```

在 Python 语言中，使用|运算符或 union()函数进行并集运算。并集运算后依然保持集合的特性，里面没有重复的元素。

3. 交集

代码实例 4-34

```
>>> A&B
{'d', 'c'}
>>> A.intersection(B)
{'d', 'c'}
# 交集运算表示求 a 和 b 的相同部分。
```

在 Python 语言中，使用&运算符或 intersection()函数进行交集运算。交集运算后依然保持集合的特性，里面没有重复的元素。

4. 差集

代码实例 4-35

```
>>> A - B
{'b', 'a'}
>>> A.difference(B)
{'b', 'a'}
```

差集运算表示两个集合的差，上述代码中，A-B 的结果就是 A 有的而 B 没有的元素。在 Python 语言中，使用 - 运算符或 difference()函数进行差集运算。差集运算后依然保持集合的特性，里面没有重复的元素。

5. 对称差集

代码实例 4-36

```
>>> A ^ B
{'b', 'e', 'f', 'a'}
>>> A.symmetric_difference(B)
{'b', 'e', 'f', 'a'}
```

对称差集运算用于求 A 和 B 中特有的元素。在 Python 语言中，使用^运算符或 symmetric_difference()函数进行对称差集运算。对称差集运算后依然保持集合的特性，里面没有重复的元素。

4.4.3　基本操作

由于集合中元素的无序特性，因此集合不支持索引操作。集合的基本操作主要包括更改和删除，以下分别进行介绍。

1. 更改

集合中的元素一般可通过 add()和 update()两个方法进行更改。使用 add()方法可以添加一个元素，使用 update()方法可以同时添加多个元素，参见代码实例 4-37。

代码实例 4-37

```
>>> s = {'P', 'y'}
>>> s.add('t')              # 添加一个元素
>>> s
{'P', 'y', 't'}
>>> s.update(['h', 'o', 'n'])  # 添加多个元素
>>> s
{'y', 'o', 'n', 't', 'P', 'h'}
```

上述代码中，首先使用大括号{}创建了一个集合变量 s，然后使用 add()方法向 s 中添加了一个元素，最后使用 update()方法向 s 中添加了多个元素。

2. 删除

在 Python 语言中，可以使用 discard()和 remove()方法删除集合中特定的元素，参见代码实例 4-38。这两个删除方法的区别在于：如果删除的对象不存在，remove()方法会引起错误，而 discard()方法不会。

代码实例 4-38

```
>>> s = {'P', 'y', 't', 'h', 'o', 'n'}
>>> s.discard('t')
>>> s
{'y', 'o', 'n', 'P', 'h'}
>>> s.remove('h')
>>> s
{'y', 'o', 'n', 'P'}
```

上述代码中，首先使用大括号{}创建了一个集合变量 s，然后使用 discard()方法删除 s 中的元素't'，又使用 remove()方法删除 s 中的元素'h'。和列表操作类似，可以通过 clear()方法清除集合中的所有元素。

4.4.4 不可变集合

集合分为可变集合和不可变集合，一般创建的集合默认为可变集合，可变集合中的元素是可以更改或删除的。若集合中的元素不能更改或删除，则称该集合为不可变集合。在 Python 语言中，使用 frozenset()方法创建不可变集合，参见代码实例 4-39。

代码实例 4-39

```
>>> s = frozenset('Python')
>>> type(s)
<class 'frozenset'>
```

上述代码中，使用 frozenset()方法创建了一个不可变集合 s。需要注意不可变集合和元组的区别：元组是不可变的列表。

4.4.5　集合函数和方法

Python 语言提供了大量的与集合操作相关的函数和方法，和前面介绍的复合类型类似，集合函数指的是 Python 语言针对集合对象提供的内建函数，调用时需要以集合变量为参数，参见表 4-7；集合方法指的是 Python 语言在定义 set 类时所定义的成员方法，调用时需要以集合变量为 set 类的实例化对象去调用，参见表 4-8。

表 4-7　集合函数

集合函数	描述
all()	如果集合中的所有元素都为 true(或者集合为空)，则返回 true
any()	如果集合中的所有元素都为 true，则返回 true；如果集合为空，则返回 false
enumerate()	返回一个枚举对象，里面包含集合中所有元素的索引和值(配对)
len()	返回集合的长度(元素个数)
max()	返回集合中的最大项
min()	返回集合中的最小项
sorted()	使用集合中的元素返回新的排序列表(不排序集合本身)
sum()	返回集合中所有元素之和

表 4-8　集合方法

集合方法	描述
set.add(x)	新增元素 x，如果集合中已经存在 x，则不用新增到集合中
set.clear()	清空集合
set.copy()	复制集合
set1.difference(set2)	获取 set1 有而 set2 没有的元素，返回一个新的集合，与 set1-set2 相同
set1.difference_update(set2)	更新 set1，使 set1=set1-set2
set.discard(x)	返回 set1 和 set2 都有的元素，与 set1&set2 的效果相同
set1.intersection(set2)	以列表形式返回一个字典中所有的键
set1.intersection_update(set2)	更新 set1，使 set1 等于 set1^set2
set1.isdisjoint(set2)	判断 set1 与 set2 是否有相同的元素，如果有，返回 false，没有返回 true
set1.issubset(set2)	判断 set1 是否是 set2 的子集，如果是，返回 true，否则返回 false
set1.issuperset(set2)	判断 set1 是否包含 set2，即 set2 是否是 set1 的子集，如果是，返回 true，否则返回 false
set.pop()	删除集合中排序最小的元素，并返回这个元素
set.remove(x)	删除集合中值为 x 的元素，如果 x 不存在，则会引发错误
set1.symmetric_difference(set2)	获取 set1 和 set2 中不同时存在的元素，组成一个新的集合并返回，与 set1^set2 相同
set1.symmetric_difference_update(set2)	更新 set1，使 set1=set1^set2
set1.union(set2)	获取 set1 与 set2 中的元素，组成一个新的集合并返回，与 set1|set2 相同
set1.update(set2)	更新 set1，使 set1=set1|set2

4.5 类型转换和格式化输出

4.5.1 类型转换

在实际使用过程中，会涉及不同的数据类型。这些数据类型并不是固定不可变的，根据开发需要，这些数据类型之间需要互相转换，参见代码实例 4-40。

代码实例 4-40

```
>>>i = "1"
>>>int(i)
1
```

上述代码中，"1"原本是字符型，通过使用 int 函数可以强制转换整型，默认为十进制。表 4-9 列举了各种数据类型之间相互转换的常用方法。

表 4-9 数据类型转换的常用方法

方法	描述
int(x [,base])	可以转换的类型包括 String 类型和其他数字类型，但是会丢失精度
float(x)	可以转换 String 和其他数字类型，不足的位数用 0 补齐，例如 1 会变成 1.0
complex(real, imag)	第一个参数可以是 String 或数字类型，第二个参数只能是数字类型，第二个参数没有时默认为 0
str(x)	将数字转换为 String 类型
repr(x)	返回一个对象的字符串格式
eval(str)	执行一个字符串表达式，返回计算的结果
tuple(seq)	参数可以是元组、列表或字典，为字典时，返回由字典的键组成的集合
list(s)	将一个序列转换成列表，参数可为元组、字典、列表，为字典时，返回由字典的键组成的集合
set(s)	将一个可迭代对象转换为可变集合，并且去掉重复的元素，返回结果可以用来计算差集 x - y、并集 x | y、交集 x & y
frozenset(s)	将一个可迭代对象转换成不可变集合，参数为元组、字典、列表等
chr(x)	使用一个取值范围为 0～255 的整数作为参数，返回对应的 ASCII 字符
ord(x)	返回对应的 ASCII 数值或 Unicode 数值
hex(x)	把一个整数转换为十六进制字符串
oct(x)	把一个整数转换为八进制字符串

一般来说，Python 语言中的数据类型从大的方面可以分为可变数据类型和不可变数据类型。可变数据类型包括列表 list 和字典 dict。不可变数据类型包括整型 int、浮点型 float、字符串型 string 和元组 tuple。可以通过 id()函数获得变量的地址，并以此验证数据类型是否可变。

1. 不可变数据类型

首先看下代码实例 4-41。

代码实例 4-41

```
>>> x = 1
>>> id(x)
1882939552
>>> y = 2
>>> id(y)
1882939584
>>> x = 2
>>> id(x)
1882939584
```

由上述代码可以看出，当 x 分别为 1 和 2 时，其地址值并不一样。而两个不同的变量 x 和 y 同时为 2 时，其地址值却是相同的。这说明 int 型是不可变数据类型。这里的不可变可以理解为 x 引用地址处的值是不能改变的。不可变数据类型的优点是内存中不管有多少个引用，相同的对象只占用一块内存。要改变变量的值时，必须创建新的对象。

2. 可变数据类型

接下来看看代码实例 4-42。

可以看出，对于变量 a，相同的值但地址不同。对 a 进行添加操作，改变 a 的值，并不会使地址改变。所以，可变数据类型指的是对变量进行操作时，变量的值是可变的。值的变化并不会引起新建对象的变化，即地址是不会变的，只是地址中的内容变了，或是地址得到了扩充。

代码实例 4-42

```
>>> a = [1, 2, 3]
>>> id(a)
51568963
>>> a = [1, 2, 3]
>>> id(a)
51877856
>>> a.append(4)
>>> id(a)
51877856
>>> a += [2]
>>> id(a)
51877856
>>> a
[1, 2, 3, 4, 2]
```

4.5.2　格式化输出

通过规范输出格式，可以达到更好的用户体验。在 Python 语言中，可以使用 format 函数和

%进行格式化输出，下面分别介绍这两种方法。

1. 使用%进行格式化输出

用%进行格式化输出是非常快捷的一种格式化输出方法。使用这种方法时，在%的后面加上相应的类型标记字符，就可以得到预期的数据输出格式，参见代码实例 4-43。

代码实例 4-43

```
>>> print('%o' % 20)      #以八进制输出
24
>>>print('%d'%20)      #以十进制输出
20
```

使用%格式化输出方法时涉及的数字格式和字符格式较多，如表 4-10 所示。对于这些格式规范，不用刻意记忆，使用多了就记住了。

表 4-10　数字格式和字符格式输出列表

符号	说明
%s	格式化字符串
%c	格式化字符
%d	格式化十进制(整数)
%i	格式化整数
%u	格式化无符号整数
%o	格式化八进制整数
%x	格式化十六进制整数
%X	格式化十六进制整数(大写)
%e	使用科学记数法格式化浮点数
%E	作用与%e 相同
%f	格式化浮点数，可指定小数点后的精度
%g	相当于%f 和%e 的简与形式
%G	相当于%f 和%E 的简写形式

从表 4-10 中可以看出，%后面的字母代表数字的进制。对于字符也是如此，Python 还提供了对齐和占位输出的格式化功能，参见表 4-11。

表 4-11　字符串输出格式列表

%s	以字符串格式输出
%10s	右对齐，占位符 10 位
%-10s	左对齐，占位符 10 位
%.2s	截取两位字符串
%10.2s	10 位占位符，截取两位字符串

2. 使用 format()函数进行格式化输出

format()函数的格式化输出功能更为强大。该函数把字符串当成模板，通过传入的参数进行格式化，并且使用大括号{}作为特殊字符代替%，基本用法有以下几种，参见代码实例 4-44。

(1) 不带编号。

(2) 带数字编号，可调换顺序。

(3) 带关键字。

代码实例 4-44

```
>>> print('{} {}'.format('hello','world'))          # 不带字段
 hello world
>>> print('{0}{1}'.format('hello','world'))         # 带数字编号
hello world
>>> print('{0} {1}{0}'.format('hello','world'))     # 打乱顺序
 hello world hello
>>> print('{1} {1} {0}'.format('hello','world'))    # 打乱顺序
 world world hello
>>> print('{a} {tom} {a}'.format(tom='hello',a='world'))  # 带关键字
world hello world
```

也可以通过下列方法实现更大程度的格式化控制，参见代码实例 4-45。

(1) < (默认)左对齐、>右对齐、^中间对齐、= (只用于数字)在小数点后进行补齐。

(2) 取位数{:4s}、{:.2f}等。

代码实例 4-45

```
>>> print('{} and {}'.format('hello','world'))      # 默认左对齐
 hello and world
>>> print('{:10s} and {:>10s}'.format('hello','world'))  # 取 10 位左对齐，取 10 位右对齐，不足部分默认用空格
                                                         补足
hello      and      world
>>> print('{:^10s} and {:^10s}'.format('hello','world'))  # 取 10 位中间对齐
   hello    and   world
>>> print('{} is {:.2f}'.format(1.123,1.123))      # 取两位小数
 1.123 is 1.12
>>> print('{0} is {0:>10.2f}'.format(1.123))       # 取两位小数，右对齐，占位符 10 位
1.123 is       1.12
```

4.6 本章小结

本章主要介绍了复合数据类型的基本概念及使用方法、类型转换和格式化输出等相关知识。对于列表、元组、字典和集合这四种复合数据类型，不仅要掌握每种类型的基本定义和使用方法，还要能够熟练区分各种类型之间的区别。数据类型转换和格式化输出在实际开发中有大量的应用需求，开发者也要熟练掌握。

꧁ 第 5 章 ꧂

字符串和正则表达式

在日常生活中，字符串是很常见的，如人的名字、网站地址、文本文件中的内容等。对于任何编程语言来说，字符串都是最重要的数据类型之一。在 Python 语言中，字符串是有序字符的集合，常用来表示和存储文本信息。本章重点讲解 Python 语言中字符串的相关知识，包括字符串表示、字符串操作及字符串格式化等。另外，本章还介绍正则表达式的语法规则和使用方法，并给出相应的实例。通过本章的学习，可以较为深入地掌握 Python 语言中字符串及正则表达式的相关知识。

本章的学习目标：

- 掌握字符串的表示方法
- 掌握字符串的常用操作方法
- 熟悉格式化字符串的两种方法
- 了解正则表达式的语法规则
- 了解 Python 语言中 re 模块的相关知识

5.1 字符串表示

在其他编程语言中，字符串一般使用双引号表示。但在 Python 语言中，字符串的表示除了使用双引号外，还可以使用单引号和三重引号。本节介绍 Python 语言中常见的字符串表示方式，以及转义字符和 raw 字符串的相关知识。

5.1.1 单/双引号

在 Python 语言中，使用单引号(' ')和双引号(" ")表示字符串是最常见的方式。两种方式表示的字符串是等价的，并且返回相同类型的对象，如代码实例 5-1 所示。

代码实例 5-1

```
>>> 'single quotes ', "double quotes"
('single quotes ', 'double quotes')
>>> ' "Double quotes" in single quotes'
' "Double quotes" in single quotes'
```

```
>>> " 'Single quotes' in double quotes"
" 'Single quotes' in double quotes"
>>> "Jim's cat"
"Jim's cat"
```

从上面的例子可以看出，使用单引号和双引号表示字符串没有本质上的区别，甚至还可以在一种引号中嵌套另一种引号。上面例子中输出的字符串都是用引号包裹的，也可以通过 print()函数，输出更易读的形式，如代码实例 5-2 所示。

代码实例 5-2

```
>>> s = 'Python is easy'
>>> s
'Python is easy'
>>> print(s)
Python is easy
```

虽然使用单引号和双引号表示的字符串是等价的，但是要配对出现，不能混用，如代码实例 5-3 所示。

代码实例 5-3

```
>>> "Mixing single and double quotes will cause an error'
  File "<stdin>", line 1
    "Mixing single and double quotes will cause an error'
                                                        ^
SyntaxError: EOL while scanning string literal
```

以上例子中，因为混用了单引号和双引号，所以引发语法错误。开发者在进行字符串表示时，一定要仔细核对检查，避免混用情况出现。

5.1.2　三重引号

除了上述介绍的单引号和双引号之外，Python 语言中还可以使用三重引号表示字符串。三重引号可以是三个单引号，也可以是三个双引号。这种方式表示的字符串也叫作块字符串。三重引号是以三个同一种类型的引号开始，并以三个相同引号结束的字符串表示方式，如代码实例 5-4 所示。

代码实例 5-4

```
>>> spring = """spring
... the sweet spring
... is the year's pleasant king"""
>>> spring
"spring\nthe sweet spring\nis the year's pleasant king"
```

上述例子中，字符串变量 spring 的内容包含三行，以三个双引号开始和结束。从输出结果可以看到，字符串中出现了\n 换行符。这是因为在每行结束时，都使用了回车并且换行到下一行。另外，可以通过 print()函数打印原始的字符串形式，如代码实例 5-5 所示。

代码实例 5-5

```
>>> print(spring)
spring
the sweet spring
is the year's pleasant king
```

一般来说，使用三重引号表示的字符串常用于文档字符串。在 Python 语言中，模块、类、方法和函数定义中起始语句处的字符串，被称为文档字符串(DocString)，文档字符串会被 Python 语言解释器当作注释。

5.1.3 转义字符

首先，回顾一下 5.1.1 节中的一个例子，如代码实例 5-6 所示。

代码实例 5-6

```
>>> "Jim's cat"
"Jim's cat"
```

在这个例子中，输入的句子中包含了一个单引号'。如果句子不包含在双引号中，就会出错，如代码实例 5-7 所示。

代码实例 5-7

```
>>> 'Jim's cat'
  File "<stdin>", line 1
    'Jim's cat'
         ^
SyntaxError: invalid syntax
```

在 Python 语言中，可以通过转义字符解决该问题，如代码实例 5-8 所示。

代码实例 5-8

```
>>> 'Jim\'s cat'
"Jim's cat"
```

在上面的例子中，为了在句子中显示特殊字符'，需要用到转义字符。转义字符的含义是指对后面紧接的字符进行转义，屏蔽其特殊含义，并将其作为普通字符输出。Python 语言使用反斜杠(\)表示转义字符。表 5-1 中列出了一些常用的转义字符。

表 5-1 转义字符

转义字符	描述
\(在行尾时)	续行符
\\	反斜杠符号
\'	单引号

(续表)

转义字符	描述
\"	双引号
\a	响铃
\b	退格(Backspace)
\e	转义
\000	空
\n	换行
\v	纵向制表符
\t	横向制表符
\r	回车
\f	换页
\oyy	八进制数 yy 代表的字符，例如，\o12 代表换行
\xyy	十六进制数 yy 代表的字符，例如，\x0a 代表换行
\(在行首时)	其他字符以普通格式输出

再看一个转义字符的例子，如代码实例 5-9 所示。

代码实例 5-9

```
>>> s = "Python\nis\teasy"
>>> s
'Python\nis\teasy'
>>> print(s)
Python
is	easy
>>> len(s)
14
```

在这个例子中，字符串的长度是 14 字节，\n 和\t 各占 1 字节。原始的反斜杠(\)并不会和字符串一起存储在内存中，它只告诉 Python 语言解释器，该字符串中保存有特殊字符。从上述例子还可以看出，使用交互式输出时，转义字符原样输出；使用 print()函数输出时，转义字符执行了转义操作。

5.1.4　raw 字符串

对于 Python 语言中的一些特殊字符，转义字符的功能确实能带来很大的便利，但有时也会带来一些问题，尤其是在路径操作中，如下所示：

```
>>>f = open('C:\new.txt')
```

当使用上面的语句打开一个文件时，会出现意想不到的问题。字符\n 会被当作回车键的转义字符，从而使文件打开失败。可以通过下面这种方式解决该问题：

```
>>> f = open('D:\\new.txt')
```

上述方式首先对反斜杠\进行转义。这种方式虽然能解决问题，但是代码看起来会令人感到费解。除此之外，还有更通用的方法可解决此问题，就是使用 Python 语言中的 raw 字符串，如下所示：

```
>>> f = open(r'D:\new.txt')
```

从上面的例子中可以看出，raw 字符串的格式是 r'...'。在 raw 字符串中，所有的字符都直接按照字面意思来解释，没有转义字符或不能打印的字符。raw 字符串的这种特性会让一些工作变得非常简单，比如正则表达式的创建等。本章后面介绍模式匹配时，还会讲到该内容。

5.2 字符串操作

在程序编写过程中，可能需要对字符串进行各种操作。下面通过实例讲解 Python 语言中字符串的索引、分片、合并和重复等基本操作。

5.2.1 索引和分片

在 Python 语言中，字符串是有序字符的集合。字符串在被创建之后，其中字符的相对位置就已经固定了。第一个字符的索引编号为 0，第二个字符的索引编号为 1，以此类推。在 Python 语言中，和列表的索引类似，对字符串也可以进行正向索引和反向索引。表 5-2 直观表示了字符串中字符和索引编号的对应关系。

表 5-2　字符串中字符和索引编号的对应关系

0	1	2	3	4
a	b	c	d	e
−5	−4	−3	−2	−1

在表 5-1 中，中间行表示的是字符串中的每个字符，上面的行表示字符串正向索引时的索引编号，下面的行表示字符串反向索引时的索引编号。Python 语言中的字符串索引与其他编程语言中的数组索引类似，都是通过元素下标进行索引的，如代码实例 5-10 所示。

代码实例 5-10

```
>>> s = 'abcde'
>>> s[0]
'a'
>>> s[3]
'd'
>>> s[5]
Traceback (most recent call last):
  File "<stdin>", line 1, in <module>
IndexError: string index out of range
```

上面的例子中，当通过下标 5 索引元素时，出现了错误。这是因为字符串 s 的最大下标是

4(从 0 开始)。因此，通过下标 5 索引元素时，会出现下标越界错误。另外，Python 语言中的字符串不仅可以正向索引，还可以通过负偏移进行反向索引，如代码实例 5-11 所示。

代码实例 5-11

```
>>> s[-1]
'e'
>>> s[-3]
'c'
```

索引是对单个元素进行的操作，如果要提取字符串中的子序列，可以使用 Python 语言的分片(slice)操作。这一点和列表操作非常类似，如代码实例 5-12 所示。

代码实例 5-12

```
>>> s[1:3]
'bc'
>>> s[1:]
'bcde'
>>> s[-3:-1]
'cd'
>>> s[:-1]
'abcd'
>>> s1 = s[:]
>>> s1
'abcde'
>>> s[::2]
'ace'
 >>> s[::-1]
'edcba'
```

上述代码中，s[1:3]获取 s 中下标从 1 到 3(不包括下标 3)的子字符串；s[1:] 获取从下标为 1 到字符串末尾的元素；s[:−1]获取从字符串开始到字符串末尾的元素。从上面的例子中还可以看出，分片包含上边界，但不包含下边界。如果没给出分片边界的话，默认是 0 或字符串长度减 1，比如 s[:]可实现字符串的复制。分片操作还包含第三个参数，也称步数(默认为 1)，比如 s[::2]从下标 0 开始，每隔一个字符取一个元素，而 s[::−1]则实现了字符串的逆序操作。

5.2.2　连接字符串

在操作字符串时，有时候需要把两个或多个字符串连接成一个字符串。对于这种需求，需要通过连接操作符(+)来获得连接后的新字符串，如代码实例 5-13 所示。

代码实例 5-13

```
>>> 'py'+'th'+'on'
'Python'
>>> 'Python'+' '+'is'+' '+'easy'
'Python is easy'
```

虽然上面的方式简单直观，但是不建议使用这种方式。因为在连接字符串时，Python 语言会为每个连接的字符串及新产生的字符串分配内存，增大不必要的内存开销。一般来说，Python 语言更倾向于使用字符串格式化操作符(%)和 join()方法来连接字符串。

代码实例 5-14 使用字符串格式化操作符(%)连接字符串。也可以把所有要连接的字符串放到一个列表或元组中，然后使用 join()方法把它们连接起来，如代码实例 5-15 所示。

代码实例 5-14

```
>>> '%s%s%s' % ('py','th','on')
'Python'
>>> '%s %s %s' % ('Python','is','easy')
'Python is easy'
```

代码实例 5-15

```
>>> ''.join(('py','th','on'))
'Python'
>>> ' '.join(('Python','is','easy'))
'Python is easy'
```

代码实例 5-14 使用 join()方法连接字符串。这两种方式都不会产生不必要的中间变量定义，所以效率较高。如果要使用重复字符串，可以采用星号操作符(*)，如代码实例 5-16 所示。

代码实例 5-16

```
>>> 'Python'*3
'PythonPythonPython'
```

有了上面的重复操作，在一些特殊场合中就再也不用费心去数到底写了几遍，这些工作都可以交给 Python 语言来解决。例如要打印分隔线，可以使用代码实例 5-17 所示的方式。

代码实例 5-17

```
>>> print('-'*10)     # 等价于 print('----------')
----------
```

上述代码中，使用代码'-'*10 实现了字符 - 的 10 次重复，代码形式非常简洁。

5.2.3 修改字符串

在 Python 语言中，字符串属于不可变类型，不能修改或删除原字符串中的字符，代码实例 5-18 会出现错误。

代码实例 5-18

```
>>> s = 'Python'
>>> s[0] = 'J'
Traceback (most recent call last):
  File "<stdin>", line 1, in <module>
TypeError: 'str' object does not support item assignment
```

上述例子中，当试图直接将 s[0]位置的字符 p 修改成字符 J 时，引发了字符串不支持修改的错误。在 Python 语言中，要修改字符串，可以采用代码实例 5-19 所示的方式。

代码实例 5-19

```
>>> s = 'Python'
>>> s + 'cool'
'Pythoncool'
>>> 'C'+s[1:]
'Cython'
```

在上述两种字符串修改方式中，第一种通过加号的连接方式修改了原来的字符串，第二种方式通过对原字符串先切片再连接得到新字符串。这两种方式都会创建新的字符串，但原字符串依然保持不变。另外，还可以通过字符串的特定方法来修改字符串，如代码实例 5-20 所示。

代码实例 5-20

```
>>> s.replace('p','C')
'Cython'
```

replace()方法的功能是替换字符，上述例子会把字符串 s 中的 p 替换为 C。关于 replace()方法，如果要替换的原字符或字符串存在，并且和待替换的目标字符或字符串不同，那么返回值为新创建的一个字符串对象；否则，返回值为原字符串对象。

5.2.4　其他操作

在 Python 语言中，字符串是系统定义的类，其中包含了一系列特定方法用来执行复杂的操作。这些方法可以通过 object.attribute 的方式调用。通过帮助函数可以查看字符串对象的操作方法，如代码实例 5-21 所示。

代码实例 5-21

```
>>> dir(s)
[… ,'capitalize', 'casefold', 'center', 'count', 'encode', 'endswith', 'expandtabs', 'find', 'format', 'format_map', 'index', 'isalnum', 'isalpha', 'isdecimal', 'isdigit', 'isidentifier', 'islower', 'isnumeric', 'isprintable', 'isspace', 'istitle', 'isupper', 'join', 'ljust', 'lower', 'lstrip', 'maketrans', 'partition', 'replace', 'rfind', 'rindex', 'rjust', 'rpartition', 'rsplit', 'rstrip', 'split', 'splitlines', 'startswith', 'strip', 'swapcase', 'title', 'translate', 'upper', 'zfill']
```

上述列表中的方法都是可以直接调用的字符串操作方法，其中包含之前提到的 replace()方法。下面通过一些例子来介绍这些方法。首先看一下代码实例 5-22。

代码实例 5-22

```
>>> s = 'str object has no attribute len'
>>> s.capitalize()          # 把字符串的首字母变为大写形式
'Str object has no attribute len'
>>> s.count('e')            # 统计字符串中某个字符或某个子序列的个数
3
>>> s.split(' ')            # 根据给出的分隔符划分字符串，返回一个列表
```

```
['str', 'object', 'has', 'no', 'attribute', 'len']
>>> s.title()                    # 把每个单词的首字母变为大写形式
'Str Object Has No Attribute Len'
>>> '-'.join(s.split(' '))       # 连接字符串
'str-object-has-no-attribute-len'
```

上述代码中，使用 capitalize()方法实现了字符串首字母大写的功能，使用 count('e')方法实现了统计字符串中某个字符或某个子序列个数的功能，使用 split(' ')方法实现了字符串的划分，使用 title()方法实现了把字符串中每个单词的首字母大写的功能，使用 join()方法实现了字符串连接的功能。

其他的一些方法，读者可以自行尝试。如果想了解某个方法的具体用法，可以使用 help()内建方法查看详细调用方式，如代码实例 5-23 所示。

代码实例 5-23

```
>>> help(s.find)
Help on built-in function find:
find(...) method of builtins.str instance
    S.find(sub[, start[, end]]) -> int
    Return the lowest index in S where substring sub is found,
    such that sub is contained within S[start:end].  Optional
    arguments start and end are interpreted as in slice notation.
    Return -1 on failure.
```

另外，Python 语言还提供了一些内建方法用来操作和创建字符串，如代码实例 5-24 所示。

代码实例 5-24

```
>>> s = 'Python'
>>> len(s)          # 计算字符串的长度
6
>>> str(42)         # 创建字符串
'42'
>>> int('42')       # 把数字字符串转化为数字
42
```

上述代码中，使用内建方法 len()可以计算字符串的长度，使用内建方法 str(42)可以创建元素为 42 的字符串，使用内建方法 int('42')可以把字符串"42"转换为数字 42。

5.3 字符串格式化

字符串格式化是指对字符串的输出形式进行控制，使其按照开发者期望的方式输出。Python 语言中，进行字符串格式化的方法主要有符号格式化、函数格式化和字典格式化三种。本节将详细介绍这三种字符串格式化方法的相关知识和使用技巧。

5.3.1　符号格式化

符号格式化是指使用“%+格式化符号”以及相应的格式化辅助符号的方式对字符串进行格式化。通常来说，将“%+格式化符号”和格式化辅助符号一起使用，可以提供更为强大的字符串格式化能力。常用的字符串格式化符号及辅助符号如表 5-3 和表 5-4 所示。

表 5-3　字符串格式化符号

格式化符号	说明
%c	转换成字符
%r	优先使用 repr()函数进行字符串转换
%s	优先使用 str()函数进行字符串转换
%d / %i	转换成有符号十进制数
%u	转换成无符号十进制数
%o	转换成无符号八进制数
%x / %X	转换成无符号十六进制数(x / X 代表转换后的十六进制字符的大小写)
%e / %E	转换成科学记数法(e / E 控制输出)
%f / %F	转换成浮点数(小数部分自然截断)
%g / %G	%e、%f / %E 和%F 的简写
%%	输出% (如果格式化字符串里面包括百分号，那么必须使用%%)

表 5-4　格式化辅助符号

辅助符号	说明
*	定义宽度或小数点精度
-	用于左对齐
+	在正数前面显示加号(+)
#	在八进制数前面显示零(0)，在十六进制数前面显示"0x"或"0X"(取决于用的是"x"还是"X")
0	在显示的数字前面填充"0"而不是默认的空格
(var)	映射变量(通常用来处理字段类型的参数)
m.n	m 是显示的最小总宽度，n 是小数点后的位数(如果可用的话)

在代码实例 5-25 中，首先使用 3 个%s 实现后面括号内三个字符串的字符串格式化输出；接着，使用%d 实现十进制数字 1 的格式化输出，使用%s 实现字符串'pen'的格式化输出。

代码实例 5-25

```
>>> '%s %s %s'%('Python','is','cool')
'Python is cool'
>>> 'I have %d %s'%(1, 'pen')
'I have 1 pen'
```

在代码实例 5-26 中，'%.2f'表示以浮点形式输出且保留两位小数；'%5.2f'表示输出宽度为5，小数点保留两位，宽度不够前面补空格；'%05.2f'表示输出宽度为 5，小数点保留两位，宽度不够前面补 0；'%−5.2f'表示输出左对齐；'%+.2f'表示以浮点形式输出且前面添加+符号。

代码实例 5-26

```
>>> num = 3.1415929
>>> '%.2f' % num
'3.14'
>>> '%5.2f' % num
' 3.14'
>>> '%05.2f' % num
'03.14'
>>> '%-5.2f' % num
'3.14 '
>>> '%+.2f' % num
'+3.14'
```

5.3.2 函数格式化

Python 语言中还提供了 format()方法以对字符串进行格式化操作。在 format()方法中，在字符串参数中使用{}符号作为格式化操作符来匹配识别字符串，从而完成字符串的格式化。format()方法常用的匹配方法有三种，如下所示：

(1) 不带编号，即{}。

(2) 带数字编号，可调换顺序，如{0}、{1}等。

(3) 带关键字，如{name}、{age}等。

在代码实例 5-27 中，分别演示了 format()方法不带编号、带数字编号和带关键字三种不同的字符串格式方法。可以看出，使用 format()方法进行字符串格式化的形式简洁易懂，并且功能强大。

代码实例 5-27

```
>>> print('{} {}'.format('hello','world'))          # 不带编号
hello world
>>> print('{0} {1}'.format('hello','world'))        # 带数字编号
hello world
>>> print('{0} {1} {0}'.format('hello','world'))  #带数字编号，打乱顺序
hello world hello
>>> print('{1} {1} {0}'.format('hello','world'))
world world hello
>>> print('{age} {name} {age}'.format(name='张三',age=20))  # 带关键字
20 张三 20
```

另外，使用 format()方法还可以非常灵活地控制数字的输出格式，如代码实例 5-28 所示。

代码实例 5-28

```
>>> print("{:.2f}".format(3.1415926));
3.14
```

上述代码中，参数("{:.2f}"中的冒号:前省略了 0，冒号:后表示具体的格式，格式.2f 表示保留两位小数，以浮点类型输出。对数字进行格式化输出的具体规则较多，表 5-5 对常用的格式化输出形式做了介绍。

表 5-5 常用的格式化输出形式

数字	格式	输出	描述
3.1415926	{:.2f}	3.14	保留小数点后两位
3.1415926	{:+.2f}	+3.14	带符号保留小数点后两位
−1	{:+.2f}	−1.00	带符号保留小数点后两位
2.71828	{:.0f}	3	不带小数
5	{:0>2d}	05	数字补零(填充左边，宽度为 2)
5	{:x<4d}	5xxx	数字补 x(填充右边，宽度为 4)
10	{:x<4d}	10xx	数字补 x(填充右边，宽度为 4)
1000000	{:,}	1,000,000	以逗号分隔的数字格式
0.25	{:.2%}	25.00%	百分比格式
1000000000	{:.2e}	1.00e+09	指数法
13	{:10d}	13	右对齐(默认，宽度为 10)
13	{:<10d}	13	左对齐(宽度为 10)
13	{:^10d}	13	中间对齐(宽度为 10)
3.1415926	{:.2f}	3.14	保留小数点后两位

表 5-4 中，冒号: 后面填充的只能是字符，不指定则默认用空格填充；^、 <、 > 分别表示居中、左对齐、右对齐，后面的数字表示输出的宽度；+ 表示在正数前显示 +，在负数前显示 −；空格表示在正数前加空格；b、d、o、x 分别表示二进制、十进制、八进制、十六进制。

5.3.3 字典格式化

在 Python 语言中，还可以字典键值对的方式实现字符串格式化功能，即允许左边的格式化字符串通过引用右边字典中的键来提取对应的值，如代码实例 5-29 所示。

代码实例 5-29

```
>>> "%(name)s like to eat %(food)s"% {"name":'I',"food":'eggs'}
'I like to eat eggs'
>>> s = "%(name)s like to eat %(food)s"
>>> d = {"name":'I',"food":'eggs'}
>>> s%d
'I like to eat eggs'
```

上述代码中，通过在左边的格式化字符串中引用右边字典中的key值，实现了对相应value值的引用，进而达到格式化输出的目的。但是，如果写到一起影响代码的可读性，可以分别把格式化字符串和源输出变量定义为变量，再进行相应的操作，如上例中定义的变量s和d。

也可以使用format()方法和字典混用的方式实现字符串格式化功能，如代码实例5-30所示。

代码实例5-30

```
>>> s = '{name} like to eat {food}'
>>> s.format(name='you',food='apple')
'you like to eat apple'
```

上述代码中，format()方法的参数使用了类似字典类型的变量，这同样可以实现字符串的格式化输出功能。

良好的输出格式可以大大增加软件的可交互性，提升用户的使用体验。上述介绍的字符串格式化输出方式较多，在实际开发中，根据需要选用一种即可。

5.4 正则表达式

5.4.1 概述

在计算机学科中，正则表达式(Regular Expression，常简写为regex、regexp或RE)是用来描述或匹配一系列符合某个句法规则的字符串。在很多文本编辑器或其他工具里，正则表达式通常被用来检索或替换那些符合某种模式的文本内容。许多程序设计语言都支持利用正则表达式进行字符串操作。

在Python语言中使用正则表达式可以实现如下功能：

1) 对字符串进行格式匹配。例如，当输入电话号码或邮箱时，可通过查看字符串内是否出现电话号码模式或邮箱模式来检查格式的正确性。

2) 从某一字符串中提取出特定内容。例如，对于一封邮件，可以根据From:xxx格式，从文本中将姓名xxx提取出来。

3) 文本替换。可以使用正则表达式识别文档中的特定文本，并删除文本或者用其他文本替换。

5.4.2 语法规则

正则表达式拥有自己的语法规则。虽然不同工具和编程语言支持的正则表达式函数可能不同，但是语法规则基本相同。本节介绍Python语言中正则表达式的相关语法规则。

在使用正则表达式进行匹配时，匹配字符集合中的一个或多个字符是最常见的匹配形式，一些常用的字符集合可以用特殊元字符代替。这些元字符匹配的是某一类别的字符，也称类元字符。类元字符并不是必不可少的，也可以通过逐一列举有关字符或通过定义字符区间来匹配某一类字符，但是使用类元字符构造出来的正则表达式简明易懂，在实际应用中用处较大。

在Python语言中，使用正则表达式操作时涉及的特殊字符包括匹配表示字符、数量限定符、边界定位符和分组标识符等。其中，匹配表示字符即类元字符，用于匹配某一类字符；数量限定符用来指定正则表达式的给定组件必须出现多少次才能满足匹配；边界定位符能够将正则表达式固定到行首或行尾，还能够声明正则表达式匹配的位置，如字符串的开始位置、结束位置或中间位置；分组标识符表示当匹配规则可以重复多次时，如果要重复多个字符，可以用小括号括起来形成分组，然后就可以指定分组的重复次数了。

表 5-6~表 5-9 分别列出了这些字符的表示形式和描述信息。

表 5-6　匹配表示字符

字符	描述
.	匹配任意一个字符(除了\n)
[]	匹配[]中列举的字符
\d	匹配数字 0~9
\D	匹配非数字
\s	匹配任意空白字符
\S	匹配非空白字符
\w	匹配任何字符：a~z、A~Z、0~9、_
\W	匹配特殊字符

表 5-7　数量限定符

字符	描述
*	匹配前一个字符出现 0 次或多次
+	匹配前一个字符出现 1 次或多次
?	匹配前一个字符出现 1 次或不出现
{m}	匹配前一个字符出现 m 次
{m,}	匹配前一个字符至少出现 m 次
{m,n}	匹配前一个字符出现 m 到 n 次

表 5-8　边界定位符

字符	描述
^	匹配字符串开头
$	匹配字符串结尾
\b	匹配单词的边界
\B	相当于[^\b]

表 5-9　分组标识符

<table>
<tr><th>字符</th><th>描述</th></tr>
<tr><td>|</td><td>匹配左右任意一个表达式</td></tr>
<tr><td>(ab)</td><td>将括号中的字符作为分组</td></tr>
<tr><td>\num</td><td>引用分组 num 匹配到的字符串</td></tr>
<tr><td>(?P<name>)</td><td>为分组指定别名</td></tr>
<tr><td>(?P=name)</td><td>引用别名为 name 的分组匹配到的字符串</td></tr>
</table>

另外，正则表达式还可以包含一些可选修饰符以控制匹配的模式，通常修饰符被指定为可选的标志，如表 5-10 所示。多个标志可以通过按位 OR(|)组合来指定，如 re.I | re.M 被设置成 I 和 M 标志。

表 5-10 正则表达式的修饰符

修饰符	描述
re.I	使匹配对大小写不敏感
re.L	做本地化识别(locale-aware)匹配
re.M	多行匹配，影响^和$
re.S	使.匹配包括换行符在内的所有字符
re.U	根据 Unicode 字符集解析字符，会影响\w、\W、\b、\B.
re.X	通过更灵活的格式将正则表达式写得更易理解

在实际开发中，经常需要对用户输入的邮箱进行格式检查，确认是否为合法的邮箱格式，使用正则表达式可以很好地完成该项功能。在 Python 语言中，进行正则表达式操作时需要使用 re 模块，参见代码实例 5-31。

代码实例 5-31

```
import re
text = input("Please input your Email address：\n")
pattern = r'^[a-zA-Z0-9_-]+@[a-zA-Z0-9_-]+(\.[a-zA-Z0-9_-]+)+$'
if re.match(pattern,text):
    print('Email address is Right!')
else:
    print('Please reset your right Email address!')
```

上述代码中，先让用户输入邮箱，再使用正则表达式对邮箱的格式进行检查。关于 Python 语言中 re 模块的详细介绍，请参考 5.4.3 节。

5.4.3 re 模块

正则表达式拥有独立的语法和执行引擎，虽然效率可能不如字符串自带的方法，但是语法灵活，功能十分强大。Python 语言主要使用 re 模块完成正则表达式的相关操作。下面主要对 re 模块中的常用函数进行介绍。

1. re.match()函数

re.match()函数尝试从字符串的起始位置匹配一个模式，如果匹配成功，则返回匹配的对象；如果没有匹配到，则返回 None。

函数定义如下：

```
match(pattern, string, flags=0)
```

参数及描述详见表 5-11，用法可参见代码实例 5-32。

表 5-11　re.match()函数参数列表

参数	参数描述
pattern	要匹配的正则表达式
string	要匹配的字符串
flags	标志位，用于控制正则表达式的匹配方式，如是否区分大小写、多行匹配等

代码实例 5-32

```
>>> import re
>>> patten0 = 'www'
>>> patten1 = 'com'
>>> string = 'www.baidu.com'
>>> print(re.match(patten0, string, flags=re.I))    # 在起始位置匹配
<_sre.SRE_Match object; span=(0, 3), match='www'>
>>> print(re.match(patten1, string))                # 不在起始位置匹配
None
```

从上述例子可以看出，当使用 re.match()函数匹配字符串成功时，返回的是匹配的对象；匹配失败时，返回 None。通过调用 re.match()函数返回对象的方法 group(num)或 groups()，可以得到相应的匹配表达式，参见表 5-12 和代码实例 5-33。

表 5-12　匹配对象的方法及描述

匹配对象的方法	描述
groups()	返回一个包含所有小组字符串的元组，从 1 到包含的小组号
group(num)	匹配整个表达式的字符串。可以一次输入多个组号，在这种情况下，将返回一个包含那些组所对应值的元组

代码实例 5-33

```
import re
line = "Cats are smarter than dogs"
matchObj = re.match(r'(.*) are (.*?) .*', line, re.M | re.I)
 if matchObj:
     print("matchObj.groups() : ", matchObj.groups())
print("matchObj.group() : ", matchObj.group())
     print("matchObj.group(1) : ", matchObj.group(1))
     print("matchObj.group(2) : ", matchObj.group(2))
     print("matchObj.group(1, 2) : ", matchObj.group(1, 2))
else:
pass
程序运行结果：
matchObj.groups() :   ('Cats', 'smarter')
matchObj.group() :   Cats are smarter than dogs
matchObj.group(1) :   Cats
matchObj.group(2) :   smarter
matchObj.group(1, 2) :   ('Cats', 'smarter')
```

上面解释了 re.match()函数的用法，其中的代码涉及正则表达式模式和正则表达式修饰符，这两个知识点在 5.4.2 节都有提到。

2. re.search()函数

re. search()函数扫描整个字符串，寻找与模式匹配的对象，匹配成功则返回匹配的对象；如果没有匹配到，则返回 None。re.search()函数定义如下：

```
search(pattern, string, flags=0)
```

参数同 re.match()函数，用法详见代码实例 5-34。

代码实例 5-34

```
>>> import re
>>> patten0 = 'www'
>>> patten1 = 'com'
>>> string = 'www.baidu.com'
>>> print(re. search (patten0, string, flags=re.I))    # 在起始位置匹配
<_sre.SRE_Match object; span=(0, 3), match='www'>
>>> print(re. search (patten1, string))                # 不在起始位置匹配
<_sre.SRE_Match object; span=(10, 13), match='com'>
>>>print(re.search('http', string))
None
```

re.search()函数返回的匹配对象也有方法 group(num)或 groups()，用法同 re.match()函数，这里不再赘述。

对比 re.match()函数和 re.search()函数，可以看出这两个函数的相同之处和区别。这两个函数都用来匹配字符串，re.match()函数只匹配字符串的开头，如果字符串的开头不符合正则表达式，则匹配失败，函数返回 None；而 re.search()函数匹配整个字符串，直到找到匹配；参见代码实例 5-35。

代码实例 5-35

```
import re
line = "Cats are smarter than dogs";
matchObj = re.match(r'dogs', line, re.M | re.I)
 if matchObj:
    print("match --> matchObj.group() : ", matchObj.group())
else:
    print("No match!!")
 matchObj = re.search(r'dogs', line, re.M | re.I)
 if matchObj:
    print("search --> matchObj.group() : ", matchObj.group())
else:
    print("No match!!")
程序运行结果：
No match!!
search --> matchObj.group() : dogs
```

上述代码中，分别使用 re.match()函数和 re.search()函数进行匹配。可以看出，re.match()函数只匹配字符串的开头，没有找到则返回 None；而 re.search()函数匹配整个字符串，直到找到匹配。

3. re.sub()函数

Python 语言的 re 模块提供了 re.sub()函数用于替换字符串中的匹配项。函数定义如下：

re.sub(pattern, repl, string, count=0, flags=0)

参数及描述详见表 5-13，用法可参见代码实例 5-36。

表 5-13　re.sub()函数参数列表

参数	参数描述
pattern	要匹配的正则表达式
repl	要替换的字符串，也可以是函数
string	要被查找替换的原始字符串
count	模式匹配后替换的最大次数，默认为 0，表示替换所有的匹配
flags	标志位，用于控制正则表达式的匹配方式，如是否区分大小写、多行匹配等

代码实例 5-36

```
import re
phone = "2004-959-559"      # 这是国外电话号码
# 删除字符串中的注释
num = re.sub(r'#.*$', "", phone)
print("电话号码是：", num)
# 删除非数字后的字符串
num = re.sub(r'\D', "", phone)
print("电话号码是：", num)
```

程序执行结果：

```
电话号码是：2004-959-559
电话号码是：2004959559
```

上述代码中，使用 re.sub()函数分别删除字符串 phone 中的#和-，并输出修改后的字符串。

4. re.compile()函数

re.compile()函数用于编译正则表达式，生成一个正则表达式对象，供 re.match()和 re.search()函数使用。语法格式为：

re.compile(pattern[, flags])

参数解释同上面，用法详见代码实例 5-37。

代码实例 5-37

```
>>>import re
>>> pattern = re.compile(r'\d+')                # 用于匹配至少一个数字
>>> m = pattern.match('one12twothree34four')    # 查找头部，没有匹配
```

```
>>> print( m)
None
>>> m = pattern.match('one12twothree34four', 2, 10) #  从'e'的位置开始匹配，没有匹配
>>> print (m)
None
>>> m = pattern.match('one12twothree34four', 3, 10) #  从'1'的位置开始匹配，正好匹配
>>> print(m)                                    #  返回一个 Match 对象
<_sre.SRE_Match object at 0x10a42aac0>
>>> m.group(0)     #  可省略 0
'12'
>>> m.start(0)   #  可省略 0，用于获取分组匹配的子串在整个字符串中的起始位置
3
>>> m.end(0)   #  可省略 0，用于获取分组匹配的子串在整个字符串中的结束位置
5
>>> m.span(0)   #  可省略 0，返回 (start(group), end(group))
(3, 5)
```

5. re.findall()函数

re.findall()函数用于在字符串中找到正则表达式匹配的所有子串，并返回一个列表。如果没有找到匹配的，则返回空的列表。

注意：re.match()和 re.search()函数只匹配一次，而 re.findall()函数匹配所有。

函数定义：

findall(string[, pos[, endpos]])

参数及描述详见表 5-14，用法详见代码实例 5-38。

表 5-14　re.findall()函数参数列表

参数	参数描述
string	待匹配的字符串
pos	可选参数，指定字符串的起始位置，默认为 0
endpos	可选参数，指定字符串的结束位置，默认为字符串的长度

代码实例 5-38

```
import re
pattern = re.compile(r'\d+') #  查找数字
result1 = pattern.findall(baidu123 google 456')
result2 = pattern.findall('bai88du123google456', 0, 10)
print(result1)
print(result2)

程序执行结果：
['123', '456']
['88', '12']
```

6. re.finditer()函数

和 re.findall()函数类似，re.finditer()函数用于在字符串中找到正则表达式匹配的所有子串，并把它们作为一个迭代器返回。函数定义如下：

re.finditer(pattern, string, flags=0)

参数解释同上面，用法详见代码实例 5-39。

代码实例 5-39

```
import re
it = re.finditer(r"\d+","12a32bc43jf3")
for match in it:
print (match.group() )
程序执行结果：
12
32
43
3
```

7. re.split()函数

re.split()函数按照能够匹配的子串将字符串分隔后返回。函数定义如下：

re.split(pattern, string[, maxsplit=0, flags=0])

其中，maxsplit 表示分隔次数，maxsplit 为 1 表示分隔一次，默认为 0，表示不限制分隔次数。re.split()函数的用法详见代码实例 5-40。

代码实例 5-40

```
>>>import re
>>> re.split('\W+', baidu, google, uc.')
[baidu, google, 'runoob', '']
>>> re.split('(\W+)', ' baidu, google, uc.')
['', ' ', baidu, ', ', google, ', ', uc, '.', '']
>>> re.split('\W+', ' baidu, google, uc.', 1)
['', baidu, google, uc.']
 >>> re.split('a*', 'hello world')    # 对于一个找不到匹配的字符串而言，不会进行分隔
['hello world']
```

在网络爬虫相关类的开发需求中，需要提取网页中的特定内容，并且需要对特定内容进行匹配，使用正则表达式可以很好地完成该项功能，详见代码实例 5-41。

代码实例 5-41

```
# 需求：匹配出 <html><h1>www.baidu.cn</h1></html>
import re
patten = r"<(?P<name1>\w*)><(?P<name2>\w*)>.*</(?P=name2)></(?P=name1)>"
string = '<html><h1>www.baidu.cn</h1></html>'
ret = re.match(patten, string)
```

```
print(ret)
print(ret.group())
print(ret.group('name1'))
print(ret.group('name2'))
程序输出结果：
<_sre.SRE_Match object; span=(0, 34), match='<html><h1>www.baidu.cn</h1></html>'>
<html><h1>www.baidu.cn</h1></html>
html
h1
```

上述代码中，我们使用 re 模块提供的 re.match()函数和 re.group()函数，完成了对网页中指定内容'<html><h1>www.baidu.cn</h1></html>'的匹配和输出。其中，在 patten 变量的内容前加上 r 表示原始字符串，即不对字符串内容中的反斜杠进行转义。

Python 语言的 re 模块提供了非常强大的正则表达式处理功能，在实际开发中应用较多。另外，正则表达式的语法规则较为琐碎，开发者在使用过程中，要多加练习才能熟练掌握。

5.5 本章小结

字符串作为编程中最常用的数据类型，深受广大开发者的喜爱。在 Python 语言中，提供了相比其他编程语言更为灵活的字符串操作方式。

本章主要介绍了字符串和正则表达式的相关知识点。字符串的相关知识点有字符串的表示、操作和格式化。正则表达式的相关知识点有正则表达式的基本概念和使用方法。本章的知识点比较多，而且有的知识点较为琐碎(如正则表达式等)，读者需要多练习、勤思考，才能熟练掌握。

第6章 函数和函数式编程

在实际编程开发中，很多操作都是完全相同或非常相似的，只是需要要处理的数据不同而已，因此可以通过封装代码提升编码效率。本章主要介绍常用的代码封装方式——函数，主要内容包括函数的定义及调用方式、函数参数的定义及传递方式、函数式编程等。通过本章的学习，可以较为深入地掌握使用函数实现代码封装功能的技巧，并且能在实际项目中灵活使用。本章的重点是函数的定义及调用方式，难点是函数参数的传递方式和函数式编程。

本章的学习目标：

- 了解使用函数定义封装代码的基本思想
- 掌握函数定义的基本流程
- 掌握在实际项目中调用函数的流程
- 掌握函数参数的定义及传递方式
- 了解函数式编程的基本概念
- 掌握匿名函数 lambda 的定义和使用方法

6.1 函数定义

在程序设计语言中，函数是组织好的、可重复使用的、用来实现特定功能的代码段。函数的使用能够提高软件的模块化水平及编码效率。Python 语言对函数的支持较好，提供了灵活的函数定义及调用方式。

6.1.1 函数概述

在程序设计中，函数的使用可以提升代码的复用率和可维护性。

第一，提升代码的复用率。在程序设计中，一些代码的功能是相同的，操作是一样的，只不过针对的数据不一样。此种情况下，可以将这种功能写成一个函数模块，要使用此功能时只需要调用这个函数模块就可以了，不需要再重复地编写同样的代码，实现了代码的复用。代码复用可以解决大量同类型的问题，避免重复性操作，提高编程效率。

第二，提升代码的可维护性。使用函数后，实现了代码的复用，某个功能需要核查或修改时，只需要核查或修改功能对应的函数就可以了。对功能的修改可以使调用对应函数的所有模块同时生效，极大提升了代码的可维护性。

通过提升代码的复用率和可维护性，我们实现了编码效率的极大提升。例如，在没有学习函数知识之前，进行幂运算要使用**操作符，如代码实例 6-1 所示。

代码实例 6-1

```
>>> 2**3
8    #运算结果
```

在学习了函数相关知识后，就可以使用更灵活的方式，比如调用 Python 语言中的内建函数 pow()来执行幂运算。内建函数是系统已经定义好的函数，开发者可以直接调用。开发者也可以根据需要自定义函数，进行相应的功能实现。为了使开发者对内建函数和自定义函数有直观的认识，下面给出一个简单示例，参见代码实例 6-2。

代码实例 6-2

```
>>> pow(2,3)          #调用内建函数
8                     #运算结果
>>> def myFun() :     #自定义函数定义
    print("This is my function!")
>>> myFun()           #自定义函数调用
This is my function!
```

上述代码中，首先调用 Python 语言中的内建函数 pow()进行幂运算；然后，自定义函数 myFun()，输出 This is my function!；最后调用自定义函数 myFun()，输出相应的结果。可以看出，Python 语言中函数的定义和使用都是非常便捷的。

函数的使用不仅提高了代码的封装性，而且使得代码的可读性更好。关于 Python 语言中函数的定义和分类，后面章节将详细介绍。

6.1.2 函数定义

在 Python 语言中，函数通常是由函数名、参数列表以及通过一系列语句组成的函数体构成的。函数定义的一般格式如代码实例 6-3 所示。

代码实例 6-3

```
def 函数名(参数列表):
    函数体
```

其中，def 是 Python 语言中定义函数的关键字，括号内是函数的形参列表，冒号:表示函数体的开始。

下面的代码实例 6-4 定义了一个只包含一条输出语句的函数 hello()，并且该函数没有定义任何参数，默认返回值为 None。

代码实例 6-4

```
>>> def hello() :
        print("Hello World!")
```

```
>>> hello()
Hello World!
```

以上代码实例定义的 hello()函数虽然不包含任何参数，但是函数名后的一对括号是不能省略的。在实际应用中，稍复杂的函数通常都会包含一个或多个参数。在代码实例 6-5 中，我们定义了一个计算矩形面积的函数 area()和一个欢迎信息打印函数 welcome()。

代码实例 6-5

```
# 计算面积的函数
def area(width, height):
return width * height
# 输出欢迎信息的函数
def welcome(name):
print("Welcome", name)
# 调用函数
welcome("Runoob")
w = 4
h = 5
# 调用函数
print("width =", w, " height =", h, " area =", area(w, h))
#输出结果
Welcome Runoob
width = 4    height = 5    area = 20
```

上述代码中，首先定义了 area()和 welcome()两个函数，其中函数 area()提供了 width(宽)和 height(高)两个参数，函数 welcome()只提供了一个参数 name。然后，分别调用 area()和 welcome()函数，输出相应的结果。

如果需要定义无操作的空函数，可以使用 pass 语句。例如，代码实例 6-6 定义了一个无任何操作的空函数 nop()。

代码实例 6-6

```
>>> def nop():
        pass
```

在 Python 代码中，pass 语句通常可以用来作为占位符，表示什么操作都不执行。比如在项目起始阶段，如果还没想好函数的具体实现，可以先放置一条 pass 语句，让代码先成功运行起来。待项目框架搭建完毕后，再进行相应的具体实现。

通常情况下，在 Python 语言中定义具有特定功能的函数需要符合以下规则：

- 函数代码块以 def 关键字开头，后接函数标识符名称和形参列表。
- 任何传入的参数和自变量必须放在圆括号内。
- 函数的第一条语句可以选择性地使用文档字符串(即函数说明)。
- 函数内容以冒号开始，并且严格统一缩进。
- 函数都有返回值，默认返回 None。

6.1.3 形参和实参

在编程语言中，函数在定义和调用时分别涉及形参和实参的使用。

形参(parameter)的全称为形式参数，不是实际存在的变量，又称虚拟变量。形参是在定义函数名和函数体的时候使用的参数，目的是用来接收调用函数时传入的参数。形参变量只有在被调用时才分配内存单元，在调用结束时，即刻释放分配的内存单元。因此，形参出现在函数定义中，只在整个函数体内使用，离开函数则不能使用。根据实际需要，可以设置一个或多个形参。当没有形参时，函数名后的圆括号不能省略。

实参(argument)的全称为实际参数，是在调用时传递给函数的参数。实参可以是常量、变量、表达式、函数等。无论实参是何种类型的，在进行函数调用时，都必须具有确定的值，以便把这些值传送给形参。实参一般出现在主调函数中，并采用赋值、输入等办法获取确定值。进入被调函数后，实参变量也不能使用。

形参和实参的功能是传送数据。发生函数调用时，主调函数把实参的值传送给被调函数的形参，从而实现主调函数向被调函数的数据传送，参见代码实例 6-7。另外，函数调用时发生的数据传送是单向的，只能把实参的值传送给形参，而不能把形参的值反向传送给实参。在调用函数时，实参将赋值给形参。必须注意实参的个数、类型应与形参一一对应，并且实参必须有确定的值。形参的作用域一般仅限函数体内部，而实参的作用域根据实际设置而定。

代码实例 6-7

```
# 计算面积的函数
def area(width, height):
        return width * height
w = 6
h = 8
# 调用函数
print("width =", w, " height =", h, " area =", area(w, h))
# 输出结果
width = 6    height =8    area = 48
```

上述代码中，area()函数定义中的 width 和 height 就是形式参数，在函数体外定义的变量 w 和 h 是实际参数。可以看到，把实参 w 和 h 传入函数体后，就把相应的值赋给了形参 width 和 height。形参 width 和 height 的作用域只限于 area()函数体内，而实参 w 和 h 的作用域则根据外部调用位置的设置而定。

对于函数的形参列表，默认情况下函数调用时的参数值与形参列表中定义的顺序是一致的。Python 语言也允许函数调用时参数顺序与声明时不一致，但要显式地指明关键字参数，并根据参数的指定进行赋值，如代码实例 6-8 所示。

代码实例 6-8

```
# 函数定义
def foo(x, y):
      print('x +y =', x + y)
      print('x * y =', x * y)
# 调用函数
```

```
foo(y = 1, x = 2)

输出结果
x + y = 3
x * y = 2
```

上述代码中，函数 foo()在定义时形式参数的顺序是 foo(x, y)，但是调用时实际参数的顺序却是 foo(y = 1, x = 2)。这是因为 Python 语言提供了一种关键字参数，可以给开发者提供更大的灵活性。

Python 语言提供了不同的参数定义和调用机制，如位置参数、不定长参数、关键字参数、命名参数等。关于这些参数机制的详细使用方法，请参考后面章节。

6.1.4　函数的返回值

函数的返回值是指函数执行完毕后，系统根据函数的具体定义返回给外部调用者的值。在实际开发中，有时不仅要执行某个函数的功能，而且还需要把函数的执行结果作为其他函数或功能的计算参与单元。所以，函数的返回值是非常有用的。

在 Python 语言中，当函数运行到 return 语句时执行完毕，同时将结果返回，参见代码实例 6-9。因此，可以在函数内部通过条件判断和循环设置实现较复杂的逻辑，并返回预期的结果。如果没有 return 语句，函数体内所有语句执行完毕后默认返回 None。

代码实例 6-9

```
# 函数定义
def add(x, y):
    print('x +y = ', x + y)
    return x+y
# 调用函数
a = foo(y = 1, x = 2)
print(a)
输出结果
x + y = 3
3
```

上述代码中，定义的 add()函数返回 x+y 的运算结果。可以看到，调用 add()函数后，把该函数的返回值赋给了变量 a，最后输出变量 a 的值。在 Python 语言中，函数可以有多个返回值，参见代码实例 6-10。

代码实例 6-10

```
# 函数定义
def add(x, y):
    print('x +y =', x + y)
    print('x *y =', x * y)
    return x+y,x*y
# 调用函数
a,b = foo(y = 1, x = 2)
```

```
print(a,b)
输出结果
x+y = 3
x*y = 2
3 2
```

上述代码中，定义的 add()函数有两个返回值，分别是 x+y 和 x*y 的结果。可以看到，调用 add()函数后，把该函数的返回值分别赋给变量 a 和 b，最后输出变量 a 和 b 的值。

6.2 函数分类

在 Python 语言中，函数分为内建函数和自定义函数。内建函数是系统已经定义好的函数，开发者不能修改但可以直接调用。自定义函数是开发者自己定义的函数，可以修改和调用。内建函数和自定义函数都属于 Python 语言中的常见函数，定义和调用方式也是完全相同的。

6.2.1 内建函数

Python 语言中自带的函数叫作内建函数(Built-In Function)。Python 语言提供了大量的内建函数，如dir()、type()等。这些内建函数对大部分常用操作进行有效封装，可以直接调用，为开发提供了极大便利。由于内建函数是 Python 语言内置的函数，因此不需要导入任何函数库即可直接调用，常用的内建函数如图 6-1 所示。

		Built-In Function		
abs()	dict()	help()	min()	setattr()
all()	dir()	hex()	next()	slice()
any()	divmod()	id()	object()	sorted()
ascii()	enumerate()	input()	oct()	staticmethod()
bin()	eval()	int()	open()	str()
bool()	exec()	isinstance()	ord()	sum()
bytearray()	filter()	issubclass()	pow()	super()
bytes()	float()	iter()	print()	tuple()
callable()	format()	len()	property()	type()
chr()	frozenset()	list()	range()	vars()
classmethod()	getattr()	locals()	repr()	zip()
compile()	globals()	map()	reversed()	__import__()
complex()	hasattr()	max()	round()	
delattr()	hash()	memoryview()	set()	

图 6-1　Python 语言内建函数

在 Python 语言中，除内建函数外提供的其他类型函数通常被称为第三方函数。第三方函数一般是由其他开发者或组织针对某些特定需求编写的函数库，并共享给大家使用。Python 语言之所以如此强大，也正是得益于其丰富的第三方函数库。不管是内建函数还是第三方函数，在 Python 语言中都可以非常方便地使用。

要成功调用内建函数，首先需要知道的是函数的准确名称和参数列表信息。比如求绝对值的内建函数 abs()有一个数值类型的参数。要详细了解函数信息、参数及返回值情况，可以查阅 Python 官方文档，例如 abs()的帮助文档位于 http://docs.Python.org/3/library/functions.html#abs 。

当然，也可以在交互式命令模式下通过 help 命令查看内建函数的帮助信息。例如，使用 help(abs)命令可以查看 abs()函数的详细信息。其他内建函数的查阅方法与此类似。代码实例 6-11 演示了 abs()函数的调用过程。

代码实例 6-11

```
>>> abs(100)
100
>>> abs(-10)
10
```

在 Python 语言提供的内建函数中，有很多函数支持任意多个参数。例如内建函数 max()可以接收任意多个数并返回其中的最大值，如代码实例 6-12 所示。

代码实例 6-12

```
>>> max(1, 2)
2
>>> max(-2, 0, 1, 4)
4
```

从上述代码可以看出，内建函数 max()可以同时返回多个数值的最大值，而其他编程语言中的类似函数一般只能接收两个变量。

Python 语言常用的内建函数还包括数据类型转换函数，代码实例 6-13 演示了常用类型转换函数的使用方法。

代码实例 6-13

```
>>> int('12')
12
>>> int(12.3)
12
>>> float('12.3')
12.3
>>> str(1.23)
'1.23'
>>> str(10)
'10'
>>> bool(1)
True
>>> bool('')
False
```

上述代码分别演示了内建函数 int()、float()、str()和 bool()的使用方法。其中，int()函数是把传入的参数转换为整数类型，float()函数是把传入的参数转换为浮点类型，str()函数是把传入的参数转换为字符串类型，bool()函数是把传入的参数转换为布尔类型。在实际开发中，涉及大量的类型转换需求，开发者需要掌握这些转换技巧。

在 Python 语言中，还可以把函数名赋给变量，相当于给函数起了别名，代码实例 6-14

所示。

代码实例 6-14

```
>>> a = abs   # 变量 a 指向 abs 函数
>>> a(-1)     # 通过 a 调用 abs 函数
1
```

Python 语言中提供的内建函数还有很多，由于篇幅限制，在此不一一列出。内建函数功能强大，理解并熟练掌握能较大提升开发效率。

6.2.2 自定义函数

当内建函数不能满足要求时，开发者可以根据实际需要自定义函数。函数自定义之后，开发者可以在其他代码中通过函数名进行调用。代码实例 6-15 演示了自定义函数 printme()的定义和调用过程。

代码实例 6-15

```
>>>       # 自定义函数
def printme( str ):
    "打印传入的字符串"
    print(str);
    return;
# 调用函数
printme("调用自定义函数!");
printme("再次调用同一函数");
调用自定义函数!
再次调用同一函数
```

上述代码中，自定义了函数 printme()，并调用两次，测试相应功能。在实际开发中，涉及大量的自定义函数。在自定义函数中，也可以调用内建函数或其他自定义函数。自定义函数和内建函数的定义方式是相同的，只不过自定义函数是由开发者定义的，而内建函数是由系统定义的。两者的调用方式都是一样的。

在 Python 语言中，内建函数可以直接使用，第三方函数需要使用 import 命令导入相应的库才能使用。对于自定义函数，定义和调用可以在同一个文件中，也可分离成不同的文件，参见代码实例 6-16。

代码实例 6-16

```
>>>from test import hello
>>> hello()
Hello World!
```

上述代码演示了函数的定义和调用不在同一个文件中的情形。首先将 hello()函数定义好并保存为 test.py 文件，然后使用 Python 语言的 import 指令 from test import hello 将该文件导入，之后就可以调用 hello()函数了。导入时需要注意 test 是文件名并且不含.py 扩展名。import 指令的详细用法将在本书其他章节进行讲解。

6.3 函数参数

参数是函数的重要组成部分，准确有效的参数设置是函数能够顺利执行的前提。函数的参数从类型上分为形参和实参，相关内容已在前面章节中做过介绍。本节重点介绍 Python 语言中不同的参数传递机制，包括参数种类、位置参数、默认参数、不定长参数、关键字参数、命名关键字参数等。

6.3.1 参数种类

函数的参数分为可变类型和不可变类型，调用结果是不同的。在 Python 语言中，类型属于对象，变量是没有类型的，参见代码实例 6-17。

代码实例 6-17

```
>>> a=[1,2,3]
a="Runoob"
```

以上代码中，[1,2,3]是 list 类型，"Runoob"是 string 类型，而变量 a 没有类型。变量 a 仅仅是对象的引用，可以指向 list 类型对象，也可以指向 string 类型对象。在 Python 语言中，string、tuple 和 number 是不可变(immutable)类型，而 list、dict 等则是可变(mutable)类型。

- 可变类型：类似 C++的引用传递，如列表、字典等。如果传递的参数是可变类型，则在函数内部对传入参数进行修改会影响到外部变量。
- 不可变类型：类似 C++的值传递，如整数、字符串、元组等。如果传递的参数是不可变类型，则在函数内部对传入参数进行修改不会影响到外部变量。

下面通过实例来学习这两种参数类型在实际使用过程中的区别。

1. 不可变类型参数实例(参见代码实例 6-18)

代码实例 6-18

```
def ChangeInt(a):
    a = 10
b = 2
ChangeInt(b)
print(b)        # 结果是 2
```

上述实例中，有 int 类型的对象 2，指向它的变量是 b。在传递给 ChangeInt()函数时，按传值方式复制了变量 b，a 和 b 都指向同一个 int 对象。在 a=10 时，新生成一个 int 对象 10，并让 a 指向它。

2. 可变类型参数实例(参见代码实例 6-19)

代码实例 6-19

```
def changeme( mylist ):
    "修改传入的列表"
    mylist.append([1,2,3,4]);
```

```
    print ("函数内取值：", mylist)
    return

# 调用 changeme 函数
mylist = [10,20,30];
changeme( mylist );
print ("函数外取值：", mylist)
```

在调用函数时，如果传入的参数是可变类型，则外部变量也会被更改。在上述例子中，传入函数的 list 对象和在末尾添加新内容的 mylist 对象使用的是同一个引用，输出参见代码实例 6-20。

代码实例 6-20

```
函数内取值：[10, 20, 30, [1, 2, 3, 4]]
函数外取值：[10, 20, 30, [1, 2, 3, 4]]
```

在定义函数时，开发者把参数的名字和位置确定后，函数的接口定义就完成了。对于函数的调用者来说，只需要知道如何传递正确的参数以及函数的返回值即可。函数内部被封装起来，调用者无须了解。Python 语言的函数定义非常简单，但灵活度却非常大。除了正常定义的必选参数外，还可以使用默认参数、可变参数和关键字参数。这些类型参数的设置，使得函数不仅能处理复杂的参数，还可以简化调用者的代码。

函数定义中可能包含多个形参，因此函数调用中也可能包含多个实参。想让函数传递实参的方式有很多，可使用位置实参，要求传入参数和定义参数的顺序相同；也可使用关键字实参，每个实参都由变量名和值组成。下面介绍调用函数时可使用的各种参数类型，包括位置参数、默认参数、不定长参数、关键字参数、命名关键字参数等。

6.3.2 位置参数

调用函数时，Python 语言必须将函数调用中的每个实参都关联到函数的相应形参。最简单的关联方式是基于实参的顺序，使用这种关联方式的参数被称为位置实参。代码实例 6-21 展示了是一个显示学生信息的函数，该函数输出学生的名字及年龄。

代码实例 6-21

```
def describe_student(person_name, student_age):
        """显示学生的信息"""
        print("\nMy name is " + person_name + ".")
        print(person_name + " is " + student_age+ " years old.")
describe_student('Jack', '18')
```

函数 describe_student()的定义表明，它需要姓名(person_name)和年龄(student_age)两个参数。调用 describe_student()函数时，需要按顺序提供姓名和年龄参数。调用函数时，实参'Jack'存储在形参 person_name 中，而实参'18'存储在形参 student_age 中。在函数体内，使用这两个形参来显示学生的信息，输出结果如代码实例 6-22 所示。

代码实例 6-22

```
My name is Jack.
Jack is 18 years old.
```

定义了函数后，开发者可以根据需要多次调用函数。如果需要再描述一名学生，只需要再次调用 describe_student()即可，如代码实例 6-23 所示。

代码实例 6-23

```
def describe_student(person_name, student_age):
    """显示学生的信息"""
    print("\nMy name is " + person_name + ".")
    print(person_name + " is " + student_age+ " years old.")
describe_student('Jack', '18')
describe_student('Bob', '17')
```

第二次调用 describe_student()函数时，向它传递了实参'Bob'和'17'。与第一次调用时一样，将实参'Bob'关联到形参 person_name，并将实参'17'关联到形参 student_age。与前面一样，这个函数完成相同的操作，但打印的是一名 17 岁的学生 Bob 的信息。至此，开发者描述了一名 18 岁的学生 Jack 和一名 17 岁的学生 Bob，输出结果如代码实例 6-24 所示。

代码实例 6-24

```
My name is Jack.
Jack is 18 years old.
My name is Bob.
Jack is 17 years old.
```

调用函数是一种效率极高的开发方式。比如在代码实例 6-21 中，开发者只需要在函数中编写描述学生的代码一次，以后需要描述新的学生时，都可调用这个函数，并向它提供新的学生信息。即便描述全校的学生，也依然只需要使用一行调用函数的代码，就可实现所需功能。

在函数中，可根据需要使用任意数量的位置参数。Python 语言会按顺序将函数调用中的实参关联到函数定义中相应的形参。但要注意的是，在使用位置参数调用函数时，如果实参的顺序不正确，结果可能出乎意料，如代码实例 6-25 所示。

代码实例 6-25

```
def describe_student(person_name, student_age):
    """显示学生的信息"""
    print("\nMy name is " + person_name + ".")
    print(person_name + " is " + student_age+ " years old.")
describe_student('18', 'Jack')
```

在上述函数调用中，开发者先指定名字，再指定年龄。由于实参'18'在前，这个值将存储到形参 person_name 中；同理，'Jack'将存储到形参 student_age 中。输出结果显示开发者得到了一名年龄为 Jack 的 18，如代码实例 6-26 所示。

代码实例 6-26

```
My name is 18.
Jack is Jack years old.
```

在实际开发中，如果执行结果和预期不一致，请核查函数调用中实参的顺序与函数定义中形参的顺序是否一致。

6.3.3 默认参数

编写函数时，可给每个形参指定默认值。在调用函数时，如果给形参提供了实参，Python语言将使用指定的实参值；否则，将使用形参的默认值。给形参指定默认值后，可在函数调用中省略相应的实参。使用默认值可简化函数调用，还可清楚地指出函数的典型用法。以代码实例 6-27 所示的方式调用 describe_student()函数会出现错误。

代码实例 6-27

```
>>> describe_student('Jack')
Traceback (most recent call last):
  File "<stdin>", line 1, in <module>
TypeError: describe_student() missing 1 required positional argument: 'student_age'
```

上述代码中，提示的错误信息很明确，就是调用函数 describe_student()时缺少了位置参数 student_age。这时候，默认参数就派上用场了。若大部分学生的年龄为 18 岁，开发者可以把第二个参数 student_age 的默认值设定为 18，如代码实例 6-28 所示。

代码实例 6-28

```
def describe_student(person_name, student_age=18):
    """显示学生的信息"""
    print("\nMy name is " + person_name + ".")
    print(person_name + " is " + student_age+ " years old.")
```

这样，当开发者调用 describe_student(Jack)时，相当于调用 describe_student(Jack,18) ，如代码实例 6-29 所示。

代码实例 6-29

```
>>> describe_student('Jack')
My name is Jack.
Jack is 18 years old.
>>> describe_student('Jack','18')
My name is Jack.
Jack is 18 years old.
```

而对于年龄不是 18 岁的学生，就必须明确地传入 student_age，如 describe_student ('Herbie',19)。从上面的例子可以看出，默认参数可以简化函数的调用。

需要注意的是，设置默认参数时，必选参数在前，默认参数在后，否则 Python 语言的解释器会报错。因为如果默认参数不固定位置的话，函数调用时易产生歧义。

当函数有多个参数时，把变化大的参数放前面，把变化小的参数放后面。变化小的参数就可以作为默认参数。使用默认参数最大的好处是能降低调用函数的难度。举个例子，编写一个学生注册函数，需要传入 name 和 gender 两个参数，如代码实例 6-30 所示。

代码实例 6-30

```
>>> def enroll(name, gender):
    """注册学生的信息"""
    print("name: ",name)
    print("gender: ",gender)
```

这样，调用 enroll()函数时只需要传入两个参数，如代码实例 6-31 所示。

代码实例 6-31

```
>>> enroll('Jack', 'F')
name: Jack
gender: F
```

如果要继续传入年龄、城市等信息怎么办？这会使得调用函数的复杂度大大增加。开发者可以把年龄和城市设为默认参数，如代码实例 6-32 所示。

代码实例 6-32

```
>>> def enroll(name, gender,age=18, city='Beijing'):
    print('name: ', name)
    print('gender: ', gender)
    print('age: ', age)
    print('city:', city)
```

这样，大多数学生在注册时不需要填写年龄和城市，只提供必需的两个参数即可，如代码实例 6-33 所示。

代码实例 6-33

```
>>> enroll('Sarah', 'F')
name: Sarah
gender: F
age: 18
city: Beijing
```

只有与默认参数不符的学生才需要提供额外的信息，如代码实例 6-34 所示。

代码实例 6-34

```
>>> enroll('Bob', 'M', 17)
enroll('Adam', 'M', city='Tianjin')
```

可见，默认参数降低了函数调用的难度，而一旦需要更复杂的调用时，又可以通过传递更多的参数来实现。无论是简单调用还是复杂调用，函数只需要定义一次。

当有多个默认参数时，调用时可以按顺序提供默认参数。比如调用 enroll('Bob', 'M', 17)，除了 name 和 gender 两个参数外，最后一个实参 17 会应用到参数 age 上，city 参数由于没有提供，仍然使用默认值。也可以不按顺序提供部分默认参数。当不按顺序提供部分默认参数时，需要把参数名列举出来。比如调用 enroll('Adam', 'M', city='Tianjin')，意为 city 参数使用传进去的值，其他默认参数继续使用默认值。

默认参数很有用，但使用时要牢记一点，默认参数必须指向不可变对象，否则会出现错误，如代码实例 6-35 所示。

代码实例 6-35

```
>>> def test_add(H=[]):
        H.append('END')
    return H
```

上述代码中，先定义一个函数，再传入一个 list 对象，在其中添加字符串'END'后返回该 list 对象。当正常调用时，结果似乎不错，如代码实例 6-36 所示。

代码实例 6-36

```
>>> test_add([1, 2, 3])
[1, 2, 3, 'END']
>>> add_end(['a', 'b', 'c'])
['a', 'b', 'c', 'END']
```

当初次使用默认参数调用时，结果也是对的，如代码实例 6-37 所示。

代码实例 6-37

```
>>> test_add()
['END']
```

但是，当再次调用 test_add()时，结果就出现错误了，如代码实例 6-38 所示。

代码实例 6-38

```
>>> test_add()
['END', 'END']
>>> test_add()
['END', 'END', 'END']
```

从上述代码可以看出，默认参数是[]，但是函数 test_add()似乎每次都记住了上次添加了'END'后的列表。这是因为在 Python 语言中，函数在定义的时候，默认参数 H 的值就被计算出来了。默认参数 H 也是一个变量，它指向对象[]。每次调用该函数时，如果改变了默认参数 H 的内容，则下次调用时，默认参数 H 的内容就变了，不再是定义函数时的[]了。所以一定要注意，定义默认参数时，默认参数必须指向不可变对象。

当然，开发者也可以使用 None 这种不可变对象来解决此问题，如代码实例 6-39 所示。

代码实例 6-39

```
>>> def test_add(H=None):
      if H is None:
          H = []
```

```
    H.append('END')
    return H
```

上述代码中，在定义函数时，参数 H 默认为 None，并且在函数体内先对 H 进行判断。Python 语言中，None 和[]是不一样的，None 属于 NoneType 类型，而[]属于 list 类型。经过上述修改后，无论调用多少次 test_add()函数，都不会有问题，如代码实例 6-40 所示。

代码实例 6-40

```
>>> test_add()
['END']
>>> test_add()
['END']
```

string、None 等类似的不可变对象一旦创建，内部数据就不能修改，这就减少了由于修改数据导致的错误。此外，由于对象不变，多线程环境下同时读取对象不需要加锁，同时读也没有问题。开发者在编写程序时，如果可以设计不可变对象，就尽量设计成不可变对象。

6.3.4　不定长参数

在 Python 语言中，函数还可以定义不定长参数，也叫可变参数。顾名思义，不定长参数就是传入的参数个数是可变的。以数学题为例，给定一组数字 a, b, c…，请计算 a+b+c+…。要定义这个函数，必须确定输入的参数。由于参数个数不确定，开发者首先想到，可以把 a, b, c…作为列表或元组传进来。这样，函数可以定义成代码实例 6-41 所示。

代码实例 6-41

```
>>> def calc(numbers):
    sum = 0
    for n in numbers:
        sum = sum + n
    return sum
```

对于以上定义的求和函数，调用的时候，需要先组装出列表或元组，如代码实例 6-42 所示。

代码实例 6-42

```
>>> calc([1, 2, 3])
6
>>> calc((1, 2, 3, 4))
10
```

在 Python 语言中，可以在函数参数的前面添加*以把参数定义为不定长参数，如代码实例 6-43 所示。

代码实例 6-43

```
>>> def calc(*numbers):
    sum = 0
    for n in numbers:
```

```
        sum = sum + n
    return sum
```

上述代码中定义的calc()函数，参数是*numbers，意为参数数量可以任意。对于此时的calc()函数，调用时可以传入任意多个符合要求的参数，如代码实例6-44所示。

代码实例6-44

```
>>> calc(1, 2, 3)
6
>>> calc(1, 2, 3, 4)
10
```

可以看出，不定长参数的使用使得calc()函数的定义和调用都变得简洁。

不定长参数和list或tuple参数相比，仅仅在参数的前面加了一个星号。在函数内部，参数numbers接收到的是一个元组。因此，函数代码完全不变。但是，调用calc()函数时，可以传入任意数量的参数，也可以不传入参数，如代码实例6-45所示。

代码实例6-45

```
>>>  calc()
0
```

另外，如果已经有列表或元组，也可以使用不定长参数，如代码实例6-46所示。

代码实例6-46

```
>>> nums = [1, 2, 3]
>>> calc(*nums)
6
```

*nums表示把nums这个列表的所有元素作为可变参数传进去。这种写法相当有用，而且在Python语言编程中很常见。

6.3.5 关键字参数

关键字参数在传递参数时使用“名称-值”对的方式，在实参中将名称和值关联起来。因为存在一一对应的关系，所以在向函数传递实参时不会混淆(不会得到名为18的Jack这样的结果)。关键字参数使开发者无须考虑函数调用中的实参顺序，便可清楚地指出函数调用中各个值的用途。如果使用关键字参数调用describe_student()函数，参见代码实例6-47。

代码实例6-47

```
def describe_student(person_name, student_age):
    """显示学生的信息"""
    print("\nMy name is " + person_name + ".")
    print(person_name + " is " + student_age+ " years old.")
describe_student(person_name='Jack', student_age='18')
```

上述代码中，函数 describe_student()的功能和原来相同。但调用这个函数时，开发者明确指出了各个实参对应的形参。看到这个函数调用时，系统将实参'Jack'和'18'分别存储在形参 person_name 和 student_age 中。使用这种调用方式后，会输出名叫 Jack、年龄为 18 岁的学生信息。此种调用方式中，关键字参数的顺序无关紧要，因为 Python 语言知道各个值该存储到哪个形参中。综上所示，代码实例 6-48 所示的两种函数调用方式是等效的。

代码实例 6-48

```
describe_pet(animal_type='hamster', pet_name='harry')
describe_pet(pet_name='harry', animal_type='hamster')
```

需要注意的是，使用关键字参数时，必须准确地指定函数定义中的形参名。不定长参数允许传入零个或任意多个参数。这些不定长参数在调用函数时，自动组装为元组；而关键字参数允许传入零个或任意多个含参数名的参数，这些关键字参数在函数内部自动组装为字典。在 Python 语言中，可以在参数的前面加上两个星号**，表示不定长的关键字参数。在代码实例 6-49 中，函数 enroll()除了必选参数 name 和 age 外，还接收不定长的关键字参数 kw。

代码实例 6-49

```
>>> def enroll(name, age,**kw)):
      print('name: ', name, 'age: ', age, 'other: ', kw)
>>> enroll('Michael', 18)
name: Michael age: 18 other: {}
```

针对上述定义的函数 enroll()，也可以传入任意个数的关键字参数进行调用，如代码实例 6-50 所示。

代码实例 6-50

```
>>> enroll('Bob', 17, city='Beijing')
name: Bob age: 17 other: {'city': 'Beijing'}
>>> enroll('Adam', 19, gender='M', job='Engineer')
name: Adam age: 19 other: {'gender': 'M', 'job': 'Engineer'}
```

可以看出，关键字参数有扩展函数的功能。比如，在 enroll()函数里，开发者保证能接收到 name 和 age 这两个参数。但是，如果调用者愿意提供更多的参数，开发者也能收到。试想正在实现用户注册功能，除了用户名和年龄是必填项外，其他都是可选项。利用关键字参数就能满足注册需求。

和不定长参数类似，也可以先组装出字典，再把字典转换为关键字参数传入，如代码实例 6-51 所示。

代码实例 6-51

```
>>> extra = {'gender':'M','city': 'Beijing'}
>>> enroll('Jack', 18, gender=extra['M'], city=extra['city'])
name: Jack age: 18 other: {'gender':'M','city': 'Beijing'}
```

当然，上面复杂的调用方式可以简化，如代码实例 6-52 所示。

代码实例 6-52

```
>>> extra = {'gender':'M','city': 'Beijing'}
>>> enroll('Jack', 18, **extra)
name: Jack age: 18 other: {'gender':'M','city': 'Beijing'}
```

上述代码中，**extra 表示把字典 extra 的所有键-值用关键字参数传入函数的**kw 参数，kw 将获得一个字典。注意 kw 获得的字典是 extra 的一份副本，对 kw 所做的改动不会影响到函数外的 extra。

6.3.6 命名关键字参数

如果要限制关键字参数的名字，可以使用命名关键字参数。和关键字参数**kw 不同，如果没有可变参数，命名关键字参数就必须添加一个*作为特殊分隔符。如果缺少*，Python 语言的解释器将无法识别位置参数和命名关键字参数。例如，要想只接收 age 和 city 作为关键字参数，可以采用代码实例 6-53 所示的形式。

代码实例 6-53

```
def enroll(name, gender, *, age, city):
    print(name, gender, age, city)
>>> enroll('Jack', ' M', age='18', city='Beijing')
Jack M 18 Beijing
```

如果函数定义中已经有了一个可变参数，后面跟着的命名关键字参数就不再需要特殊分隔符*了，如代码实例 6-54 所示。

代码实例 6-54

```
>>> def enroll(name, gender, *grade, age, city):
    print(name, gender, grader, age, city)
```

和位置参数不同，命名关键字参数必须传入参数名。如果没有传入参数名，调用时将报错，如代码实例 6-55 所示。

代码实例 6-55

```
>>> enroll(' Jack',' M',' 18',' Beijing')
Traceback (most recent call last):
  File "<stdin>", line 1, in <module>
TypeError: enroll() takes 2 positional arguments but 4 were given
```

由报错信息可知，由于调用时缺少参数名 age 和 city，Python 语言的解释器把这 4 个参数视为位置参数，但 enrroll()函数仅接收两个位置参数。

另外，命名关键字参数可以有默认值。在代码实例 6-56 中，由于命名关键字参数 age 具有默认值，调用时可以不传入 age 参数。

代码实例 6-56

```
def enroll(name, gender, *, age='18', city):
    print(name, gender, age, city)
>>> enroll('Jack','M',city='Beijing')
Jack M 18 Beijing
```

6.3.7　参数组合

在 Python 语言中定义函数时，开发者可以组合使用参数(必选参数、默认参数、可变参数、关键字参数和命名关键字参数)。但需要注意的是，参数定义是有顺序的。定义的顺序必须是：必选参数、默认参数、可变参数、命名关键字参数和关键字参数。比如，要定义一个函数，其中包含上述若干种参数，如代码实例 6-57 所示。

代码实例 6-57

```
def func(a, b, c=0, *args, **kw):
    print('a =', a, 'b =', b, 'c =', c, 'args =', args, 'kw =', kw)
```

在调用函数的时候，Python 语言的解释器自动按照参数位置和参数名把对应的参数传进去，如代码实例 6-58 所示。

代码实例 6-58

```
>>> func(1, 2)
a = 1 b = 2 c = 0 args = () kw = {}
>>> func(1, 2, c=3)
a = 1 b = 2 c = 3 args = () kw = {}
>>> func(1, 2, 3, 'a', 'b')
a = 1 b = 2 c = 3 args = ('a', 'b') kw = {}
>>> func(1, 2, 3, 'a', 'b', x=4)
a = 1 b = 2 c = 3 args = ('a', 'b') kw = {'x': 4}
```

另外，对于任意函数，都可以通过类似 func(*args, **kw)的形式来调用，而无论函数的参数是如何定义的。以元组(tuple)和字典(dict)类型的参数为例，如代码实例 6-59 所示。

代码实例 6-59

```
>>> args = (1, 2, 3, 4)
>>> kw = {'x': 5}
>>> func(*args, **kw)
a = 1 b = 2 c = 3 args = (4,) kw = {'x': 5}
```

上述代码中，定义了元组 args 和字典 kw，然后使用 func(*args, **kw)的方式调用函数。根据 func()函数的定义，会把元组 args 的前三个值分别赋值给形参 a、b、c，将剩下的值作为形参 *args 中的元素。

6.4 函数式编程

函数式编程是一种编程范式，是面向数学的抽象，将计算描述为一种表达式求值。需要注意的是，函数式编程中的“函数”不是指计算机语言中的函数，而是指数学中的函数，是自变量的映射。在数学中，函数的值仅决定于参数的值，不依赖其他状态。在编程语言中，“函数”可以在任何地方定义，可以作为函数的参数或返回值，可以对函数进行组合。函数式编程是一种抽象程度很高的编程范式，使用纯粹的函数式编程语言编写的函数没有变量。任意函数，只要输入是确定的，输出就是确定的，这种纯函数没有副作用。允许使用变量的程序设计语言，由于函数内部的变量状态不确定，同样的输入，可能得到不同的输出。因此，这种函数是有副作用的。

函数式编程的一个特点就是，允许把函数本身作为参数传入另一个函数，还允许返回一个函数。Python 语言对函数式编程提供部分支持。由于允许使用变量，因此 Python 语言不是纯函数式编程语言。

6.4.1 高阶函数

接收函数为参数，或者把函数作为结果返回的函数称为高阶函数(higher-order function)，比如 map()函数就是高阶函数。此外，内置函数 sorted()也是，其中可选的 key 参数用于提供一个函数，以应用到各个元素上进行排序。例如，要根据单词的长度排序，只需要把 len()函数传给 key 参数。代码实例 6-60 根据单词的长度对一个列表进行了排序。

代码实例 6-60

```
>>> fruits = ['strawberry', 'fig', 'apple', 'cherry', 'raspberry', 'banana']
>>> sorted(fruits, key=len)
['fig', 'apple', 'cherry', 'banana', 'raspberry', 'strawberry']
```

任何单参数函数都能作为 key 参数的值。例如，为了创建押韵词典，可以把各个单词的反序结果作为排序依据。代码实例 6-61 演示了如何根据反向拼写对单词列表进行排序。

代码实例 6-61

```
def reverse(word):
    return word[::-1]
reverse('testing')
'gnitset'
sorted(fruits, key=reverse)
['banana', 'apple', 'fig', 'raspberry', 'strawberry', 'cherry']
```

注意，上述例子中列表里的单词没有变，开发者只是把反向拼写当作排序条件。在函数式编程范式中，最为人熟知的高阶函数有 map()、filter()、reduce()和 apply()。其中，apply()函数在 Python 2.3 中标记为过时，在 Python 3 中已移除。

6.4.2　匿名函数

所谓匿名函数，是指不再使用 def 语句这种标准形式定义的函数。Python 语言经常使用 lambda 来创建匿名函数。lambda 只是表达式，函数体比 def 定义的函数体简洁。lambda 函数的语法如下所示：

```
lambda [arg1 [,arg2,.....argn]]:expression
```

lambda 的主体是表达式而不是代码块，一般只封装有限的逻辑。lambda 函数拥有自己的命名空间，并且不能访问自己参数列表之外或全局命名空间里的参数。虽然 lambda 函数看起来只能写一行，但却不等同于 C 或 C++的内联函数。C 或 C++的内联函数把函数体中的机器指令直接在需要的地方复制一遍，目的是希望调用函数时不占用栈内存，从而提高运行效率。Python 属于解释性语言，运行由环境决定，lambda 函数主要是为了减少编码中不必要的中间变量出现。代码实例 6-62 展示了 lambda 函数的用法。

代码实例 6-62

```
sum = lambda arg1, arg2: arg1 + arg2
# 调用 sum()函数
print ("相加后的值为：", sum( 1, 2 ))
print ("相加后的值为：", sum( 2, 2 ))
相加后的值为：3
相加后的值为：4
```

上述代码中，第一行定义了一个 lambda 函数，执行两个数的和运算，并且把该 lambda 函数命名为 sum。上面的代码通过 sum()函数实现了调用 lambda 函数的功能。

6.5　本章小结

作为封装代码的重要手段，函数在各种编程语言中都占据着重要地位。本章主要介绍了函数的基本概念和定义方式，以及不同的函数调用和参数传递方式，并在最后介绍了函数式编程的基本概念。通过本章的学习，不仅要掌握 Python 语言中定义和使用函数的相关流程，还要逐步培养在实际项目中抽象和封装函数的能力。此外，通过本章的学习，要能够掌握不定长参数和 lambda 函数的相关知识及用法。

第 7 章

Python面向对象编程

作为更高级的代码封装形式，面向对象编程适合大型项目的设计与开发。当前，大部分主流编程语言(如 Java、C++、C#等)均提供了强大的面向对象编程机制。得益于面向对象编程机制的出现，软件架构才越来越健壮，各种大型软件的开发和维护难度也大大降低。Python 从设计之初就是一门面向对象的语言。本章将详细介绍 Python 面向对象编程相关知识。首先，介绍面向对象编程机制产生的由来及主要目的；其次，介绍 Python 中创建类和对象的基本方法，包括类的创建、对象的创建、类的属性、类的方法等相关知识；最后，介绍类间关系，包括依赖、关联和继承等相关知识。本章的重点是类和对象的声明及创建，难点是类间关系。

本章的学习目标：

- 了解面向对象编程思想的由来
- 掌握类的声明和创建方法
- 掌握对象的创建和使用方法
- 掌握类的属性和方法
- 了解内部类和魔术方法的基本概念
- 掌握常见的三种类间关系

7.1 面向对象编程概述

根据代码组织方式的不同，当下主流的编程方式可以分为面向过程编程和面向对象编程(OOP)。这是两种不同的编程思想，目的都是解决问题，具有不同的特点，在不同的应用场景下各显优势。其中，面向对象编程的基本原则是计算机程序要由单个能够起到子程序作用的单元或对象组合而成。面向对象编程达到了软件工程的三个主要目标：重用性、灵活性和扩展性。

7.1.1 OOP 的产生

面向对象思想早在 20 世纪 50 年代末和 60 年代初就已经被提出。在 20 世纪 70 年代，出现第一种真正实现面向对象的语言 Smalltalk，面向对象的提出就是为了提高软件的重用性、灵活性和扩展性。

早期的编程范式是过程式编程，因为计算机在运行的时候就是一行一行指令执行，所以传统的编程方式就是把程序看成一系列函数的集合，或者直接向机器发出指令(如汇编语言)，这就是面向过程编程。随着计算机的发展以及过程式编程暴露出来的问题，如无法复用、不灵活、维护困难且逻辑过于复杂、代码易读性差、不符合人类的思维方式，等等，这就是面向对象思想产生的原因。人们希望编程更加灵活、更加符合人类思维方式，面向对象编程(OOP)在本质上可以看成由各种独立而互相调用的对象组成的程序，而且事实证明，面向对象编程确实比过程式编程更加灵活，代码也更加容易维护。

由于面向对象的各种特点，使得面向对象编程更加容易学习，使复杂的问题简单化，使程序更加便于分析、设计和理解。因此，面向对象编程在面对大型复杂项目时，优势更凸显。

7.1.2　OOP 核心思想

面向对象编程的核心思想是将数据以及对数据的操作行为放在一起，作为相互依存、不可分割的整体——对象。对相同类型的对象进行分类、抽象后，得出共同的特征，进而形成了类。面向对象编程就是定义这些类。类定义好之后将作为数据类型用于创建类的对象。程序的执行表现为一组对象之间的交互通信，从而完成系统功能。

- 类：描述实体的相同属性和相同方法的集合，属性是从自身特征角度对实体进行抽象，方法是从功能角度对实体进行抽象。例如：动物类的属性可以是住址、姓名、体重、年龄等，动物类的方法可以是奔跑、跳跃、吃东西等。
- 对象：类的实例、特例。例如，猫、狗等是动物类的实例。类和对象的关系如图 7-1 所示。

猫(对象)　　动物(类)　　狗(对象)

图 7-1　类和对象的关系

面向对象编程就是尽可能去模拟现实世界，使计算机编程语言在解决相关业务逻辑的方式方面与真实的业务逻辑保持一致。在每一个动作的背后都有一个完成这个动作的实体。任何功能实现都依赖于具体实体的“动作|操作|行动”，是实体在发挥各自的“能力”并在内部进行协调以实现问题解决的过程。一般来说，在采用面向对象思想编程时，可依次采用以下步骤：

(1) 分析哪些动作是由哪些实体发出的。

(2) 定义这些实体，为它们增加相应的属性和功能。

(3) 让实体执行相应的功能或动作。

以喝水这个动作的实现为例。首先需要有人、杯子和水。拿杯子、接水、抬手、张嘴等都是需要的动作，而动作是由实体执行的。用面向对象编程思维来完成喝水动作的步骤如下：

(1) 定义抽象类，如人、杯子和水等抽象类。

(2) 为抽象类定义属性和方法。属性可以是人的名字、杯子的颜色、水的冷热等，方法可以是拿杯子、喝水等。

(3) 实例化对象。比如实例化名叫“张三”的人、lock 牌子的水杯、“国美”品牌的纯净水。

(4) 通过对象之间的交互通信完成喝水动作。

7.1.3 OOP特征

面向对象编程机制有三大特征：封装、继承和多态。

1. 封装

封装是指将对象相关的信息和行为状态捆绑成一个单元，也就是将对象封装为一个具体的类。封装隐藏了对象的具体实现，当要操纵对象时，只需要调用其中的方法，而不用管方法的具体实现。封装解决了程序的可扩展性问题。

2. 继承

一个类继承另一个类，继承类可以获得被继承类的所有方法和属性，并且可以根据实际需要添加新的方法或者对被继承类中的方法进行覆写，被继承类称为父类或超类，继承类又称为子类或派生类。继承提高了程序代码的可重用性。

3. 多态

继承是多态的前提。虽然可以继承自同一父类，但是相应的操作却各不相同，这叫作多态。继承会产生不同的派生类，相应的派生对象对同一消息会做出不同的响应。多态实现了系统的可维护性和可扩展性。

面向对象的三大特征解决了长期以来困扰开发者的关键问题，使得开发者可以开发较为复杂的程序。

7.2 类和对象

Python 在开发时完全采用 OOP 思想，是真正的面向对象的高级动态编程语言，完全支持面向对象的基本功能，并且提供了非常方便创建类和对象的机制。此外，Python 中对象的概念较其他面向对象编程语言更广泛，Python 中的一切皆为对象。

7.2.1 类的创建

Python 中，类的创建方式如下：

```
class ClassName(bases):
class documentation string      # 类的文档字符串
class_suite                     # 类体
```

其中，class 是关键字，bases 是要继承的父类，默认继承 object 类。class documentation string 是类的文档字符串，一般用于类的注释说明。class_suite 是类体，主要包含属性和方法。

Python 中，类、属性和方法的命名有如下约定：

- 一般来说，类在命名时首字母大写；属性使用名词作为名字，比如 name、age、weight 等。
- 方法名一般暗指对属性所做的操作，命名规则一般采用动词加属性名称的形式，如 updataName、updataAge、updataWeight 等。

在一些编程语言中，类的声明和定义是不同的操作。但对于 Python 语言来说，声明与定义类是同时进行的。类的定义紧跟在声明和可选的类文档字符串后面，如代码实例 7-1 所示。

代码实例 7-1

```
#类的定义
class People:
    name = "张三"                          #类的属性
    age = 20
    weight = "kg"

    def __init__(self, name, age, weight):   # 构造函数
        self.name = name                   # 属性
        self.age = age
        self.weight = weight

    def updateName(self,name):              # 方法
            self.name = name

    def pourWater(self):
            print("%s 在倒水" % self.name)
# 下面使用类
print (People.name)
People.updateName("李四")

输出结果:
张三
File "<stdin>",line 1, in ?
People.updateName()
        Typeerror:unboud method must be called with class instance lst argument
```

上述例子中定义了 People 类，name、age、weight 是这个类的属性，__init__()、updataName() 和 pourWater()是这个类的方法。其中，__init__()方法又是该类的构造方法，任何对象都要调用该方法以进行初始化。__init__()方法中的 self 参数相当于 C++编程语言中的 this 指针，表示对象自身。此外，当没有实例化对象时，类可以调用自己的属性，但是不可以调用方法。Python 语言中，类的方法必须绑定到一个实例后才能被调用。上述代码试图通过类名直接调用方法，因而触发异常。

在 Python 2 以及之前的版本中，由任意内置类型派生出的类都属于“新式类”，都会获得所有“新式类”的特性；反之，不由任意内置类型派生出的类，则称为“经典类”。

“新式类”和“经典类”的区分在 Python 3 之后就已经不存在了，在 Python 3.x 之后的版本中，由于所有的类都派生自内置类型 object(即使没有显式地继承 object 类型)，因此所有的类都是“新式类”。

“新式类”添加了一些内置属性和方法，如下所示。

__name__ ：属性的名字。

__doc__ ：属性的文档字符串。

__get__(object) ：获取对象属性值的方法。

__set__(object, value) ：设置对象属性值的方法。

__delete__(object, value) ：删除对象属性的方法。

7.2.2 对象的创建

一个类创建完毕后，就可以创建该类的实例或对象了，该过程被称为实例化。一个对象被创建后，就会包含标识、属性和方法这三方面的对象特性。其中，标识用于区分不同的对象，属性和方法与类中的成员变量和成员函数相对应，如代码实例 7-2 所示。

代码实例 7-2

```
class People:
    name = "张三"
    age = 20
    weight = "kg"

    def __init__(self, name, age, weight):    #构造函数
        self.name = name
        self.age = age
        self.weight = weight

    def updateName(self,name):
            self.name = name

    def pourWater(self):
            print("%s 在倒水" % self.name)

people1 = People("李四",20,"50kg")          #实例化一个对象
print(people1.name)
people1.age = 22                            #对类的属性重新赋值
print(people1.age)
people1.money = 1000                        #添加属性
print(people1.money)
people1.updateName("张三")                   #调用类的方法，并传递参数
people1.pourWater()
```

上述例子中，完成 People 类的定义后，创建该类的一个实例化对象 people1。在该对象创建过程中，会自动调用__init__(self, name, age, weight)方法来完成各个对象属性的初始化。

7.2.3 类的属性

Python 中，属性分为类级别和实例级别两种。一般来说，实例级别的属性值默认共享类级别的属性值，除非显式地进行赋值操作，如代码实例 7-3 所示。

代码实例 7-3

```
class A():
    aaa = 10
```

```
obj1 = A()
obj2 = A()

#情形 1
print(obj1.aaa, obj2.aaa, A.aaa)

#情形 2
obj1.aaa += 2
print(obj1.aaa, obj2.aaa, A.aaa)

#情形 3
A.aaa += 3
print(obj1.aaa, obj2.aaa, A.aaa)

输出结果:
10 10 10
12 10 10
12 13 13
```

上述代码中，存在三个实例，分别是类实例 A 和对象实例 obj1、obj2。

在情形 1 中，obj1 和 obj2 这两个对象实例共享类实例 A 的属性 aaa。

在情形 2 中，显式修改了对象实例 obj1 的属性 aaa，类属性 aaa 和 obj2 的对象属性 aaa 不受影响。

在情形 3 中，修改了类实例 A 的属性 aaa。由于在情形 2 中已经修改了对象实例 obj1 的属性 aaa，因此，aaa 属性的值相对类实例 A 的属性值已经独立。对象实例 obj2 的属性从来没有修改过，所以仍与类实例 A 的属性值保持一致。

Python 语言对于属性的设置通常采用“类.属性 = 值”或“实例.属性 = 值”的形式。比如上例中的 obj1.aaa += 2 等价于 obj1.aaa = obj1.aaa + 2，该语句包含属性获取及属性设置两个操作。

Python 语言中属性的获取和设置机制与静态语言是不同的，机制的不同导致 Python 语言中类的属性不一定为其实例所共享。一般来说，Python 语言中的属性操作遵循三个规则：

- 属性的获取按照从下到上的顺序进行。
- 类和实例是两个完全独立的对象。
- 属性设置是针对实例本身进行的。

Python 中，属性按使用范围分为公有属性和私有属性，此外还有内置属性，参见代码实例 7-4。

- 公有属性：可在类中和类外调用的属性。若无特别声明，变量默认为公有属性。
- 私有属性：不能被类外的函数调用的属性。一般来说，命名以双下画线__开始的成员变量就是私有属性，可以通过 instance._ClassName__attribute 方式访问。
- 内置属性：由系统在定义类的时候默认添加的属性，名称一般由前后各两个下画线__组成，如__doc__等。

代码实例 7-4

```
class People:
    name = "人"
    age = "years"
    weight = "kg"
    __money = 1000

    def Play(self):
        print(self.__money)

    def Get(self,x):
        if x == "money":
            return self.__money

    def Set(self,x):
        self.__money = x

print(dir(People))                    #打印类的所有属性
print(People.__name__)                #打印内置属性__name__和__dict__
print(People.__dict__)
print(People.name, Zhangsan.name)     #在外部可通过“类名.属性名”或“对象名.属性名”方式调用公有属性
print(Zhangsan. money)                #在外部调用私有变量失败
print(Zhangsan._People__money)        #在外部通过特定方法 instance._ClassName__attribute 调用私有变量成功
Zhangsan = People()
Zhangsan.Play()                       #调用类的方法
Zhangsan.Set(9999)                    #修改私有属性
Zhangsan.Play()
print(dir(Zhangsan))                  #查看实例的所有属性
```

输出结果:

```
['Get', 'Play', 'Set', '_People__money', '__class__', '__delattr__', '__dict__', '__dir__', '__doc__', '__eq__', '__format__', '__ge__', '__getattribute__', '__gt__', '__hash__', '__init__', '__init_subclass__', '__le__', '__lt__', '__module__', '__ne__', '__new__', '__reduce__', '__reduce_ex__', '__repr__', '__setattr__', '__sizeof__', '__str__', '__subclasshook__', '__weakref__', 'age', 'name', 'weight']
People
{'__dict__': <attribute '__dict__' of 'People' objects>, '__weakref__': <attribute '__weakref__' of 'People' objects>, '_People__money': 1000, 'age': 'years', '__doc__': None, 'Play': <function People.Play at 0x0000000000DCA950>, 'weight': 'kg', 'name': '人', '__module__': '__main__'}
人 人
Traceback (most recent call last):
  File "<pyshell#20>", line 1, in <module>
    print(Zhangsan.money)
AttributeError: 'People' object has no attribute 'money'
1000
1000
9999
['Get', 'Play', 'Set', '_People__money', '__class__', '__delattr__', '__dict__', '__dir__', '__doc__', '__eq__', '__format__', '__ge__', '__getattribute__', '__gt__', '__hash__', '__init__', '__init_subclass__', '__le__', '__lt__', '__module__', '__ne__', '__new__', '__reduce__', '__reduce_ex__', '__repr__', '__setattr__', '__sizeof__', '__str__', '__subclasshook__', '__weakref__', 'age', 'name', 'weight']
```

上述代码中，name、age、weight 为公有属性，类和对象都能随意调用。__money 为私有属性，只能在类的内部通过方法使用。私有属性可以实现数据的隐藏，便于封装。也可以通过 instance._ClassName__attribute 的方式访问私有属性，但是一般不建议使用，通常只在测试的时候才用。

此外，使用 dir()方法可以查看类和对象的所有属性。从上述例子还可以看出，dir()方法返回的只是属性的名称列表，而__dict__返回的是字典，键(key)是属性名，值(value)是对应的属性值。类对象和实例对象常用的内置属性(以上述定义的 People 类为例)如表 7-1 和表 7-2 所示。

表 7-1　内置类属性

属性名	作用
People.__name__	类的名称
People.__doc__	类的文档字符串
People.__bases__	所有父类构成的元组
People.__dict__	类的属性
People.__module__	类定义所在的模块
People.__class__	实例对应的类(仅限于新式类中)

表 7-2　内置实例属性

属性名	作用
Zhangsan.__class__	实例 Zhangsan 所属的类名
Zhangsan.__dict__	实例 Zhangsan 的属性

7.2.4　类的方法

类的方法也分为公有方法、私有方法、类方法和静态方法，具体用法参见代码实例 7-5。此外还包括内置方法，将作为魔术方法在 7.2.6 节介绍。

- 公有方法：公有方法不能被类直接调用，需要使用实例化对象调用。
- 私有方法：私有方法不能被外部的类和方法调用，私有方法的定义和私有属性的定义相同，需要在方法名的前面加上双下画线__。
- 类方法：被 classmethod 函数调用或被 @classmethod 装饰器修饰的方法；能被类调用，也能被对象调用。
- 静态方法：相当于“全局方法”，可以被类直接调用，也可以被所有实例化对象共享。静态方法可通过调用 staticmethod 函数或使用@staticmethod 装饰器来声明，不需要 self 语句。

代码实例 7-5

```
class People:
    name = "人"
    age = "years"
```

```
    weight = "kg"
    __money = 1000

    def Play(self):                     #公有方法
        self.__Study()

    def __Study(self):                  #私有方法
        print("私有方法")

    def Breath(self):                   #类方法
        print("类方法 1-Breath_A")
    Breath_A = classmethod(Breath)

    def Cry():                          #静态方法
        print("静态方法 1-Cry_A")
    Cry_A = staticmethod(Cry)

    @classmethod                        #以第二种方式定义类方法
    def Breath_B(self):
        print("类方法 2-Breath_B")

    @staticmethod                       #以第二种方式定义静态方法
    def Cry_B():
        print("静态方法 2-Cry_B")

Zhangsan = People()
Zhangsan.Play()
People.Breath_A()
People.Cry_A()
People.Breath_B()
People.Cry_B()
```

输出结果:

```
私有方法
类方法 1-Breath_A
静态方法 1-Cry_A
类方法 2-Breath_B
静态方法 2-Cry_B
```

在上述例子中，分别定义了公有方法、私有方法、类方法以及静态方法，并且使对象通过公有方法调用私有方法，同时给出了两种定义类方法和静态方法的方式。其中，Play(self)为公有方法，可在类中被调用或被实例化调用，但是不能被类直接调用；__Study(self)为私有方法，只能在类中被调用；Breath_A(self)和 Breath_B(self)是类方法，可被类直接调用，也可被对象调用；Cry_A()和 Cry_B 为静态方法，用法同类方法一样。

一般来说，类方法和静态方法的使用方式是相同的，但原理上有区别。

- 静态方法不能使用 self 的方式调用。
- 静态方法在调用时会预先对类中用到的属性和方法进行加载，而类方法则是随调随用。因此，类方法相比静态方法具有不占资源的优势，但是速度不及静态方法。
- 静态方法在调用类的属性时需要使用“类名.属性”的方式。

7.2.5　内部类

所谓内部类，就是在类的内部定义的类，是为了更好地抽象现实世界。如果汽车是类，那么汽车的底盘、轮胎也可以抽象为类。因为底盘、轮胎是汽车的一部分，所以也可以将它们定义到汽车类中，形成内部类，以更好地描述汽车类。一般不赞同使用内部类，因为这样会使程序结构复杂，但是理解内部类有助于理解模块的调用，如代码实例 7-6 所示。

代码实例 7-6

```
    class People():
    code = 0
    class Father():                    #内部类
          code = 1
    class Mother():                    #内部类
                code = 2

Zhangsan = People()
Lisi = Zhangsan.Father()               #第一种实例化方式
print(Lisi.code)
Liming = People.Mother()               #第二种实例化方式
print(Liming.code)

    输出结果:
    1
    2
```

上述例子中，在 People 类中又定义了 Father 和 Mother 两个内部类。要创建内部类的实例化对象，可以通过外部类的实例化对象调用内部类来完成，如 Lisi = Zhangsan.Father()；也可以直接使用外部类名调用内部类，如 Liming = People.Mother()。从上述例子可以看出，调用内部类有两种方式：

- 直接使用外部类调用内部类。
- 先对外部类进行实例化，再实例化内部类。

7.2.6　魔术方法

在 Python 语言中，所有用双下画线__包围起来的方法，都统称为“魔术方法”。这些方法在实例化时会自动调用，比如__new__()、__init__()、__del__()、__str__()等。使用魔术方法可以构造出非常优美的代码，比如将复杂的逻辑封装成简单的 API 等。

当开发者调用 x=ClassName()时，先调用__new__()方法，再调用__init__()方法。这两个方法一起完成实例的初始化工作，参见代码实例 7-7 和代码实例 7-8。

__init__()又称为构造方法，用来创建对象的实例变量并执行任何其他一次性处理。实例化时，__init__()自动被调用，对象名作为参数传递给 self，和其他参数一起完成实例变量的初始化。对于开发者来说，__init__()方法是可选的。如果不提供，Python 语言会给出默认的__init__()方法。

__new__()方法也叫作构造器方法，作用类似其他编程语言中的 new 关键字。与__init__()方法不同的是，__new__()方法会返回一个合法的实例，这样解释器在调用__init__()时，就可以把这个实例作为 self 传给它。__new__()用来创建对象，而__init__()只是使用传入的参数初始化对象。在创建实例的过程中，__new__()方法必定会被调用，而__init__()方法就不一定。同时，__new__()方法总是需要返回类的一个实例，而__init__()不能返回除了 None 以外的任何值。

代码实例 7-7

```
class People():
    def __init__(self,name):                    #重写构造函数，是否重写取决于需求
        self.name = name
    def goodat(self,item):
        print('%s 擅长%s' % (self.name,item))

Li = People('Li')
Li.goodat('Pingpang')
Tang = People('Tang')
Tang.goodat('Basketball')

输出结果:
Li 擅长 Pingpang
Tang 擅长 Basketball
```

代码实例 7-8

```
class People():
    def __init__(self,name):
        self.name = name
        return self.name

Li = People('Li')

输出结果:
Traceback (most recent call last):
  File "C:/Users/cc/Desktop/1.py", line 7, in <module>
    Li = People('Li')
TypeError: __init__() should return None, not 'str'
```

通常将__del__()方法称作析构函数，用于释放对象占用的资源，参见代码实例 7-9。需要注意的是，对于对象 x，Del x 并不等价于 x.__del__()。__del__()方法对应 Python 中的垃圾回收机制，当无任何变量引用对象时，就会自动调用__del__(self)，把对象销毁。__del__()方法是可选的，如果不提供，Python 语言会在后台提供默认析构函数。

代码实例 7-9

```
>>> class A():
        def __init__(self):
            print('__init__()方法被调用')
        def __del__(self):
```

```
            print('__del__()方法被调用')
>>>a1 = A()                          #创建对象 a1
__init__()方法被调用
>>>a2 = a1                           #创建对象 a2，同 a1
>>>a3 = a1                           #创建对象 a3，同 a1
>>>del a3                            #删除 a3 时，__del__()方法未被调用
>>>del a2
>>>del a1                            #删除 a1 后，无变量引用对象，__del__()方法自动执行
__del__()方法被调用
```

在魔术方法中，有些可以实现属性访问控制的功能，如__getattr__(self,name)、__setattr__(self,name,value)方法等。__getattr__(self,name)方法具有试图访问不存在属性时的行为。因此，重载该方法可以实现捕获错误并进行用户自定义操作的功能，也可以用于对一些废弃的属性进行警告。__setattr__(self,name,value)方法定义了对属性进行复制和修改操作时的行为。不管对象的某个属性是否存在，都允许对该属性进行赋值。__delattr__(name)方法定义了删除属性时的行为。这些方法的用法参见代码实例 7-10。

代码实例 7-10

```
    class People(object):
    def __getattr__(self, name):
        print ('__getattr__')
        return super(People, self).__getattr__(name)

    def __setattr__(self, name, value):
        print ('__setattr__')
        return super(People, self).__setattr__(name, value)

    def __delattr__(self, name):
        print ('__delattr__')
        return super(People, self).__delattr__(name)

    def __getattribute__(self, name):
        print ('__getattribute__')
        return super(People, self).__getattribute__(name)

Zhangsan = People()
Zhangsan.attr1 = True                 # __setattr__()方法被调用
Zhangsan.attr1                        # 属性存在，只有__getattribute__()方法被调用
try:
    Zhangsan.attr2        # 属性不存在，先调用__getattribute__()方法后调用__getattr__()方法
    except AttributeError:
    pass
del Zhangsan.attr1                    # __delattr__()方法被调用

    输出结果:
    __setattr__
    __getattribute__
    __getattribute__
    __getattr__
    __delattr__
```

此外，可以使用魔术方法构造自定义容器。根据前面章节的内容介绍可知，Python 语言中

常见的容器类型有 dict、tuple、list 和 string，其中 tuple 和 string 是不可变容器，dict 和 list 是可变容器。如果开发者要自定义数据结构，并希望具有和上述容器类型类似的功能，可以通过魔术方法进行实现。

如果需要自定义不可变类型容器，只需要定义__len__()和__getitem__()方法即可；如果要自定义可变类型容器，还需要在不可变类型容器定义的基础上定义__setitem__()和__delitem__()方法。如果希望自定义的数据结构支持“可迭代”，还需要定义__iter__()方法。下面通过代码实例7-11 来说明自定义容器的方法。

代码实例 7-11

```
class Container:
def __init__(self, values=None):
    if values is None:
        self.values = []
    else:
        self.values = values

def __len__(self):
    return len(self.values)

def __getitem__(self, key):
    return self.values[key]

def __setitem__(self, key, value):
    self.values[key] = value

def __delitem__(self, key):
    del self.values[key]

def __iter__(self):
    return iter(self.values)

def __reversed__(self):
    return Container(reversed(self.values))

def append(self, value):                    # 添加一个元素
    self.values.append(value)

def head(self):                             # 获取第一个元素
    return self.values[0]

def tail(self):                             # 获取第一个元素之后的所有元素
    return self.values[1:]

def init(self):                             # 获取最后一个元素之前的所有元素
    return self.values[:-1]

def last(self):                             # 获取最后一个元素
    return self.values[-1]

def drop(self, n):                          # 获取所有元素，除了前 n 个元素
    return self.values[n:]

def take(self, n):                          # 获取前 n 个元素
```

```
        return self.values[:n]

b = [1,2,3,4,5]
a = Container(b)
print(a.__len__())
a.append(6)
print(a.__len__())
print(a.head())
print(a.tail())
print(a.init())
print(a.last())
print(a.last())
print(a.drop(3))
print(a.take(3))

输出结果:
5
6
1
[2, 3, 4, 5, 6]
[1, 2, 3, 4, 5]
6
6
[4, 5, 6]
[1, 2, 3]
```

上述例子中，__len__(self)表示容器长度，需要返回数值类型。__getitem__(self, key)表示在执行 self(key)时调用的方法。__setitem__(self,key,value)表示在执行 self(key) = value 时调用的方法。__delitem__(self,key)表示在执行 del self[key]时调用的方法。__iter__(self)方法返回一个迭代器，当执行 for x in container 时被使用。__reversed__(self)是内建函数 reversed()需要调用的方法。

除了上述介绍的魔术方法以外，还有许多其他功能强大的魔术方法，比如与上下文管理、对象的序列化以及运算符相关的魔术方法等。

7.3 类间关系

为了更贴切地描述客观世界，Python 语言中定义的类之间也不是相互孤立的，而是根据需要存在各种各样的关系。一般来说，Python 语言中，类之间存在依赖、关联和继承等关系。正是因为这些关系的存在，使得 Python 语言的面向对象机制能更准确地描述客观世界。

7.3.1 依赖关系

在使用实例方法执行某个功能时，如果需要使用另一个类的实例方法来完成，则称这两个类之间存在依赖关系，如代码实例 7-12 所示。

代码实例 7-12

```
class Person:
    def play(self, tools):        # 通过参数传递把另一个类对象传递进来
        tools.run()
        print("很开心，我能玩游戏了")
```

```
class Computer:
    def run(self):
        print("电脑开机，可以运行")
class Phone:
    def run(self):
        print("手机开机，可以运行")
c = Computer()
phone = Phone()
p = Person()
p.play(phone)
```

输出结果:

```
手机开机，可以运行
很开心，我能玩游戏了
```

上述例子中，定义了 Person、Computer、Phone 三个类，分别模拟人、计算机和手机的角色。在 Person 类的 play()方法中，可以使用 Computer 类或 Phone 类的实例作为参数；在 Person 类的实例调用 play()方法时，把 Phone 类的实例作为参数传入。

7.3.2 关联关系

如果一个类的属性类型是另一个类的类型，则称这两个类之间存在关联关系。根据属性是单值或多值，关联关系又分为一对一关联、一对多关联等。下面通过具体实例(代码实例 7-13 和代码实例 7-14)分别对一对一关联和一对多关联进行介绍。

1. 一对一关联

代码实例 7-13

```
class Boy:
    def __init__(self, name, girlFriend=None):
        # 在进行初始化的时候可以将一个对象的属性设置成另一个类的对象
        self.girlFriend = girlFriend    # 一个男孩有一个女朋友
    def meal(self):
        if self.girlFriend:
            print(f"带着他的女朋友{self.girlFriend.name}去吃饭")
        else:
            print("我单身，我快乐")
class Girl:
    def __init__(self, name):
        self.name = name
g = Girl("小红")
b = Boy("小明",g)
b.meal()
```

输出结果:

```
带着他的女朋友小红去吃饭
```

上述代码中，Boy 类的属性 girlFriend 是 Girl 类的实例，这两个类之间存在一对一关联关系。

2. 一对多关联

代码实例 7-14

```
class School:
    def __init__(self, name):
        self.teach_list = []
        self.name = name
    def zhaopin(self, teach):
        self.teach_list.append(teach)
    def shangke(self):
        for t in self.teach_list:
            t.work()
class Teacher:
    def __init__(self, name):
        self.name = name
    def work(self):
        print(f"{self.name}在上课")
lnh = School("老男孩")
t1 = Teacher("武 sir")
t2 = Teacher("太白")
t3 = Teacher("哪吒")
lnh.zhaopin(t1)
lnh.zhaopin(t2)
lnh.zhaopin(t3)
lnh.shangke()
```

输出结果:

```
武 sir 在上课
太白在上课
哪吒在上课
```

上述代码中，School 类的属性 teach_list 是 Teacher 类的实例集合，这两个类之间存在一对多关联关系。

7.3.3　继承关系

继承是一种在已有类的基础上构建新类的机制，这样的新类又称为子类。子类可以增加新的属性或功能，也可以继承父类的功能。继承描述的是 is-a 的关系。假设有两个对象 A 和 B，如果可以描述为“A 是 B”，则可以表示 A 继承 B，其中 B 是被继承者，又称为父类或超类；A 是继承者，又称为子类或派生类。通过继承机制，可以复用以前的代码，大大提高开发效率，参见代码实例 7-15。在 Python 语言中使用继承机制时，需要注意以下几点。

- 子类拥有父类的属性和方法。
- 子类可以创建自己的属性和方法。
- 子类可以对父类的方法进行覆盖实现。
- 子类可重新定义父类的属性。
- 一个父类可由多个子类继承，一个子类也可继承多个父类。

- 如果父类定义了__init__()方法，子类也定义了自己的__init__()方法，并且还要使用父类的__init__()方法，那么子类需要显式地调用父类的__init__()方法。如果子类需要扩展父类的初始化行为，可以添加__init__()方法参数。
- 当继承的多个父类有相同的属性或方法时，会使用最后继承的那个父类的属性或方法。

代码实例 7-15

```
class People:                          #定义一个父类
    name = "人"
    def Study(self):
        print("我爱机器学习")

    def __init__(self):                #父类构造函数
        print("我是构造函数")

class Japan(People):                   #定义一个子类
    def __init__(self):
        print("你是日本人")

class China(People):                   #再定义一个子类
    name = "中国"
    def Study(self):
        print("我是中国人")

    def __init__(self):                #子类构造函数
        print("子类构造函数")
        People.__init__(self)

class Ren(Japan,China):                #实现多继承
    pass

Lisi = Japan()
Zhansan = China()
Liming = Ren()
print(Liming.name)
print(Lisi.name)
print(Zhansan.name)
Lisi.Study()
Zhansan.Study()
print(Ren.name)
```

输出结果:

```
你是日本人
子类构造函数
我是构造函数
你是日本人
中国
人
中国
我爱机器学习
我是中国人
中国
```

上述例子中，首先定义了 People 类，接着从该类派生出两个子类 Japan 和 China，然后同时以这两个类为父类，派生出类 Ren。一般来说，为防止出现歧义，尽量在定义类时避免多继承。

7.4 本章小结

本章主要介绍了 Python 面向对象编程的基本概念及基本应用。首先，通过介绍面向对象的产生由来和核心思想，使初学者认识面向对象编程的基本概念。其次，通过介绍在 Python 语言中定义、使用类和对象的基本概念、流程，使得开发者了解 Python 语言中面向对象编程的基本流程，并初步掌握面向对象编程方法。最后，介绍 Python 面向对象编程时类之间关系的相关知识，包括依赖关系、关联关系、继承关系等。通过本章的学习，读者应掌握 Python 面向对象编程技巧，并能在实际项目中灵活应用。

第8章 文件操作

文件是能够长久保存数据并允许反复使用和修改的数据序列，同时也是数据交换的重要载体。按照数据的组织形式，通常可以把文件分为文本文件和二进制文件两大类。文本文件一般由单一特定编码的字符组成，如UTF-8、GBK编码等；而二进制文件则直接由比特0和1组成，没有统一的字符编码，文件内部数据的组织格式与文件用途有关。本章将重点介绍Python文件处理、文件对象及其属性和方法，包括调用Python内置方法对文件进行读写，使用合适方式处理文件数据，以及对数据进行序列化存储和使用JSON存储结构化数据。最后，通过一个综合案例展示文件操作的常用功能。

本章的学习目标：

- 了解什么是文件对象
- 掌握文件对象的属性及方法
- 掌握文件系统访问
- 理解文件数据处理

8.1 文件对象

文件操作是程序设计中比较常见的I/O操作，因此Python语言提供了非常多的函数或对象方法以进行文件处理。在Python程序中，对磁盘文件的操作功能本质上都是由操作系统提供的，现代操作系统不允许普通用户程序直接操作磁盘，因此读写文件本质上是请求操作系统打开文件对象(通常称为文件描述符)，然后通过操作系统提供的接口实现文件数据的读取，或者把数据写入文件。本节重点讲解如何通过Python内置的文件对象实现对磁盘文件的读写及相关管理功能。

8.1.1 打开文件

读写文件的第一步是创建文件对象，通常称为文件描述符。Python语言提供了open()方法来创建Python文件对象，语法格式为：

```
open(file, mode='r', encoding=None)
```

open()方法的第一个参数 file 代表需要打开的文件名，第二个参数 mode 表示文件的打开模式，第三个参数 encoding 用于指定文件的编码方式。其中，mode 参数的可选选项比较多，如表 8-1 所示。例如：'r'表示以只读方式打开文件，表示文件打开后只能读取内容但不能写入数据；'w'表示以写入方式打开文件，但是，如果存在同名文件，写入时将覆盖文件原有内容；'a'表示以追加方式打开指定文件，对文件写入的任何数据将自动添加到文件末尾。'r+'表示打开文件的同时可以进行读和写。此外，若在 mode 参数中增加'b'选项，则表示操作的是二进制文件。一般来说，open()方法的 mode 参数是可选的，默认为'r '。

表 8-1　mode 参数的可选选项

选项	描述
r	以只读方式打开文件。文件指针将会放在文件开头。这是默认模式
rb	使用二进制格式以只读的方式打开文件。文件指针将会放在文件开头。一般用于非文本文件，如图片等
r+	以读写方式打开文件。文件指针将会放在文件开头
rb+	使用二进制格式以可读写的方式打开文件。文件指针将会放在文件开头。一般用于非文本文件，如图片等
w	以只读方式打开文件。如果文件已存在，则从开头开始写入，原有内容会被删除。如果文件不存在，则创建新文件并开始编辑
wb	使用二进制格式以写入方式打开文件。如果文件已存在，则从开头开始写入，原有内容会被删除。如果文件不存在，创建新文件并开始写入。一般用于非文本文件，如图片等
w+	以读写方式打开文件。如果文件已存在，则从开头开始读写，原有内容会被删除。如果文件不存在，创建新文件并开始读写
wb+	使用二进制格式以读写方式打开文件。如果文件已存在，则从开头开始读写，原有内容会被删除。如果文件不存在，创建新文件并开始读写。一般用于非文本文件，如图片等
a	以追加方式打开文件。如果文件已存在，默认将文件指针置于文件结尾；如果文件不存在，创建新文件并将文件指针置于文件开头，然后开始写入
ab	使用二进制格式，以追加方式打开文件。如果文件已存在，默认将文件指针放在文件结尾；如果文件不存在，创建新文件并将文件指针置于文件开头，然后开始写入
a+	以追加可读写方式打开文件。如果文件已存在，默认将文件指针置于文件结尾；如果文件不存在，创建新文件并将文件指针置于文件开头，然后开始读写
ab+	使用二进制格式以追加可读写方式打开文件。如果文件已存在，默认将文件指针置于文件结尾；如果文件不存在，创建新文件并将文件指针置于文件开头，然后开始读写

注意 r 和 r+、w 和 w+以及 a 和 a+的区别，如果使用+，则表示可以读写，否则表示以只读或只写模式打开文件。

代码实例 8-1

```
# 在当前目录中以覆盖写的方式打开 foo.txt 文件
fo = open("foo.txt", "w")
print "文件名: ", fo.name
```

```
输出结果:
文件名:  foo.txt
```

如代码实例 8-1 所示，默认情况下文件以文本形式打开，因此从文件读出和写入文件的数据字符串都将以特定的编码方式(默认是 UTF-8)进行编码。另外需要注意的是，在文本模式下读取时，默认会将平台有关的行结束符(UNIX 上是\n，Windows 上是\r\n)转换为\n；写入时，默认会将出现的\n 转换成平台有关的行结束符。这种隐性修改对 ASCII 文本文件通常没有问题，但会损坏.jpg 或.exe 这样的二进制文件中的数据。所以，使用二进制模式读写此类文件时要特别注意。

8.1.2 关闭文件

处理完文件后，需要调用 close()方法来关闭文件并释放系统资源。文件对象的 close()方法会自动刷新缓冲区并检查是否存在没写入的信息，文件一旦关闭后就不能对文件再进行任何操作。因此，使用 close()方法关闭文件是很好的编程习惯，这样不仅可以释放文件资源并终止程序对外部文件的连接，而且更能保障程序的稳定性。代码实例 8-2 演示了 close()方法的具体用法。

代码实例 8-2

```
# 在当前目录中以覆写方式打开 foo.txt 文件
fo = open("foo.txt", "w")
print "文件名：", fo.name
  …
# 关闭打开的文件
fo.close()

输出结果:
文件名：foo.txt
```

默认情况下，输出文件总是存在缓冲区的，这就意味着写入的数据并不能立即自动从内存转存到硬盘。因此，文件处理完毕后需要调用 close()来关闭文件，或者直接运行 flush()方法，迫使缓存区中的数据立即写入硬盘。当然，可以指定额外的 open 参数来避免缓存，但是这可能会影响到性能。

在 Python 程序设计中，当文件关闭后如果尝试再次调用文件，则会抛出异常。因此，建议在进行文件操作时将可能引发异常的代码段放到 try/finally 语句中，以确保出现异常时能够最终正常关闭文件。另外，Python 提供的 with 关键字也可以达到和 try/finally 语句同样的效果，而且更加简洁，如代码实例 8-3 所示。

代码实例 8-3

```
>>> with open('python.txt', 'r') as f:
        data = f.read()
```

在上述代码中，with 代码块执行完毕后，会自动关闭文件。

8.1.3　文件对象的属性

在 Python 语言中，通过 open()方法返回的文件对象具备比较丰富的属性和成员方法。在文件操作过程中，可以通过访问文件对象的不同属性来获取已打开文件的状态、模式等。表 8-2 列出了文件对象的常用属性。

表 8-2　文件对象的常用属性

属性	描述
file.closed	如果文件被关闭，返回 true，否则返回 false
file.mode	返回文件访问模式
file.name	返回文件名

代码实例 8-4 演示了如何获取和使用文件对象的属性。

代码实例 8-4

```
>>> fo = open("python.txt", "wb")
>>>print ("Name of the file: ", fo.name)
Name of the file: python.txt
>>>print ("Closed or not : ", fo.closed)
Closed or not : False
>>>print ("Opening mode : ", fo.mode)
Opening mode : wb
>>>fo.close()
```

上述代码中，通过调用文件对象 fo 的 name、closed 和 mode 属性，可以分别查看文件的名称、目前状态和访问模式。文件对象的状态属性对根据文件所处的不同状态进行不同的后续操作非常有利。

8.1.4　文件对象的方法

除了打开和关闭这两种基本的文件操作外，Python 语言还提供了很多文件处理相关的方法，如文件的读取、写入、定位等。表 8-3 列出了常用的文件对象处理方法。

表 8-3　文件对象的常用方法

方法	描述
file.close()	关闭文件。文件关闭后将无法再进行读写
file.flush()	刷新内部缓存，并将缓冲区内容写入磁盘
file.fileno()	返回一个整数，它是底层操作系统进行 I/O 操作的文件描述符
file.isatty()	如果文件被连接到 tty 装置，则返回 True，否则返回 False
next(file)	返回每次被调用时文件中的下一行
file.read([size])	读取文件数据，返回不超过参数 size 指定的最大字节数
file.readline([size])	从文件中读取一整行。结尾的换行符保持在字符串中
file.readlines([sizehint])	读取所有行并返回行列表。可选参数 sizehint 用于指定单次读入的字节数

(续表)

方法	描述
file.seek(offset[, whence])	设置文件指针位置
file.tell()	返回文件的当前位置
file.truncate([size])	截取文件。如果指定了 size 参数，则截取到 size 大小或文件末尾
file.write(str)	将指定的数据 str 写入文件
file.writelines(sequence)	写入字符串序列到文件

1. 文件基本读写

实现对数据的存储和读取是基础的文件操作。Python 语言提供了 read()和 write()方法来实现文件数据的基本读写。具体过程如下：首先通过 open()方法获得文件对象句柄，然后通过 write()和 read()方法进行数据的写入和读取。调用 write()方法时需要特别注意文件打开模式，因为写入时可能会覆盖已有文件。write()方法的返回值是本次写入的字节数。代码实例 8-5 会将字符串写入文件 tmp.txt。

代码实例 8-5

```
>>> with open("tmp.txt", "w") as f:
        f.write( "Hello, " )
        num = f.write("word!")
        print(num)
输出结果：
7
5
```

上述代码将文件打开方式设置为 w，这表明对文件进行的所有写入操作将覆盖原来文件中的内容。如果需要保留原始文件内容，需要将 mode 参数设置为 a，从而在现有文件的末尾以追加方式写入，如代码实例 8-6 所示。

代码实例 8-6

```
>>> with open("tmp.txt", "a") as f:
        content = ("number is", 10)
        s = str(content)        # 如果想保存非字符串数据，可以先转换为字符串对象
        f.write(s)
输出结果：
17
```

在 Python 语言中，可通过调用 read(size)方法实现对已打开文件的读取操作。其中，size 参数是可选的，表示需要读取的字符串长度。如果没有指定 size 或者指定为负数，则会读取并返回整个文件。如果读取到文件末尾，read()则会返回一个空的字符串('')。代码实例 8-7 演示了如何读取前面实例中生成的 tmp.txt 文件内容并进行打印显示。

代码实例 8-7

```
>>> with open("tmp.txt", 'r') as f:
        print(f.read(11))
        print(f.read())
输出结果：
Hello, word!
('number is', 10)
```

在上述代码中，open()方法并没有指定文件编码方式，因此读取文件中存储的中文字符时会出现乱码。当需要程序支持非英文字符文件操作时，可使用 encoding 参数指定要打开文件的编码格式，如代码实例 8-8 所示。

代码实例 8-8

```
>>> f = open('tmp.txt', 'wt', encoding='utf-8')
>>> f.write('你好')
2
>>> f.close()
>>> f = open('tmp.txt', 'rt', encoding='utf-8')
>>> s = f.read()
>>> s
'你好'
```

如上述代码所示，对于同一个文件操作，写入和打开文件时使用的编码方式需要保持一致，否则会出现读写错误。

此外，将文件内容写入硬盘设备，为了减少 I/O 操作时间和操作次数，通常使用缓冲区机制。在 Python 语言中，文件操作时的缓存通常分为全缓冲、行缓存、无缓冲三种。全缓冲是指当缓冲区数据大小达到设置的参数值时，才把数据写入磁盘。对于全缓冲，通常将 open()方法的 buffering 参数设置为大于 1 的整数 n(n 为缓冲区大小)即可，如代码实例 8-9 所示。

代码实例 8-9

```
>>> f = open('tmp.txt', 'w', buffering=2048)
>>> f.write('+' * 1024)
1024
>>> f.write('+' * 1023)
1023
>>>          # 当大于 2048 时写入文件
... f.write('-' * 2)
2
>>> f.close()
```

所谓行缓冲，是指在碰到\n 换行符的时候才把缓存数据写入磁盘。对于行缓冲，将 open()方法的 buffering 参数设置为 1 即可，如代码实例 8-10 所示。

代码实例 8-10

```
>>> f = open('tmp.txt', 'w', buffering=1)
>>> f.write('abcd')
4
>>> f.write('1234')
4
>>>          # 只要加上\n，就写入文件
... f.write('\n')
1
>>> f.close()
```

无缓冲是指不使用缓存区机制，数据会立即写入磁盘。对于无缓冲，将 open()方法的 buffering 参数设置为 0 即可。

在实际使用时还需要注意，当文件大小大于当前机器物理内存时，可能会因为缓存不够而产生问题，因此应尽量避免一次性将文件内容全部读入。

2. 文件按行读写

文件的基本读写操作可以满足大部分文件应用需求，但有时效率比较低下。因此，在 Python 语言中为了提高读写效率，还提供了按行读写文件的方式，实现逐行数据处理。文件按行读写涉及的主要方法有 readline()、readlines()和 writelines()等。

- readline()方法读取单独的一行，从当前位置开始到一个换行符结束之前的所有字节，包括这个换行符。同时支持以非负整数作为参数来指定可读取的最大字节数，如 readline(5)将返回前 5 个字节。若不指定参数，则默认读取完整的一行。
- readlines()方法读取一个文件中所有的行并作为列表返回。如果需要把文件中的所有行读到一个列表中，可以使用 list(f)。
- writelines()方法会把指定的字符串写入文件。需要注意的是，该方法不会增加换行符，需要自己手动添加。

代码实例 8-11 演示了上述三个方法的具体使用过程。

代码实例 8-11

```
>>> f = open("tmp.txt", "a+")
>>> f.write("hello, \n")
8
>>> f.writelines(['world', "!"])
>>> f.writelines(['I ', 'love ', 'python!\n'])
>>> f.close()
>>> f = open("tmp.txt", "r")
>>> print(f.readline())
hello,
>>> print(f.readlines())
['world!I love python!\n']
>>> f.close()
```

另外，在操作文件时，可以循环遍历文件对象来读取文件中的每一行。这种方式高效、快速且代码简洁，如代码实例 8-12 所示。

代码实例 8-12

```
>>> f = open("tmp.txt")
>>> for line in f:
        print(line, end='')
输出结果：
hello,
world!I love python!
```

3. 文件指针

操作文件时，当文件的内容较多时，文件的定位读写相当重要。在 Python 语言中，支持使用文件指针的形式定位文件的读写位置，这主要通过 tell()和 seek()方法来实现。使用 tell()方法时会返回一个整数，它表示自文件开头到指针处的比特数。如果需要改变文件指针，可以使用 seek(offset[,from_what])方法。其中，offset 参数表示从指定引用位置移动的比特数，而引用位置由 from_what 参数指定。from_what 为 0 时表示自文件起始处开始，为 1 时表示自当前文件指针位置开始，为 2 表示自文件末尾开始。from_what 是可选参数，默认值为 0。例如：

- seek(x,0)表示从文件起始处开始移动 x 个字符。
- seek(x,1)表示从当前位置往后移动 x 个字符。
- seek(-x,2)表示从文件结尾往前移动 x 个字符。

代码实例 8-13 演示了如何使用 seek()方法。

代码实例 8-13

```
>>> with open('tmp.txt', 'rb+') as f:
        f.write(b'0123456789abcdef')
        print(f.seek(5))
        print(f.read(1))
    print(f.seek(-3, 2))
    print(f.read(1))
输出结果：
16
5
b'5'
26
b'n'
```

需要注意的是，文本文件如果没有以 b 模式打开，则只允许从文件起始处开始寻找。另外，seek()中合法的偏移值只能是 tell()的返回值或者为零，其他任何偏移值都会产生未定义的异常。

8.2 文件系统访问

在 Python 中，对文件系统的访问大多通过 os 模块来实现，os 模块也是 Python 访问操作系统功能的主要接口。本节将介绍如何使用 os 模块实现对文件和目录的管理，还将介绍文件路径操作。

8.2.1 os 模块

os 模块提供普通的操作系统功能，与具体的操作系统无关，主要包括文件操作和目录操作等。表 8-4 列出了 os 模块中一些常用的文件操作方法。

表 8-4 os 模块中常用的文件操作方法

	描述
os.close(fd)	关闭文件描述符为 fd 的文件
os.getcwd()	返回当前工作目录
os.listdir(path)	返回 path 指定的文件路径中包含的文件和子目录的名字列表
os.makedirs(path[, mode])	递归创建指定的目录
os.mkdir(path[, mode])	创建指定的目录，mode 以数字形式指定目录的访问权限，mode 默认为 0777，表示具备所有权限
os.open(file, flags[, mode])	打开指定的文件 file，通过 flags 设置打开选项，mode 参数是可选的
os.read(fd, n)	从文件描述符 fd 中读取最多 n 字节，返回包含读取字节的字符串。如果文件描述符 fd 对应的文件已达到结尾，返回一个空的字符串
os.remove(path)	删除路径为 path 的文件
os.removedirs(path)	递归删除目录
os.rename(src, dst)	重命名文件或目录，将参数 src 指定的文件或目录修改为指定名称 dis
os.rmdir(path)	删除 path 指定的空目录，如果目录非空，抛出 OSError 异常

代码实例 8-14 通过调用 os.mkdir()方法创建目录，通过调用 os.makedirs()方法递归创建目录。然后通过 os.listdir()方法返回指定文件夹中包含的文件或文件夹的名字列表，这些目录操作方法在实际应用中非常实用。

代码实例 8-14

```
>>> import os
>>> # os.mkdir()示例
... os.mkdir("python")
>>> print("directory is created.")
directory is created.
>>>
>>> # os.makdedirs()示例
... paths = ["python/A", "python/B", "python/C"]
>>> for path in paths:
...         os.makedirs(path)
...         print(path, "is created.")
...
```

```
python/A is created.
python/B is created.
python/C is created.
>>> # os.listdir()示例
... path_list = os.listdir("python")
>>> print(path_list)
['A', 'C', 'B']
```

输出结果：

```
directory is created.
python/A is created.
python/B is created.
python/C is created.
['A', 'C', 'B']
['hello_file', 'A', 'C', 'B']
```

代码实例 8-15 通过调用 os.remove()方法删除文件，通过调用 os.removedirs()方法递归删除目录。然后使用 os.rename()方法对文件或目录名进行修改。

代码实例 8-15

```
>>> # os.remove()示例
... f = open("python/hello_file", "w")
>>> f.close()
>>> print(os.listdir("python"))
['hello_file', 'A', 'C', 'B']
>>> os.remove("python/hello_file")
>>> print("remove hello_file")
remove hello_file
>>> print(os.listdir("python"))
['A', 'C', 'B']
>>> # os.removedirs()示例
... os.removedirs("python/B")
>>> print("remove python/B")
remove python/B
>>> print(os.listdir("python"))
['A', 'C']
>>> # os.rename()示例
... os.rename("python/C", "python/C_rename")
>>> print("rename python/C")
rename python/C
>>> print(os.listdir("python"))
['A', 'C_rename']
```

输入结果：

```
remove hello_file
['A', 'C', 'B']
remove python/B
```

```
['A', 'C']
rename python/C
['A', 'C_rename']
```

8.2.2 文件路径操作

在实际编程过程中，经常需要获取文件所在路径信息，比如查找特定配置文件的位置等，这些都依赖于os.path模块。os.path模块主要用于获取文件的属性，表8-5列出了几个常用的方法。

表8-5 os.path模块常用的几个方法

方法	说明
os.path.abspath(path)	返回绝对路径
os.path.basename(path)	返回文件名
os.path.dirname(path)	返回文件路径
os.path.exists(path)	如果路径path存在，返回true；如果路径path不存在，返回false
os.path.getatime(path)	返回最近访问时间(浮点型秒数)
os.path.getmtime(path)	返回文件最近修改时间
os.path.getctime(path)	返回文件路径创建时间
os.path.getsize(path)	返回文件大小，如果文件不存在，就返回错误
os.path.isabs(path)	判断是否为绝对路径
os.path.isfile(path)	判断路径是否为文件
os.path.isdir(path)	判断路径是否为目录
os.path.islink(path)	判断路径是否为链接
os.path.join(path1[,path2[,...]])	把目录和文件名合成为路径
os.path.split(path)	把路径分割成dirname和basename，返回元组
os.path.splitext(path)	分割路径，返回路径名和文件扩展名的元组

代码实例8-16演示了如何查看当前路径及当前路径下的文件。

代码实例8-16

```
>>> import os
>>> print(os.getcwd())
/python/tmp
>>> print(os.listdir(os.getcwd()))
['tmp.txt', 'test.ipynb']
```

另外，可以通过os.path.abspath(path)方法得到path的绝对路径，如代码实例8-17所示。

代码实例8-17

```
>>> import os
>>> print(os.path.abspath('.'))    # 输出当前路径
/python/tmp
>>> print(os.path.abspath('..'))    # 输出上层路径
/python
```

注意，上述代码中，.代表当前路径，..代表上层路径。

另外，可以通过 os.path.split(path)方法方便查看 path 的文件路径和文件名。该方法将 path 分解为(文件路径，文件名)元组类型。若路径字符串的最后一个字符是\，则只有文件路径有值；若路径字符串中均无\，则只有文件名有值；若路径字符串中有\且不在最后，则文件路径和文件名均有值。

Python 的 os 模块提供了 os.path.join(path1,path2,…)方法。该方法可以对多个路径进行组合，一般用于将路径和文件名合并成字符串。若其中有绝对路径，则之前的路径将被删除。

代码实例 8-18 演示了 os.path.split(path)和 os.path.join(path1,path2,…)方法的具体用法。

代码实例 8-18

```
>>> print(os.path.split('/home/leo/hello.py'))
('/home/leo', 'hello.py')
>>> print(os.path.split('/home/leo/'))
('/home/leo', '')
>>> print(os.path.split('/home/leo'))
('/home', 'leo')
>>>
>>> print(os.path.join('/home/leo/', 'hello.py'))
/home/leo/hello.py
>>> print(os.path.join('/home/leo', '/home/leo/hello.py'))
/home/leo/hello.py
```

8.3 文件数据处理

Python 语言提供了多种灵活处理文件数据的方式，包括按字节处理数据、通过文件迭代器处理数据、使用 JSON 存储结构化数据和序列化存储文件数据等。

8.3.1 按字节处理数据

一般来说，最常见的文件数据处理方式是通过迭代的方法按字节进行处理。例如，可以在 while 循环中使用 read()方法，通过循环对每个字节进行读取，如代码实例 8-19 所示。

代码实例 8-19

```
>>> with open("tmp.txt") as f:
...     char = f.read(1)
...     while char:
...         print(char)
...         char = f.read(1)
...
输出结果：
0
1
2
3
4
5
```

上述代码中，当到达文件末尾时，read()方法会返回一个空的字符串，布尔值为 false，退出 while 循环。

8.3.2 使用文件迭代器

另外，可以使用 for 循环迭代读取文件内容，并且可以每次循环读取其中一行内容，提高读取效率，如代码实例 8-20 所示。

代码实例 8-20

```
>>> with open("tmp.txt") as f:
        for line in f:
            print(line)
输出结果：
First line
Second line
Third line
```

文件迭代器也是一种迭代器，因此可以执行和普通迭代器相同的操作。例如，可以方便将它们转换为字符串列表(使用 list(open(filename))，这样可以达到和使用 readlines()方法相同的效果，如代码实例 8-21 所示。

代码实例 8-21

```
>>> with open('tmp.txt', 'w') as f:
    f.write('First line\n')
    f.write('Second line\n' )
    f.write('Third line\n')
输出结果：
11
12
11
>>>
>>> lines = list(open('tmp.txt'))
>>> print(lines)
['First line\n', 'Second line\n', 'Third line\n']
>>> first, second, third = open('tmp.txt')
>>> print(first, second, third)
First line
Second line
Third line
```

8.3.3 结构化数据存储

在 Python 语言中，从文件中读写字符串相对来讲很容易，然而，存取数值数据或格式化数据会比较麻烦一些。因为 Python 语言提供的文件读取方法 read()只能返回字符串数据，所以对于数值类型数据的读取，需要先借助 int()等转换方法进行类型转换。可以将类似'123'这样的字符串转换为对应的数值 123。此外，当需要通过编程保存更为复杂的数据类型(例如嵌套的列表和字典等)时，手工解析和序列化这类数据将变得更复杂。

为了编写和保存复杂类型数据，Python 语言已提供了相关支持，Python 允许使用常用的数据交换格式 JSON(Java Script Object Notation)。标准模块 json 可以接收 Python 数据结构，并将它们转换为字符串表示形式，此过程称为序列化。从字符串表示形式重新构建数据结构称为反序列化。在序列化和反序列化的过程中，表示对象的字符串可以存储在文件或数据中，也可以通过网络连接传送给远程机器。代码实例 8-22 演示了 json 模块的使用方法。

代码实例 8-22

```
>>> import json
>>> json.dumps([1, 'simple', 'list'])
'[1, "simple", "list"]'
>>>
```

另外，对于对象 x，可以查看其 JSON 字符串表示形式，如代码实例 8-23 所示。

代码实例 8-23

```
>>> import json
>>> x =   [ { 'a' : 1, 'b' : 2, 'c' : 3, 'd' : 4, 'e' : 5 } ]
>>> f = open("json", "w")
>>> a =json.dump(x, f)
>>> b = json.dumps(x)
>>> print(b)
[{"a": 1, "b": 2, "c": 3, "d": 4, "e": 5}]
>>> print(type(b))
<class 'str'>
```

8.3.4　序列化存储

Python 语言提供的 pickle 模块实现了基本的序列化和反序列化功能。通过 pickle 模块的序列化操作，能够将程序中运行的对象信息永久保存到文件中，并且能够从文件中恢复上一次保存的对象。与 JSON 不同，pickle 是一种协议，允许对任意复杂的 Python 对象进行序列化。使用 pickle 时只需要导入所需的模块，然后使用 dump()方法进行数据保存，以后可以使用 load()方法进行数据恢复。但要注意的是，恢复数据时必须以二进制访问模式打开这些文件。

pickle 模块主要提供了两个常用的方法：dump()和 load()。dump()方法用于持久化数据对象，将保存到文件中。load()方法用于实现与 dump()方法相反的过程，从文件中读取字符串，并将它们反序列化为 Python 数据对象。代码实例 8-24 和代码实例 8-25 分别演示了 dump()和 load()方法的具体用法。

代码实例 8-24

```
>>> import pickle
>>> data1 = {'a': [1, 2.0, 3, 4+6j],
             'b': ('string', u'Unicode string'),
             'c': None}
```

```
>>> selfref_list = [1, 2, 3]
>>> selfref_list.append(selfref_list)
>>> output = open('data.pkl', 'wb')
>>> pickle.dump(data1, output)
>>> pickle.dump(selfref_list, output, -1)
>>> output.close()
```

代码实例 8-25

```
>>> import pprint, pickle
>>> pkl_file = open('data.pkl', 'rb')
>>> data1 = pickle.load(pkl_file)
>>> pprint.pprint(data1)
>>> data2 = pickle.load(pkl_file)
>>> pprint.pprint(data2)
>>> pkl_file.close()

输出结果:
{'a': [1, 2.0, 3, (4+6j)], 'b': ('string', 'Unicode string'), 'c': None}
[1, 2, 3, <Recursion on list with id=4490364232>]
```

8.4 综合案例

前面介绍了 Python 文件的基础操作方法，本节通过一个综合案例来介绍这些方法的具体应用。

以学生成绩后台管理系统为例，系统中常常需要处理大量的数据，而这些数据通常以文件的形式存储在磁盘上。案例需求是根据学生的成绩情况计算出平均分和总分，然后将计算结果存储到磁盘文件中。学生的基本信息存放在文件 student.txt 中，数据存储格式如图 8-1 所示。学生的基本信息和最终计算出来的平均分以及总分存储在文件 student_score_result.txt 中，如图 8-2 所示。

```
Id Name Math Chinese English
1 张三 99 90 93
2 李四 60 89 100
3 赵小明 100 75 60
4 马冬梅 100 45 100
```

图 8-1 学生的基本信息

```
Id Name Math Chinese English average total
1 张三 99 90 93 94.0 282.0
2 李四 60 89 100 83.0 249.0
3 赵小明 100 75 60 78.3 235.0
4 马冬梅 100 45 100 81.7 245.0
```

图 8-2 统计后的学生信息

为消除不同特征之间量纲的影响，在处理数据时常常需要对数据做归一化处理，使得不同指标之间具有可比性。例如，需要根据学生成绩做评估，各科的总分不一定相同，例如数学总分可能是 150 分，而生物总分可能只有 100 分。此时，不能说数学的 100 分比生物的 99 分好。在实际处理数据时，可能不知道每个特征的取值范围，在这里使用下面的公式对学生成绩进行归一化，使得结果映射到[0, 1]范围内，实现对原始数据的等比放缩：

$$x^* = \frac{x - min}{max - min}$$

图 8-3 是统计成绩后，将得分情况按列归一化的结果。

```
Id Name Math Chinese English average total average total
1 张三 0.975 1.000 0.825 1.000 1.000 1.000 1.000
2 李四 0.000 0.978 1.000 0.299 0.298 0.298 0.298
3 赵小明 1.000 0.667 0.000 0.000 0.000 0.000 0.000
4 马冬梅 1.000 0.000 1.000 0.217 0.213 0.213 0.213
```

图 8-3　归一化结果

具体实现代码参见代码实例 8-26。

代码实例 8-26

```
import numpy as np
def norm(data):
    mins = data.min(0)
    maxs = data.max(0)
    ranges = maxs - mins
    normData = np.zeros(np.shape(data))
    row = data.shape[0]
    normData = data - np.tile(mins,(row,1))
    normData = normData / np.tile(ranges,(row,1))
    return normData

with open("student.txt", "r", encoding="utf-8") as rf, open("student_score_result.txt", "w", encoding="utf-8") as wf:
    head = rf.readline()
    new_head = head.split('\n')[0] + " average total\n"
    wf.write(new_head)
    print(head)
    filds = head.split(" ")
    print(filds)
    format_output = "id{}, Name:{}, average score:{}, total score:{}."
    for line in rf.readlines():
        line = line.split("\n")[0]
        str = line.split(" ")
        id, name = str[0], str[1]
        score_str = str[2:]
        score = [int(x) for x in score_str]
        total_score = 0
        total_score = sum(score)
        average_score = 1.*total_score/(len(filds)-2)
        print(format_output.format(id, name, average_score, total_score))
        new_line_format = line+" %.1f %.1f\n"
        new_line = new_line_format % (average_score, total_score)
        wf.write(new_line)

with open("student_score_result.txt","r",encoding="utf-8") as rf, open("student_score_norm_result.txt", "w", encoding="utf-8") as wf:
    head = rf.readline()
    new_head = head.split('\n')[0] + " average total\n"
```

```
    wf.write(new_head)
    print(head)
    filds = head.split(" ")
    print(filds)
    score_mat = []
    id_name_mat = []
    for line in rf.readlines():
        line = line.split("\n")[0]
        line = line.split(" ")
        id_name = [line[0], line[1]]
        score = [float(x) for x in line[2:]]
        total_score = sum(score)
        average_score = total_score/(len(filds)-2.)
        score.extend([average_score, total_score])
        score_mat.append(score)
        id_name_mat.append(id_name)
    score_norm_mat = norm(np.array(score_mat))
    for (i, id_name) in enumerate(id_name_mat):
        id, name = id_name[0], id_name[1]
        line = id + " " + name
        for score in score_norm_mat[i]:
            line += " " + ("%.3f" % score)
        line += "\n"
        wf.write(line)
```

8.5 本章小结

本章从 Python 中的文件对象开始，分别介绍了文件对象的属性和方法，以及如何使用 os 模块和操作系统交互以进行文件和目录操作等。本章还介绍了 Python 中文件数据的处理方法，包括按字节处理数据、通过文件迭代器处理数据、使用 JSON 存储结构化数据和序列化存储文件数据等。最后，通过一个综合案例详细演示了较为复杂的数据处理和文件操作流程。

第9章 错误与异常

在编写程序时，错误和异常通常是引起程序无法正常执行的原因所在。编程语言对异常处理机制的支持程度是其走向成熟的必要前提。在 Python 中，除了常用的异常处理机制，还添加了灵活的 raise、with 等异常检测和处理机制，使得开发者对程序的控制更为全面。本章主要介绍错误和异常的基本概念，以及 Python 中异常的检测与处理等内容。通过本章的学习，可以掌握 Python 编程中异常处理的常用方法。

本章的学习目标：

- 了解什么是错误
- 了解什么是异常
- 掌握 Python 内置异常
- 掌握 Python 自定义异常
- 掌握 Python 异常检测方法
- 掌握 Python 异常处理方法

9.1 基本概念

在开发计算机程序时，一旦程序出现错误和异常，程序就会终止，这时就需要借助大量人力查找并修正错误，然后重新执行。为了能够处理这些异常事件，可以用条件语句控制它们的发生，但这样做具有一定的局限性，一方面效率低、不灵活，另一方面会让程序难以阅读。因此，为了发现并解决错误和异常，需要一种灵活高效的方案。在 Python 语言中，提供了非常强大的异常处理机制。

9.1.1 什么是错误

对于初学者来说，经常把错误和异常搞混淆。对于这两者，不论是字面含义还是实际含义，都存在较大差别。在介绍异常之前，有必要先来了解错误。对编程而言，错误分两类：语法错误(Syntax Error)和逻辑错误(Logical Error)。

1. 语法错误

语法错误是指不遵循语言的语法结构而引起的错误，通常表现为程序无法正常编译或运行。

在编译语言(如 C++、Java、C#等)中，语法错误只在编译期出现。编译器要求所有的语法都正确，才能正常编译。对于解释型语言(如 Python、JavaScript、PHP 等)来说，语法错误可能在运行期才会出现，不太容易区分语法错误及语义错误。

在 Python 中，常见的语法错误有：

- 遗漏了某些必要的符号(冒号、逗号或括号等)。
- 关键字拼写错误。
- 缩进不正确。
- 空语句块(需要使用 pass 语句)。

一种典型的语法错误如代码实例 9-1 所示。

代码实例 9-1

```
>>> if n < 5
  File "<stdin>", line 1
    if n < 5
SyntaxError: invalid syntax
```

上述条件判断语句中，由于 if 语句中缺少冒号:，不符合 Python 语法，因此程序无法正常运行。

2. 逻辑错误

逻辑错误又称语义错误，是指程序可以正常运行，但执行结果与预期不符。与语法错误不同，逻辑错误从语法上来说是正确的，但会产生非预期的输出结果，通常不能被立即发现。逻辑错误的唯一表现就是错误的运行结果。

逻辑错误和编程语言无关，常见的逻辑错误有：

- 运算符优先级考虑不周。
- 变量名使用不正确。
- 语句块缩进层次不对。
- 布尔表达式中出错等。

在计算两个数的平均值的代码实例 9-2 中，出现了逻辑错误。

代码实例 9-2

```
>>> def average(a, b):
...     return   a + b / 2     # 应为(a + b) / 2
...
```

虽然程序能够正常运行，但由于代码中缺少括号，乘除的运算优先级高于加减运算，运算结果并不正确。

9.1.2　什么是异常

程序中的语句或表达式在语法上是正确的，但是在执行的时候可能会因此发生错误而停止。在 Python 语言中，这种运行时错误被称为异常(Exception)。异常是一种事件，该事件会在程序执行过程中发生，影响程序的正常执行。当程序由于运行时错误而停止时，通常会说程序崩溃了。

Python 使用异常对象(Exception Object)来表示异常情况。遇到错误后会引发异常。如果异常对象未被处理和捕捉，程序就会以堆栈回溯(Traceback)终止执行。

在 Python 中，常见的异常如下(括号中为触发的系统异常名称)：

- 使用未定义的标识符(NameError)。
- 除数为零(ZeroDivisionError)。
- 打开的文件不存在(FileNotFoundError)。
- 导入的模块没被找到(ImportError)。

在代码执行过程中，如果有除数为零的情况出现，则会出现代码实例 9-3 所示的异常。

代码实例 9-3

```
>>> 5 / 0
Traceback (most recent call last):
  File "<stdin>", line 1, in <module>
ZeroDivisionError: division by zero
```

上述代码中，执行语法检查时没有任何问题，但程序实际运行时会因为出现异常而终止。每当出现这类运行时错误时，Python 运行环境就会创建一个异常对象。如果处理不当，系统将会输出错误跟踪栈，显示关于为什么会出现这个错误的一些细节。

异常通常有以下特点：

- 偶然性。程序运行中，异常并不总是会发生。
- 可预见性。异常的存在和出现是可以预见的。
- 严重性。一旦发生异常，程序可能终止，或者运行的结果不可预知。

异常处理是因为程序出现了错误而在正常控制流以外采取的行为。一般来说，这种行为又分为两个阶段：首先是触发异常后发生错误，然后是检测及处理异常。

第一个阶段是在触发异常后发生的。只要检测到错误并且判断为异常条件，解释器就会触发一个异常，并通过它通知当前控制流有错误发生。Python 语言也允许程序员自己定义异常。无论是 Python 解释器触发还是程序员触发，异常发生后，正常执行流程被打断，处理这个错误并采取相应措施，进入异常行为的第二阶段。

异常被触发后，可以调用很多不同的操作，比如可以忽略错误(记录错误但不采取任何措施，采取补救措施后终止程序)，或是减轻错误产生的影响后设法继续执行程序。所有这些操作都代表一种感知到异常行为后的程序流程，所以程序员在错误发生时如何指示程序执行是非常重要的。

对于支持引发和处理异常的 Python 语言，开发人员通过合理地使用异常检测与处理机制，可以使应用程序的健壮性有较大提高。

9.2　Python 中的异常

根据异常定义的主体不同，Python 中的异常分为内置异常和用户自定义异常。内置异常是 Python 语言内部已经定义好的一系列异常，开发者在平时接触到的大多是这类异常。用户自定义异常是开发者在内置异常类型的基础上，根据实际需要定义的异常，一般可用于异常处理的个性化设置。

9.2.1　内置异常

Python 中内置异常类的层次结构如下所示，这里详细展示了 Python 中异常类的继承关系。

```
BaseException
 +-- SystemExit
 +-- KeyboardInterrupt
 +-- GeneratorExit
 +-- Exception
      +-- StopIteration
      +-- StandardError
      |    +-- BufferError
      |    +-- ArithmeticError
      |    |    +-- FloatingPointError
      |    |    +-- OverflowError
      |    |    +-- ZeroDivisionError
      |    +-- AssertionError
      |    +-- AttributeError
      |    +-- EnvironmentError
      |    |    +-- IOError
      |    |    +-- OSError
      |    |         +-- WindowsError (Windows)
      |    |         +-- VMSError (VMS)
      |    +-- EOFError
      |    +-- ImportError
      |    +-- LookupError
      |    |    +-- IndexError
      |    |    +-- KeyError
      |    +-- MemoryError
      |    +-- NameError
      |    |    +-- UnboundLocalError
      |    +-- ReferenceError
      |    +-- RuntimeError
      |    |    +-- NotImplementedError
      |    +-- SyntaxError
      |    |    +-- IndentationError
      |    |         +-- TabError
      |    +-- SystemError
      |    +-- TypeError
      |    +-- ValueError
      |         +-- UnicodeError
      |              +-- UnicodeDecodeError
      |              +-- UnicodeEncodeError
      |              +-- UnicodeTranslateError
      +-- Warning
           +-- DeprecationWarning
           +-- PendingDeprecationWarning
```

```
        +-- RuntimeWarning
        +-- SyntaxWarning
        +-- UserWarning
        +-- FutureWarning
     +-- ImportWarning
     +-- UnicodeWarning
     +-- BytesWarning
```

在实际开发中，接触到的大部分异常都是 Exception 的子类。一般情况下，在 Python 无法正常处理程序时就会触发异常。当异常发生时，开发者需要捕获并处理异常，否则程序会终止执行。在 Python 程序异常终止时，解释器会以堆栈回溯(Traceback)的方式发出异常信息，如代码实例 9-4 所示。

代码实例 9-4

```
>>> 10 * (1/0)
Traceback (most recent call last):
  File "<stdin>", line 1, in <module>
ZeroDivisionError: division by zero
>>> 4 + spam*3
Traceback (most recent call last):
  File "<stdin>", line 1, in <module>
NameError: name 'spam' is not defined
>>> '2' + 2
Traceback (most recent call last):
  File "<stdin>", line 1, in <module>
TypeError: Can't convert 'int' object to str implicitly
```

上述代码中，分别列举了除零异常 ZeroDivisionError、名称异常 NameError 以及类型异常 TypeError。对于每类异常信息的显示，都采用“异常类名称：异常信息详细解释”的格式。这也是 Python 中大多数异常信息的展示方式，包括用户自定义异常信息。

在异常信息出现之前，部分错误信息会以堆栈回溯的方式展示异常发生的上下文信息。通常，堆栈回溯中列出了源代码行号。需要注意的是，当程序是从标准输入中读取时，不会显示行号。

Python 解释器内置的标准异常如表 9-1 所示。

表 9-1　Python 内置异常

异常名称	描述
BaseException	所有异常的基类
SystemExit	解释器请求退出
KeyboardInterrupt	用户中断执行(通常是输入^C)
Exception	常规错误的基类
StopIteration	迭代器没有更多的值
GeneratorExit	生成器(generator)发生异常以通知退出
StandardError	所有的内置标准异常的基类
ArithmeticError	所有数值计算错误的基类
FloatingPointError	浮点计算错误

(续表)

异常名称	描述
OverflowError	数值运算超出最大限制
ZeroDivisionError	除(或取模)零(所有数据类型)
AssertionError	断言语句失败
AttributeError	对象没有这个属性
EOFError	没有内建输入，到达 EOF 标记
EnvironmentError	操作系统错误的基类
IOError	输入输出操作失败
OSError	操作系统错误
WindowsError	系统调用失败
ImportError	导入模块/对象失败
LookupError	无效数据查询的基类
IndexError	序列中没有这个索引
KeyError	映射中没有这个键
MemoryError	内存溢出错误(对于 Python 解释器不是致命的)
NameError	未声明/初始化对象(没有属性)
UnboundLocalError	访问未初始化的本地变量
ReferenceError	弱引用(weak reference)试图访问已经垃圾回收的对象
RuntimeError	一般的运行时错误
NotImplementedError	尚未实现的方法
SyntaxError	Python 语法错误
IndentationError	缩进错误
TabError	Tab 键和空格混用
SystemError	一般的解释器系统错误
TypeError	对类型无效的操作
ValueError	传入无效的参数
UnicodeError	Unicode 相关的错误
UnicodeDecodeError	Unicode 解码时错误
UnicodeEncodeError	Unicode 编码时错误
UnicodeTranslateError	Unicode 转换时错误
Warning	警告的基类
DeprecationWarning	关于被弃用的特征的警告
FutureWarning	关于构造将来语义会有改变的警告
OverflowWarning	旧的关于自动提升为长整型(long)的警告
PendingDeprecationWarning	关于特性将会被废弃的警告
RuntimeWarning	可疑的运行时行为(runtime behavior)的警告
SyntaxWarning	可疑的语法的警告
UserWarning	用户代码生成的警告

9.2.2 用户自定义异常

根据实际项目的需要，开发者也可以通过创建异常类的方式定义自己的异常。需要注意的是，自定义异常类必须直接或间接继承内置异常类 Exception。一般来说，自定义异常类的属性数量不宜过多，要尽量保持简洁。在创建一个抛出不同错误的模块时，可以为这个模块中的异常创建统一的父类，由各子类创建对应不同错误的具体异常，如代码实例 9-5 所示。

代码实例 9-5

```
classError(Exception):
"""Base class for exceptions in this module."""
pass

classInputError(Error):
"""Exception raised for errors in the input.
    Attributes:
        expression -- input expression in which the error occurred
        message -- explanation of the error
"""
def__init__(self, expression, message):
        self.expression = expression
        self.message = message

classTransitionError(Error):
"""Raised when an operation attempts a state transition that's not
    allowed.
    Attributes:
        previous -- state at beginning of transition
        next -- attempted new state
        message -- explanation of why the specific transition is not allowed
"""
def__init__(self, previous, next, message):
        self.previous = previous
        self.next = next
```

与标准异常类类似，为了提高程序代码的可读性，大多数自定义异常类的名字都建议以 Error 结尾。Python 的许多标准模块都定义了自己的异常类，这些异常类对模块中定义的函数可能发生的错误进行了相应处理，提高了模块的健壮性。

9.3 Python 中异常的检测与处理

合理使用异常处理结构可以使程序更加健壮，具有更强的容错性，避免因为用户不小心输入错误或其他运行时原因而造成程序终止。另外，也可以使用异常处理结构为用户提供更加友好的提示。此外，编程语言的异常提示实际为开发者打开了一扇窥探语言内部机制的一扇门，有心的开发者会通过异常信息及处理流程更深刻地理解该语言。

在 Python 中，检测和处理异常最常用的方式是使用 try-except、try-except-else 和 try-finally 语句。另外，Python 还提供了强制触发异常 raise、断言机制 assert 和预定义的清理行为 with 等多种异常检测和处理机制。开发者可以根据项目需要，灵活选用合适的处理方式。

9.3.1 try-except

try-except 语句用来检测 try 语句块中的错误，在 except 语句中捕获异常信息并进行处理。

1. 处理单个异常

try-except 语句处理单个异常的语法如下：

```
try:
<try 块>        #检测语句
exceptError[ as Target]:
<except 块>  #处理"Error"异常的语句，'Target'可以接收异常信息，也可省略
```

首先执行 try 子句中的语句，在执行过程中，如果没有异常，则跳过 except 子句；如果发生异常，则中断当前 try 子句中语句的执行，try 子句中的剩余语句被跳过，跳转到异常处理块中开始执行，如代码实例 9-6 所示。

代码实例 9-6

```
name = [1,2,3]
try:
    name[3]                 #不存在下标 3
except IndexError as e:     #抓取 IndexError 这个异常
    print(e)                #e 是错误的详细信息
执行结果：
list index out of range
```

如果异常发生但没有匹配到 except 后的异常类型，那么异常抛到外层 try 语句；异常如果得不到处理，则成为未处理异常，导致程序终止并且打印异常信息，如代码实例 9-7 所示。

代码实例 9-7

```
name = [1,2,3]
try:
    name[3]                 #不存在下标 3
except KeyError as e:       #抓取 IndexError 这个异常
    print(e)                # e 是错误的详细信息
执行结果：
Traceback(most recent call last):
  File "C:/Users/cc/Desktop/1.py", line 3, in <module>
    name[3]                 #不存在下标 3
IndexError: list index out of range
```

2. 处理多个异常

try-except 语句处理多个异常的语法如下：

```
try:
<try 块>
exceptError1 [ as Target]:
<except 块 1>
exceptError2 [ as Target]:
<except 块 2>
```

首先执行 try 子句中的语句，在执行过程中，如果没有异常，则跳过 except 子句；如果发生异常，则中断当前 try 子句中语句的执行， try 子句中的剩余语句被跳过，跳转到对应的异常处理块中开始执行，如代码实例 9-8 所示。

代码实例 9-8

```
name = [1,2,3]
data = {"a":"b"}
try:
    data["c"]          #此处出现异常 KeyError，直接跳出 try 子句，跳到 KeyError 处去处理
    name[3]            #不存在下标 3
except IndexError as e:
    print(e)
except KeyError as e:
    print(e)
执行结果：
'c'
```

一个 try 语句可以有多个 except 子句，为不同的异常类型指定不同的处理方法。但要注意的是，不管有多少个 except 子句，一次运行至多有一个 except 子句被执行。

处理多个异常时，也可以把多个异常合并到一个 exccpt 子句中，使用带括号的元组方式列出多个异常类型，对这些异常执行统一的处理方式，具体语法如下，具体应用参见代码实例 9-9：

```
try:
<try 块>
except(Error1, Error2,...) [ as Target]:
<except 块>
```

代码实例 9-9

```
name = [1,2,3]
data = {"a":"b"}
try:
    data["c"]
    name[3]
except (IndexError, KeyError) as e:
    print(e)
执行结果：
'c'
```

Exception 表示抓取所有异常，一般情况下建议在异常的最后使用，表示抓取未知的异常，具体语法如下，具体应用参见代码实例 9-10：

```
try:
<try 块>
except(Error1, Error2,...) [ as Target]:
<except 块 1>
except Exception[ as Target]: #Exception 表示抓取所有异常
<except 块 2>
```

代码实例 9-10

```
try:
    open("a.txt","r",encoding="utf-8")
except (IndexError, KeyError) as e:   # 没有 IndexError、KeyError 这两个异常
    print(e)
except Exception as e:                # Exception 表示一下子抓取所有异常
    print(e)
执行结果：
[Errno 2] No such file or directory: 'a.txt'
```

9.3.2 try-except-else

另一种异常处理结构是 try-except-else 语句，具体语法如下：

```
try:
<try 块>
exceptError1 [ as Target]:
<except 块 1>
exceptError2 [ as Target]:
<except 块 2>
else:                          #try 子句中无异常，执行 else 子句
<else 块>
```

try-except-else 语句其实是一种特殊的选择结构，如果 try 子句中的代码发生异常，并被某个 except 子句捕捉，则执行异常处理代码，此时，else 子句不执行；如果 try 子句正常执行，没有异常发生，则执行 else 子句；如代码实例 9-11 所示。

代码实例 9-11

```
try:
    num1 = int(input('Enter the first number:'))
    num2 = int(input('Enter the second number:'))
    print(num1 / num2)
except(ValueError,ZeroDivisionError):
    print('Invalid input!')
else:
    print('Aha, everything is OK.')
```

```
执行结果：
Enter the first number:1
Enter the second number:2
0.5
Aha, everything is OK.
```

else 子句的存在必须以 except 子句为前提，如果在没有 except 子句的 try 语句中使用 else 子句，就会引发语法错误，如代码实例 9-12 所示。

代码实例 9-12

```
try:
    num1 = int(input('Enter the first number:'))
    num2 = int(input('Enter the second number:'))
    print(num1 / num2)
else:
    print('Aha, everything is OK.')
```

9.3.3 try-finally

在 try-finally 语句中，try 子句无论是否有异常发生，finally 子句在离开 try 语句之前总是会执行，具体语法如下，具体应用参见代码实例 9-13：

```
try:
<try 块>
finally:                        # try 子句中有无异常，均执行 finally 子句
< finally 块>
```

代码实例 9-13

```
a=10
b=2
try:
    print(a/b)
finally:
    print("always execute")
执行结果：
5.0
always execute
```

当 try 子句中有异常发生并且没有被 except 子句处理，或是异常发生在 except 子句或 else 子句中时，在 finally 子句执行之后，这些异常会重新抛出，如代码实例 9-14 和代码实例 9-15 所示。

代码实例 9-14

```
a=10
b=0
try:
    print(a/b)
finally:
```

```
    print("always execute")
执行结果：
always execute
Traceback(most recent call last):
  File "C:/Users/cc/Desktop/1.py", line 4, in <module>
    print(a/b)
ZeroDivisionError: division by zero
```

代码实例 9-15

```
a=10
b=0
try:
    print(a/b)
except(ValueError):
    print('Invalid input!')
finally:
    print("always execute")
执行结果：
always execute
Traceback(most recent call last):
  File "C:/Users/cc/Desktop/1.py", line 4, in <module>
    print(a/b)
ZeroDivisionError: division by zero
```

9.3.4 try-except-else-finally

在实际开发中，经常混合使用 try-except 和 try-finally 语句，语法结构如下：

```
try:
<try 块>
exceptError1 [ as Target]：
<except 块 1>
exceptError2 [ as Target]：
<except 块 2>
else:                          #try 子句无异常，执行 else 子句
<else 块>
finally:                       # try 子句有无异常，均执行 finally 子句
< finally 块>
```

在使用完整的 try-except-else-finally 语句时，出现的顺序必须是 try→except→else→finally，即所有的 except 必须在 else 和 finally 之前；else 和 finally 都是可选的，如果有，else 子句必须在 finally 子句之前，否则会出现语法错误，如代码实例 9-16 所示。

代码实例 9-16

```
try:
    num1 = int(input('Enter the first number:'))
    num2 = int(input('Enter the second number:'))
```

```
    print(num1 / num2)
except(ValueError,ZeroDivisionError):
    print('Invalid input!')
else:
    print('Aha, everything is OK.')
finally:
    print('It is a finally clause.')
```

执行结果:

(1)无异常

```
Enter the first number:1
Enter the second number:2
0.5
Aha, everything is OK.
It is a finally clause.
```

(2)有异常

```
Enter the first number:1
Enter the second number:0
Invalid input!
It is a finally clause.
```

当 try 语句的其他子句通过 break、continue 或 return 语句离开时，finally 子句也会执行，但原来的异常将丢失且无法重新触发，如代码实例 9-17 所示。

代码实例 9-17

```
a=0
try:
    while True:
        a += 1
        if a>5:
            break

except (ValueError):
    print('Invalid input!')
finally:
    print("always execute")
```

执行结果:

```
always execute
```

在实际开发中，finally 子句常用来释放外部资源，如文件和网络连接等，而不论资源的使用是否成功，如代码实例 9-18 所示。

代码实例 9-18

```
try:
f = open('t.txt','w')
    line = f.readline()
print(line, end="")
```

```
except (ValueError):
    print('Invalid input!')
finally:
f.close()
```

9.3.5　强制触发异常 raise

不管使用 try-except 语句还是 try-finally 语句，出现的异常都是由解释器自动引发的。在实际项目中，开发者有时需要强制触发异常，比如对一些不合法输入需要立即处理。因此，需要一种可以主动触发异常的机制。在 Python 中，可以使用 raise 语句强制触发异常，语法结构如下：

```
raise [Exception [, args [, traceback]]]
```

其中，Exception 表示异常的类型，可以是标准异常中的任意一种，如 NameError 等；args 表示提供的异常参数；最后一个参数是可选的，在实践中很少使用，如果存在，就表示跟踪异常对象；如代码实例 9-19 所示。

代码实例 9-19

```
a = '123'
type_list = ['str','int']
if type(a) not in type_list:
  raise TypeError
执行结果：
Traceback (most recent call last):
  File "C:/Users/cc/Desktop/1.py", line 5, in <module>
    raise TypeError
TypeError
```

如果需要捕获异常但不处理，一种更简单形式的 raise 语句允许重新抛出异常，如代码实例 9-20 和代码实例 9-21 所示。

代码实例 9-20

```
try:
    print(1)
    raise NameError('HiThere')        # 触发异常，后面代码不再执行
    print(2)
except NameError:
    print('An exception flew by!')
    raise
执行结果：
1
An exception flew by!
Traceback(most recent call last):
  File "C:/Users/cc/Desktop/1.py", line 2, in <module>
    raise NameError('HiThere')
NameError: HiThere
```

代码实例 9-21

```
def mye( level ):
    if level < 1:
        raise Exception("Invalid level!")
        # 触发异常后，后面的代码就不会再执行
try:
    mye(0)              # 触发异常
except Exception as err:
    print(1,err)
else:
    print(2)
```

执行结果：

```
1 Invalid level!
```

当 Python 解释器接收到开发者自行触发的异常时，会终止当前的执行流，跳到异常对应的 except 块，由 except 块处理异常。也就是说，不管是系统自动触发的异常，还是程序员手动触发的异常，Python 解释器对异常的处理没有任何差别。

9.3.6 断言机制 assert

如果不确定程序在哪里会出错，与其让程序在运行时崩溃，不如在出现错误条件时就崩溃，这时候就需要借助 assert 断言，语法结构如下：

```
assert expression [, arguments]
```

如果 expression 结果为真，什么都不做；如果 expression 结果为假，触发异常。逻辑上等同于 raise-if-not：

```
if not condition:
    raise AssertionError()
```

arguments 是在断言表达式后添加的字符串信息，用来解释断言并推断是哪里出了问题。具体应用参见代码实例 9-22。

代码实例 9-22

```
>>>assert 1==1
>>>assert 1==0
Traceback(most recent call last):
  File "<pyshell#1>", line 1, in <module>
    assert 1==0
AssertionError
>>> lists = [1,2,3]
>>> assert len(lists) >=5,'列表元素个数小于 5'
Traceback(most recent call last):
  File "<pyshell#2>", line 1, in <module>
    assert len(lists) >=5,'列表元素个数小于 5'
AssertionError: 列表元素个数小于 5
```

9.3.7 预定义的清理行为 with

程序在运行时，当不再需要一些对象时，系统会自动执行清理动作，而不论对象操作是否成功，开发者不用手动执行对象清理动作。但是在某些条件下这会有问题，如代码实例 9-23 所示。

代码实例 9-23

```
for line in open("t.txt"):
    print(line, end="")
```

上述代码中，假设文件 t.txt 存在，程序会读取该文件并打印内容到显示器，之后该文件会处于打开状态并持续一段不确定的时间。这在简单的脚本中不是什么大问题，但是在大型的应用程序中就会出现问题，因为在此期间可能有其他代码要使用该文件。这一问题可以使用 with 语句来解决，保证类似对象在这段程序结束后被立即回收，如代码实例 9-24 所示。

代码实例 9-24

```
with open("t.txt") as f:
for line in f:
print(line, end="")
```

此时，开发者不需要手动关闭文件资源，with 语句内置的模块会自动清理文件对象。即使在执行过程中遇到问题，文件 f 也总会被及时关闭。在 Python 中，使用 with 语句可以避免烦琐的 try-except 或 try-finally 语句，使开发者集中精力到程序的逻辑设计上，提高开发效率。

9.4 本章小结

本章首先介绍了错误和异常的基本概念，在此基础上详细介绍了异常的检测和处理机制，以及 try-except 语句、try-finally 语句、强制触发异常 raise、断言机制 assert 和预定义的清理行为 with 等内容。

第二部分　进 阶 篇

第 10 章

Python虚拟环境

搭建良好可用的 Python 环境是 Python 项目开发过程中非常重要的一个环节。针对 Python 编程环境存在版本不兼容、软件包安装版本混乱、软件包对特定版本 Python 的依赖等问题，本章重点讲解如何使用 Anaconda 软件平台搭建 Python 虚拟运行环境、Anaconda 在多系统平台上的安装以及如何使用 conda 工具管理 Python 软件包。通过本章的学习，可以深入理解 Python 虚拟运行环境的重要作用，掌握使用 conda 工具进行虚拟环境的管理以及软件包的安装及管理。

本章的学习目标：

- 了解 Anaconda 及其安装
- 掌握使用 conda 工具进行 Python 软件包的管理
- 掌握使用 conda 工具进行 Python 环境的管理

10.1 初识 Anaconda

Python 虽然是当前最主流的计算机语言之一，但也有饱受诟病之处，例如 Python 不同版本的代码之间不兼容、软件包版本混乱、部分软件包依赖特定版本的 Python 等。针对这些问题，Anaconda 软件平台提供了良好的解决方案，并在 Python 项目开发中广受程序员的青睐。Anaconda 是一款免费的 Python 软件包管理器、环境管理器和 Python 发行版，目前包含 1000 多个开源软件包，并且提供免费社区支持。Anaconda 与平台无关，可以运行在 Windows、Linux 和 macOS 平台上。Anaconda 提供了丰富的软件包资源，同时提供了 conda 工具作为软件包管理和环境管理工具，用户不仅可以轻松地下载安装所需的软件包资源，还可以为特定的 Python 项目创建独立的环境。因此，使用 Anaconda 可以轻松在同一台计算机上配置多种版本的 Python 独立运行环境，并且可以根据自己的需要进行动态切换。

此外，还有其他几种常用方式能够解决 Python 自身软件包管理混乱和版本不兼容等问题，例如使用 pip 命令管理 Python 软件包或使用 VirtualEnv 软件管理 Python 环境。VirtualEnv 是一款轻量级第三方虚拟环境管理工具，和 Anaconda 实现的功能较为类似，可以解决 Python 包依赖和版本管理问题。VirtualEnv 虚拟环境主要的运行机制是为每个项目隔离使用自己独立的 Python 运行类库，较好地避免了不同类库的依赖和版本不兼容等问题。不过，VirtualEnv 的功能不如 Anaconda 丰富，Anaconda 同时具有软件包管理功能和环境管理功能，因此成为众多开发人员的首选。

10.2 安装 Anaconda

Anaconda 工具支持跨平台，可以运行在 Windows、Linux 和 macOS 等系统平台上，本节主要学习 Anaconda 在以上三个主流平台上的安装及相关配置。

10.2.1 Windows 环境下的 Anaconda 安装

Anaconda 在 Windows 中以图形界面的方式安装，下面介绍安装过程以及注意事项。

(1) 首先下载 Anaconda，访问链接 https://www.anaconda.com/download/#windows，选择 Anaconda for Windows Installer 中的 Python 3.7 版本，根据系统配置选择 64 位或 32 位的软件包进行下载，如图 10-1 所示。

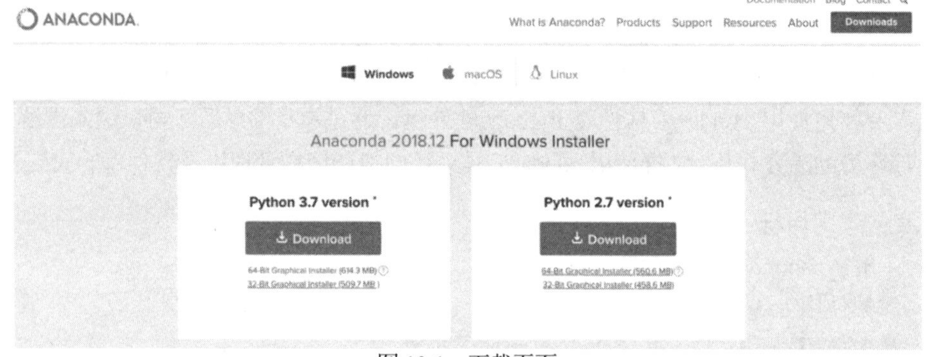

图 10-1 下载页面

(2) 下载可执行文件 Anaconda3-2018.12-Windows-x86_64.exe 后，双击运行，启动安装器。Anaconda 安装首页如图 10-2 所示。安装过程中还需要注意以下几点：

a. 为防止权限错误，请将安装文件拷贝到普通目录并启动安装程序，尽量避免在临时目录中进行安装。

b. 如果在安装过程中遇到问题，请在安装期间临时禁用防病毒软件，然后在安装结束后重新启用。

(3) 阅读安装许可后，单击 I Agree 按钮，如图 10-3 所示。在下面的步骤中选择 Just Me，表示仅为当前用户安装，如图 10-4 所示。如果要为所有用户安装，请选择 All Users，此时需要 Windows 管理员权限。如果在 All Users 安装中出错，请卸载 Anaconda，并选择 Just Me 仅为当前用户重新安装，然后重试。推荐仅为当前用户安装，然后单击 Next 按钮。

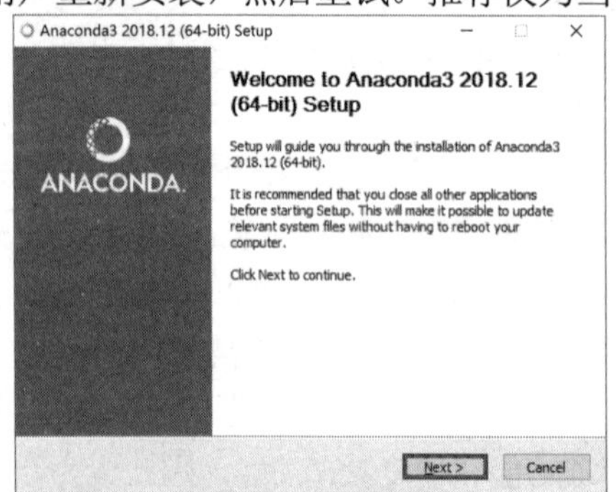

图 10-2 安装首页

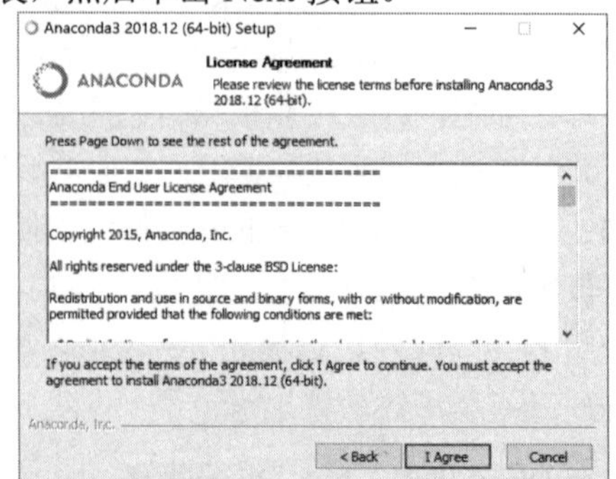

图 10-3 阅读安装许可

(4) 选择安装 Anaconda 的目标文件夹，如图 10-5 所示。单击 Next 按钮，此时需要注意：安装 Anaconda 的目标文件夹不能包含空格或 Unicode 字符。

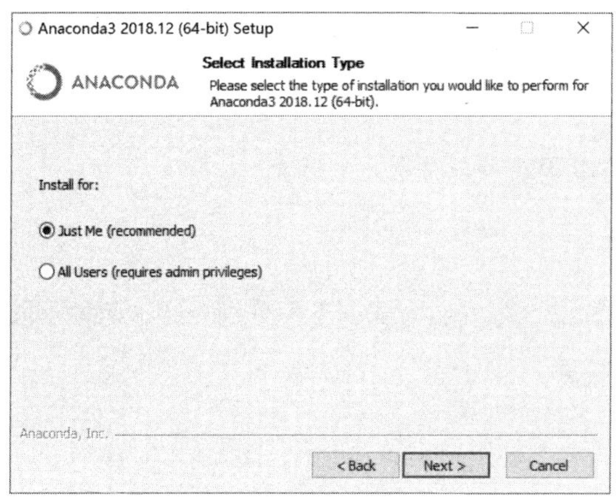

图 10-4　选择安装用户

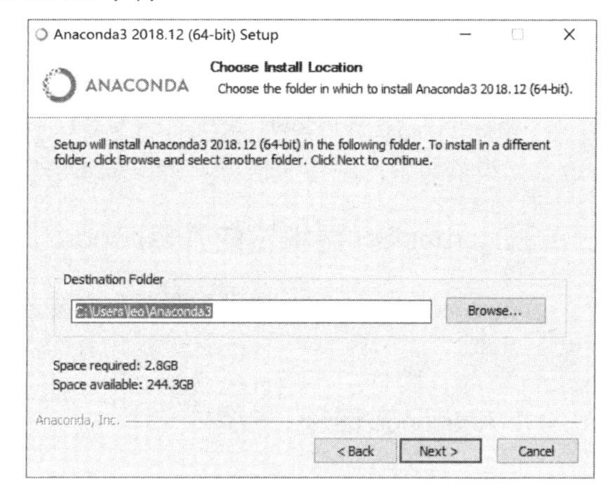

图 10-5　设置安装路径

(5) 选择是否将 Anaconda 添加到用户的 PATH 环境变量中，如图 10-6 所示。推荐不将 Anaconda 添加到 PATH 环境变量中，因为这样会干扰其他软件，推荐通过“开始”菜单打开 Anaconda Navigator 或 Anaconda Prompt 来使用 Anaconda 软件。

(6) 单击 Install 按钮。如果读者想查看 Anaconda 正在安装的软件包，可单击 Show Details 按钮。

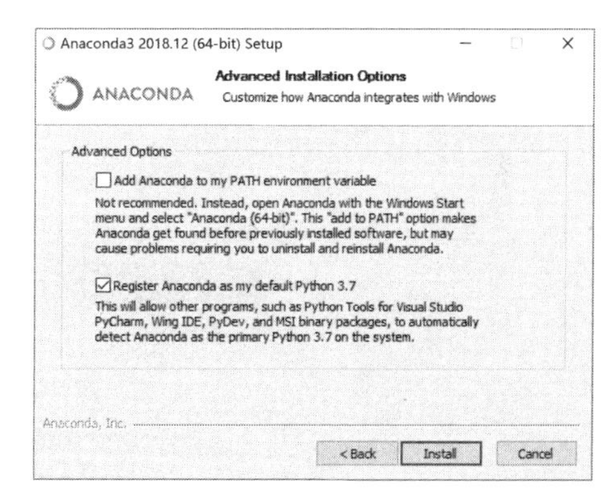

图 10-6　选择是否将 Anaconda 添加到 PATH 环境变量中

(7) 在 Anaconda 安装过程中，会提示由用户选择是否安装 VS Code 作为编辑器，如图 10-7 所示。建议单击 Skip 按钮不安装 VS Code，VS Code 可以自行从官网下载安装。如果选择安装 VS Code，需要注意当前系统需要连接网络，安装系统需要自动从官网下载 VS Code 安装器。

(8) 成功安装 Anaconda 之后，你将会看到 Thanks for installing Anaconda3!对话框，如图 10-8 所示。

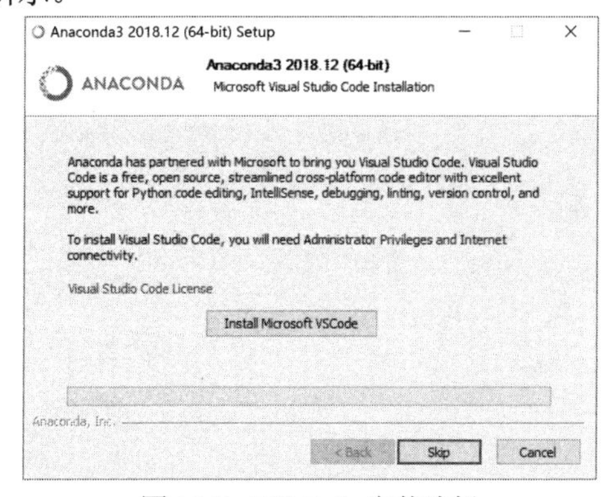

图 10-7　VS Code 安装选择

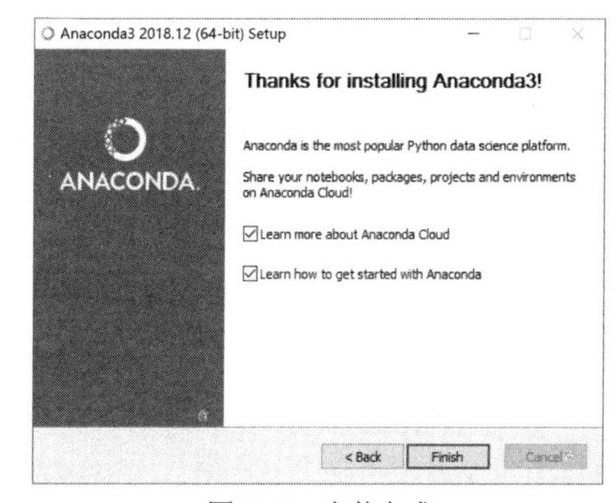

图 10-8　安装完成

(9) 单击运行 Windows“开始”菜单中的 Anaconda Prompt 终端，然后输入命令 python 并进入 Python 交互模式，将显示 Python 环境信息，如图 10-9 所示。

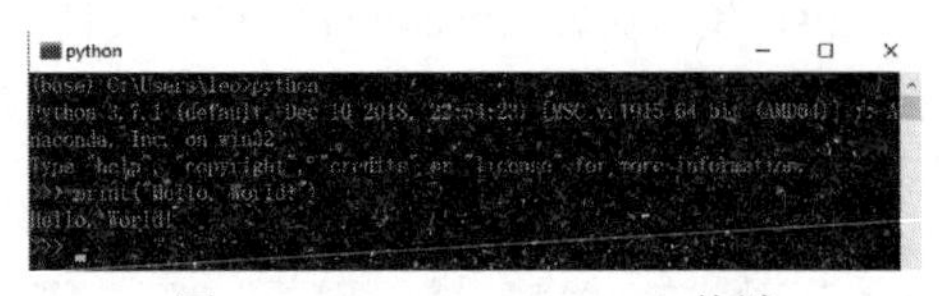

图 10-9 Anaconda Prompt 终端

Anaconda 在 Windows 系统上的安装已经完成，如果安装中出现错误信息，请仔细参考安装步骤或者查看官方文档。

10.2.2 macOS 环境下的 Anaconda 安装

Anaconda 为 macOS 提供了图形化安装方式和命令行安装方式，下面分别介绍这两种不同安装方式。

1. Anaconda 图形化安装

(1) 下载Anaconda。访问链接https://www.anaconda.com/download/#macos，选择Anaconda for macOS Installer 中的 Python 3.7 版本，然后选择64-Bit Graphical Installer进行下载，如图 10-10 所示。

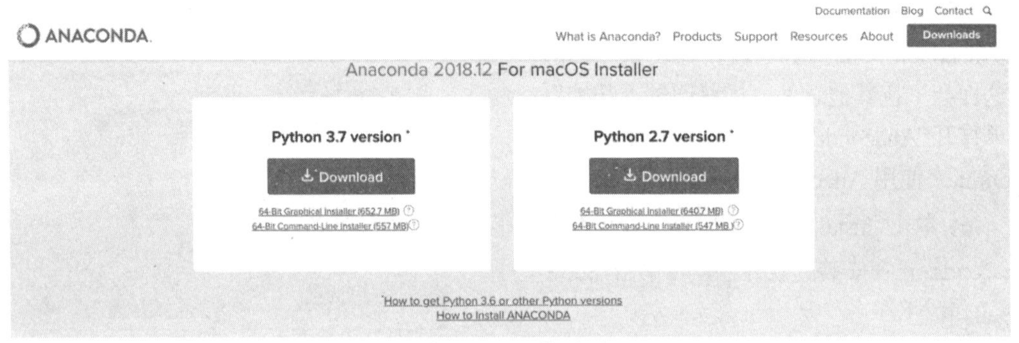

图 10-10 下载页面

(2) 双击运行下载的执行文件 Anaconda3-2018.12-MacOSX-x86_64.pkg，启动安装程序。

(3) 阅读“介绍”“请先阅读”“许可”，并同意相关软件许可协议，如图 10-11 所示。

(4) 单击“安装”按钮，安装向导将默认在当前用户的主目录中创建 Anaconda 文件夹并安装 Anaconda，此时，单击“更改安装位置”按钮则可自行指定在其他目录中进行安装(不推荐)，如图 10-12 所示。此时需要注意：当前用户需要对选择的安装目录具备写权限。

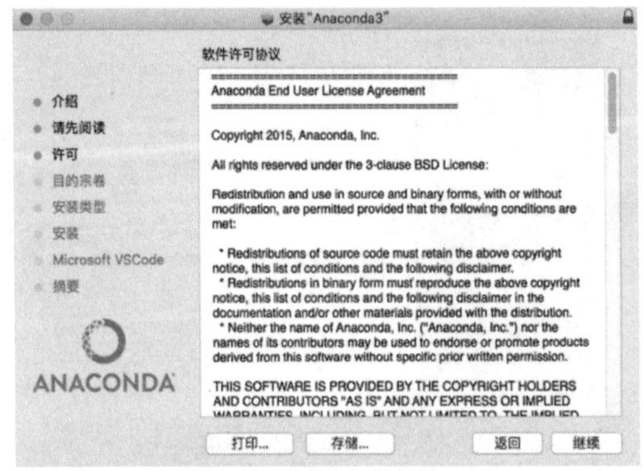

图 10-11 阅读安装许可

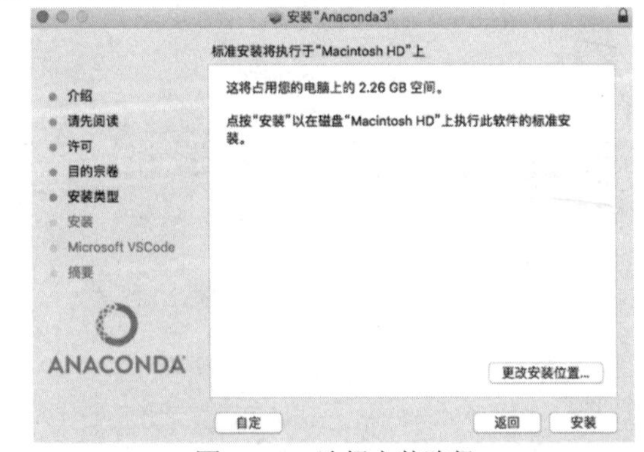

图 10-12 选择安装路径

(5) 安装 VS Code 编辑器，如图 10-13 所示。建议单击“继续”按钮，跳过不安装 VS Code，VS Code 可自行到官网下载安装。如果选择安装 VS Code，则需要注意当前系统需要连接网络，安装系统需要自动从官网下载 VS Code 安装器。

(6) 成功安装 Anaconda 之后，你将会看到相关提示信息，如图 10-14 所示。

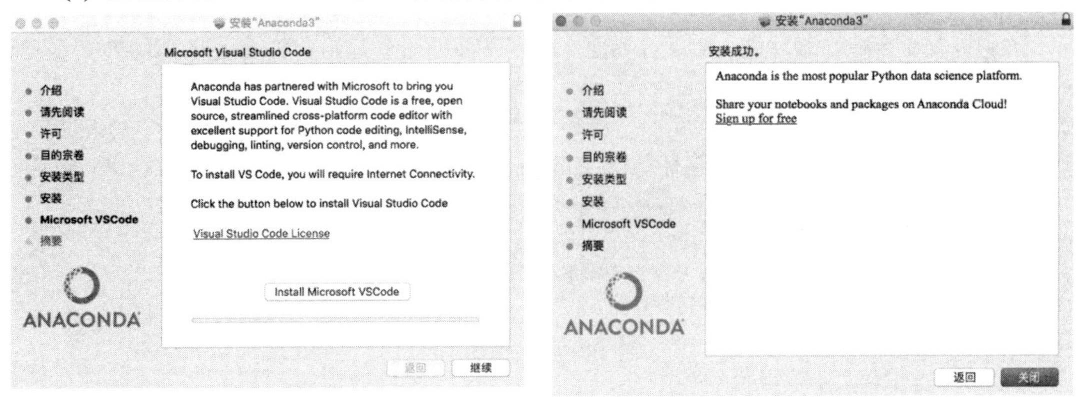

图 10-13　VS Code 安装选择　　　　图 10-14　安装完成

(7) 安装完成后，打开 Anaconda Navigator(Anaconda 附带的程序)验证安装，如图 10-15 所示。从 Launch pad 中选择 Anaconda Navigator。如果 Anaconda Navigator 能够成功打开，则表示 Anaconda 已成功安装。如果没有打开，请检查是否完成了上述每个步骤，或者查看 Anaconda 官方的帮助页面。

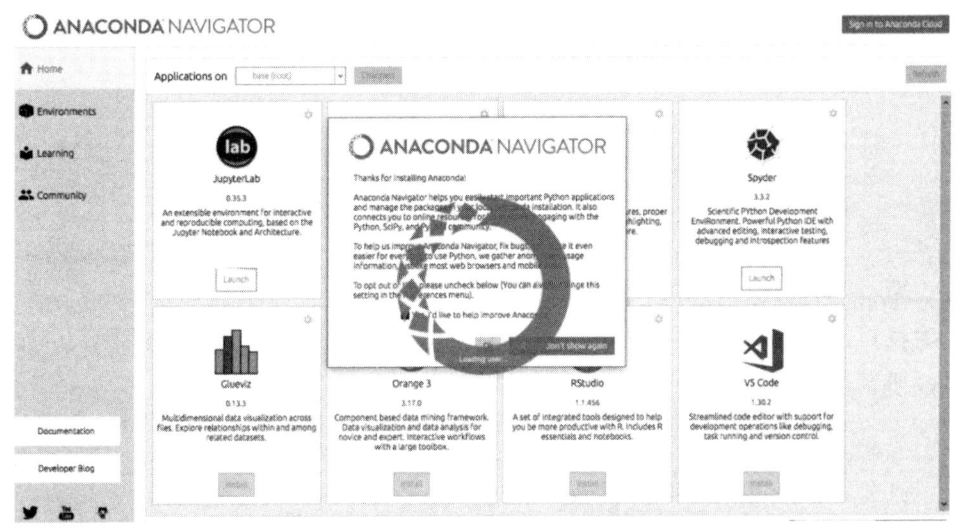

图 10-15　Anaconda Navigator

(8) 在终端打开 Python 交互式命令界面。打开系统终端并输入命令 python，可以进入 Python 交互模式，同时显示 Python 环境信息，如图 10-16 所示。

```
macos-10:~ leo$ python
Python 3.7.1 (default, Dec 14 2018, 13:28:58)
[Clang 4.0.1 (tags/RELEASE_401/final)] :: Anaconda, Inc. on darwin
Type "help", "copyright", "credits" or "license" for more information.
>>> print("Hello, World!")
Hello, World!
>>>
```

图 10-16　Python 交互模式

2. Anaconda 命令行安装

(1) 下载Anaconda。访问链接https://www.anaconda.com/download/#macos，选择Anaconda for macOS Installer 中的 Python 3.7 版本，然后选择 64-Bit Command-Line Installer 进行下载。下载后得到文件 Anaconda3-2018.12-MacOSX-x86_64.sh。

(2) 打开命令行终端，进入命令行界面，执行下面的命令开始安装(参见图 10-17)：

```
bash ~/Downloads/Anaconda3-2018.12-MacOSX-x86_64.sh
```

注意：需要使用真实的文件路径替换~/Downloads/Anaconda3-2018.12-MacOSX-x86_64.sh。

```
(base) macos-10:~ leo$ bash ~/Downloads/Anaconda3-2018.12-MacOSX-x86_64.sh

Welcome to Anaconda3 2018.12

In order to continue the installation process, please review the license
agreement.
Please, press ENTER to continue
>>>
```

图 10-17 安装操作

(3) 提示 In order to continue the installation process, please review the license agreement。按 Enter 键阅读安装许可，然后键入 yes 同意许可，如图 10-18 所示。

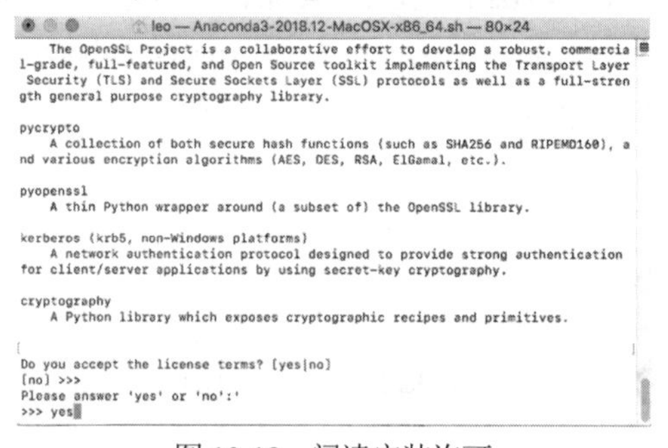

图 10-18 阅读安装许可

(4) 提示确认安装位置，此时按 Enter 选择默认安装位置，安装终端显示 PREFIX=/home/<user>/anaconda3 为默认安装路径。此时，也可以自行指定安装路径，但需要注意，当前用户对安装路径应具备写权限。如果此时按 Ctrl+C 组合键，则可以取消安装过程，如图 10-19 所示。

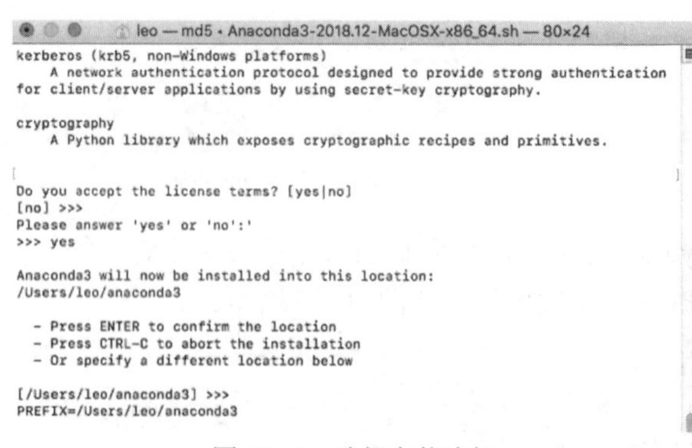

图 10-19 选择安装路径

(5) 接下来提示 VS Code 安装信息，并询问是否安装。如果选择安装，可键入 yes，否则键入 no，如图 10-20 所示。此时需要注意：使用 VS Code 安装器安装 VS Code 时需要连接网路，离线用户可以从官网下载 VS Code 安装器。

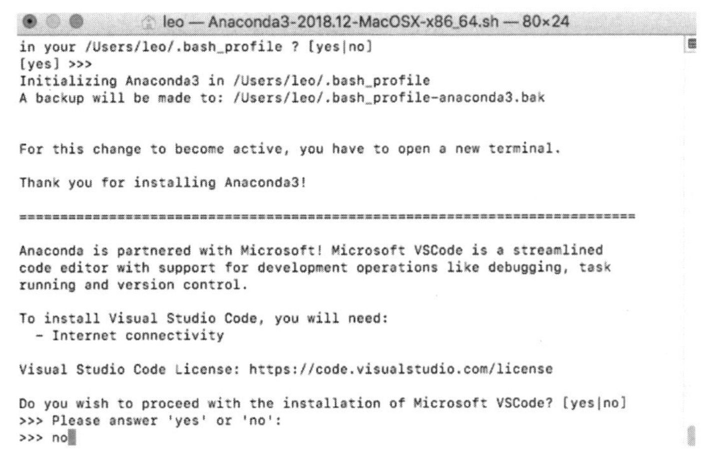

图 10-20　VS Code 安装选择

(6) 安装成功后，输入命令 vim ~/.bashrc_profile，查看 Anaconda 安装程序的自动配置，如图 10-21 所示。此时需要注意：在较早的 Anaconda 版本中可能需要用户手动配置。

```
leo — vim .bash_profile — 80×35
# added by Anaconda3 2018.12 installer
# >>> conda init >>>
# !! Contents within this block are managed by 'conda init' !!
__conda_setup="$(CONDA_REPORT_ERRORS=false '/anaconda3/bin/conda' shell.bash hoo
k 2> /dev/null)"
if [ $? -eq 0 ]; then
    \eval "$__conda_setup"
else
    if [ -f "/anaconda3/etc/profile.d/conda.sh" ]; then
        . "/anaconda3/etc/profile.d/conda.sh"
        CONDA_CHANGEPS1=false conda activate base
    else
        \export PATH="/anaconda3/bin:$PATH"
    fi
fi
unset __conda_setup
# <<< conda init <<<
# added by Anaconda3 2018.12 installer
# >>> conda init >>>
# !! Contents within this block are managed by 'conda init' !!
__conda_setup="$(CONDA_REPORT_ERRORS=false '/Users/leo/anaconda3/bin/conda' shel
l.bash hook 2> /dev/null)"
if [ $? -eq 0 ]; then
    \eval "$__conda_setup"
else
    if [ -f "/Users/leo/anaconda3/etc/profile.d/conda.sh" ]; then
        . "/Users/leo/anaconda3/etc/profile.d/conda.sh"
        CONDA_CHANGEPS1=false conda activate base
    else
        \export PATH="/Users/leo/anaconda3/bin:$PATH"
    fi
fi
unset __conda_setup
# <<< conda init <<<
```

图 10-21　配置文件

(7) 关闭终端并重新打开，输入命令 which python，查看当前 Python 环境。如图 10-22 所示，终端显示了 Python 执行程序所在的完整路径。

```
macos-10:~ leo$ which python
/Users/leo/anaconda3/bin/python
macos-10:~ leo$
```

图 10-22　查看配置结果

(9) 在命令行终端输入 python 命令，进入 Python 交互模式，同时控制台将显示 Python 环境版本等相关信息，如图 10-23 所示。

Anaconda 已成功在 macOS 系统上安装完成。如果安装中出现错误信息，请仔细参考安装步骤或者查看官方文档。

```
macos-10:~ leo$ python
Python 3.7.1 (default, Dec 14 2018, 13:28:58)
[Clang 4.0.1 (tags/RELEASE_401/final)] :: Anaconda, Inc. on darwin
Type "help", "copyright", "credits" or "license" for more information.
>>> print("Hello, World!")
Hello, World!
>>> 
```

图 10-23　Python 交互模式

10.2.3　Linux 环境下的 Anaconda 安装

Anaconda 在 Linux 中通常以命令行方式进行安装。下面介绍在比较流行的 Linux 发行版 Ubuntu 中如何进行 Anaconda 安装以及安装过程中的注意事项。

(1) 下载 Anaconda。访问链接 https://www.anaconda.com/download/#linux，选择 Anaconda for Linux Installer 中的 Python 3.7 版本，根据系统配置选择 64 位或 32 位的软件包进行下载，如图 10-24 所示。

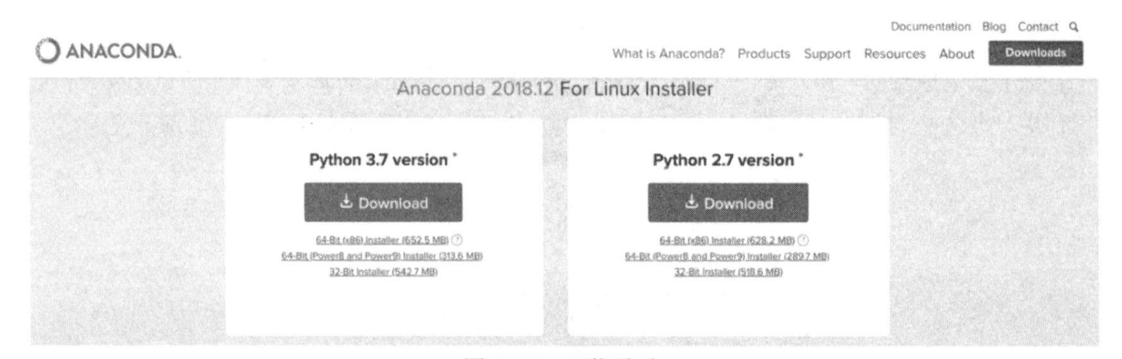

图 10-24　下载页面

(2) 打开终端，进入命令行界面，执行下面的命令开始安装(参见图 10-25)：

```
bash ~/Downloads/Anaconda3-2018.12-Linux-x86_64.sh
```

注意：需要使用真实的文件路径替换~/Downloads/Anaconda3-2018.12-Linux-x86_64.sh。

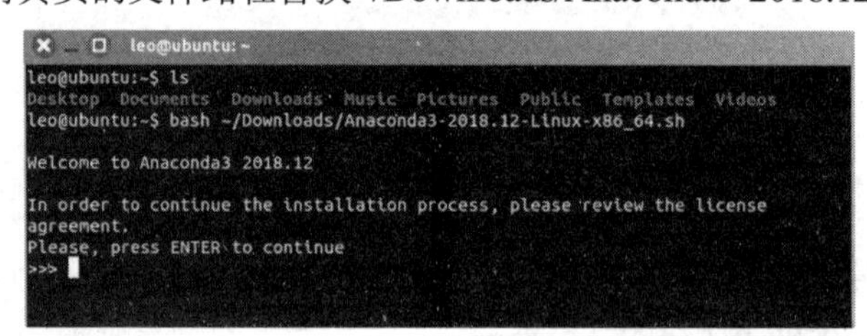

图 10-25　安装操作

(3) 提示 In order to continue the installation process, please review the license agreement。按 Enter 键阅读许可，然后键入 yes 同意许可，如图 10-26 所示。

(4) 提示确认安装位置，此时按 Enter 键确认并进行下一步。按 Ctrl+C 组合键可取消安装或者指定安装文件夹。如果接受默认的安装位置，将显示 PREFIX=/home/<user>/anaconda3，然后继续安装，如图 10-27 所示。

```
leo@ubuntu: ~
 Security (TLS) and Secure Sockets Layer (SSL) protocols as well as a full-stren
gth general purpose cryptography library.

pycrypto
    A collection of both secure hash functions (such as SHA256 and RIPEMD160), a
nd various encryption algorithms (AES, DES, RSA, ElGamal, etc.).

pyopenssl
    A thin Python wrapper around (a subset of) the OpenSSL library.

kerberos (krb5, non-Windows platforms)
    A network authentication protocol designed to provide strong authentication
for client/server applications by using secret-key cryptography.

cryptography
    A Python library which exposes cryptographic recipes and primitives.

Do you accept the license terms? [yes|no]
[no] >>>
Please answer 'yes' or 'no':'
>>>
Please answer 'yes' or 'no':'
>>> yes
```

图 10-26　阅读安装许可

```
leo@ubuntu: ~
    A network authentication protocol designed to provide strong authentication
for client/server applications by using secret-key cryptography.

cryptography
    A Python library which exposes cryptographic recipes and primitives.

Do you accept the license terms? [yes|no]
[no] >>>
Please answer 'yes' or 'no':'
>>>
Please answer 'yes' or 'no':'
>>> yes

Anaconda3 will now be installed into this location:
/home/leo/anaconda3

  - Press ENTER to confirm the location
  - Press CTRL-C to abort the installation
  - Or specify a different location below

[/home/leo/anaconda3] >>>
PREFIX=/home/leo/anaconda3
```

图 10-27　选择安装路径

(5) 提示 Do you wish the installer to prepend the Anaconda install location to PATH in your /home/<user>/.bashrc? 推荐键入 yes，如果用户键入 no，那么在安装完成后用户必须手动添加 Anaconda 路径及其他配置信息到用户主目录的.bashrc 文件中，如图 10-28 所示。

(6) 接下来提示 VS Code 安装信息，并询问是否安装。如果选择安装，可键入 yes，否则键入 no，如图 10-29 所示。此时需要注意：使用 VS Code 安装器安装 VS Code 时需要连接网路，离线用户可以从官网下载 VS Code 安装器。

```
leo@ubuntu: ~
installing: blaze-0.11.3-py37_0 ...
installing: jupyter_console-6.0.0-py37_0 ...
installing: notebook-5.7.4-py37_0 ...
installing: qtconsole-4.4.3-py37_0 ...
installing: seaborn-0.9.0-py37_0 ...
installing: sphinx-1.8.2-py37_0 ...
installing: spyder-kernels-0.3.0-py37_0 ...
installing: anaconda-navigator-1.9.6-py37_0 ...
installing: anaconda-project-0.8.2-py37_0 ...
installing: jupyterlab_server-0.2.0-py37_0 ...
installing: numpydoc-0.8.0-py37_0 ...
installing: widgetsnbextension-3.4.2-py37_0 ...
installing: ipywidgets-7.4.2-py37_0 ...
installing: jupyterlab-0.35.3-py37_0 ...
installing: spyder-3.3.2-py37_0 ...
installing: _ipyw_jlab_nb_ext_conf-0.1.0-py37_0 ...
installing: jupyter-1.0.0-py37_7 ...
installing: anaconda-2018.12-py37_0 ...
installing: conda-4.5.12-py37_0 ...
installing: conda-build-3.17.6-py37_0 ...
installation finished.
Do you wish the installer to initialize Anaconda3
in your /home/leo/.bashrc ? [yes|no]
[no] >>> yes
```

图 10-28　Anaconda 配置

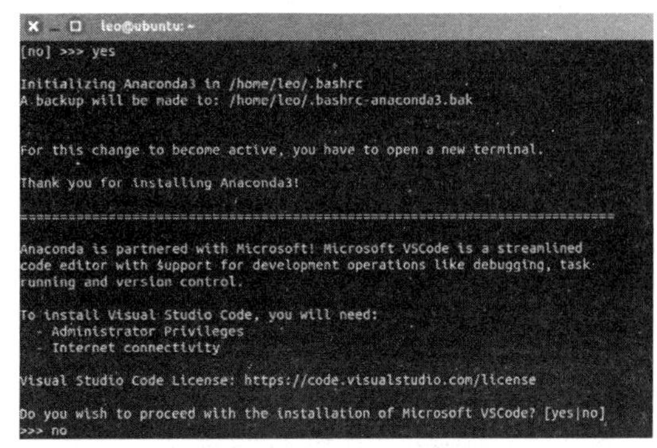

图 10-29　VS Code 安装选择

(7) 关闭终端窗口并重新打开使相关配置生效；或者不关闭终端窗口而直接键入命令 source ~/.bashrc，使得配置信息立即生效。

(8) 输入命令 which python 查看当前 Python 环境配置，如图 10-30 所示。

图 10-30　查看当前 Python 环境配置

(9) 在命令行终端输入 python 命令，进入 Python 交互模式，同时控制台将显示 Python 环境版本等相关信息，如图 10-31 所示。

```
leo@ubuntu: ~
leo@ubuntu:~$ python
Python 3.7.1 (default, Dec 14 2018, 19:28:38)
[GCC 7.3.0] :: Anaconda, Inc. on linux
Type "help", "copyright", "credits" or "license" for more information.
>>> print("Hello, World!")
Hello, World!
>>>
```

图 10-31　Python 交互模式

Anaconda 已成功在 Linux 系统上安装完成。如果安装中出现错误信息，请仔细参考安装步骤或者查看官方文档。

10.3 conda 管理工具

Anaconda 工具集的核心是 conda。conda 是一个可以在 Windows、macOS 和 Linux 上运行的开源包管理工具和环境管理工具。conda 既可以快速实现 Python 软件包的安装、运行和更新包及依赖项，也可以轻松地创建、保存、加载和切换不同的 Python 虚拟环境。conda 虽然是为 Python 程序创建的，但也可以用于为其他语言打包和发布软件。

在实际使用中，conda 的主要用途是可以帮助用户搜索并安装软件包。在默认配置中，conda 可以安装和管理由 Anaconda 构建、审查和维护的数千个软件包。当用户需要不同版本的 Python 包时，通过简单的命令就可以设置完全独立的环境来运行不同版本的 Python 应用。

当第一次使用 conda 命令时，用户可以通过 conda 命令自带的帮助信息来了解 conda 的使用方式和常用参数。通过执行如下命令可以获取 conda 命令的帮助信息(参见图 10-32)：

```
conda -h/--help
```

用户也可以通过执行 conda install –h 来查看安装命令选项的帮助信息，如图 10-33 所示。

conda 提供了包管理和环境管理的相关命令，下面详细介绍如何通过 conda 命令实现包资源的管理和环境配置。

```
leo@ubuntu:~$ which python
/home/leo/anaconda3/bin/python
leo@ubuntu:~$ conda -h
usage: conda [-h] [-V] command ...

conda is a tool for managing and deploying applications, environments and packag
es.

Options:

positional arguments:
  command
    clean         Remove unused packages and caches.
    config        Modify configuration values in .condarc. This is modeled
                  after the git config command. Writes to the user .condarc
                  file (/home/leo/.condarc) by default.
    create        Create a new conda environment from a list of specified
                  packages.
    help          Displays a list of available conda commands and their help
                  strings.
    info          Display information about current conda install.
    install       Installs a list of packages into a specified conda
                  environment.
    list          List linked packages in a conda environment.
```

图 10-32 conda 帮助

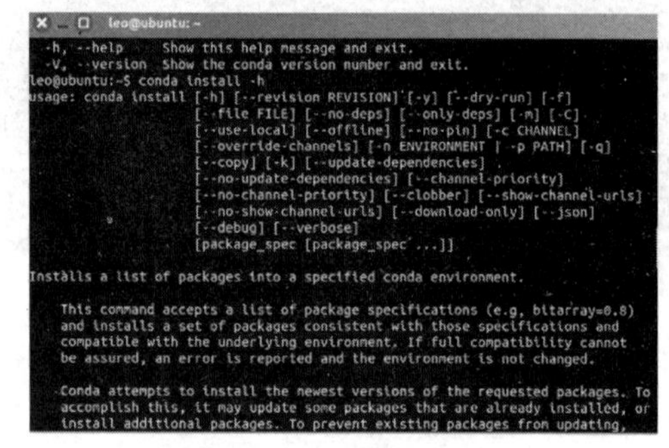

图 10-33 conda 命令帮助

10.3.1 包管理

conda 作为包管理工具提供了相关的包管理命令，表 10-1 列出了相关命令及说明。

表 10-1 conda 包管理命令

命令	说明	示例
conda search	搜索包	conda search numpy
conda install	安装包	conda install numpy
conda remove	移除包	conda remove numpy
conda uninstall	移除包，同 conda remove	conda uninstall numpy

(续表)

命令	说明	示例
conda list	显示已安装包的列表	conda list
conda update	更新包	conda update numpy
conda upgrade	更新包，同 conda update	conda upgrade numpy
conda clean	移除不使用的包和缓存	conda clean

Python 成为主流编程语言的一个重要原因就在于拥有强大的第三方库支持。例如，常用科学计算库 NumPy、数据分析库 Pandas、绘图工具库 matplotlib 等。下面主要以这些常用工具库为例演示和介绍 conda 作为包管理工具的详细功能。

1. 查询包

使用 conda list 命令可以列出当前环境下的所有包，如图 10-34 所示。

```
leo@ubuntu: ~
(base) leo@ubuntu:~$
(base) leo@ubuntu:~$
(base) leo@ubuntu:~$ conda list
# packages in environment at /home/leo/anaconda3:
#
# Name                    Version                   Build  Channel
_ipyw_jlab_nb_ext_conf    0.1.0                    py37_0
alabaster                 0.7.12                   py37_0
anaconda                  2018.12                  py37_0
anaconda-client           1.7.2                    py37_0
anaconda-navigator        1.9.6                    py37_0
anaconda-project          0.8.2                    py37_0
```

图 10-34　列出包

在 Linux 和 macOS 系统中，可以使用 grep 管道命令搜索当前环境下的包。例如，可通过以下命令过滤出与 Python 相关的安装包，如图 10-35 所示。

```
conda list | grep python
```

```
leo@ubuntu: ~
(base) leo@ubuntu:~$ conda list | grep python
ipython                   7.2.0            py37h39e3cac_0
ipython_genutils          0.2.0                    py37_0
msgpack-python            0.5.6            py37h6bb024c_1
python                    3.7.1                h0371630_7
python-dateutil           2.7.5                    py37_0
python-libarchive-c       2.8                      py37_6
(base) leo@ubuntu:~$
```

图 10-35　过滤包

使用 search 命令选项可以搜索指定的安装包，注意只有经过 conda 重新编译入库的安装包才能使用 conda search 查询到，如图 10-36 所示。

```
conda search numpy
```

图 10-36 列出了使用 conda search 搜索到的关于 NumPy 的所有包。但是需要注意，这些都是 Anaconda 支持的所有安装包及其不同版本，这些安装包并不一定已经安装在当前环境中。

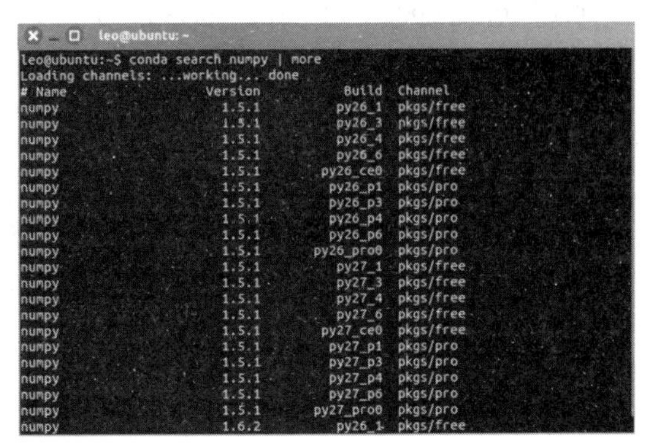

图 10-36　查询包

2. 安装包

使用 conda install 可以实现特定软件包的安装，并且 conda 会自动处理包之间的依赖。例如，执行以下命令：

```
conda install numpy
conda install pandas
conda install scipy
conda install matplotlib
```

结果如图 10-37 所示。

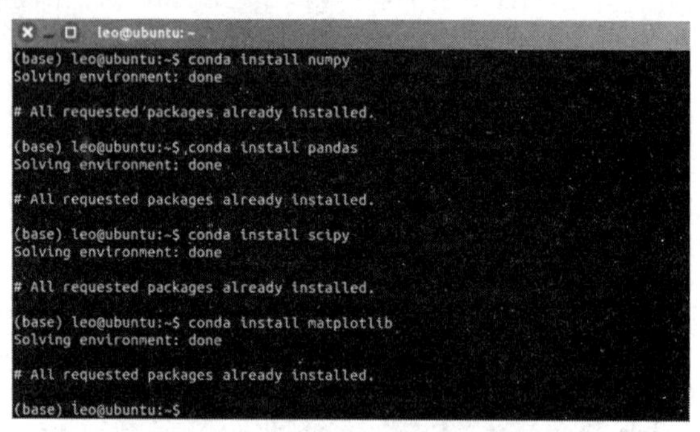

图 10-37 安装包-1

当然，安装包时也可以指定特定的版本，例如，执行如下命令可以指定安装 Pandas 库的 0.23.4 版本：

```
conda install pandas==0.23.4
```

结果如图 10-38 所示。

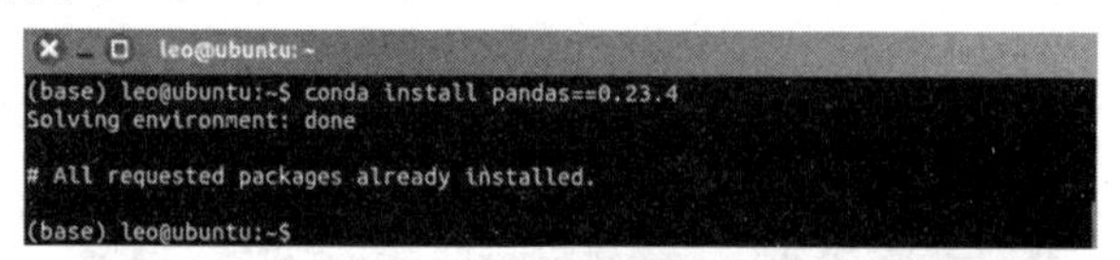

图 10-38 安装包-2

3. 更新包

使用 conda update 或 conda upgrade 命令可以更新包到最新版本，例如执行如下命令：

```
conda update numpy
```

结果如图 10-39 所示。

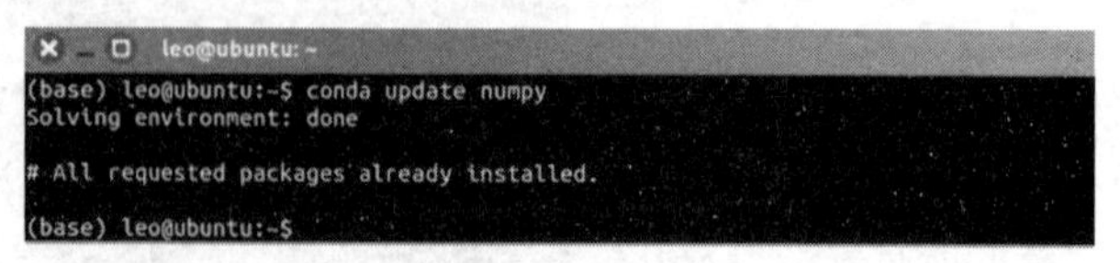

图 10-39 更新包

4. 卸载包

使用 conda remove 或 conda uninstall 命令可以卸载特定的包，例如执行如下命令：

```
conda remove numpy
```

结果如图 10-40 所示。

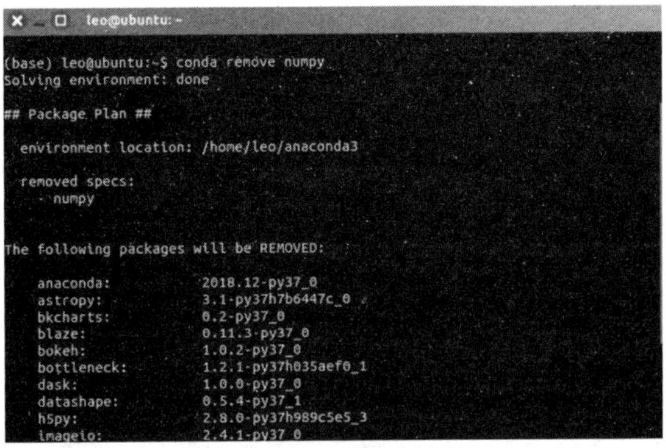

图 10-40　卸载包

通过上述操作命令可以实现常用的 conda 包管理任务，下面介绍 conda 对 Python 虚拟环境的管理功能。

10.3.2　环境管理

conda 非常重要的功能之一就是允许用户创建独立的 Python 环境，并且每个独立的环境都包含自己独立的 Python 运行环境、安装文件、工具包以及依赖，完全实现了各个环境间相互独立而不会有干扰。

Anaconda 安装完成后，系统会自动创建名为 base 的默认环境。在实际应用中，可以根据特定需要为不同的 Python 项目创建自己独立的运行环境，使它们之间相互隔离，从而免受不同版本或包依赖的困扰。

conda 作为环境管理工具提供了非常方便的管理命令，表 10-2 列出了常用命令及简要功能说明。

表 10-2　conda 环境管理相关命令

命令	说明	示例
conda create	创建环境	conda create --name env1
conda env remove	删除环境	conda env remove --name env1
activate(适用于 Windows) source active(适用于 Linux 和 macOS)	激活环境	activate env1
deactivate(适用于 Windows) source deactive(适用于 Linux 和 macOS)	退出环境	deactivate
conda create--clone	拷贝环境	conda create-clone env1-name env2

1. 创建环境

创建环境时，conda 默认使用与当前 Python 环境相同的版本。如果要使用不同版本的 Python (例如 Python 3.5)，只需要在创建环境时指定所需的 Python 版本。当然，在创建环境的同时可以安装需要的工具包，conda 会自动解决相关的依赖关系。可以使用命令 conda create 创建新的运行环境，并且可以通过参数选项-n/--name 指定环境名称。例如：

```
conda create --name env1 python==3.7.1 numpy
```

以上命令会创建名为 env1 的 Python 独立虚拟环境，其中 Python 版本为 3.7.1 且同时安装了 NumPy 工具包，如图 10-41 所示。注意，env1 是用户自定义的环境名称，以后不再赘述。

```
leo@ubuntu:~$ conda create --name env1 python==3.7.1 numpy
Solving environment: done

## Package Plan ##

  environment location: /home/leo/anaconda3/envs/env1

  added / updated specs:
    - numpy
    - python==3.7.1


The following NEW packages will be INSTALLED:

    blas:            1.0-mkl
    ca-certificates: 2018.03.07-0
```

图 10-41　创建环境

使用 conda info -e/--envs 或 conda env list 命令可以非常方便地查看系统已创建的 Python 虚拟环境列表，如图 10-42 所示。

图 10-42　查询环境信息

图 10-43 中带有星号(*)的环境表示当前激活并使用的环境。

2. 激活环境

系统默认使用名为 base 的初始环境，如果需要使用其他环境，则可以通过 activate 命令进行切换。当然，Windows、Linux、macOS 平台上的执行方式稍有一点不同。

Windows：activate

Linux 和 macOS：source activate，如图 10-43 所示。

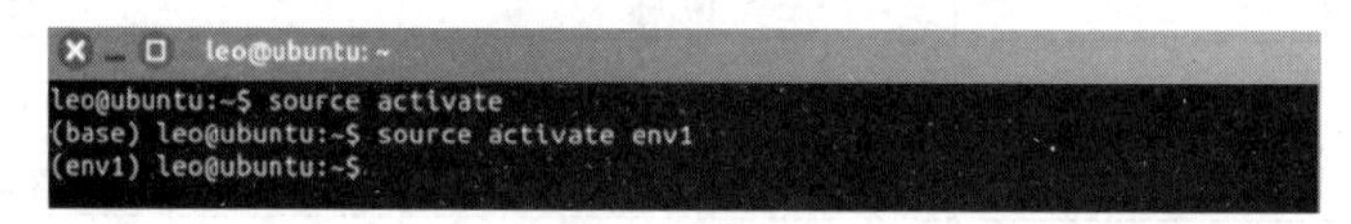

图 10-43　激活环境

3. 退出环境

退出当前环境的命令如下。

Windows：deactivate。

Linux 和 macOS：source deactivate，如图 10-44 所示。

```
leo@ubuntu:~$ source activate
(base) leo@ubuntu:~$ source activate env1
(env1) leo@ubuntu:~$ source deactivate
(base) leo@ubuntu:~$
```

图 10-44　退出环境

4. 删除环境

使用 conda remove 命令可以删除环境，命令如下：

```
conda remove -n env1 --all
```

结果如图 10-45 所示。

也可以使用如下命令：

```
conda env remove -n env1
```

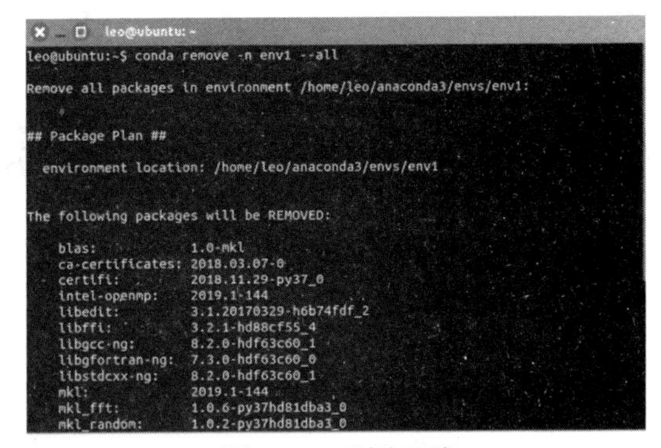

图 10-45　删除环境

5. 拷贝环境

在创建环境时可以使用--clone 选项从已存在的环境进行拷贝，例如执行如下命令：

```
conda create --clone env1 ---name env2
```

结果如图 10-46 所示。

```
leo@ubuntu: ~
leo@ubuntu:~$ conda create --clone env1 --name env2
Source:      /home/leo/anaconda3/envs/env1
Destination: /home/leo/anaconda3/envs/env2
Packages: 0
Files: 0
Preparing transaction: done
Verifying transaction: done
Executing transaction: done
#
# To activate this environment, use
#
#     $ conda activate env2
#
# To deactivate an active environment, use
#
#     $ conda deactivate

leo@ubuntu:~$
```

图 10-46　拷贝环境

10.4　本章小结

针对 Python 环境存在版本不兼容、软件包安装版本混乱以及软件包依赖等问题，本章详细介绍了一种良好且广泛使用的解决方案——使用 Anaconda 工具软件。Anaconda 是 Python 运行环境的发行版，具有一套完整且免费的软件包管理和环境管理工具集。本章介绍了 Anaconda 工具软件在 Windows、Linux、macOS 系统平台上的安装，重点讲解了如何使用 conda 工具进行软件包管理和环境管理。通过本章的学习，读者能够轻松地搭建具有不同需求的 Python 运行环境，并且能够直接应用到工程实践项目中。

第 11 章

科学计算库NumPy

NumPy(Numerical Python)是基于 Python 语言的扩展库，支持数组与矩阵运算，同时针对数组运算提供大量优化的数学函数，是对 Python 语言数值计算的扩充。作为优秀的开源数学计算库，NumPy 不仅功能丰富，而且简单易学易用，以自身独特的优势在科学界得到了广泛应用。本章着重讲解 NumPy 的基础知识和一般用法，介绍 NumPy 的特点、基础数据类型以及常用对象等。同时，通过大量实例演示 NumPy 的常用数学方法及数据分析功能。通过本章的学习，可以较好地掌握 NumPy 的基本用法，学会使用 NumPy 解决常见的数据分析问题。

本章的学习目标：

- 理解 NumPy 的特点和优势
- 掌握 NumPy 的安装方法
- 理解 NumPy 的常用数据类型
- 掌握 NumPy 数组操作
- 了解 NumPy 矩阵操作
- 掌握 NumPy 常用数学方法

11.1 初识 NumPy

NumPy 是开源的 Python 科学计算库。NumPy 主要用来存储和处理大型矩阵，相比 Python 自身的嵌套列表结构更加高效。NumPy 拥有强大的 N 维数组对象 ndarray、更为成熟的广播函数库、用于整合 C/C++和 Fortran 代码的工具包以及实用的线性代数、傅里叶变换和随机数生成方法等功能。

11.1.1 NumPy 的特点

与其他编程语言相比，NumPy 除了继承 Python 结构简单、编写便捷的优点外，最为突出的特点是高效的代码编写及执行效率。因此，使用 NumPy 的代码要比直接编写 Python 代码简便很多。例如，NumPy 能够省略 Python 繁多的循环语句，允许直接对数组和矩阵进行操作。此外，NumPy 携带众多的数学函数库，使得编写代码更为便捷。大量实测数据表明，NumPy 的底层算法在运行时性能表现更加优异，尤其是 NumPy 数组的存储效率和输入输出性能远超 Python 中等价的基本数据结构(如嵌套的列表容器)。由于 NumPy 本身是用 C 语言实现的，因此

NumPy 不但可以支持 C 语言的 API，而且允许使用者在 C 源代码上做更多功能拓展。表 11-1 列举了 NumPy 的优点及不足。

表 11-1 NumPy 的优缺点

优点	编写便捷	对于同样的数值计算任务，使用 NumPy 比直接编写 Python 代码便捷
	性能优越	NumPy 数组的存储效率和输入输出性能均优于 Python 中等价的基本数据结构，并且性能的提升是与数组中的元素成比例的
	代码高效	NumPy 的大部分代码是用 C 语言编写的，底层算法在设计时就有着优异的性能，这使得 NumPy 比纯 Python 代码高效得多
缺点	处理大文件的能力较差	NumPy 使用内存映射文件以达到最优的数据读写性能，内存的大小限制了 NumPy 对大文件(例如 TB 级文件)的处理
	数组通用性差	NumPy 数组的通用性不及 Python 提供的 list 集合。在科学计算之外的领域中，NumPy 的优势不明显

11.1.2 安装 NumPy

在安装 NumPy 之前，使用者应确保系统中已经正确安装了 Python 基本运行环境。NumPy 的安装方式与其他 Python 库的安装方式基本类似，因此 NumPy 的安装过程同样也适用于其他常用库。本节主要以 Windows 操作系统为例介绍 NumPy 的几种常用安装方式。

方式一：使用 Python 软件自带的包管理工具 pip 进行安装。首先，在终端输入如下命令：

```
pip install numpy
```

如图 11-1 所示，当终端出现 Successfully installed numpy 字样时，表明 NumPy 安装成功。注意，使用 pip 方法安装的是全局库，这与使用 Anaconda 在特定虚拟环境下安装的库有一定区别。

图 11-1 使用 pip 安装 NumPy

方式二：利用 Anaconda 软件在指定的虚拟环境中进行 NumPy 的安装。首先要确保系统中已成功安装 Anaconda，该软件包含众多常用的科学计算库，其中已包含 NumPy。因此可以通过 conda 命令进行安装。首先打开 Anaconda Prompt，然后在指定的虚拟环境(具体参见本书第 10 章)中安装 NumPy，具体安装命令为：

```
conda install numPy
```

结果如图 11-2 所示。

```
Anaconda Prompt
(base) C:\Users\Administrator>conda install numpy
Solving environment: done

## Package Plan ##

  environment location: d:\Users\Administrator\Anaconda3

  added / updated specs:
    - numpy


The following NEW packages will be INSTALLED:

    mkl_fft: 1.0.10-py36h14836fe_0
    numpy:   1.15.4-py36h19fb1c0_0

Proceed ([y]/n)? y

Preparing transaction: done
Verifying transaction: done
Executing transaction: done

(base) C:\Users\Administrator>
```

图 11-2　使用 Anaconda 安装 NumPy

安装完成后，可以在 Python 交互式运行环境中导入 NumPy 进行简单测试，检验安装包是否安装成功。如图 11-3 所示，在 Python 交互式运行环境中，键入 import numpy as np 后按 Enter 键执行，如果控制台没有显示任何报错信息，则表示 NumPy 已安装成功，可以正常使用。

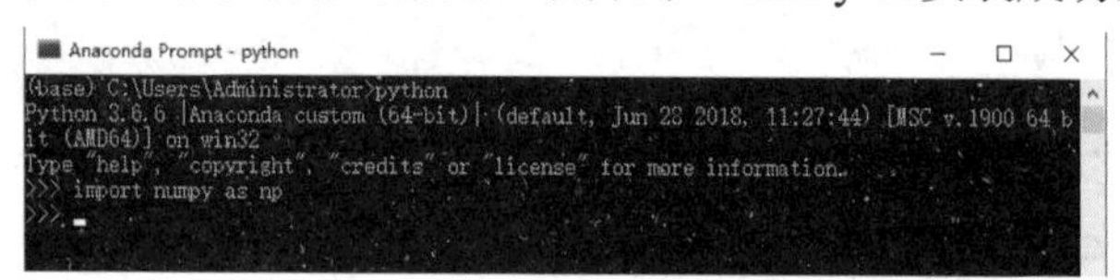

图 11-3　NumPy 安装测试

11.1.3　NumPy 简单实例

本节将通过简单的实例分别使用 Python 原生代码以及 NumPy 代码完成同样的计算任务，通过简单对比两者的运行时间以及代码的复杂度，使读者切身体会 NumPy 代码的高效性。实例代码主要完成如下简单计算任务：创建两个数组，分别命名为 num1 和 num2，每个数组含有 n 个元素。程序的功能是将 num1 数组中每个元素的平方加上 num2 数组中每个元素的三次方，将形成的新数组并命名为 mul。代码实例 11-1 演示了如何使用 Python 原生代码定义一个计算函数并进行简单的调用测试。

代码实例 11-1

```
#直接使用 Python 原生代码的实例
def multiply(n):
    num2 = list(range(n))
    num1 = list(range(1, 5*n, 5))
    mul = []
    for i in range(len(a)):
        mul.append(num2[i] ** 2 + num1[i] ** 3)
return (mul)
print(multiply(10)) #运行中循环 10 次
```

输出结果:

```
[1, 217, 1335, 4105, 9277, 17601, 29827, 46705, 68985, 97417]
```

代码实例 11-2 具体演示了如何使用 NumPy 定义一个与代码实例 11-1 功能一致的函数。

代码实例 11-2

```
#使用 NumPy 代码的实例
import numpy as np
#使用 numpy 函数创建 num1、num2 和 mul
def pynum(n):
    num1 = np.arange(1, 5 * n, 5)
    num2 = np.arange(n)
    mul = num2 ** 2 + num1 ** 3
    return(mul)
print(pynum(10)) #运行中没有进行循环操作
```

输出结果：

```
[1     217    1335    4105    9277 17601 29827 46705 68985 97417]
```

由上述两个代码实例可以很容易看出，NumPy 能够省略繁多的循环语句，允许直接对数组进行操作，大大简化了代码量。代码实例 11-3 展示了给定一个较大的 n 值并分别调用代码实例 11-1 与代码实例 11-2 中相应处理函数的运行时间。

代码实例 11-3

```
import datetime    #datetime 模块提供了用于以简单或复杂方式操作日期和时间的类
dt = datetime.datetime.now()
multiply(10000)
dtend = datetime.datetime.now()-dt
print("Python 程序运行时间：",dtend.total_seconds()*1000,"毫秒")
dt1 = datetime.datetime.now()
pynum(10000)
dtend1 = datetime.datetime.now()-dt1
print("NumPy 程序运行时间：",dtend1.total_seconds()*1000,"毫秒")
```

输出结果：

```
Python 程序运行时间：16.905  毫秒
NumPy 程序运行时间：0.599  毫秒
```

代码实例 11-3 测试了当给定参数 n 为 10 000 时，上述两种方式的实际运行时间比较。由执行结果可以明显看出，使用 Python 原生代码的程序的运行时间远远大于使用 NumPy 编写的程序。由此可以看出，NumPy 不仅让代码的编写效率更高，而且代码执行效率也远高于 Python。

11.2　NumPy 数组基础

本节将开始学习最常用的 NumPy 对象——NumPy 数组，NumPy 数组是一种多维数组对象，称为 ndarray。本节中首先着重介绍 NumPy 数组的生成及相关操作，然后通过代码使读者快速掌握 NumPy 数组的一般用法。

11.2.1　数据类型

Python 语言原生支持的常用数据类型主要有整型、浮点型以及复数型等，这些数据类型通常无法满足科学计算对计算精度的要求。为此，NumPy 添加了功能丰富的数据类型以及独特的数据处理方法，可以很好地满足科学计算需求。

为了满足对科学计算精度的不同要求，NumPy 提供了不同精度的数据类型，并且为提升数据处理效率，不同数据类型占用的内存空间也不尽相同。NumPy 的数据类型命名非常规范，数据类型的名称均以数字结尾，如表 11-2 所示，数字代表对应数据类型在内存中占用的字节位数。

表 11-2　NumPy 的常用数据类型

类型	描述
Bool	用一位存储的布尔类型(值为 True 或 False)
Int	由所在平台决定精度的整数(一般为 int32 或 int64)
int8	整数，范围为–128~127
int16	整数，范围为–32 768~32 767
int32	整数，范围为-2^{31}~$2^{31}-1$
int64	整数，范围为-2^{63}~$2^{63}-1$
uint8	无符号整数，范围为 0~255
uint16	无符号整数，范围为 0~65535
uint32	无符号整数，范围为 0~$2^{32}-1$
uint64	无符号整数，范围为 0~$2^{64}-1$
float16	半精度浮点数(16 位)：其中用 1 位表示正负号，用 5 位表示指数，用 10 位表示尾数
float32	单精度浮点数(32 位)：其中用 1 位表示正负号，用 8 位表示指数，用 23 位表示尾数
float64	双精度浮点数(64 位)：其中用 1 位表示正负号，用 11 位表示指数，用 52 位表示尾数
complex64	复数，分别用两个 32 位浮点数表示实部和虚部
complex128	复数，分别用两个 64 位浮点数表示实部和虚部

表 11-2 列举了 NumPy 的常用数据类型，它们支持的数据范围比 Python 原生数据类型更广泛。此外，NumPy 支持的这些数据类型之间也可以非常容易地进行相互转换。在实际编程中，NumPy 为每一种数据类型提供了与对应的同名类型转换函数。代码实例 11-4 演示了 NumPy 的不同数据类型之间可以非常方便地实现转换。

代码实例 11-4

```
import numpy as np
a = np.float64(23)
print("整数转换为浮点数：",a)
b = np.int8(9.0)
print("浮点数转换为整数：",b)
c = np.bool(2)
print("整数转换为布尔类型数据：",c)
d = np.bool(2.0)
print("浮点数转换为布尔类型数据：",d)
```

输出结果：

```
整数转换为浮点数：23.0
浮点数转换为整数：9
整数转换为布尔类型数据：True
浮点数转换为布尔类型数据：True
```

值得注意的是，并不是所有的 NumPy 数据类型都可以直接进行转换。例如复数数据类型不能转换成其他类型，反之亦然。当对不支持的数据类型进行转换时，Python 运行环境会有相应的出错提示，如代码实例 11-5 所示。

代码实例 11-5

```
import numpy as np
Int(42.0 + 1.j)
```

输出结果：

```
TypeError Traceback (most recent call last)
<ipython-input-173-9ce0ab7eec5c> in <module>()
----> 1 Int(42.0 + 1.j)
TypeError: can't convert complex to int
```

代码实例 11-5 试图将复数 42.0+1j 转换成整数，Python 运行环境提示 TypeError: can't convert complex to int 错误信息，表明复数不能通过简单地改变参数值转换成整数。

此外，除了可以通过同名数据类型函数实现类型间的转换外，NumPy 还提供了一种更为灵活的实现方式，即通过 dtype 参数值显式地控制生成数据的数据类型。在编码时，可通过将需要生成的数据类型作为 dtype 参数值来指定相应数值的数据类型。代码实例 11-6 演示了如何使用 dtype 参数控制生成 float32 类型的数据变量。

代码实例 11-6

```
import numpy as np
a = np.arange(3, dtype = np.float32)
print("a = ", a)
print("type=", type(a[0]))
```

输出结果：

```
a= [0. 1. 2.]
type= <class 'numpy.float32'>
```

上述实例创建了一个含有 3 个元素的数组，并通过设定 dytpe 参数值为 float32 显式地指明数据类型。根据表 11-2 可知数据类型是单精度浮点数(32 位)，所以输出结果为 0.0、1.0、2.0。

11.2.2　创建数组

数组是 NumPy 中最常用的数据对象，是科学计算的基础容器。NumPy 提供了便捷的数组创建方法，其中最常用的是使用 array 方法从常规的 Python 列表或元组直接创建数组。通过上述方法创建的数组，数据类型由原序列中的元素类型推导而来，数组中的元素为创建数组时所用列表或元组中的元素。代码实例 11-7 具体演示了使用 array 方法创建数组的过程。

代码实例 11-7

```
import numpy as np
a = np.array( [2,3,4] )
print("a=", a)
print("type=", a.dtype)

输出结果:
a= [2 3 4]
type= int64
```

以上实例通过调用 NumPy 的 array 方法直接从列表[2,3,4]中创建了新的数组 a，并且数组 a 中元素的数据类型以及元素个数与原列表保持完全一致。值得注意的是，使用上述方法创建数组时，容易犯的常识性错误是使用多个数值参数而不是列表调用 array 方法，如代码实例 11-8 所示。

代码实例 11-8

```
import numpy as np
a=np.array(1, 2, 3)

输出结果:
ValueError Traceback (most recent call last)
<ipython-input-174-df5d430d7874> in <module>()
----> 1 a=np.array(1, 2, 3)
ValueError: only 2 non-keyword arguments accepted
```

以上实例说明，当试图直接使用三个整数创建数组 a 时，Python 运行环境会提示 ValueError: only 2 non-keyword arguments accepted。由于 array 方法会将每个数当成参数，因此必须将列表或元组作为整体传递给 array 方法。

NumPy 提供了能够支持各种不同数据类型的数组对象。和创建普通的变量时显式地指定数据类型类似，在 NumPy 中也可以通过 dtype 参数显式地指定数组的数据类型，如代码实例 11-9 所示。

代码实例 11-9

```
c = array( [ [1, 2], [3, 4] ], dtype=complex )
print("c=", c)

输出结果:
c=([[1.+0.j, 2.+0.j],
     [3.+0.j, 4.+0.j]])
```

上述代码创建了一个二维数组，并且通过指定 dtype 参数值为 complex 来显式说明创建的是数据类型为复数的数组。

此外，为了方便使用，NumPy 提供了一些创建特定数组的方法，其中较为常用的是以下三个：zeros、ones 和 empty 方法。zeros 方法用来创建数组元素全部为 0 的数组，ones 方法用来创建数组元素全部为 1 的数组，而 empty 方法用来创建所有数组元素都为空的数组，所以 empty 方法是创建数组的最快方法。zeros、ones 和 empty 方法的基本用法比较类似，第一个参数(shape)用于指定数组的形状，dtype 参数用于显式指定数组元素的数据类型。表 11-3 展示了这三个方法的常用共同参数。

表 11-3　三个方法的常用共同参数

参数	描述
shape	数组形状
dtype	数据类型，可选
order	有 C 和 F 两个选项，分别代表行优先和列优先，也就是在计算机内存中存储元素的顺序

代码实例 11-10 演示了如何使用 zeros、ones 和 empty 方法创建不同形状的数组。

代码实例 11-10

```
import numpy as np
x = np.zeros((3, 4))                      #创建元素全为 0 的多维数组
print ("x=", x)
y = np.ones( (2, 3, 4), dtype=int16 )   #创建元素全为 1 的多维数组
print ("y=", y)
z = np.empty((3, 2), dtype = int)        #创建元素全部未初始化的多维数组
print ("z=", z)

输出结果:
x= [[0. 0. 0. 0.]
    [0. 0. 0. 0.]
    [0. 0. 0. 0.]]
y= [[[1 1 1 1]
      [1 1 1 1]
      [1 1 1 1]]
      [[1 1 1 1]
      [1 1 1 1]
      [1 1 1 1]]]
z= [[281479271743489 281479271743489]
    [281479271743489 281479271743489]
    [281479271743489 281479271743489]]
```

上述实例利用 zeros 方法创建了一个元素全为 0 的二维数组，利用 ones 方法创建了一个元素全为 1 的三维数组，利用 empty 方法创建了一个元素全部未初始化的二维数组。因为所有元素的值未初始化，所以数组元素为随机数。

11.2.3　数组属性

NumPy 数组最基本、最常用的两个属性是 shape 和 dtype，其中 shape 表示数组的形状，而 dtype 表示数组元素的数据类型。作为 NumPy 核心对象，数组还具备很多其他常用属性，如表

11-4 所示。

表 11-4　数组的其他属性

属性名称	功能
ndim	数组的维数或数组轴的个数
size	数组元素的总个数
itemsize	数组元素在内存中占用的字节数
nbytes	整个数组占用的存储空间，值是 itemsize 和 size 属性值的乘积
real	复数数组的实部。如果数组中只包含实数元素，real 属性将输出原始数组
imag	复数数组的虚部

可以使用<数组名>.<数组属性名>的形式访问这些属性的值，如代码实例 11-11 所示。

代码实例 11-11

```
import numpy as np
a = np.arange(24)              #创建包含有 24 个元素的一维数组
print ("数组 a 的维度：", a.ndim)
b = a.reshape(2, 4, 3)         #更改一维数组为三维数组
print ("数组 b 的维度：", b.ndim)
输出结果:
数组 a 的维度: 1
数组 b 的维度: 3
```

上述代码首先创建了含有 24 个元素的一维数组对象 a，输出 ndim 属性的值 1。随后调用方法 reshape，改变数组形状，从一维变为三维，输出数组对象 b 的 ndim 属性的值 3。

11.2.4　数组操作

数组对象的操作方法和 Python 列表对象的操作方法相似，都可以对其中的元素进行索引或切片等。其中，数组对象根据下标对其中的元素进行索引，与列表一样，下标的值从 0 开始。NumPy 数组的切片操作也可以通过数组的下标索引来完成，如代码实例 11-12 所示。

代码实例 11-12

```
a = arange(10)  #生成一个长度为 10 的序列数组
print("a=", a)   #打印数组中所有元素的值
print(a[3 : 6])  #对数组 a 进行切片操作

输出结果:
a=[0 1 2 3 4 5 6 7 8 9]
[3, 4, 5]
```

上述代码展示了从数组 a 中的 0~9 十个数中取三个数字，这三个数字分别对应数组的第三个数字到第五个数字。除了常用的单步切片外，NumPy 数组还提供了更为灵活的多步切片方式，即按一定步数间隔取值。代码实例 11-13 具体演示了如何按特定步数进行数组切片。

代码实例 11-13

```
a = arange(10)   #生成一个长度为 10 的序列数组
print(a[: 7 : 2])

输出结果:
[0, 2, 4, 6]
```

以上实例实现了从数组 a 的第 1 个位置开始，每次后移两位并取值，然后一直取到第 7 个位置，其中 7 代表最后的位置，2 代表步长。如果指定步数为负数，就表示从后往前取。

在数组使用过程中经常需要打印数组元素值，NumPy 以类似嵌套列表的形式打印显示数组元素值。代码实例 11-14 具体演示了不同维度数组的布局。

代码实例 11-14

```
a = arange(6)                    #一维数组
b = arange(12).reshape(4, 3)   #二维数组
c = arange(24).reshape(2, 3, 4) #三维数组
print("a=", a)
print("b=", b)
print("c=", c)
输出结果:
a=[0, 1, 2, 3, 4, 5]
b=[[ 0,   1,   2],
   [ 3,   4,   5],
   [ 6,   7,   8],
   [ 9, 10, 11]]
c=[[[ 0,   1,   2,   3],
    [ 4,   5,   6,   7],
    [ 8,   9, 10, 11]],
   [[12, 13, 14, 15],
    [16, 17, 18, 19],
    [20, 21, 22, 23]]])
```

如上所示，一维数组显示成行，二维数组显示为矩阵，三维数组则显示为矩阵列表。

此外，在实际应用中，数组的形状并不是固定不变的，常常遇到需要动态改变数组形状的情况，NumPy 提供了形式多样的方法来满足实际需求。表 11-5 给出了改变数组形状的一些常用方法。

表 11-5　改变数组形状的常用方法

方法	作用	备注
shape reshape	可直接修改数组形状	都没有括号，前者会改变原来的数组形状，后者不会
newaxis	增加数组维数	根据插入位置的不同，可以返回不同形状的数组
squeeze	去除多余的轴	返回将所有长度为 1 的维度去除后的新数组
a.transpose() a.T	数组转置	转置可以作用于多维数组，转置返回的是对原数组的另一种视图，所以改变转置会改变原数组的值

(续表)

方法	作用	备注
concatenate((a0,a1,…, aN), axis=0)	数组连接	默认沿着第一维进行连接
flatten ravel	将多维数组转换为一维数组	b=a.flatten() b=a.ravel() 前者修改 b 也会改变 a，后者不会
atleast_xd	保证数组至少有 x 维	x 可以取值 1、2、3

表 11-5 展示了改变数组形状的常用方法，其中，数组形状的表达方式是由沿每条轴的元素数量决定的，括号中的每一个数值代表所在轴上元素的个数，代码实例 11-15 演示了如何创建一个三行四列的随机数组。

代码实例 11-15

```
import numpy as np
a = np.floor(10*np.random.random((3, 4)))
print("a=", a)
print("多维数组 a 的形状：", a.shape)

输出结果:
a=([[7., 1., 6., 3.],
     [9., 5., 7., 4.],
     [2., 5., 0., 8.]])
多维数组 a 的形状：(3, 4)
```

上例创建了一个三行四列的二维数组，其中一个轴上有三个元素，另一个轴上有四个元素，所以这个数组的表达方式为(3,4)。

代码实例 11-16 演示了如何利用 NumPy 的数组操纵方法动态改变数组形状以及对数组进行转置操作。

代码实例 11-16

```
import numpy as np
a = np.floor(10*np.random.random((3, 4)))
b = a.ravel( )
print("b=", b)
print("多维数组 b 的形状：", b.shape)
print("多维数组 a 经转换得：", a.reshape(6, 2))
print("多维数组 a 经转置得：", a.T())

输出结果:
b=[7., 1., 6., 3., 9., 5., 7., 4., 2., 5., 0., 8.]
多维数组 b 的形状：(12,)
多维数组 a 经转换得：[[7., 1.],
                    [6., 3.],
                    [9., 5.],
                    [7., 4.],
```

```
                [2., 5.],
                [0., 8.]]
多维数组 a 经转置得：[[7., 9., 2.],
                 [1., 5., 5.],
                 [6., 7., 0.],
                 [3., 4., 8.]]
```

上述实例中，ravel 方法将形状为(3,4)的二维数组 a 变为一维数组。因此，数组 b 的形状为(12,1)。通过 reshape 方法也可以非常方便地改变数组的形状，参数为新数组的形状。使用 T()方法可以对数组进行转置操作，例如数组 a 经过转置后形状由(3,4)变为(4,3)。

与 reshape 方法不同的是，resize 方法也可改变数组的形状，但会直接修改数组本身。代码实例 11-17 和代码实例 11-18 分别演示了使用 reshape 和 resize 方法改变数组形状。

代码实例 11-17

```
print("a=", a)   #此处的数组为代码实例 11-15 中创建的数组
a.resize((2,6))
print("resize 变形后：", a)

输出结果：
a=[[7, 1, 6, 3],
   [9, 5, 7, 4],
   [2, 5, 0, 8]]
resize 变形后：([[7, 1, 6, 3, 9, 5],
              [7, 4, 2, 5, 0, 8]])
```

代码实例 11-18

```
a.reshape(4,-1) #改变数组形状的任意维度参数为－1 时，数组维度会被自动计算
print("reshape 变形后：", a)

输出结果：
reshape 变形后：([[7, 1, 6],
               [3, 9, 5],
               [7, 4, 2],
               [5, 0, 8]])
```

NumPy 除了提供对数组形状进行重塑的方法外，还提供了一些方法用于水平组合、垂直组合和深度组合等多种数组组合方式。水平组合指矩阵的行数不变，按列组合。垂直组合指矩阵的列数不变，按行组合。深度组合指矩阵的行和列均组合。

NumPy 数组的维数称为秩(rank)，一维数组的秩为 1，二维数组的秩为 2，以此类推。对多维数组的组合操作离不开重要的参数 axis。在 NumPy 中，每一个线性数组称为一个轴(axis)，也就是维度(dimension)。二维数组相当于两个一维数组，其中每一个一维数组中的每个元素又是一维数组。NumPy 的大部分数组变形和组合方法使用 axis 参数控制沿轴操作。其中，axis=0 表示沿着第 0 轴进行操作，即逐列进行操作。axis=1 表示沿着第 1 轴进行操作，即逐行进行操作。代码实例 11-19 创建了两个不同的数组，接下来将使用创建的这两个数组演示不同的数组组合方法。

代码实例 11-19

```
a = arange(9).reshape(3, 3)   #创建一些数组
print("a=", a)

输出结果:
a=[[0, 1, 2],
    [3, 4, 5],
    [6, 7, 8]])

b = 2 * a
print("b=", b)
b=[[ 0, 2, 4],
    [ 6, 8, 10],
    [12, 14,16]])
```

代码实例 11-19 分别创建了两个大小为(3,3)的数组 a 和 b，接下来使用这两个数组介绍多数组的组合操作，同时介绍对轴进行操作的通用方法 concatenate。NumPy 提供了不同方向的数组组合方法，分别是水平组合、垂直组合、深度组合。下面将详细讲解这三种组合方法。

1. 水平组合的应用

水平组合将多维数组对象构成的元组作为参数，传给 hstack 函数，concatenate 函数可以实现同样的效果。代码实例 11-20 演示了数组不同的水平组合方法。

代码实例 11-20

```
print("水平组合：", hstack((a, b)))
print("水平组合：", concatenate((a, b), axis=1))

输出结果:
水平组合：[[ 0, 1, 2, 0, 2, 4],
        [ 3, 4, 5, 6, 8,10],
            [ 6, 7, 8,12,14,16]]
水平组合：[[ 0, 1, 2, 0, 2, 4],
            [ 3, 4, 5, 6, 8,10],
            [ 6, 7, 8,12,14,16]]
```

可以看到，两个形状为(1, 3, 3)的数组，沿第三个维度水平组合成一个形状为(1, 3, 6)的数组，concatenate 函数中的 axis=1 表示跨列组合。

2. 垂直组合的应用

列数不变，将参数中的数组依次组合。代码实例 11-21 演示了数组的垂直组合。

代码实例 11-21

```
print("垂直组合：", vstack((a, b)))
print("垂直组合：", concatenate((a,b), axis=0))

输出结果:
垂直组合：([[ 0, 1, 2],
            [ 3, 4, 5],
```

```
              [ 6, 7, 8],
              [ 0, 2, 4],
              [ 6, 8,10],
              [12,14,16]])
垂直组合：([[ 0, 1, 2],
              [ 3, 4, 5],
              [ 6, 7, 8],
              [ 0, 2, 4],
              [ 6, 8,10],
              [12,14,16]])
```

使用 concatenate 函数可以实现同样的效果，此时需要将 axis 参数设置为 0，0 是 axis 参数的默认值。可以看到，两个形状为(1, 3, 3)的数组，被垂直组合成一个形状为(1, 6, 3)的数组，也就是在 axis=0 轴上进行组合。

3. 深度组合的应用

将数组 a、b 作为参数传给深度组合函数 dstack 可完成数组 a、b 的深度组合。所谓深度组合，就是将一系列数组中相同位置的元素按列进行组合。代码实例 11-22 演示了数组的深度组合。

代码实例 11-22

```
print("深度组合：",dstack((a, b)))

输出结果:
深度组合：[[[0, 0],
             [1, 2],
             [2, 4]],
            [[3, 6],
             [4, 8],
             [5,10]],
            [[6,12],
             [7,14],
             [8,16]]])
```

11.3　NumPy 矩阵基础

矩阵是按照长方阵列排列的复数或实数集合。NumPy 中存在两种不同的表达矩阵的对象，分别是矩阵对象 matrix 和数组对象 ndarray。这两个对象都可以用于以矩阵形式存储的数字。虽然它们看起来相似，但是在这两个对象上执行相同的数学运算可能得到不同的结果。本章将分别展示这两种对象的使用方法。

11.3.1　NumPy 多维数组

NumPy 中的数组相关对象均为 ndarray。除了 11.2 节中列举的基础方法，NumPy 还为多维数组提供了许多便捷的方法。表 11-6 展示了多维 ndarray 对象的常用方法。

表 11-6　多维 ndarray 对象的常用方法

方法	功能
max(axis)	返回根据指定的 axis 计算的最大值
argmax(axis)	返回根据指定 axis 计算最大值的索引
.min(axis)	返回根据指定的 axis 计算的最小值
argmin(axis)	返回根据指定 axis 计算最小值的索引
ptp(axis)	返回根据指定的 axis 计算的最大值与最小值的差
clip(min, max)	返回数组元素被限制在[min, max]区间的新数组
sum(axis)	根据指定的 axis 计算数组的和，默认求所有元素的和
mean(axis)	根据指定的 axis 计算数组的平均值
var(axis)	根据指定的 axis 计算数组的方差
std(axis)	根据指定的 axis 计算数组的标准差
all(axis)	根据指定的 axis 判断所有元素是否全部为真

由表 11-6 可以看出，与基础数组操作不同，表 11-6 中的大部分方法含有 axis 参数。NumPy 正是通过这个参数来对不同的维度方向进行操作。

多维 ndarray 对象存在着完善的广播机制。广播机制的存在是为了方便不同形状的 ndarray 对象进行数学运算，将较小的阵列(甚至是单独标量)“广播”到较大阵列上，使它们对等以进行数学计算。广播提供了一种阵列化的操作方式，因此不需要像 C 语言一样通过循环进行计算。广播操作不需要数据复制，通常执行效率非常高。代码实例 11-23 展示了最简单的广播形式。

代码实例 11-23

```
data = array([[ 0.9526, -0.246 , -0.8856],
              [ 0.5639, 0.2379, 0.9104]])
data = data * 10
print("data*10=",data)

输出结果:
data*10=[[ 9.526, -2.46 , -8.856],
         [ 5.639,  2.379,  9.104]]
```

如代码实例 11-23 所示，矩阵可以在整个数据块上进行数据运算，从输出结果可以看出，通过广播机制，每个元素都变成原来的十倍。

由 ndarray 表示的矩阵也保留着数组的属性。例如，矩阵是同类数据的多维集合，它的所有元素都是同类型的。每个数组都有 shape(表示每一维大小的元组)和 dtype(描述数组数据类型)属性。代码实例 11-24 展示了代码实例 11-23 中矩阵的两个常用属性：矩阵的大小以及每个元素的数据类型。

代码实例 11-24

```
print("shape=",data.shape)
print("dtype=",data.dtype)

输出结果:
shape = (2, 3)
dtype = float64
```

11.3.2 NumPy 矩阵对象

numpy 模块中的矩阵对象为 numpy.matrix，提供矩阵数据的处理、矩阵的计算以及基本的统计功能——转置、可逆性等，还包括对复数的处理。matrix 是 ndarray 的分支，所以 matrix 和 ndarray 在很多时候都是通用的。matrix 的优势在于相对简单的运算符号，如矩阵相乘符号*，但是 ndarray 相乘需要使用方法.dot()。

matrix 对象拥有表 11-7 所示的特殊属性，正是这些属性使得矩阵计算更加容易。matrix 对象的方法与 ndarray 对象的方法是互通的，这里不再赘述，下面将通过代码实例演示 matrix 对象的不同属性。

表 11-7 matrix 对象属性

属性名称	功能
matrix.T	返回矩阵的转置矩阵
matrix.H	返回复数矩阵的共轭元素矩阵
matrix.I	返回矩阵的逆矩阵
matrix.A	返回矩阵基于的数组

代码实例 11-25 使用矩阵创建函数创建了一个三行三列的矩阵 *A*。代码实例 11-26 展示了矩阵 *A* 的转置属性。

代码实例 11-25

```
import numpy as np
A = np.matrix('1 2 3; 4 5 6; 7 8 9')
print("A=",A)

输出结果:
 a=[[1 2 3]
   [4 5 6]
   [7 8 9]]
```

代码实例 11-26

```
print ("transpose A", A.T )

输出结果:
transpose A [[1 4 7]
             [2 5 8]
             [3 6 9]]
```

转置操作使得矩阵的行变成列，列变成行。

代码实例 11-27 展示了求矩阵 *A* 的逆矩阵的过程。其他属性的获取方法和上述代码一样，只需要少量的代码就可以得到矩阵运算的特别复杂的结果。

代码实例 11-27

```
Print("Inverse A", A.I)
```

输出结果:

```
Inverse A [[ -4.50359963e+15 9.00719925e+15 -4.50359963e+15]
           [ 9.00719925e+15 -1.80143985e+16 9.00719925e+15]
           [ -4.50359963e+15 9.00719925e+15 -4.50359963e+15]]
```

11.4 NumPy 方法进阶

本节将介绍科学计算中较为常用的文件读写和算数运算方法。具体来说，包括如何从文件中载入数据以及如何把数据存入文件，还包括怎样使用 NumPy 的基本数学方法，这是使用 NumPy 进行数据分析的基本操作。

11.4.1 常用文件方法

大量的科学计算数据都是以文件形式进行存储的，从文件中载入数据和把数据存入文件是深入学习 NumPy 的基础。

NumPy 提供了多种文件操作方法，文件格式主要分为二进制和文本两类。二进制格式的文件又细分为 NumPy 专用的格式化类型和无格式类型两种。

为了便捷地处理二进制文件，NumPy 提供了专用的二进制文件处理方法：load 和 save。这两个方法能够自动处理二进制文件中包含的元素类型及大小等信息。load 和 save 方法的具体使用方法如表 11-8 所示。

表 11-8　NumPy 文件方法

方法名称	功能
np.save(string, ndarray)	将 ndarray 保存到名为[string].npy 的文件中
np.savez(string,ndarray1,ndarray2, ...)	将所有的 ndarray 压缩保存到名为[string].npy 的文件中
np.savetxt(sring,ndarray,fmt,newline='\n')	将 ndarray 写入文件，格式为 fmt
np.load(string)	读取文件名为 string 的文件内容并转换为 ndarray 对象(或字典对象)
np.loadtxt(string, delimiter)	读取文件名为 string 的文件内容并以 delimiter 为分隔符转换为 ndarray 对象

代码实例 11-28 创建了一个大小为(3,4)的数组 a，然后使用 save 方法把数组 a 存入 a.npy 文件(npy 是保存二进制文件的专有格式)。如果文件 a.npy 不存在，程序将自动创建 a.npy 文件并写入数据。load 方法读出文件 a.npy 中的数据并赋值给变量 c，可以看出 c 和开头创建的数组 a 的元素相同。

代码实例 11-28

```
#创建一个 3×4 的矩阵
import numpy as np
a = np.arange(0, 12)
a=a.reshape(3, 4)
```

```
输出结果:
array([[ 0,   1,   2,   3],
       [ 4,   5,   6,   7],
       [ 8,   9, 10, 11]])

#存入和读取
np.save("a.npy", a)
c = np.load( "a.npy" )
print("c=", c)

输出结果:
c=[[ 0,   1,   2,   3],
   [ 4,   5,   6,   7],
   [ 8,   9, 10, 11]])
```

除上述二进制文件存取方法外，NumPy 还提供了 savetxt 和 loadtxt 两个专用方法来存取 CSV 文件。代码实例 11-29 使用 CSV 文件的存取方法对数组 a 进行存取。

代码实例 11-29

```
import numpy as np
np.savetxt("a.txt", a)
c=np.loadtxt("a.txt")
print("c=",c)

输出结果:
c=[[ 0.,   1.,   2.,   3.],
   [ 4.,   5.,   6.,   7.],
   [ 8.,   9., 10., 11.]]
```

代码实例 11-29 使用 savetxt 方法把数组 a 存入 a.txt 文件。如果 a.txt 文件不存在，程序将自动创建 a.txt 文件并写入数据。loadtxt 方法读出 a.txt 中的数据并存入变量 c 中，变量 c 和数组 a 的元素相同。

11.4.2　常用数学方法

NumPy 是使用 Python 语言进行科学计算不可或缺的主要工具之一，它拥有强大的高维数组处理与矩阵运算能力。NumPy 还提供了大量的方法用于快速构建数学模型，表 11-9 列出一些常用的 NumPy 算数运算方法。

表 11-9　NumPy 算数运算方法

方法名称	方法功能
add(x1, x2[, out])	按元素添加参数，等效于 x1 + x2
reciprocal(x[, out])	按元素求倒数
negative(x[, out])	按元素求负数
multiply(x1, x2[, out])	按元素相乘，等效于 x1 * x2
divide(x1, x2[, out])	逐元素除以参数，等效于 x1 / x2
power(x1, x2[, out])	对数组的元素分别求 n 次方，x2 可以是数字
subtract(x1, x2[, out])	按元素方式减去参数，等效于 x1 - x2

(续表)

方法名称	方法功能
true_divide(x1, x2[, out])	返回除法的浮点数结果而不做截断
floor_divide(x1, x2[, out])	相当于先调用 divide 方法再调用 floor 方法，总是返回整数结果
fmod(x1, x2[, out])	所得余数的正负由被除数决定，与除数的正负无关
mod(x1, x2[, out])	逐个返回两个数组中元素相除后的余数
remainder(x1, x2[, out])	与 mod 方法的作用一致

在表 11-9 中，[, out]表示可选参数，通过此参数可以控制多维数组按哪个轴运算。下面以 add 方法为例向读者展示如何使用这些方法，参见代码实例 11-30。

代码实例 11-30

```
import numpy as np
np.add(4,3)
```

输出结果：

```
7
```

其中，x1 与 x2 可以是常数，也可以是不同维度的数组。

11.4.3 常用统计方法

除了基础的算数运算方法，NumPy 还提供了多种统计方法，例如从数组中查找最小元素、最大元素、百分位标准差和方差等。本节将通过一系列实例讲解常用的统计方法。

方法 np.amin()用于计算数组中元素沿指定轴的最小值，而方法 np.amax()用于计算数组中元素沿指定轴的最大值。第一次调用 np.amin()方法时沿纵轴(轴)方向求最小值，第二次调用 np.amin()方法沿横轴(轴 0)方向求最小值，参见代码实例 11-31，np.amax()方法的轴的指定方法与 np.amin()方法相同。

代码实例 11-31

```
import numpy as np
a = np.array([[3,7,5],[8,4,3],[2,4,9]])
print('创建的数组是：')
print(a)
print('\n')
print('调用 amin()方法：')
print(np.amin(a,1))
print('\n')
print('再次调用 amin()方法：')
print(np.amin(a,0))
print('\n')
print('调用  amax()方法：')
print(np.amax(a))
print('\n')
print('再次调用  amax()方法：')
print(np.amax(a, axis =   0))
```

```
输出结果:
创建的数组是:
[[3 7 5]
 [8 4 3]
 [2 4 9]]
调用 amin()方法:
[3 3 2]
再次调用 amin()方法:
[2 4 3]
调用 amax()方法:
9
再次调用 amax()方法:
[8 7 9]
```

代码实例 11-32 展示了如何计算数组中最大值与最小值的差。

代码实例 11-32

```
import numpy as np
a = np.array([[2,7,5],[2,4,3],[2,4,6]])
print('创建的数组是：')
print(a)
print('\n')
print('调用 ptp()方法：')
print(np.ptp(a))
print('\n')
print('沿轴 1 调用 ptp()方法：')
print(np.ptp(a, axis = 1))
print('\n')
print('沿轴 0 调用 ptp()方法：')
print(np.ptp(a, axis = 0))

输出结果:
创建的数组是:
[[2 7 5]
 [2 4 3]
 [2 4 6]]
调用 ptp() 方法:
5
沿轴 1 调用 ptp()方法:
[5 2 4]
沿轴 0 调用 ptp()方法:
[0 3 3]
```

方法 np.ptp()计算数组中最大值与最小值的差，同样可以通过 axis 参数控制方法沿指定轴执行。如果不给 axis 参数赋值，那么当第一次调用 np.ptp()方法时，系统将求出整个多维数组中最大值与最小值的差。

代码实例 11-33 展示了计算数组中位数的方法。

代码实例 11-33

```
import numpy as np
a = np.array([[30,30,70],[80,30,10],[50,30,60]])
print('创建的数组是：')
print(a)
```

```
print('\n')
print('调用 median()方法：')
print(np.median(a))
print('\n')
print('沿轴 0 调用 median()方法：')
print(np.median(a, axis = 0))
print('\n')
print('沿轴 1 调用 median()方法：')
print(np.median(a, axis = 1))

输出结果:
创建的数组是:
[[30 30 70]
 [80 30 10]
 [50 30 60]]
调用 median()方法:
30.0
沿轴 0 调用 median()方法:
[50. 30. 60.]
沿轴 1 调用 median()方法:
[30. 30. 50.]
```

np.median() 方法用于计算数组 a 中元素的中位数。

代码实例 11-34 展示了计算数组中元素的算术平均值的方法。

代码实例 11-34

```
import numpy as np
a = np.array([[12,27,3],[3,24,15],[24,15,6]])
print('创建的数组是：')
print(a)
print('\n')
print('调用 mean()方法：')
print(np.mean(a))
print('\n')
print('沿轴 0 调用  mean()方法：')
print(np.mean(a, axis = 0))
print('\n')
print('沿轴 1 调用 mean()方法：')
print(np.mean(a, axis = 1))

输出结果:
创建的数组是:
[[12 27 3]
 [ 3 24 15]
 [24 15 6]]
调用 mean()方法:
14.333333333333334
沿轴 0 调用 mean()方法:
[13. 22. 8.]
沿轴 1 调用 mean()方法:
[14. 14. 15.]
```

np.mean()方法返回数组中元素的算术平均值。如果为 axis 参数传值，则沿轴计算。

代码实例 11-35 展示了求数组加权平均数的方法。

代码实例 11-35

```
import numpy as np
a = np.array([1,2,3,4])
print('创建的数组是：')
print(a)
print('\n')
print('调用 average()方法：')
print(np.average(a))
print('\n')
wts = np.array([4,3,2,1])
print('再次调用 average()方法：')
print(np.average(a,weights = wts))
print('\n')
print('权重的和：')
print(np.average([1,2,3,4],weights = [4,3,2,1], returned = True))

输出结果:
创建的数组是：
[1 2 3 4]
调用 average()方法：
2.5
再次调用 average()方法：
2.0
权重的和：
(2.0, 10.0)
```

np.average()方法根据 weights 参数数组中给出的权重计算原数组中元素的加权平均值。如果没有指定轴，则数组会被展开。如果不指定权重，则计算方式和 np.media()方法相同。对于数组[1,2,3,4]和相应的权重[4,3,2,1]，可通过将相应元素的乘积相加，并将和除以权重的和来计算加权平均值，即(1*4+2*3+3*2+4*1)/(4+3+2+1)。

代码实例 11-36 展示了如何求数组的标准差。

代码实例 11-36

```
import numpy as np
print (np.std([1,2,3,4]))

输出结果:
1.118033988749895
```

np.std()方法根据所给数组求标准差。

标准差的计算公式为 std=sqrt(mean((x－x.mean())**2))，如果数组是[1, 2, 3, 4]，则平均值为 2.5。因此，差的平方是[2.25, 0.25, 0.25, 2.25]，将平均值的平方根除以 4，计算 sqrt(5/4)，结果为 1.1180339887498949。

11.5 NumPy 综合实例

前面已经介绍了 NumPy 中的数据类型和常用方法，但是在实际的应用中往往需要将多种方法结合使用。本章将通过综合实例展现 NumPy 在实际数据分析中的应用。

11.5.1 预处理数据

本节通过利用 NumPy 根据日期分析股票涨幅的实例，介绍 NumPy 的综合应用，重点展示 NumPy 的文件操作方法、数组操作、数据类型的转换与常用方法等知识点。在进行数据预处理之前，首先需要下载本实例所需的股票历史数据作为样本数据。数据格式如下所示：

```
AAPL,28-01-2011, ,344.17,344.4,333.53,336.1,21144800
AAPL,31-01-2011, ,335.8,340.04,334.3,339.32,13473000
AAPL,01-02-2011, ,341.3,345.65,340.98,345.03,15236800
AAPL,02-02-2011, ,344.45,345.25,343.55,344.32,9242600
AAPL,03-02-2011, ,343.8,344.24,338.55,343.44,14064100
AAPL,04-02-2011, ,343.61,346.7,343.51,346.5,11494200
AAPL,07-02-2011, ,347.89,353.25,347.64,351.88,17322100
AAPL,08-02-2011, ,353.68,355.52,352.15,355.2,13608500
AAPL,09-03-2011, ,355.19,359,354.87,358.16,17240800
…………
第一列为股票代码(苹果公司的股票代码为 AAPL)
第二列为 dd-mm-yyyy 格式的日期
第三列为空
第四列为开盘价
第五列为最高价
第六列为最低价
第七列为收盘价
第八列为成交量
```

读入收盘价数据。根据日期切分收盘价数据，并分别计算股票平均价格。最后，找出一周内哪一天的股票平均收盘价最高，哪一天的最低。

NumPy 是面向浮点数运算的，因此读取日期时要做一些专门的处理。按代码实例 11-37 所示读取数据会出现异常。

代码实例 11-37

```
dates,close = loadtxt('data.csv',delimiter=',',usecols=(1,6),unpack=True)
```

输出结果：

```
ValueError: could not convert string to float: b'28-01-2016'
```

如上述代码所示，NumPy 尝试把日期转换为浮点数。你需要做的就是显式地告诉 NumPy 怎样转换日期，这需要用到 loadtxt 函数中的一个特定参数。这个参数就是 converters，它是一本对数据列和转换函数直接进行映射的字典。

随后将日期作为字符串传给 datestr2num 函数，如"24-06-2018"。这个字符串首先会按照指定的形式%d-%m-%Y 转换成 datetime 对象。随后，datetime 对象被转换为 date 对象。最后，调用 weekday 函数并返回一个数字，参见代码实例 11-38。

代码实例 11-38

```
'''
星期一:0
星期二:1
星期三:2
星期四:3
星期五:4
星期六:5
星期日:6
'''

def datestr2num(s):
return datetime.datetime.strptime(s.decode('utf8'),"%d-%m-%Y").date().weekday()
```

将日期转换函数挂接上去，这样就可以读入数据了，参见代码实例 11-39。

代码实例 11-39

```
dates,close=loadtxt('data.csv',delimiter=',',usecols=(1,6),unpack=True,converters={1:datestr2num})
print(dates)

输出结果:
[4. 0. 1. 2. 3. 4. 0. 1. 2. 3. 4. 0. 1. 2. 3. 4. 1. 2. 3. 4. 0. 1. 2. 3. 4. 0. 1. 2. 3. 4.]
```

11.5.2 根据日期分析股票涨幅

刚才展示了如何把数据集中的数据转换为适合 NumPy 运算的浮点型数据，接下来通过所学的统计函数根据日期分析股票涨幅，参见代码实例 11-40。

代码实例 11-40

```
from numpy import *
from datetime import *
'''
星期一:0
星期二:1
星期三:2
星期四:3
星期五:4
星期六:5
星期日:6
'''
def datestr2num(s):
return datetime.strptime(s.decode('utf-8'),'%d-%m-%Y').date().weekday()

dates,close=loadtxt('data.csv',delimiter=',',usecols=(1,6),unpack=True,converters={1:datestr2num})
dates = dates.astype(int)   #将浮点型数据转换为整型数据
print("Dates","=",dates)
averages = zeros(5)
for i in range(5):
    idx = where(dates == i)
    prices = take(close, idx)
    avg = mean(prices)
    print("Day",i," prices",prices,"平均值",avg)
```

```
        averages[i] = avg

    top = max(averages)
    print("最高收盘价：",top)
    print("哪天收盘价最高：",argmax(averages))

    bottom = min(averages)
    print("最低收盘价：",bottom)
    print("哪天收盘价最低：",argmin(averages))
```

输出结果:

```
Dates = [4 0 1 2 3 4 0 1 2 3 4 0 1 2 3 4 1 2 3 4 0 1 2 3 4 0 1 2 3 4]
Day 0    prices [[339.32 351.88 359.18 353.21 355.36]]                  平均值 351.7900000000001
Day 1    prices [[345.03 355.2   359.9   338.61 349.31 355.76]]         平均值 350.63500000000005
Day 2    prices [[344.32 358.16 363.13 342.62 352.11 352.47]]           平均值 352.1366666666666
Day 3    prices [[343.44 354.54 358.3   342.88 359.56 346.67]]          平均值 350.8983333333333
Day 4    prices [[336.1   346.5   356.85 350.56 348.16 360.    351.99]]  平均值 350.0228571428571
最高收盘价：352.1366666666666
哪天收盘价最高：2
最低收盘价：350.0228571428571
哪天收盘价最低：4
```

如上所示，数据的载体是数组，为什么要用 NumPy 数组而不用其他载体？在标准安装的 Python 中，列表既可以保存一组值，也可以用来当作数组使用，不过由于列表元素可以是任何对象，因此列表中保存的是对象的指针。比如，为了保存简单的[1,2,3]，需要三个指针和三个整数对象。对于数值运算来说，这种结构显然比较浪费内存和 CPU 时间。此外，Python 还提供了 array 模块，array 对象和列表不同，它直接保存数值，和 C 语言的一维数组比较类似。但是由于不支持多维，也没有各种运算函数，因此不适合做数值运算。

NumPy 的诞生弥补了这些不足，NumPy 提供了两种基本的对象:ndarray(n-dimensional array object)和 ufunc(universal function object)。ndarray 是存储单一数据类型的多维数组，而 ufunc 则是能够对数组进行处理的函数。总的来说：

- 数组对象可以去掉元素间运算所需的循环，使一维向量更像单个数据。
- 设置专门的数组对象，经过优化，可以提升这类应用的运算速度。
- 在科学计算中，一个维度内所有数据的类型往往相同。数组对象采用相同的数据类型，有助于节省运算和存储空间。

11.6 本章小结

在本章中，主要介绍了 Python 科学计算库 NumPy 的安装方法、数据类型的分类，以及从创建数组到数组操作的基本用法等相关基础知识。然后通过大量实例对常用函数及矩阵的用法做了详尽展示，最后以一个综合案例对利用 NumPy 进行数据分析做了诠释。本章对科学计算库 NumPy 的介绍由浅入深，不仅涉及理论，更做了实例演示，为读者正确使用 NumPy 进行数据分析提供了较为详细的指导。

第 12 章

数据分析库Pandas

本章将介绍如何使用 Python 中的数据分析库 Pandas。Pandas 提供了大量标准数据模型和高效操作大型数据集的工具集，掌握 Pandas 库可以大大提升使用 Python 进行数据处理和分析的能力。Pandas 库提供了非常实用的数据结构，包括 Series、DataFrame 以及 Panel。通过对上述数据结构进行操作，Pandas 可以很容易存储和处理不同数据类别的结构化数据集。其中，Series 主要用于处理一维数据，而 DataFrame 和 Panel 分别用于处理二维和三维的表格型数据。本章将从数据创建、数据访问、数据处理等方面介绍这些数据结构的使用方法。最后，结合一个有关数据集预处理的综合实例展示 Panda 强大的数据处理功能，使读者能够理解和熟练掌握 Pandas 的基本功能和用法。

本章的学习目标：

- 了解 Pandas 的特点和优势
- 掌握 Pandas 的安装方法
- 理解 Pandas 的两种主要数据类型
- 理解 Pandas 的主要数据类型间的关系
- 掌握 Pandas 的两种主要数据类型的使用方法
- 掌握 Pandas 的数据分析方法

12.1 初识 Pandas

Pandas(Python Data Analysis Library)是基于 NumPy 科学计算库的一种数据处理工具，使用 Pandas 可以便捷地解决数据分析相关问题。Pandas 库包含大量方法以及便捷的常用数据模型，并且提供了操作大型数据集所需的高效处理方法。Pandas 最初是作为一种金融数据分析工具而创建的，因此 Pandas 为时间序列相关数据分析提供了非常好的支持。Pandas 是基于 NumPy 的数据分析库，继承了 NumPy 已有的优点，同时 Pandas 通过自己独特的数据结构，不但解决了 NumPy 在处理大型数据集和数据结构上存在通用性差的问题，而且弥补了 NumPy 在解决大型数据方面的功能缺陷。

本章重点讲解 Pandas 工具的相关基础知识和一般开发流程，使读者掌握如何运用 Pandas 工具进行数据处理，通过大量实践案例理解和掌握常用数据处理的基本原理。通过本章的学习，读者可以对 Pandas 的基础知识及相关的数据处理流程有一定了解，并通过实例学会使用 Pandas

完成完整的数据处理过程。

12.1.1　安装 Pandas

本节主要以 Windows 系统为例介绍 Pandas 几种常用的安装方法。

方法一：使用 Python 软件自带的包管理工具 pip 进行安装。首先，在终端输入以下命令：

```
pip install pandas
```

如图 12-1 所示，当终端出现 Successfully installed pandas-XXX 字样时，表明 Pandas 库已安装成功，XXX 表示当前安装的版本号。使用 pip 方法安装的软件库是全局的，这与使用 Anaconda 在特定虚拟环境下安装的库有一定区别，望读者注意。

```
Anaconda Prompt
(base) C:\Users\Administrator>pip install pandas
Collecting pandas
  Using cached https://files.pythonhosted.org/packages/0e/67/def5bfaf4d3324fdb39048889ec5
23c0903c5efab1a64c8dbe0ac8eec13c/pandas-0.23.4-cp36-cp36m-win_amd64.whl
Requirement already satisfied: pytz>=2011k in d:\users\administrator\anaconda3\lib\site-p
ackages (from pandas) (2018.5)
Requirement already satisfied: numpy>=1.9.0 in d:\users\administrator\anaconda3\lib\site-
packages (from pandas) (1.16.0)
Requirement already satisfied: python-dateutil>=2.5.0 in d:\users\administrator\anaconda3
\lib\site-packages (from pandas) (2.7.3)
Requirement already satisfied: six>=1.5 in d:\users\administrator\anaconda3\lib\site-pack
ages (from python-dateutil>=2.5.0->pandas) (1.11.0)
Installing collected packages: pandas
Successfully installed pandas-0.23.4

(base) C:\Users\Administrator>
```

图 12-1　使用 pip 安装 Pandas

方法二：利用虚拟环境 Anaconda 软件进行 Pandas 库的安装。首先要确保系统中成功安装了 Anaconda 环境，并能正确使用 conda 命令。Anaconda 软件包含众多常用的科学计算库，其中就有 Pandas 库。因此，可以通过 conda 命令进行安装。首先打开 Anaconda Prompt，然后在指定的虚拟环境中安装 Pandas 库，如图 12-2 所示，安装命令如下：

```
conda install pandas
```

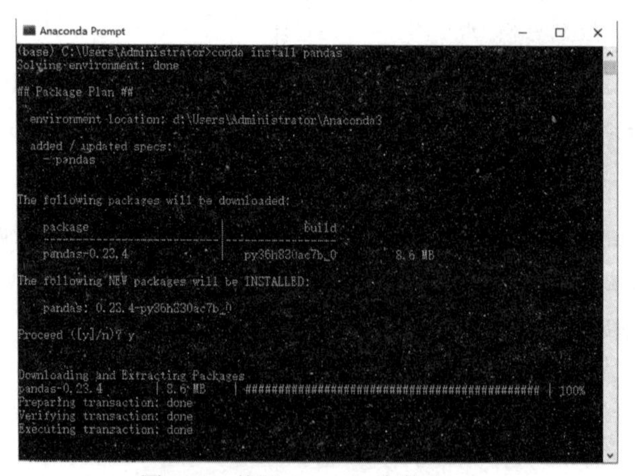

图 12-2　使用 Anconda 安装 Pandas

安装完成后，在 Python 编译环境下运行以下代码进行测试，以检验安装包是否安装成功(参见图 12-3)：

```
import pandas as pd
```

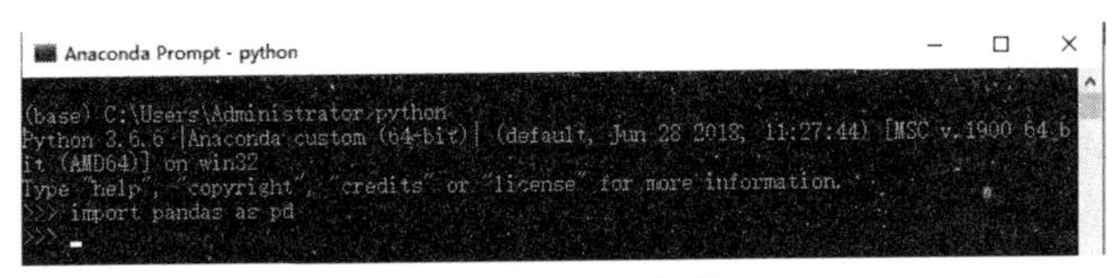

图 12-3　验证安装

以上代码的作用是导入 Pandas 库，在终端键入以上代码并按回车键后，如没有报错，则说明 Pandas 库安装成功。

12.1.2　Pandas 简单实例

本节将通过一个简单的实例分别使用 Python 原生代码以及 Pandas 代码完成一个同样的计算任务，通过简单对比两者运行时间以及代码的复杂度，使读者切身体会 Pandas 代码的优越性。实例代码主要完成如下简单计算任务：创建一个序列并进行分组求和。代码实例 12-1 演示了如何使用 Pandas 提供的方法，借助随机数创建一个长度为一百万的随机序列，该序列有 200 个不同的索引。可通过调用数据方法 groupby()进行分组求和。

代码实例 12-1

```
#使用 Pandas 进行分组求和
import numpy as np
import pandas as pd
import random
N = 1000000
uniques_keys = [pd.util.testing.rands(3) for i in range(200)]
keys = [random.choice(uniques_keys) for i in range(N)]
values – np.random.rand(N).tolist()
vs = pd.Series(values)
ks = pd.Series(keys)
dt = datetime.datetime.now()
print(vs.groupby(ks, sort=False).sum())
tend = datetime.datetime.now()-dt
print("Pandas 程序的运行时间：",tend.total_seconds()*1000,"毫秒")
```

输出结果：

```
crr      2486.781502
gfL      2541.037142
            ...
vqH      2444.141501
aR9      2520.608626
Length: 200, dtype: float64
Pandas 程序的运行时间：99.87 毫秒
```

代码实例 12-2 使用 Python 原生代码实现了与代码实例 12-1 相同的功能。

代码实例 12-2

```
#使用 Python 进行分组求和
from collections import defaultdict
def groupby_python(keys, values):
    d = defaultdict(float)
    for k, v in zip(keys, values):
        d[k] += v
    return d
dt = datetime.datetime.now()
print(groupby_python(keys, values))
dtend = datetime.datetime.now()-dt
print("Python 程序的运行时间：",dtend.total_seconds()*1000,"毫秒")
```

输出结果：

```
defaultdict(<class 'float'>, {'crr': 2486.7815016440813, 'gfL': 2541.037142271098, …'vqH': 2444.141500990859, 'aR9': 2520.6086261379533})
Python 程序的运行时间：278.942 毫秒
```

从结构上看，与 Python 原生代码相比，Pandas 代码并未用到循环结构，允许代码直接对矩阵进行操作，减轻了编码工作量。此外，通过对比两个实例的输出结果可以看出，Pandas 代码的执行效率远高于 Python 原生代码。通过本节的实例，读者对 Pandas 的优越性有了更直观的认识。接下来将详细讲解 Pandas 的常用数据结构。

12.2 序列 Series

Series(序列)是用来承载一维数据的容器。通常来讲，使用 Series 可以非常方便地表示数组、时间序列或其他一维序列。Series 为一维类型的数据提供了保存数据的容器以及丰富的数据处理方法。Series 由长度相等的一组索引(Index)和一组值(value)组成。由于 Series 独特的数据结构，允许以类似 NumPy 数组的方式使用，也可以使用类似 Python 字典的方式使用，Series 兼顾了两者的优点。

12.2.1 创建 Series 对象

Pandas 库为 Series 数据类型提供了非常灵活的创建方式。由于 Series 是一维结构的数据类型，结构十分类似于 NumPy 数组，因此可以直接通过列表或数组来创建 Series 对象。此外，Series 拥有可变的索引名称，由于这个特点类似于字典，也可以通过字典数据类型来创建 Series 对象。代码实例 12-3 展示了如何在不显式指定索引的情况下通过数组创建 Series 对象。

代码实例 12-3

```
# 通过数组创建 Series 对象
import pandas as pd
s1 = pd.Series([ 75, 90, 61])
```

```
print(s1)

输出结果:
0     75
1     90
2     61
dtype: int64
```

由上述代码可以看出，Series 对象同时包含数据索引和数据元素值，其中打印显示时，默认索引在左边一列打印，值在右边一列打印。运行结果中，dtype: int64 表示 Series 值的数据类型是 int64。通过输出结果也可以看出，Series 对象的数据索引是从 0 开始的。通过列表创建 Series 对象相对简单，直接调用 Series 构造函数即可，传入函数的列表元素是创建的 Series 类型的元素。如果创建 Series 对象时没有指定索引，系统将默认取 0~N－1 的整数自动构造索引。

代码实例 12-3 展示了使用列表创建 Series 对象，并使用系统默认值创建索引。同时，Pandas 提供了显式的指定 index 数组的方法，可根据指定的 index 数组构造索引。代码实例 12-4 展示了在指定 index 数组的情况下如何创建 Series 对象。

代码实例 12-4

```
# 通过数组创建 Series 对象
import pandas as pd
s1 = pd.Series([ 75, 90, 61],index=['张三', '李四', '陈五'])      #指定 index 数组
print(s1)

输出结果:
张三     75
李四     90
陈五     61
dtype: int64
```

从上述输出结果可以看出，传入 index 参数的数组被用于构造 Series 索引，这种创建 Series 数据结构的方法在使用时非常灵活。但是，如果 index 数组中的元素个数少于列表中的元素个数，程序将报错。接下来介绍的创建 Series 对象的方法恰好规避了这种错误。

Series 拥有可变的索引名称，这个特点十分类似于字典，因此 Pandas 也提供了通过字典来创建 Series 对象的方法。在通过字典创建 Series 对象时，字典中的 Key 成为 Series 对象中元素的索引，字典中的 Value 成为 Series 对象中元素的值。默认情况下，可通过字典创建 Series 对象，如果没有指定索引，Series 将按字典顺序取得字典键以构造索引。代码实例 12-5 演示了如何通过字典创建 Series 对象。从输出结果中可以看出，字典的键被用于构造索引，字典的值依次成为 Series 的值。代码实例 12-4 和代码实例 12-5 虽然使用的是两种不同的方法，但创建的结果完全一样。

代码实例 12-5

```
# 通过字典创建 Series 对象
import pandas as pd
data = {'张三' : 75, '李四' : 90, '陈五' : 61}
s2 = pd.Series(data)
print(s2)

输出结果：
张三      75
李四      90
陈五      61
dtype: int64
```

与通过数组创建 Series 对象不同的是，如果显式地指定 index 数组，构造函数就会将字典中的键值对按照 index 数组的顺序构造 Series 对象。而如果字典中不存在 index 对应的值，则使用 NaN 填充，代码并不会报错，参见代码实例 12-6。

代码实例 12-6

```
# 通过字典创建 Series 对象
import pandas as pd
data = {'张三' : 75, '李四' : 90, '陈五' : 61}
s2 = pd.Series(data , index=['小明', '李四', '陈五'])
print(s2)

输出结果：
小明      NaN
李四      90.0
陈五      61.0
dtype: float64
```

从输出结果中可以看出，字典中不存在'小明'对应的项，因而使用 NaN 进行了填充。

总体来讲，Series 作为 Pandas 库的基础结构，有多种创建方法。例如，各种形式的一维数据都可以通过特定方法，利用 Series 数据结构进行存储，这为使用 Python 进行数据分析提供了非常大的便利。

12.2.2 Series 数据操作

对于数据分析与处理来讲，高效数据的访问与检索会极大提高代码运行速度，节省计算资源。Pandas 库为访问 Series 数据访问提供了多种快捷灵活的方法。

1. 数据选取

Series 数据结构提供了两种基本的数据访问方法：下标法和索引法。下标法类似于数组的访问，允许通过元素的存储位置进行访问。索引法类似于通过指定索引访问字典。代码实例 12-7 演示了访问 Series 数据的两种方法。

代码实例 12-7

```
# 访问 Series 数据的两种方法
import pandas as pd
s1 = pd.Series([ 75, 90, 61],index=['张三', '李四', '陈五'])
print(s1[0])                #通过元素存储位置访问
print(s1['张三'])           #通过指定索引访问

输出结果：
75
75
```

由输出结果可见，两种数据选取方法的效果相同。在实际使用时，应根据索引和存储位置的具体情况，选择合适的数据选取方法。

2. 数据修改

Serise 支持对其中的数据进行修改，例如修改 Series 中指定的数据。通过下标或索引选中 Series 中需要修改的数据，然后可以直接通过赋值的方法修改 Series 中对应的值。代码实例 12-8 演示了修改 Series 中对应值的方法。

代码实例 12-8

```
# 修改 Series 中的值
import pandas as pd
s1 = pd.Series([ 75, 90, 61],index=['张三', '李四', '陈五'])
s1['张三'] = 60             #通过指定索引访问
s1[1] = 60                  #通过元素存储位置访问
print(s1)

输出结果：
张三    60
李四    60
陈五    61
dtype: int64
```

此外，Series 还提供了针对特定数据的删除方法 drop()。只需要传入待删除项的索引即可删除与索引对应的值。代码实例 12-9 演示了如何使用 drop()方法删除 Series 数据。

代码实例 12-9

```
# 删除 Series 中的值
import pandas as pd
```

```
s1 = pd.Series([ 75, 90, 61],index=['张三', '李四', '陈五'])
print(s1.drop('张三'))

输出结果：
李四    90
陈五    61
dtype: int64
```

3. 算术操作

作为一种数据结构，对 Series 可以直接进行算术操作。Pandas 库对 Series 的算术运算都是基于 index 索引进行的。可以使用加、减、乘、除运算符直接对两个 Series 进行加、减、乘、除运算，Pandas 会根据 index 索引对相应数据进行计算，并将结果以浮点数的形式存储，以避免丢失精度。代码实例 12-10 演示了如何直接对 Series 进行算术操作。

代码实例 12-10

```
import pandas as pd
sr1 = pd.Series([1,2,3,4],['a','b','c','d'])
sr2 = pd.Series([1,5,8,9],['a','c','e','f'])
sr2 - sr1

输出结果：
a    0.0
b    NaN
c    2.0
d    NaN
e    NaN
f    NaN
dtype: float64
```

如上述代码所示，可以直接对 Series 进行算术操作，当出现 index 索引不匹配的情况时会输出 NaN。

12.2.3 Series 数据分析

数据分析是 Series 的核心功能。Series 对象提供了非常便利的方法来实现对数据进行切片、异常值处理、数据统计等方面的功能。由于 Pandas 中的数据类型基于 NumPy，因此 NumPy 中的各种方法和函数对 Series 都是有效的。接下来将讲解对 Series 数据进行分析的常用方法。

1. 切片操作

数据切片的概念源于 NumPy 数组，意为按照等分或不等分方式将一个数组划分为多个片段，所以也叫作数组的切片或切割。Series 对象使用类似 NumPy 中 ndarray 的数据访问方法实现切片操作。代码实例 12-11 演示了如何对 Series 对象进行简单的切片操作。

代码实例 12-11

```
# Series 的切片操作
import pandas as pd
s1 = pd.Series([ 75, 90, 61, 59],index=['a', 'b', 'c', 'd'])
print(s1[1:3])

输出结果：
b      90
c      61
dtype: int64
```

由于 Series 对象的索引是从 0 开始的整数，因此 s1[1:3]表示对序列的第 1 到 3 个位置之间的元素进行切片，也就是选取 s1[1]和 s1[2]两个元素。此外，从输出结果可以看出，切片的输出结果仍然是一个 Series 对象，其中保留了原有值和索引的对应关系。

2. 数据缺失处理

在数据分析过程中，原始数据中往往存在着大量不完整的数据，缺失数据的存在往往对最终统计量的计算造成比较大的困扰，处理不当将直接影响到数据分析的执行效率与准确性，因此对缺失数据的处理显得尤为重要。

在 Pandas 中，通常以浮点值 NaN(Not a Number)表示缺失数据。针对缺失值情况，Pandas 提供了一些处理方法，如表 12-1 所示。其中，isnull 方法用于检测是否存在缺失值，而 dropna 和 fillna 代表两种常用的缺失值处理方法：删除法和填补法。dropna 方法是对缺失值进行处理的最简单方法，功能是直接删除缺失值并返回一个只包含有效值的序列。dropna 方法简单易行，在对象存在多个缺失值且被删除数据量比较小的情况下是非常有效的。因此，dropna 方法存在很大的局限性，它以减少历史数据来换取信息的完备，会造成资源的大量浪费。

表 12-1　Series 缺失值处理方法

方法	说明
isnull	返回哪些值是缺失值
dropna	删除缺失值
fillna	填充缺失值

接下来着重讲解如何利用 fillna 填补法处理缺失值。fillna 方法使用一定的值填充缺失值。通常的做法是基于统计学原理，根据决策表中其余对象取值的分布情况来对缺失值进行填充。数据挖掘中最常用的填充方法是均值填充。可通过将信息表中的属性分为数值属性和非数值属性来分别进行处理。如果缺失值是数值型，就根据其他值的平均值来填充；而如果是空值，则根据统计学中的众数原理，使用其他所有对象的取值次数最多的值进行补齐。代码实例 12-12 展示了如何使用 fillna 方法填充序列中的缺失值，当然读者也可根据实际情况选择更合适的缺失处理方法。

代码实例 12-12

```
#Series 填充缺失值
import pandas as pd
import numpy as np
s1 = pd.Series([ 75, 90, np.NaN, 59],index=['a', 'b', 'c', 'd'])
print(s1.fillna(0))

输出结果:
a      75.0
b      90.0
c       0.0
d      59.0
dtype: float64
```

上述代码使用固定的 0 作为填充值，对 Series 中的缺失值依次进行填充。

3. 统计分析

Pandas 数据分析库提供了强大的数据统计功能，因此通过 Series 可以非常方便地进行数据统计分析。Series 统计分析方法会返回一个具有统计意义的值，如 sum 和 mean 方法等。需要注意的是，Series 统计分析方法都是在基于没有缺失数据的前提下构建的，因此在使用 Series 统计分析方法之前务必确保已完成缺失值处理。表 12-2 列出了一些常用的 Series 统计分析方法。

表 12-2　Series 统计分析方法

方法	说明
count	非 NaN 值的数量
describe	针对 Series 计算汇总统计
min、max	计算最大值、最小值
argmin、argmax	获取最大值、最小值的位置
idmin、idmax	获取最大值、最小值的索引
quantile	计算样本的分位数
sum	值的总和
mean	值的平均数
median	值的算术中位数
mad	计算平均绝对离差
var	样本值的方差
std	样本值的标准差
skew	样本值的偏度(三阶矩)
kurt	样本值的峰度(四阶矩)
cumsum	样本值的累加值

表 12-2 中的这些方法通常用来计算 Series 数据的描述性统计信息，下面通过不同实例来演示这些常用统计分析方法的使用过程。

代码实例 12-13 演示了如何使用 sum 求和方法对 Series 求和，从输出结果可以看出，sum 方法会返回一个值作为计算的结果。

代码实例 12-13

```
#sum 求和方法
import pandas as pd
import numpy as np

age = pd.Series([25,26,25,23,30,29,23,34,40,30,51,46],
                 index = ['Tom','James','Ricky','Vin','Steve','Minsu',
                    'Jack','Lee','David','Gasper','Betina','Andres'])
print(age.sum())
```

输出结果：

```
382
```

代码实例 12-14 演示了 Series 数据的几种最常见的统计量求法，其中：偏度(Skewness)是对统计数据分布偏斜方向和程度的度量，是统计数据分布非对称程度的数字特征。峰度(Kurtosis)与偏度类似，是描述总体中所有取值分布形态陡缓程度的统计量。峰度需要与正态分布相比较：峰度为 0 表示总体数据分布与正态分布的陡缓程度相同；峰度大于 0 表示总体数据分布与正态分布相比较为陡峭，为尖顶峰；峰度小于 0 表示总体数据分布与正态分布相比较为平坦，为平顶峰。峰度的绝对值越大，表示分布形态的陡缓程度与正态分布的差异程度越大。除了上述两个统计量外，其余都是读者比较熟知的统计量。

代码实例 12-14

```
import pandas as pd
import numpy as np
age = pd.Series([25,26,25,23,30,29,23,34,40,30,51,46],
index = ['Tom','James','Ricky','Vin','Steve','Minsu', 'Jack','Lee','David','Gasper','Betina','Andres'])
print('年龄的平均值',age.mean())
print('年龄的最小值',age.min())
print('年龄的中位数',age.median())
print('年龄的标准差',age.std())
print('年龄的计数',age.count())
print('年龄的最大值',age.max())
print('年龄的分位数',age.quantile())
print('年龄的离差',age.mad())
print('年龄的方差',age.var())
print('年龄的偏度',age.skew())
print('年龄的峰度',age.kurt())
```

```
输出结果：
年龄的平均值 31.833333333333332
年龄的最小值 23
年龄的中位数 29.5
年龄的标准差 9.232682396921506
年龄的计数 12
年龄的最大值 51
年龄的分位数 29.5
年龄的离差 7.277777777777779
年龄的方差 85.24242424242424
年龄的偏度 1.135088832399207
年龄的峰度 0.24930965861233734
```

代码实例 12-15 演示了如何使用 cumsum 方法对 Series 数据进行求累加和操作。从输出结果可以看出，cumsum 方法会返回另一个 Series 对象，值是前一项到后一项的逐步累加和。

代码实例 12-15

```
# cumsum 求累加值方法
import pandas as pd
import numpy as np

age = pd.Series([25,26,25,23,30,29,23,34,40,30,51,46],
                index = ['Tom','James','Ricky','Vin','Steve','Minsu',
                  'Jack','Lee','David','Gasper','Betina','Andres'])
print(age.cumsum())

输出结果：
Tom        25
James      51
Ricky      76
Vin        99
Steve     129
Minsu     158
Jack      181
Lee       215
David     255
Gasper    285
Betina    336
Andres    382
dtype: int64
```

12.3 数据帧 DataFrame

DataFrame(数据帧)是 Pandas 库中比较常用的数据结构之一。DataFrame 本质上是一种二维表格数据结构，因此可以将 DataFrame 看作带有标签的二维数据结构。简单来讲，读者可以将 DataFrame 看成 Excel 电子表格或关系数据库中的关系表(Table)，或者看作 Series 对象的字典。与 Series 数据对象类似，DataFrame 可以接收许多不同类型的输入，因此也可以看成共用同一个 Index 的多个 Series 数据对象。在功能上，DataFrame 拥有丰富的数据处理方法，为 Pandas 工具提供了强大的数据处理能力。DataFrame 还提供了许多文件读写方法，比如可以直接存取 CSV 和 Excel 文件等。

12.3.1 创建 DataFrame 对象

创建 DataFrame 对象的方法有很多，最常用的是利用 Series 数据对象构建 DataFrame 对象。代码实例 12-16 演示了如何创建数据结构为 DataFrame 的小型班级成绩单。首先为每个学生创建包含成绩信息的 Series，然后将这些 Series 合成构造成 DataFrame。在这个 DataFrame 成绩单中，共有 6 名学生，并且每个学生都有语文、数学、英语 3 门课程成绩，满分为 100 分。

代码实例 12-16

```
#创建 DataFrame 对象
import pandas as pd
df1 = pd.DataFrame([
pd.Series(['张三','一班',91,71,80],index=['Name','班级','语文','数学','英语']),
pd.Series(['李四','一班',75,91,89],index=['Name','班级','语文','数学','英语']),
pd.Series(['陈五','一班',86,75,75],index=['Name','班级','语文','数学','英语']),
pd.Series(['小明','一班',80,86,71],index=['Name','班级','语文','数学','英语']),
pd.Series(['何七','一班',89,80,91],index=['Name','班级','语文','数学','英语']),
pd.Series(['吕八','一班',119,89,86],index=['Name','班级','语文','数学','英语']),
pd.Series(['李华','一班',100,119,119],index=['Name','班级','语文','数学','英语'])
],index=[0, 1,2 ,3, 4,5,6])
print(df1)
```

输出结果：

```
   Name 班级 语文 数学 英语
0   张三 一班  91   71   80
1   李四 一班  75   91   89
2   陈五 一班  86   75   75
3   小明 一班  80   86   71
4   何七 一班  89   80   91
5   吕八 一班  119   89   86
6   李华 一班  100  119  119
```

从程序的输出结果可以直观地看到 DataFrame 的表格结构，每个 Series 数据对象构成为 DataFrame 中的一行。需要注意的是，Series 的索引用于构成 DataFrame 的列索引，而 DataFrame 中每行的行索引需要在构造时通过 index 参数显式地给出，因此通常要求构成 DataFrame 的 Series 的索引要对齐，并且每个索引对应一列。如果某个索引中数据缺失，则用 NaN 代替。

12.3.2 DataFrame 数据操作

DataFrame 拥有类似表格的二维数据结构，行和列都拥有对应的索引。因此，访问 DataFrame 中的数据有两种方式，既可以按列访问 DataFrame 中的数据，也可以按行访问 DataFrame 中的数据。

1. 数据选取

选取一列的方法比较简单，与 Series 中选取一项的方法一样，可通过使用中括号传入索引来选取一列。代码实例 12-17 演示了如何从 DataFrame 中选取一列，df1['Name']表示选取索引为 Name 的一列，通过输出结果可以看出，已打印出索引名为 Name 的一列。

代码实例 12-17

```
# 从 DataFrame 中选择一列
import pandas as pd
df1 = pd.DataFrame([
pd.Series(['张三','一班',91,71,80],index=['Name','班级','语文','数学','英语']),
pd.Series(['李四','一班',75,91,89],index=['Name','班级','语文','数学','英语']),
pd.Series(['李华','一班',100,119,119],index=['Name','班级','语文','数学','英语']) ],
index=[0, 1,2])
print(df1['Name'])

运行结果：
0    张三
1    李四
2    李华
Name: Name, dtype: object
```

选取一行则可以通过使用 loc、iloc 或 ix 方法来实现。三个方法的区别在于：loc 方法的参数是索引，iloc 方法的参数是行的位置，ix 方法的两种参数都可以使用。例如，df1.loc[0]表示选择索引为 0 的一行，索引通过中括号传入。代码实例 12-18 演示了如何从 DataFrame 中选取一行。

代码实例 12-18

```
# 从 DataFrame 中选择一行
import pandas as pd
df1 = pd.DataFrame([
pd.Series(['张三','一班',91,71,80],index=['Name','班级','语文','数学','英语']),
```

```
pd.Series(['李四','一班',75,91,89],index=['Name','班级','语文','数学','英语']),
pd.Series(['李华','一班',100,119,119],index=['Name','班级','语文','数学','英语']) ],
index=[0, 1,2])
print(df1.loc[0])
```

输出结果：

```
Name     张三
班级     一班
语文      91
数学      71
英语      80
Name: 0, dtype: object
```

对比两个实例的输出结果可以看出，不论是行选择还是列选择，返回的结果都是一维的结构。打印方式和 Series 中的打印一样，DataFrame 的列名或行名作为标签显示在左边一列，右边一列是对应的数据。Name 是所选行或列的索引，dtype 是数据类型。

2. 数据修改

Pandas 库为 DataFrame 结构提供了便利的数据修改方法，可以通过赋值的方式直接修改所选取元素的值。代码实例 12-19 演示了修改 DataFrame 中对应元素值的方法。

代码实例 12-19

```
# 修改对应元素的值
import pandas as pd
df1 = pd.DataFrame([
pd.Series(['张三','一班',91,71,80],index=['Name','班级','语文','数学','英语']),
pd.Series(['李四','一班',75,91,89],index=['Name','班级','语文','数学','英语']),
pd.Series(['李华','一班',100,119,119],index=['Name','班级','语文','数学','英语']) ],
index=[0, 1,2])
df1.iloc[0,2] = 0
print(df1)
```

输出结果：

```
   Name  班级   语文  数学  英语
0  张三  一班    0   71   80
1  李四  一班   75   91   89
2  李华  一班  100  119  119
```

通过输出结果可以看到，第一行第三列的值被修改为 0。除了对单独某个数据进行修改外，DataFrme 结构还可以通过 drop()方法删除一行或一列的数据，传入 drop()方法的参数是行列的 index。可选参数是 axis，当 axis=0 时表示删除一行，当 axis=1 时表示删除一列，未指定 axis 时默认为 0。代码实例 12-20 演示了如何使用 drop()方法删除一行或一列。

代码实例 12-20

```
# 删除一行或一列
import pandas as pd
df1 = pd.DataFrame([
pd.Series(['张三','一班',91,71,80],index=['Name','班级','语文','数学','英语']),
pd.Series(['李四','一班',75,91,89],index=['Name','班级','语文','数学','英语']),
pd.Series(['李华','一班',100,119,119],index=['Name','班级','语文','数学','英语']) ],
index=[0, 1,2])
print(df1.drop(1))
print(df1.drop('语文',axis=1))
```

输出结果：

```
   Name  班级  语文  数学  英语
0  张三  一班   91   71   80
2  李华  一班  100  119  119

   Name  班级  数学  英语
0  张三  一班   71   80
1  李四  一班   91   89
2  李华  一班  119  119
```

3. 数据切片

DataFrame 切片和 Series 切片的使用方法比较类似，可使用 iloc 方法，通过下标选取对应的行实现切片操作。代码实例 12-21 演示了如何使用 iloc 选取方法进行切片。

代码实例 12-21

```
# DataFrame 切片
import pandas as pd
df1 = pd.DataFrame([
pd.Series(['张三','一班',91,71,80],index=['Name','班级','语文','数学','英语']),
pd.Series(['李四','一班',75,91,89],index=['Name','班级','语文','数学','英语']),
pd.Series(['李华','一班',100,119,119],index=['Name','班级','语文','数学','英语']) ],
index=[0, 1,2])
print(df1.iloc[0:2, 0:2] )
```

输出结果：

```
   Name  班级
0  张三  一班
1  李四  一班
```

从输出结果可以看出，通过 iloc 方法选择了前面的两行两列数据，这个快速切片操作继承自 NumPy 中对 ndarray 类型数据的操作。

12.3.3　DataFrame 数据分析

数据分析涉及使用工具对数据进行异常值处理、数据统计等方面的工作，在本节中将介绍如何使用数据分析库 Pandas 来完成对 DataFrame 数据的分析工作。

1. 数据缺失处理

在许多数据分析工作中，缺失数据是经常发生的事情。Pandas 的目标之一就是尽量轻松地处理缺失数据，这个步骤十分重要，因为 Pandas 的所有数据统计方法都默认不包括缺失数据。缺失数据在 Pandas 中以浮点值 NaN(Not a Number)表示。与 Series 数据结构一样，Pandas 提供了 isnull 方法来检测数据集中的缺失值。

滤除缺失值的方法有很多种，一般的思路是：首先使用 isnull 方法找到缺失值，然后使用布尔索引依次删除对应的缺失值。同时，Pandas 也提供了更为方便的方法 dropna，用于自动滤除缺失值。对于 Series 对象，dropna 方法会返回一个仅含非空数据和索引值的 Series。对于 DataFrame 对象则稍复杂一些，因为可能需要丢弃全缺失或部分缺失的行或列。dropna 方法默认丢弃任何含有缺失值的行，因此，如果需要丢弃任何含有缺失值的列，只需要传入 axis=1 即可。代码实例 12-22 演示了如何丢弃含有缺失值的行。

代码实例 12-22

```
#丢弃含有缺失值的行
import pandas as pd
import numpy as np
df = pd.DataFrame(np.random.randn(5, 3),
index=['a', 'c', 'e', 'f','h'],columns=['one', 'two', 'three'])
df = df.reindex(['a', 'b', 'c', 'd', 'e', 'f', 'g', 'h'])
print (df.dropna())
```

运行结果：

	one	two	three
a	-0.719623	0.028103	-1.093178
c	0.040312	1.729596	0.451805
e	-1.029418	1.920933	1.289485
f	1.217967	1.368064	0.527406
h	0.667855	0.147989	-1.035978

然而在多数情况下，并不希望因为某些数据出现缺失而丢弃一整行的数据，而是选择使用一些有效值来填补缺失值。因此，Pandas 提供了 fillna 方法以方便使用这个功能。通过将一个常数作为参数传入 fillna 方法，即可实现对所有缺失值的替换。如果传入一个字典，就可以对不同的列填充不同的值。代码实例 12-23 演示了如何替换数据集中的缺失值。

代码实例 12-23

```
#将缺失值替换为常数
import pandas as pd
```

```
import numpy as np
df = pd.DataFrame(np.random.randn(3, 3),
index=['a', 'c', 'e'],columns=['one','two', 'three'])
df = df.reindex(['a', 'b', 'c'])
print (df)
print ("NaN replaced with '0':")
print (df.fillna(0))
```

运行结果:

```
      one         two         three
a     -0.479425   -1.711840     -1.453384
b     NaN         NaN         NaN
c     -0.733606   -0.813315   0.476788
 NaN replaced with '0':
      one         two         three
a     -0.479425   -1.711840   -1.453384
b     0.000000    0.000000    0.000000
c     -0.733606   -0.813315   0.476788
```

2. 统计分析

通常，数据分析任务在数据清洗完成后进行，接下来需要对数据进行简单处理。大部分数据分析结果是通过数学统计方法得到的不同的统计量，虽然可以根据数学公式，通过编写代码来计算，但 Pandas 让这个过程变得更简单。Pandas 提供了一组常用的数学和统计方法，用于对数据集进行数学和统计操作，并生成新的数据集。Pandas 提供的统计方法大部分都属于汇总统计，用于从 DataFrame 的行或列中提取 Series 或从 Series 中提取单个值(如 sum 或 mean)。需要注意，这些方法都是基于没有缺失数据的假设而构建的。表 12-3 中列出了常用的 DataFrame 描述性统计方法。

表 12-3　DataFrame 描述性统计方法

方法	说明
count	非空观测数量
sum	所有值之和
mean	所有值的平均值
median	所有值的中位数
mode	值的模值
std	值的标准偏差
min	所有值中的最小值
max	所有值中的最大值
abs	绝对值
prod	数组元素的乘积
cumsum()	样本值的累加值

这些描述性统计方法是 Pandas 中很常用且重要的功能，接下来将通过实例详细介绍这些描述性统计方法。

代码实例 12-24 定义了一个 DataFrame 并展示了其结构。在代码实例 12-25 中，使用 sum 方法对 DataFrame 进行求和，由于默认 axis=0，因此对每列执行 sum 方法，返回结果为每列的求和值。

代码实例 12-24

```
import pandas as pd
import numpy as np

#Create a Dictionary of series
d = {'Name':pd.Series(['Tom','James','Ricky','Vin','Steve','Minsu','Jack',
    'Lee','David','Gasper','Betina','Andres']),
    'Age':pd.Series([25,26,25,23,30,29,23,34,40,30,51,46]),
    'Rating':pd.Series([4.23,3.24,3.98,2.56,3.20,4.6,3.8,3.78,2.98,4.80,4.10,3.65])}

#Create a DataFrame
df = pd.DataFrame(d)
print(df)
```

运行结果：

```
        Name    Age   Rating
0       Tom     25    4.23
1       James   26    3.24
2       Ricky   25    3.98
3       Vin     23    2.56
4       Steve   30    3.20
5       Minsu   29    4.60
6       Jack    23    3.80
7       Lee     34    3.78
8       David   40    2.98
9       Gasper  30    4.80
10      Betina  51    4.10
11      Andres  46    3.65
```

代码实例 12-25

```
# 求 DataFrame 中每列的和
import pandas as pd
import numpy as np

#Create a Dictionary of series
d = {'Name':pd.Series(['Tom','James','Ricky','Vin','Steve','Minsu','Jack',
    'Lee','David','Gasper','Betina','Andres']),
```

```
    'Age':pd.Series([25,26,25,23,30,29,23,34,40,30,51,46]),
    'Rating':pd.Series([4.23,3.24,3.98,2.56,3.20,4.6,3.8,3.78,2.98,4.80,4.10,3.65])}

#Create a DataFrame
df = pd.DataFrame(d)
print(df.sum())

运行结果：
Name        TomJamesRickyVinSteveMinsuJackLeeDavidGasperBe...
Age                                                       382
Rating                                                  44.92
dtype: object
```

代码实例 12-26 演示了如何使用 sum 方法对 DataFrame 的每行进行求和。在调用 sum 方法时传入参数 axis=1，因而对每行执行 sum 方法，返回结果为每行的和。可以看出，DataFrame 在应用函数和方法时可通过轴参数 axis 控制执行的方向。

代码实例 12-26

```
# 求 DataFrame 中每行的和
import pandas as pd
import numpy as np

#Create a Dictionary of series
d = {'Name':pd.Series(['Tom','James','Ricky','Vin','Steve','Minsu','Jack',
    'Lee','David','Gasper','Betina','Andres']),
    'Age':pd.Series([25,26,25,23,30,29,23,34,40,30,51,46]),
    'Rating':pd.Series([4.23,3.24,3.98,2.56,3.20,4.6,3.8,3.78,2.98,4.80,4.10,3.65])}

#Create a DataFrame
df = pd.DataFrame(d)
print(df.sum(axis=1))

运行结果：
0     29.23
1     29.24
2     28.98
3     25.56
4     33.20
5     33.60
6     26.80
7     37.78
8     42.98
9     34.80
10    55.10
11    49.65
dtype: float64
```

代码实例 12-27 演示了如何通过 std 方法求每列的标准差。通过运行结果可以看出，std 方法只输出了数字列，使用字符格式表示姓名的列并没有被计算，因为 std 方法自动过滤了非数字的列。

代码实例 12-27

```
# 返回数字列的 Bressel 标准偏差
import pandas as pd
import numpy as np

#Create a Dictionary of series
d = {'Name':pd.Series(['Tom','James','Ricky','Vin','Steve','Minsu','Jack',
    'Lee','David','Gasper','Betina','Andres']),
    'Age':pd.Series([25,26,25,23,30,29,23,34,40,30,51,46]),
    'Rating':pd.Series([4.23,3.24,3.98,2.56,3.20,4.6,3.8,3.78,2.98,4.80,4.10,3.65])}

#Create a DataFrame
df = pd.DataFrame(d)
print(df.std())
```

运行结果：

```
Age         9.232682
Rating      0.661628
dtype: float64
```

代码实例 12-28 演示了如何使用 mean 方法计算平均值。与 std 方法一样，mean 方法只计算数字列的平均值。描述性统计方法中的大多数方法都是如此。

代码实例 12-28

```
# 求数字列的平均值
import pandas as pd
import numpy as np

#Create a Dictionary of series
d = {'Name':pd.Series(['Tom','James','Ricky','Vin','Steve','Minsu','Jack',
    'Lee','David','Gasper','Betina','Andres']),
    'Age':pd.Series([25,26,25,23,30,29,23,34,40,30,51,46]),
    'Rating':pd.Series([4.23,3.24,3.98,2.56,3.20,4.6,3.8,3.78,2.98,4.80,4.10,3.65])}

#Create a DataFrame
df = pd.DataFrame(d)
df.mean()
```

运行结果：

```
Age         31.833333
Rating      3.743333
dtype: float64
```

其他描述性统计方法的使用方式十分类似，下面不再一一举例。在描述性统计方法中，类似于 sum、cumsum 的方法能与数字和字符数据元素一起工作，不会产生错误。对于另一些像 abs、cumprod 这样的方法，当 DataFrame 包含字符或字符串数据时会抛出异常。

3. 自定义函数

Pandas 提供了为数众多的方法，但有时读者需要按自己定义的算法或其他库提供的函数来处理表格、行、列或元素。一般思路是：通过索引遍历 DataFrame 来应用所需函数。Pandas 为了简化这个过程，提供了函数应用方法作为补充。

将自定义的处理函数应用于 Pandas 对象有三种重要的方式，分别是表函数应用方法、行或列函数应用方法和元素函数应用方法，如表 12-4 所示。下面介绍如何使用这些方法。选择何种方法取决于函数的处理对象是整个 DataFrame、行、列还是元素。代码实例 12-29 演示了如何自定义加法函数 adder，并使用表函数应用方法 pipe 将加法函数 adder 应用于二维表。

表 12-4　DataFrame 函数应用方法

方法	说明
pipe	表函数应用方法
apply	行或列函数应用方法
applymap	元素函数应用方法

代码实例 12-29

```
#应用自定义函数
import pandas as pd
import numpy as np
def adder(ele1, ele2):
    return ele1 + ele2
df = pd.DataFrame(np.random.randn(5,3), columns=['col1','col2','col3'])
df.pipe(adder, 2)
print df
```

输出结果：

```
        col1        col2        col3
0   2.176704   2.219691   1.509360
1   2.222378   2.422167   3.953921
2   2.241096   1.135424   2.696432
3   2.355763   0.376672   1.182570
4   2.308743   2.714767   2.130288
```

通过这些数据分析方法可以看出，DataFrame 数据结构提供了强大的数据分析功能，可以处理各种格式的二维表格数据。DataFrame 还提供了一些文件操作方法，后面章节将会介绍。

12.4 综合实例

本节将通过一个数据处理综合实例展示如何使用 Pandas 库中的数据处理工具，通过这个综合实例读者将亲身体会到 Pandas 库在处理大型矩阵数据方面的便捷性，Pandas 包含的多种数据处理方法涵盖了在数据分析中所需要的各种常用方法，用户通过数行代码即可完成繁重的数据处理工作。

本节选用的数据集是泰坦尼克号获救情况数据集，该数据集反映了在泰坦尼克号沉没后乘客的获救情况，根据不同的属性可以分析乘客的生还概率。然而在真实情景下，该数据集并不完整，如何处理原始数据也是数据分析的必要过程。

12.4.1 数据集概况

在进行数据分析之前，首先要了解任务使用的数据集，要使用的数据集共有 891 行、12 列，这代表共有 891 条数据，每条数据有 12 类信息，如表 12-5 所示。

表 12-5　数据集参数及含义

参数名	含义
survival	存活，0=No，1=Yes
pclass	票的类别，1=1st，2=2nd，3=3rd
sex	性别
age	年龄
sibsp	在船上有几个兄弟/配偶
parch	在船上有几个双亲/孩子
ticket	票的编号
fare	乘客票价
cabin	客舱号码
embarked	登船港口
name	乘客姓名
passengerId	乘客 ID

首先导入要用到的库，如代码实例 12-30 所示，其中涉及的可视化包将在后面章节中详细讲解。

代码实例 12-30

```
#数据分析包
import pandas as pd
import numpy as np
import random as rnd
```

```
#可视化包
import seaborn as sns
import matplotlib.pyplot as plt
%matplotlib inline
```

数据是以 CSV 格式保存的，CSV 格式的文件中是以纯文本形式存储的表格数据。这意味着不能简单地使用 Excel 表格工具进行处理，而且 Excel 表格能够处理的数据量十分有限，使用 Pandas 来处理数据量巨大的 CSV 文件就显得便捷许多。读取 CSV 文件主要通过 read_csv 函数来实现，该函数会返回 Pandas 中特有的 DataFrame 或 DataFrame 字典对象，利用 DataFrame 相关操作即可读取相应的数据。代码实例 12-31 演示了如何使用 read_csv 函数读取 CSV 文件。同理，将 DataFrame 写入 CSV 文件可通过调用 to_csv 函数来实现。写入参数是文件的路径。

代码实例 12-31

```
train_df = pd.read_csv('train.csv')
train_df.head(5)  #输出前五行
train_df.tail(5)    #输出后五行
```

运行结果如图 12-4 和图 12-5 所示。

	PassengerId	Survived	Pclass	Name	Sex	Age	SibSp	Parch	Ticket	Fare	Cabin	Embarked
0	1	0	3	Braund, Mr. Owen Harris	male	22.0	1	0	A/5 21171	7.2500	NaN	S
1	2	1	1	Cumings, Mrs. John Bradley (Florence Briggs Th...	female	38.0	1	0	PC 17599	71.2833	C85	C
2	3	1	3	Heikkinen, Miss. Laina	female	26.0	0	0	STON/O2. 3101282	7.9250	NaN	S
3	4	1	1	Futrelle, Mrs. Jacques Heath (Lily May Peel)	female	35.0	1	0	113803	53.1000	C123	S
4	5	0	3	Allen, Mr. William Henry	male	35.0	0	0	373450	8.0500	NaN	S

图 12-4　数据集前五行数据

	PassengerId	Survived	Pclass	Name	Sex	Age	SibSp	Parch	Ticket	Fare	Cabin	Embarked
886	887	0	2	Montvila, Rev. Juozas	male	27.0	0	0	211536	13.00	NaN	S
887	888	1	1	Graham, Miss. Margaret Edith	female	19.0	0	0	112053	30.00	B42	S
888	889	0	3	Johnston, Miss. Catherine Helen "Carrie"	female	NaN	1	2	W./C. 6607	23.45	NaN	S
889	890	1	1	Behr, Mr. Karl Howell	male	26.0	0	0	111369	30.00	C148	C
890	891	0	3	Dooley, Mr. Patrick	male	32.0	0	0	370376	7.75	NaN	Q

图 12-5　数据集后五行数据

从代码实例 12-31 可以看出，在处理 CSV 文件时，Pandas 库可以帮助处理较大的 CSV 文件。拿到一个很大的 CSV 文件后，为了看清文件的格式，可以使用 head 方法查看前几条数据，默认是五条，也可以使用 tail 方法查看最后五条数据。

12.4.2　数据集分析

根据代码实例 12-31 的运行结果可以发现：Cabin 列有 NaN 值，也就是缺失值，Ticket 列存在数字与字母同时存在的现象，因此可以确定接下来需要进行补缺和转换操作。为了进一步统计数据集中各种属性在整个数据中所占的比例，从而得知不同信息间的关系，Pandas 提供了便捷的统计方法，参见代码实例 12-32。

代码实例 12-32

```
train_df.describe()
```

运行结果如图 12-6 所示。

	PassengerId	Survived	Pclass	Age	SibSp	Parch	Fare
count	891.000000	891.000000	891.000000	714.000000	891.000000	891.000000	891.000000
mean	446.000000	0.383838	2.308642	29.699118	0.523008	0.381594	32.204208
std	257.353842	0.486592	0.836071	14.526497	1.102743	0.806057	49.693429
min	1.000000	0.000000	1.000000	0.420000	0.000000	0.000000	0.000000
25%	223.500000	0.000000	2.000000	20.125000	0.000000	0.000000	7.910400
50%	446.000000	0.000000	3.000000	28.000000	0.000000	0.000000	14.454200
75%	668.500000	1.000000	3.000000	38.000000	1.000000	0.000000	31.000000
max	891.000000	1.000000	3.000000	80.000000	8.000000	6.000000	512.329200

图 12-6　数据集常用统计量

可以看出，实际的成员数为 2224，而训练数据样本总数是 891。其中，Survived 是一个只具有值 0 或 1 的分类特征，75%以上的成员没有带父母或孩子。很少有成员的票价接近最高价，很少有成员的年纪在 65 岁到 80 岁之间，通过这些信息可以做一些初步的特征筛选。大型 CSV 文件中往往有很多不同的列，而我们通常只关注其中的某些列，因此我们可以通过索引操作关注列，从而提高效率。代码实例 12-33 通过列名索引给定了要操作的两列。

代码实例 12-33

```
train_df[['Pclass','Survived']].groupby(['Pclass'],as_index=False).mean()\
.sort_values(by='Survived',ascending=False)
```

输出结果如图 12-7 所示。

	Pclass	Survived
0	1	0.629630
1	2	0.472826
2	3	0.242363

图 12-7　不同社会地位成员的存活率

代码实例 12-33 实现了首先从训练数据中单独取出 Pclass 和 Survived 这两类特征数据，然后根据 Pclass 特征进行分组，就每组计算平均值，并且就平均值做倒序排列。最后可以看出，地位高(Pclass=1)的成员生还概率高很多(Survived>0.62)。

众所周知，男性在体力上普遍优于女性，性别是否会对生还概率造成影响，代码实例 12-34 展示了验证过程。

代码实例 12-34

```
train_df[['Sex','Survived']].groupby(['Sex'],as_index=False).mean()\
.sort_values(by='Survived',ascending=False)
```

运行结果如图 12-8 所示。

	Sex	Survived
0	female	0.742038
1	male	0.188908

图 12-8　不同性别成员的生还概率

可以看出，女性的生还概率大于男性，这和常识相左，但是根据电影中的场景，读者大概都能猜出，造成这种结果可能是因为“让女人和孩子先走”。由此可以想到，年龄是否也是影响生还概率的重要特征？代码实例 12-35 展示了年龄和生还概率的关系。

代码实例 12-35

```
g = sns.FacetGrid(train_df,col='Survived')
g.map(plt.hist,'Age',bins=20)
```

运行结果如图 12-9 所示。

```
<seaborn.axisgrid.FacetGrid at 0x7faa574c4908>
```

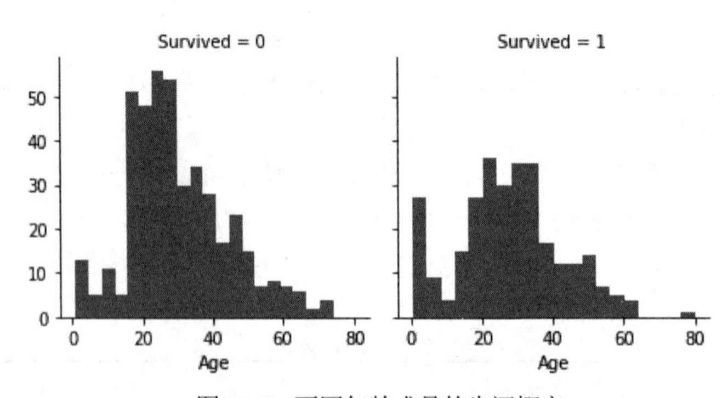

图 12-9　不同年龄成员的生还概率

由图 12-9 可以看出，婴儿和孩子的生还概率很高，与之前的猜想吻合。Cabin 和 Ticket 均是 Pclass 的表现，可通过 Pandas 提供的 drop 方法从数据集中删除这两个特征，如代码实例 12-36 所示。

代码实例 12-36

```
train_df = train_df.drop(['Ticket','Cabin'],axis=1)
test_df = test_df.drop(['Ticket','Cabin'],axis=1)
combine = [train_df,test_df]
train_df.head(7)
```

运行结果如图 12-10 所示。

	PassengerId	Survived	Pclass	Name	Sex	Age	SibSp	Parch	Fare	Embarked
0	1	0	3	Braund, Mr. Owen Harris	male	22.0	1	0	7.2500	S
1	2	1	1	Cumings, Mrs. John Bradley (Florence Briggs Th...	female	38.0	1	0	71.2833	C
2	3	1	3	Heikkinen, Miss. Laina	female	26.0	0	0	7.9250	S
3	4	1	1	Futrelle, Mrs. Jacques Heath (Lily May Peel)	female	35.0	1	0	53.1000	S
4	5	0	3	Allen, Mr. William Henry	male	35.0	0	0	8.0500	S
5	6	0	3	Moran, Mr. James	male	NaN	0	0	8.4583	Q
6	7	0	1	McCarthy, Mr. Timothy J	male	54.0	0	0	51.8625	S

图 12-10　去除冗余特征后的数据

由图 12-10 可以看出，Name、Sex 和 Embarked 列仍为字母，这给模型的学习带来许多不便，需要把这些特征转换为数字。分析 Name 特征，如代码实例 12-37 所示。

代码实例 12-37

```
for dataset in combine:
    dataset['Title'] = dataset.Name.str.extract(' ([A-Za-z]+)\.',expand=False)


test_crosstab = pd.crosstab(train_df['Title'],train_df['Sex'])
print(test_crosstab)
```

运行结果：

```
Sex       female  male
Title
Capt           0     1
Col            0     2
Countess       1     0
Don            0     1
Dr             1     6
Jonkheer       0     1
Lady           1     0
Major          0     2
Master         0    40
Miss         182     0
Mlle           2     0
Mme            1     0
Mr             0   517
Mrs          125     0
Ms             1     0
Rev            0     6
Sir            0     1
```

12.4.3　数据预处理

通过对数据进行分析，读者可以发现泰坦尼克号数据集存在信息缺失、信息冗余、数据格式不一致等问题。下面将通过 Pandas 包含的数据处理函数处理数据分析中的这些常见问题。

通过代码实例 12-37 可以看出，部分头衔下的人数很少，将头衔类别缩小，用一个共同的名字代替一些头衔，其他的使用 Rare，如代码实例 12-38 所示。

代码实例 12-38

```
for dataset in combine:
    dataset['Title'] = dataset['Title'].replace(['Lady','Countess','Capt','Col',\
                                                'Don','Dr','Major','Rev','Sir',\
                                                'Jonkheer','Dona'],'Rare')
    dataset['Title'] = dataset['Title'].replace('Mlle','Miss')
    dataset['Title'] = dataset['Title'].replace('Ms','Miss')
    dataset['Title'] = dataset['Title'].replace('Mme','Mrs')
print(train_df[['Title','Survived']].groupby(['Title'],as_index=False).mean())
```

运行结果：

```
    Title   Survived
0   Master  0.575000
1   Miss    0.702703
2   Mr      0.156673
3   Mrs     0.793651
4   Rare    0.347826
```

由运行结果可以看出，将一些人数少的头衔统一称为Rare，然后合并一些统称，进行分类统计后，就会看到头衔(Title)和生还概率有一定关系。然后将Title 特征由分类特征转变为数字特征，并且将None值变为0，如代码实例12-39所示。

代码实例 12-39

```
title_mapping = {"Mr":1,"Miss":2,"Mrs":3,"Master":4,"Rare":5}
for dataset in combine:
    dataset['Title'] = dataset['Title'].map(title_mapping)
    dataset['Title'] = dataset['Title'].fillna(0)
train_df = train_df.drop(['Name','PassengerId'],axis=1)
test_df  = test_df.drop(['Name'],axis=1)
combine = [train_df,test_df]
train_df.head(3)
```

运行结果如图12-11所示。

	Survived	Pclass	Sex	Age	SibSp	Parch	Fare	Embarked	Title
0	0	3	male	22.0	1	0	7.2500	S	0.0
1	1	1	female	38.0	1	0	71.2833	C	0.0
2	1	3	female	26.0	0	0	7.9250	S	0.0

图12-11　去除Name与PassengerId后的数据

接下来处理最后两个非数字特征Sex与Embarked，如代码实例12-40所示。

代码实例 12-40

```
guess_ages = np.zeros((2,3))
for dataset in combine:
    for i in range(0,2):
        for j in range(0,3):

            guess_df = dataset[(dataset['Sex']==i)& \ (dataset['Pclass']==j+1)]['Age'].dropna()
            age_guess = guess_df.median()
            guess_ages[i,j] = int(age_guess/0.5 + 0.5) * 0.5

    for i in range(0,2):
        for j in range(0,3):
            dataset.loc[(dataset.Age.isnull())&\(dataset.Sex == i)&(dataset.Pclass==j+1),'Age']\
            =guess_ages[i,j]

    dataset['Age'] = dataset['Age'].astype(int)
    freq_port = train_df.Embarked.dropna().mode()[0]
    for dataset in combine:
    dataset['Embarked'] = dataset['Embarked'].fillna(freq_port)
        train_df[['Embarked','Survived']].groupby(['Embarked'],as_index=False).mean()\
        .sort_values(by='Survived',ascending=False)
for dataset in combine:
    dataset['Embarked'] = dataset['Embarked'].map({'S':0,'C':1,'Q':2}).astype(int)
train_df.head()
```

运行结果如图 12-12 所示。

	Survived	Pclass	Sex	Age	SibSp	Parch	Fare	Embarked	Title
0	0	3	0	22	1	0	7.2500	0	0.0
1	1	1	1	38	1	0	71.2833	1	0.0
2	1	3	1	26	0	0	7.9250	0	0.0
3	1	1	1	35	1	0	53.1000	0	0.0
4	0	3	0	35	0	0	8.0500	0	0.0

图 12-12　处理完成后的数据

如代码实例 12-40 所示，我们使用 Age 特征的中值代替了 Age 特征中的缺失值，使用 Embarked 特征中最常出现的值代替了 Embarked 特征中的缺失值。

本节使用 Pandas 数据分析库中的方法处理了上述数据缺失问题，其中涉及本章提到的 DataFrame 的使用方法，以及针对不同类型文件的操作。上述用法体现了 Pandas 数据分析库在处理大规模数据方面的优越性，矩阵计算极大减少了传统的循环结构，节省了计算资源。在分析数据时数据处理是非常重要的，针对缺失数据有多种不同处理方式。你对各个特征所做的分析研究，对于最后的预测结果起到至关重要的作用，因此值得花时间来分析特征，构思各个特征间的关系。

12.5 本章小结

在本章中，首先介绍了 Pandas 的基础知识、三种特殊的数据类型、Pandas 文件的操作方法等内容，使读者对 Pandas 有了一个大致的了解。其中着重介绍了数据分析库 Pandas 的安装方法，以及特殊数据结构的创建、访问与分析，并对不同类型文件的操作方法做了详尽介绍。然后通过一个综合实例对利用 Pandas 进行数据分析做了诠释。掌握这些知识与方法，可以为读者正确使用 Pandas 进行数据分析奠定基础。

第 13 章
可视化工具库matplotlib

不论是数据挖掘还是机器学习，都会涉及数据可视化的问题。在众多的绘图库中，matplotlib备受开发者的推崇。matplotlib 是一种基于 Python 语言的可视化工具库，只需要一个或多个命令就可以绘制出需要的图形，因此 matplotlib 的使用非常方便快捷。本章重点讲解如何使用 matplotlib 绘制常见的二维和三维图形、如何设置不同图形的样式、如何从文件中加载数据以进行图形绘制以及如何处理图像。通过本章的学习，读者可掌握基本的二维和三维图形的绘制方法，理解如何操作图像文件以及掌握 matplotlib 在可视化数据分析领域的应用。

本章的学习目标：

- 理解 matplotlib 的特点和优势
- 掌握 matplotlib 的安装方法
- 掌握 matplotlib 二维图形的绘制
- 掌握 matplotlib 三维图形的绘制
- 掌握 matplotlib 如何自定义图形设置
- 掌握使用 matplotlib 从文件中加载数据以绘制图形的方法
- 理解 matplotlib 的图像操作方法

13.1 初识 matplotlib

matplotlib 是基于 Python 语言实现的类似 MATLAB 的绘图工具库，绘图功能非常完善且使用风格与 MATLAB 也很相似。同时，matplotlib 继承了 Python 简单明了的风格，可以用简洁的代码设计和输出二维与三维图形。matplotlib 是一个可以媲美商业软件效果的开源绘图工具，拥有十分活跃的社区以及稳定的版本迭代。表 13-1 对比了 matplotlib 和 MATLAB 的优缺点。

表 13-1　matplotlib 和 MATLAB 对比

	matplotlib	MATLAB
优点	在免费开源的同时继承了 Python 的语法优点，面向对象、易读、易维护、代码简洁优美	高效便捷的数组、矩阵运算，扩充能力强，语句简单，内涵丰富
缺点	对于数据的实时显示支持较差	商业非开源，循环运算效率低，封装性不好

13.1.1 安装 matplotlib

在安装 matplotlib 之前，确保系统中已经正确安装了 Python 环境。matplotlib 的安装方式类似 NumPy 和 Pandas。这里简单介绍两种常用的安装方法。

方法一： 使用 Python 软件自带的包管理工具 pip 进行安装。首先，在终端输入如下命令：

```
pip install matplotlib
```

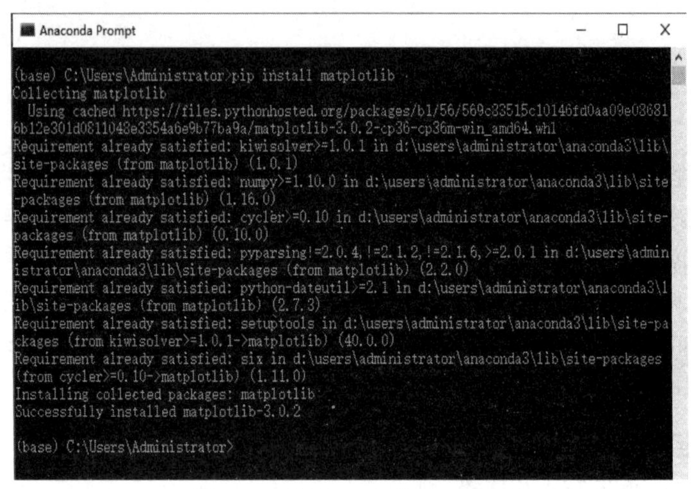

图 13-1 使用 pip 安装 matplotlib

如图 13-1 所示，当终端出现 Successfully installed matplotlib 提示信息时，表示 matplotlib 安装成功。使用 pip 工具安装的库是全局库，与使用 Anaconda 在特定虚拟环境下安装的库有一定区别，望读者注意。

方法二：利用 Anaconda 软件进行 matplotlib 的安装。首先要确保系统中成功安装了 Anaconda，里面包含了众多常用的科学计算库，其中就包含 matplotlib。因此，可以通过 conda 命令进行安装，首先打开 Anaconda Prompt，然后在指定的虚拟环境中安装 matplotlib，安装命令如下，效果如图 13-2 所示。

```
conda install matplotlib
```

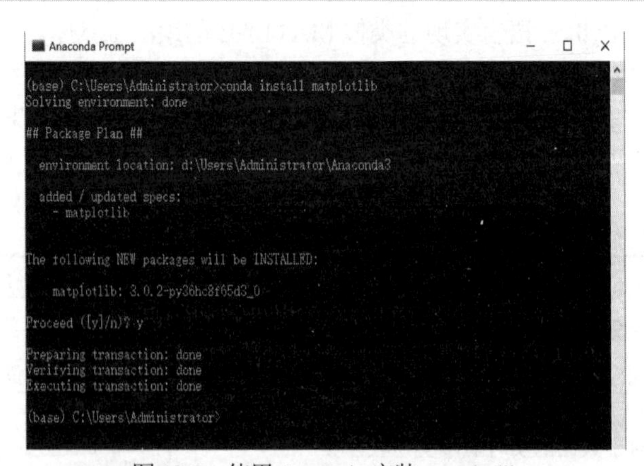

图 13-2 使用 Anconda 安装 matplotlib

安装完成后，在 Python 编译环境下运行以下代码进行测试，以检验安装包是否安装成功：import matplotlib as plt。以上代码的作用是导入 matplotlib 库，执行后如果没有报错，则说明 matplotlib 安装成功。

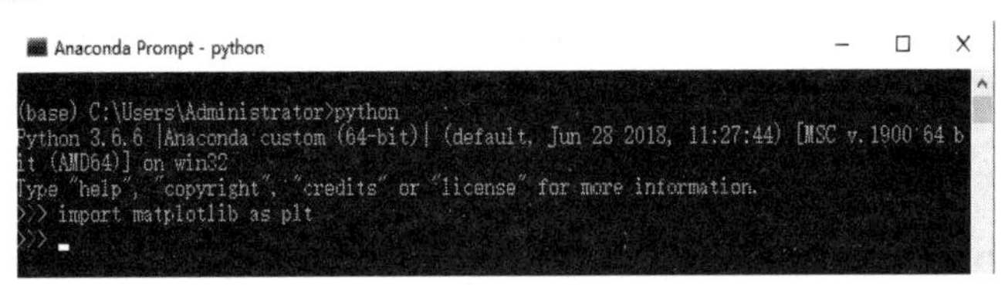

图 13-3　测试 matplotlib 是否已正确安装

13.1.2　matplotlib 简单图形绘制

下面通过代码实例 13-1 绘制一条简单的直线，演示 matplotlib 如何用来进行图形绘制。

代码实例 13-1

```
import matplotlib.pyplot as plt
plt.plot([0,1],[0,2])
plt.show()
```

运行结果如图 13-4 所示。

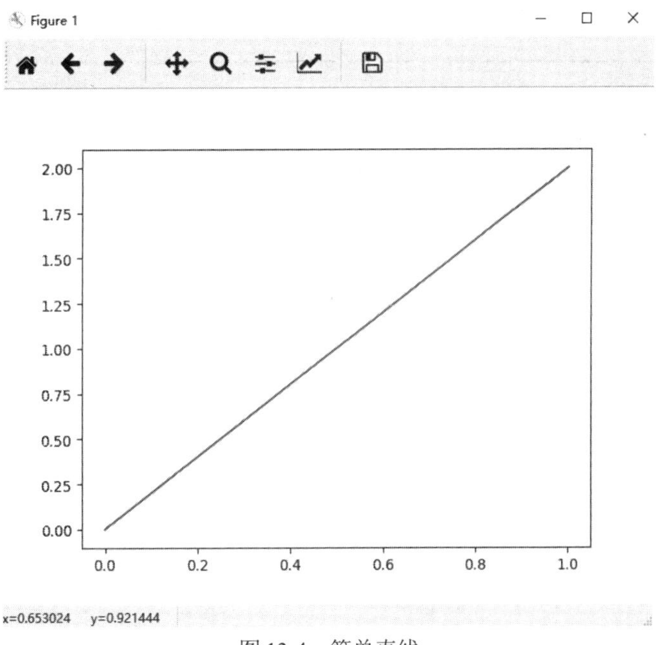

图 13-4　简单直线

代码实例 13-1 中的第 1 行代码通过 import 语句导入 matplotlib 库，第 2 行代码调用 matplotlib 的 plot 方法以绘制一条从点(0, 1)到点(0, 2)的直线，使用 plot 方法可以绘制不同点的连线图。可以看出，matplotlib 代码非常简洁，使用风格也与 MATLAB 较为类似。matplotlib 还有许多其他强大的图形绘制方法，后面的章节将会详细讲述如何使用 matplotlib 绘制更实用、更复杂的图形。

13.2 常用 2D 图形

在日常工作和学习中，二维图形最广泛，也最为实用。作为流行的图形绘制库，matplotlib 同样包含了大量丰富的二维图形绘制方法。本节将重点介绍如何使用 matplotlib 绘制各种常用的二维图形。

13.2.1 绘制散点图

散点图通常用于表示因变量随自变量变化的大致趋势，直观地展示数据点在直角坐标系平面上的分布。散点图通过两组坐标数据构成多个坐标点，以表示两种事物之间的相关性及联系模式，适合描述二元变量的观测数据。matplotlib 的 pyplot 子库提供了 pyplot.scatter()方法来实现散点图的绘制。除了设定基本的 *x*、*y* 坐标点参数外，还可以通过设置更多特定参数来绘制各种不同风格的散点图。代码实例 13-2 演示了如何使用 pyplot.scatter()方法绘制一幅简单的散点图。

代码实例 13-2

```
import matplotlib.pyplot as plt
import numpy as np
x = np.random.rand(100)    # 随机生成 100 个坐标点
y = np.random.rand(100)    # 随机生成 100 个坐标点
plt.scatter(x, y)          # 绘制散点图
plt.show()
```

运行结果如图 13-5 所示。

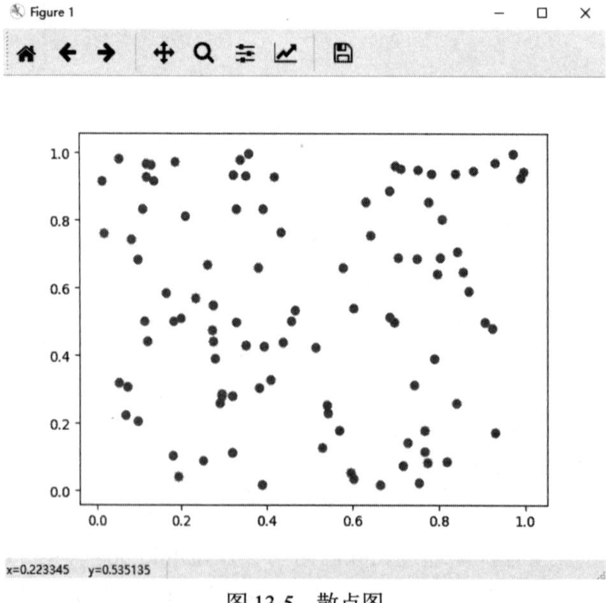

图 13-5 散点图

代码实例 13-2 中的第 1 和 2 行调用两次 NumPy 的随机生成方法 np.random.rand()，以分别生成两组数量为 100 的随机数，组成 *x* 轴坐标和 *y* 轴坐标。然后调用 matplotlib 中的 pyplot.scatter()方法来进行散点图的绘制。其中，*x* 轴和 *y* 轴坐标以数组的形式作为参数输入。上面只展示了相对比较简单的散点图绘制，而 pyplot.scatter()方法可以设置更多特定参数来丰富散点图的样式，常用参数列表如表 13-2 所示。

表 13-2　pyplot.scatter()方法的常用参数

参数	含义及说明
x 和 y	数组，表示输入数据
s	尺寸，表示点的大小
c	颜色，可以是颜色字符串(如'b'、'y'、'r'等)，也可以是数组
marker	点的形状，默认是'o'，可以设置为'*'、'v'、'+'、'x'等
alpha	标量，范围是(0,1)，表示透明度
linewidths	标量，表示点的边框宽度
edgecolors	表示点的边框颜色

在实际绘制中，如果需要改变散点图中点的大小、形状以及颜色等，可以通过设置 s、c、marker 等相关参数来实现。例如，在回归分析中，要想观察不同分类的分布情况，需要给不同类别设置不同的样式与颜色。代码实例 13-3 展示了如何通过为 pyplot.scatter()方法设置特定的参数来绘制两组不同分布的散点图。

代码实例 13-3

```
import matplotlib.pyplot as plt
import numpy as np
# 随机生成两组数据
x1= np.random.randint(0, 5, 5)
y1 = np.random.randint(0, 5, 5)
x2 = np.random.randint(5, 10, 5)
y2 = np.random.randint(5, 10, 5)
# 绘制两种不同颜色和样式的散点图
plt.scatter(x1, y1, marker = 'x',color = 'red', s = 40 )
plt.scatter(x2, y2, marker = 'o', color = 'green', s = 80)
plt.show()
```

运行结果如图 13-6 所示。

代码实例 13-3 首先调用 np.random.randint()方法来随机生成两组坐标点，并将这两组坐标点分别传入 plt.scatter()方法，然后为每组坐标点设置不同的 maker(形状)、color(颜色)以及 s(点的大小)，最后绘制出两组不同颜色和形状的散点图。

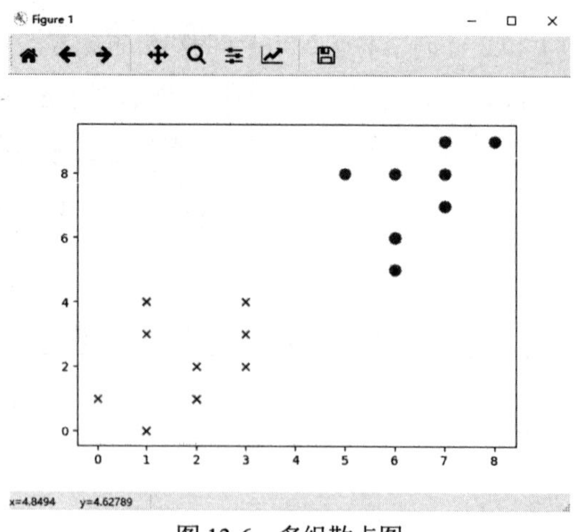

图 13-6　多组散点图

13.2.2　绘制线性图

线性图以线的上升或下降趋势来表示数据的增减变化。线性图不仅可以表示数据的增减变化，还可以反映数据量的多少。线性图通常用来描绘统计指标的动态、研究对象间的依存关系以及各组成部分的分配情况。matplotlib 提供了 pyplot.plot()方法来绘制两点之间的线段，并且可以通过设置特定参数的格式来改变图形的颜色、风格以及坐标点的样式等。代码实例 13-4 通过使用 pyplot.plot()方法绘制了一条简单的折线图。

代码实例 13-4

```
import matplotlib.pyplot as plt
x = [0, 1, 2, 3, 4, 5, 6]
y = [0.3, 0.4, 2, 5, 3, 4.5, 4]
plt.plot(x, y)    # 绘制线性图
plt.show()
```

运行结果如图 13-7 所示。

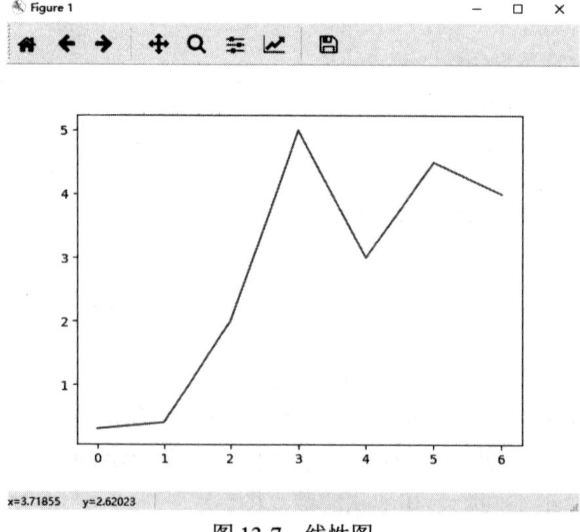

图 13-7　线性图

方法 pyplot.plot()可通过指定 x 轴和 y 轴坐标值来描绘一组坐标点的线性变化。pyplot.plot()还提供了更多常用参数来丰富线性图的样式，例如可以通过字符串参数 fmt 定义线性图的基本属性，如颜色(color)、点型(marker)、线型(linestyle)等。表 13-3 列举了 pyplot.plot()方法的常用参数。

表 13-3　pyplot.plot()方法的常用参数

参数	含义及作用
x	*x* 轴数据
y	*y* 轴数据
fmt	格式控制字符串，由颜色字符、风格字符、标记字符组成
**kwargs	第二组或更多折线，形式为(x,y, fmt)

在实际的数据可视化分析中，线性图是非常重要的，例如，在股票的量化分析中需要展示出不同年份的股票价格变化趋势。pyplot.plot()方法提供了参数 fmt 来设置线性图的基本属性，如颜色(color)、点型(marker)、线型(linestyle)，具体形式为'[color][marker][line]'的字符串组合。表 13-4 列举了可选参数 fmt 中每个字符的可选项。

表 13-4　参数 fmt 中每个字符的可选项及含义

color（颜色）	含义	linestyle（线型）	含义	Marker（点型）	含义
b	蓝色	-	实线	.	点标记
r	红色	--	虚线	,	像素标记
c	青色	-.	点画线	o	实心圈标记
m	品红色	:	点虚线	v	倒三角标记
g	绿色			^	上三角标记
y	黄色			<	右三角标记
k	黑色			>	左三角标记
w	白色			1	下花三角标记
				2	上花三角标记
				3	左花三角标记
				4	右花三角标记
				s	实心方形标记
				p	实心五角标记
				*	星形标记
				h	竖六边形标记
				H	横六边形标记
				+	十字标记
				x	x 标记

(续表)

color (颜色)	含义	linestyle (线型)	含义	Marker (点型)	含义
				D	菱形标记
				d	瘦菱形标记
				l	垂直线标记

表 13-4 列举了参数 fmt 可以接收的字符缩写属性，例如，plot(x, y, 'bo-')表示绘制具有蓝色圆点的实线。代码实例 13-5 演示了 pyplot.plot()如何使用以上这些参数绘制四个不同样式的线性图。

代码实例 13-5

```
import matplotlib.pyplot as plt
import numpy as np
x = np.arange(10)   # 随机生成 10 个 x 轴坐标
# 定义 4 个方法
y1 = x * 1.5
y2 = x * x
y3 = x * 3.5 + 5
y4 = 10 - x * 4.5
# 绘制定义的 4 个方法
plt.plot(x, y1, 'go-', x, y2, 'rx', x, y3, '*', x, y4, 'b-.')
plt.show()
```

运行结果如图 13-8 所示。

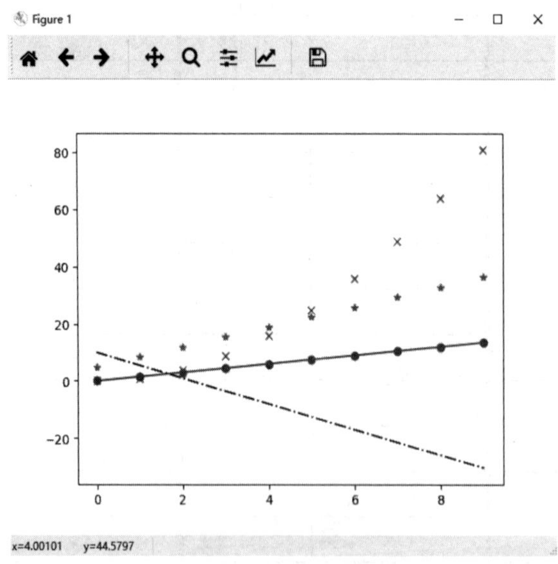

图 13-8　多组线性图

代码实例 13-5 的第 3 行使用 np.arange(10)方法随机生成了 10 个 x 轴坐标点，然后定义了 4 个以 x 为变量的线性方法，将值设为 y 轴坐标点。以图 13-8 中的直线为例，参数'go-'中的三个字符分别表示线的颜色为绿色，每个点的风格形状是'o'，并且线为虚线'-'。其他三条线同样以类似的参数组合传入方法 pyplot.plot()，从而绘制出四条不同形状风格的直线。

13.2.3　绘制柱状图

柱状图是一种以长方形的长度为变量的图形统计报告图，用一系列高度不等的纵向条纹来表示数据的分布情况(不同时间或不同条件)。Matplotlib 提供了方法 pyplot.bar()来绘制柱状图。代码实例 13-6 演示了如何使用 pyplot.bar()方法绘制一幅普通样式的柱状图。

代码实例 13-6

```
import matplotlib.pyplot as plt
import numpy as np
x = np.arange(10)
y = np.random.randint(0,30,10)
plt.bar(x, y)
plt.show()
```

运行结果如图 13-9 所示。

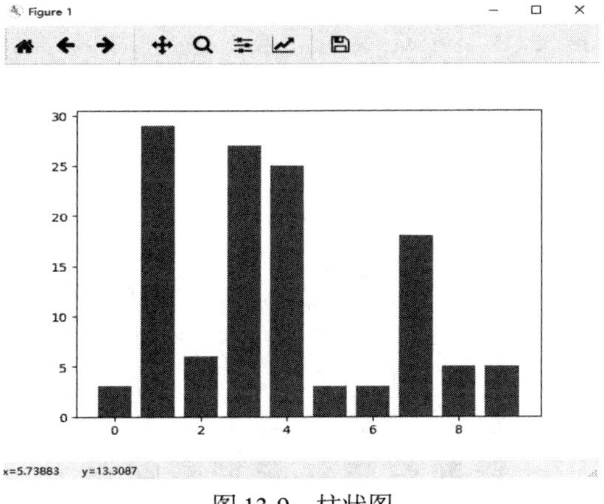

图 13-9　柱状图

代码实例 13-6 中的 pyplot.bar()方法接收两个参数 x、y，分别表示每个柱状图的 x 轴坐标和高度。pyplot.bar()还可以通过设定更多常用参数来绘制样式更丰富的柱状图，常用的参数如表 13-5 所示。

表 13-5　pyplot.bar()方法的常用参数

参数	含义及作用
left	每一个柱形左侧的 x 坐标
height	每一个柱形的高度
width	柱形之间的宽度
bottom	柱形的 y 坐标
color 或 facecolor	柱状图的填充颜色
edgecolor	柱状图的边缘颜色

代码实例13-6使用pyplot.bar()方法的两个参数left和height绘制了一组颜色单一的柱状图。在实际的柱状图展示中，往往是对多组柱状图进行对比显示，需要对不同组的图形样式进行设置才能加以区分。代码实例13-7演示了如何通过设定表13-5中的常用参数来绘制两组样式相异的柱状图。

代码实例13-7

```
import matplotlib.pyplot as plt
import numpy as np
n = 10
x= np.arange(n) + 1
y1 = np.random.uniform(0.5, 1.0, n)
y2 = np.random.uniform(0.5, 1.0, n)
plt.bar(x, y1, width=0.35, facecolor='blue', edgecolor='white')
plt.bar(x + 0.35, y2, width=0.35, facecolor='red', edgecolor='white')
plt.show()
```

运行结果如图13-10所示。

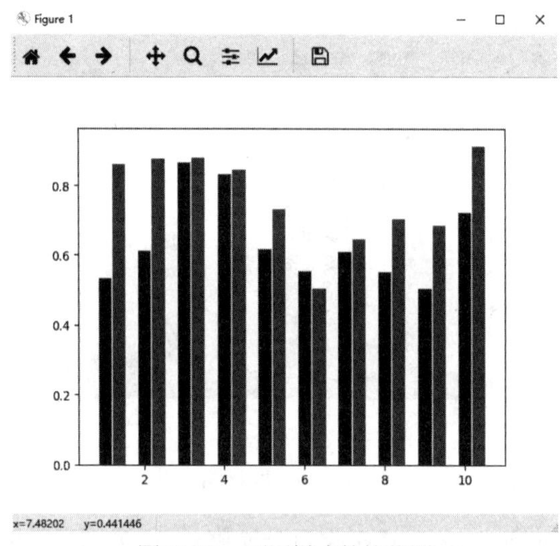

图13-10 不同样式的柱状图

在代码实例13-7中，传入的参数x表示柱形的个数，参数height则通过np.random.uniform()方法随机生成两组随机数作为两个柱形的高。其中，参数width表示两组柱形的宽，边界颜色edgecolor被设为白色，最后通过参数color分别将两组柱形的颜色填充为蓝色和红色。

13.2.4 绘制直方图

直方图又称质量分布图，是一种统计报告图，用一系列高度不等的纵向条纹或线段表示数据分布情况。一般用横轴表示数据类型，用纵轴表示分布情况。matplotlib提供了用于绘制直方图的方法pyplot.hist()，传入直方图中柱形的数量和对应的分布数据即可快速绘制直方图。代码实例13-8演示了使用pyplot.hist()方法绘制直方图的过程。

代码实例 13-8

```
import matplotlib.pyplot as plt
import numpy as np
x = np.random.randn(1000)
plt.hist(x, bins =50)
plt.show()
```

运行结果如图 13-11 所示。

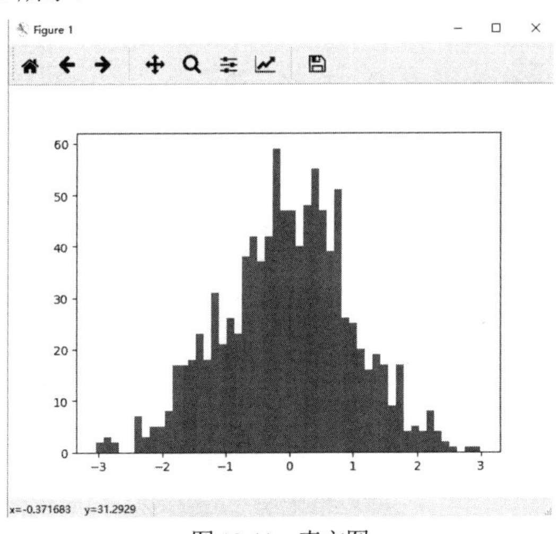

图 13-11　直方图

pyplot.hist()方法接收一个由 NumPy 生成的具有 1000 个元素的序列作为参数，绘制出一个非常直观的直方图。通过直方图可以非常方便地观察到数据的分布情况。pyplot.hist()方法还提供了其他一些常用参数，用于自定义直方图的样式。具体参数如表 13-5 所示。

表 13-6　pyplot.hist()方法的常用参数

参数	含义及作用
arr	需要计算直方图的一维数组
bins	直方图的柱数，可选项，默认为 10
normed	是否将得到的直方图向量归一化，默认为 0
facecolor	直方图的颜色
edgecolor	直方图的边框颜色
alpha	透明度
histtype	直方图的类型：'bar'、'barstacked'、'step'或'stepfilled'

如果创建的直方图的默认样式不满足需求，那么可以通过指定表 13-6 中特定的参数来自定义样式。例如，通过指定 facecolor 参数可以实现直方图中颜色的改变，通过指定 edgecolor 参数可以控制每个柱形边框颜色的变化。代码实例 13-9 演示了使用 pyplot.hist()方法，通过设置特定参数自定义直方图样式的过程。

代码实例 13-9

```
import matplotlib.pyplot as plt
import numpy as np
x =   np.random.randn(10000)
plt.hist(x, 60, normed=1, histtype='bar', facecolor='red', alpha=1, edgecolor='black')
plt.show()
```

运行结果如图 13-12 所示。

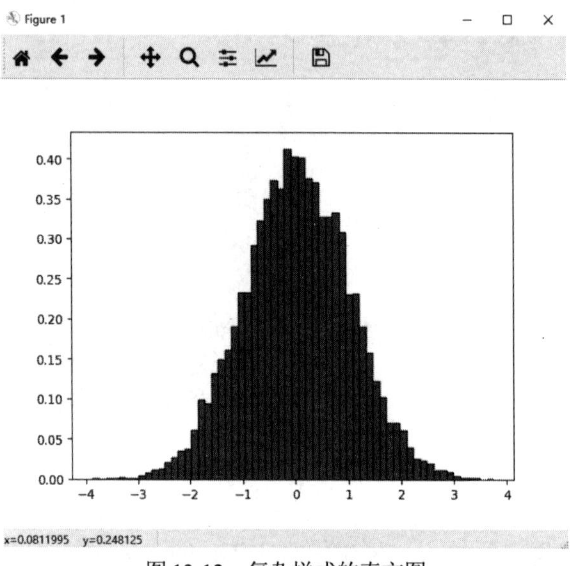

图 13-12　复杂样式的直方图

在代码实例 13-9 中，首先调用方法 np.random.randn()，随机初始化 10 000 个数据作为第一个参数的值，然后将参数 bins 的值设为 60，将直方图的类型设为'bar'，这表示用 60 个条形图来表示。最后设置每个条形图的颜色为红色，透明度为 1，边界用黑色填充，并且将 normed 设置为 1，表示对直方图进行向量归一化处理。

13.2.5　绘制饼状图

饼状图显示了一个数据系列中各项的大小与各项总和的比例。饼状图中的数据点显示为整个饼状图。matplotlib 提供了 pyplot.pie()方法用于饼状图的绘制。代码实例 13-10 演示如何使用 pyplot.pie()方法绘制不显示占比和标签的简单饼状图。

代码实例 13-10

```
import matplotlib.pyplot as plt
data = [15, 15, 40, 30]
plt.pie(data) # 绘制饼状图
plt.show()
```

运行结果如图 13-13 所示。

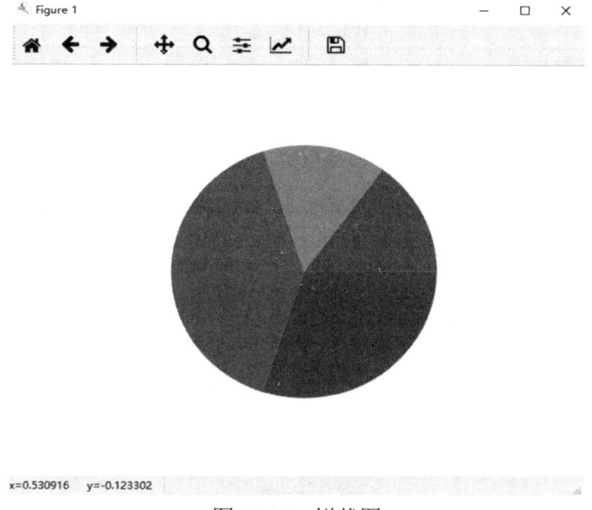

图 13-13　饼状图

在代码实例 13-10 中，pyplot.pie()方法接收一个列表作为输入，其中的值表示每块区域的占比。输入数据可以是列表，也可以是 NumPy 数组，并且 pyplot.pie()方法会自动计算饼状图中每块区域的分布比例。图 13-13 中的样式相对比较单调，而在实际应用中通常还需要显示每个区域的标签、比例值等信息。pyplot.pie()方法可以通过设置一些特定参数来丰富和改变图形样式，常用参数如表 13-7 所示。

表 13-7　pyplot.pie()方法的常用参数

参数	含义及作用
x	每一块区域的比例，如果 sum(x) > 1，则会使用 sum(x)进行归一化
labels	每一块区域外侧显示的说明文字
explode	每一块区域离开中心的距离
startangle	起始绘制角度，默认从 x 轴正方向逆时针画起。如果值为 90，则从 y 轴正方向画起
shadow	是否有阴影
labeldistance	标签的绘制位置小于 1 则绘制在饼状图的内侧
autopct	控制饼状图内的百分比设置。可以使用 format 字符串或 format function '%1.1f'指定小数点前后的位数(没有用空格补齐)
pctdistance	指定 autopct 的位置刻度
radius	控制饼状图的半径

通过上述参数可以自定义饼状图的样式。例如，在分析不同程序设计语言的使用占比时，可以通过参数 explode 突出显示占比第一的语言，还可以设定参数 labels 以显示对应的标签名称。代码实例 13-11 演示了如何通过指定特定参数来绘制饼状图。

代码实例 13-11

```
import matplotlib.pyplot as plt
data = [15,30,45,10]
labels = ['A','B','B','D']
explodes=(0,0.1,0,0)
# 指定更多参数以绘制饼状图
plt.pie(data, labels=labels, radius=1, explode=explodes, autopct='%1.1f%%', pctdistance=0.5, labeldistance=1.2)
plt.show()
```

运行结果如图 13-14 所示。

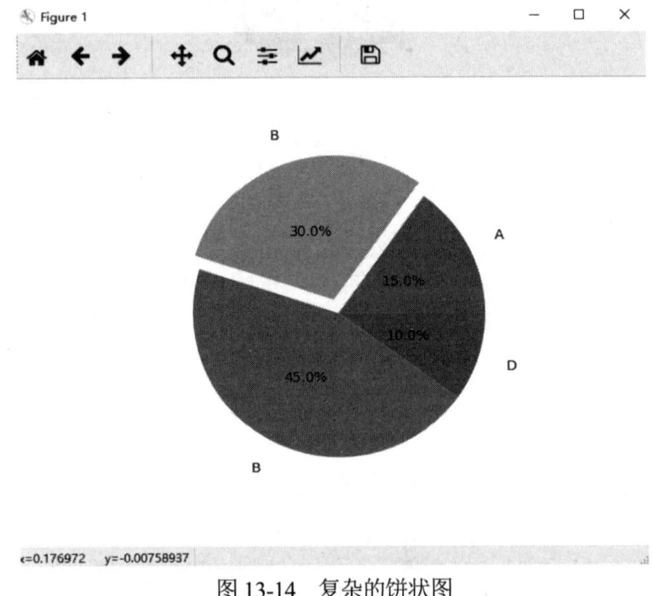

图 13-14　复杂的饼状图

在代码实例 13-11 中，参数 data 表示出入的数据，labels 表示数据对应的标签。explodes=(0,0.1,0,0)中的 0.1 表示将对应标签区域凸显出来，autopct='%1.1f%%'表示将所占比例显示为百分数。labeldistance 表示标签到圆心的位置，当值小于 1 时表示位置在圆内。

13.3 常用 3D 图形

前面已经介绍了如何使用 matplotlib 中的 pyplot 模块绘制常用的 2D(二维)图形。然而，matplotlib 不仅能绘制 2D 图形，而且可以非常方便地绘制 3D(三维)图形。与二维图形不同的是，绘制三维图形主要通过 mplot3d 模块来实现。需要注意的是，使用 matplotlib 绘制三维图形实际上是在二维画布的基础上进行绘制的，所以一般绘制三维图形时同样需要载入 pyplot 模块。

13.3.1 绘制 3D 散点图

在实际的数据分析中，三维散点图同样是了解数据空间分布时非常常用的可视化分析工具。matplotlib 提供了 Axes3D 模块来实现 3D 图形坐标的创建，然后通过调用 scatter()方法进行三维散点图的绘制。代码实例 13-12 演示了使用 matplotlib 绘制三维散点图的过程。

代码实例 13-12

```
from mpl_toolkits.mplot3d import Axes3D
import matplotlib.pyplot as plt
import numpy as np
fig = plt.figure()
ax=Axes3D(fig)
x=np.random.randint(0,100,500)
y=np.random.randint(0,100,500)
z=np.random.randint(0,100,500)
ax.scatter(x, y, z)
plt.show()
```

运行结果如图 13-15 所示。

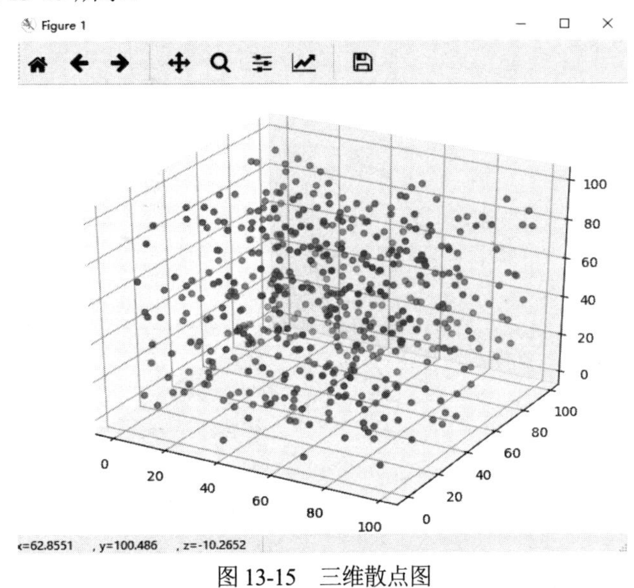

图 13-15　三维散点图

在代码实例 13-12 中，第 1 行代码导入了 matplotlib 的三维扩展包 Axes3D，这是使用 matplotlib 进行三维绘制操作的前提。第 2 和 3 行代码通过 fig = plt.figure()、ax=Axes3D(fig)创建了一个 figure 实例，并将 Axes3D 对象作为参数传入。Axes3D 负责对三维坐标进行渲染，三维散点图的原理和二维散点图是一样的，都是通过 scatter 来实现，不同的是，参数值由二维坐标变为三维坐标。

13.3.2　绘制 3D 曲线

在空间几何中，三维曲线是常见的三维图形之一，是经典微分几何的主要研究对象。直观上讲，三维曲线可看成空间中某个自由度质点的运动轨迹，因此，将曲线直观展现出来对于一些研究工作有着重要作用。三维曲线的绘制同样需要通过 Axes3D 模块来创建 3D 图形对象，然后通过调用 plot()方法实现三维曲线的绘制。代码实例 13-13 演示了 matplotlib 中三维曲线的绘制过程。

代码实例 13-13

```
from mpl_toolkits.mplot3d import Axes3D
import matplotlib.pyplot as plt
import numpy as np
x = np.linspace(-6 * np.pi, 6 * np.pi, 1000)
y = np.sin(x)
z = np.cos(x)
fig = plt.figure()        # 创建一个新的画布
ax=Axes3D(fig)
ax.plot(x, y, z)
plt.show()
```

运行结果如图 13-16 所示。

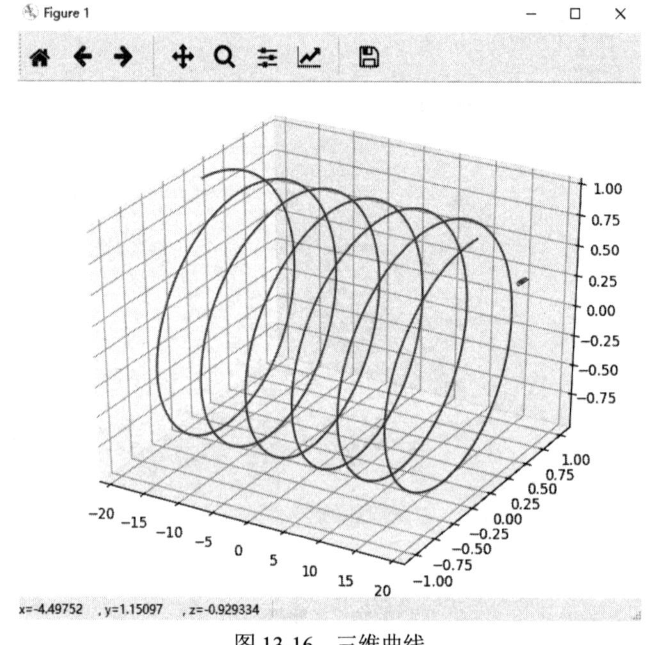

图 13-16 三维曲线

在代码实例 13-13 中，三维曲线的绘制方法和三维散点图相似，不同的是，需要通过 fig = plt.figure()和 ax=Axes3D(fig)创建一个三维画布对象。代码实例 13-13 中的第 4~6 行构造了一个三维曲线数据集，并将三维坐标参数 x、y、z 的值传入绘制方法，最后调用 plot()方法实现三维曲线的绘制。

13.3.3 绘制 3D 曲面

对于一些工程应用以及科学研究工作，需要绘制各种三维曲面来进行观测以辅助研究。matplotlib 对三维曲面也提供了很好支持，使用 plot_surface()方法可以非常方便地进行三维曲面的绘制。代码实例 13-14 演示了使用 matplotlib 绘制三维曲面的过程。

代码实例 13-14

```
import matplotlib.pyplot as plt
from mpl_toolkits.mplot3d import Axes3D
```

```
import numpy as np
def fun(x, y):
    return np.power(x, 2) + np.power(y, 2)
fig = plt.figure()
ax=Axes3D(fig)
x = np.arange(-2, 2, 0.1)
y= np.arange(-2, 2, 0.1)
x, y = np.meshgrid(x, y)
z = fun(x, y)
ax.plot_surface(x, y, z)
plt.show()
```

运行结果如图 13-17 所示。

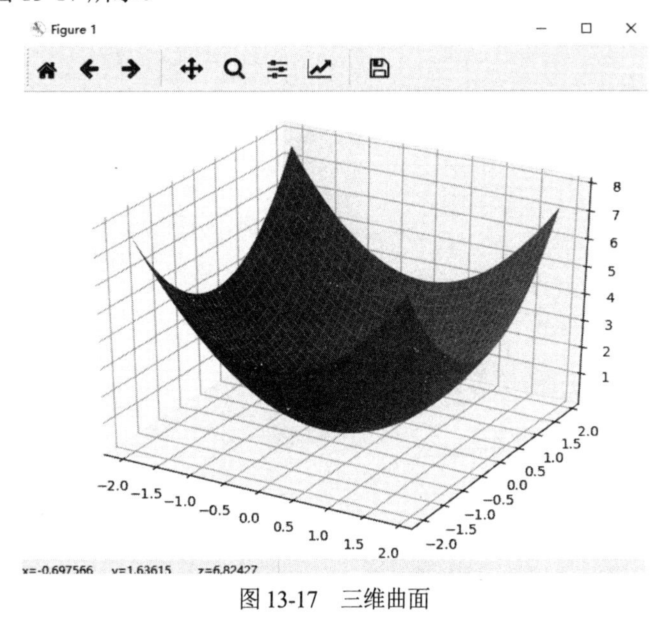

图 13-17　三维曲面

在代码实例 13-14 中，通过调用 fig = plt.figure()、ax=Axcs3D(fig)创建了一个三维对象，然后使用 fun()定义了一种表示三维曲面的方法，最后将三个三维坐标作为参数输入方法 plot_surface()进行三维曲面的绘制。

13.3.4　绘制 3D 柱状图

柱状图是二维空间中一种以长方形长度为变量的统计图表，通常用于比较两个或两个以上的属性值，而三维柱状图则是柱状图在三维空间中的延伸。在创建 3D 坐标对象后，matplotlib 提供了 bar()方法来绘制三维柱状图，可以接收的坐标参数是三维坐标。代码实例 13-15 演示了如何使用 bar()方法绘制两组不同颜色的三维柱状图。

代码实例 13-15

```
from mpl_toolkits.mplot3d import Axes3D
import matplotlib.pyplot as plt
import numpy as np
```

```
fig = plt.figure()
ax=Axes3D(fig)
x = [1, 2]
for i in x:
    y = [1, 2]
    z = abs(np.random.normal(1, 10, 2))
ax.bar(y, z, i, zdir='y')
plt.show()
```

运行结果如图 13-18 所示。

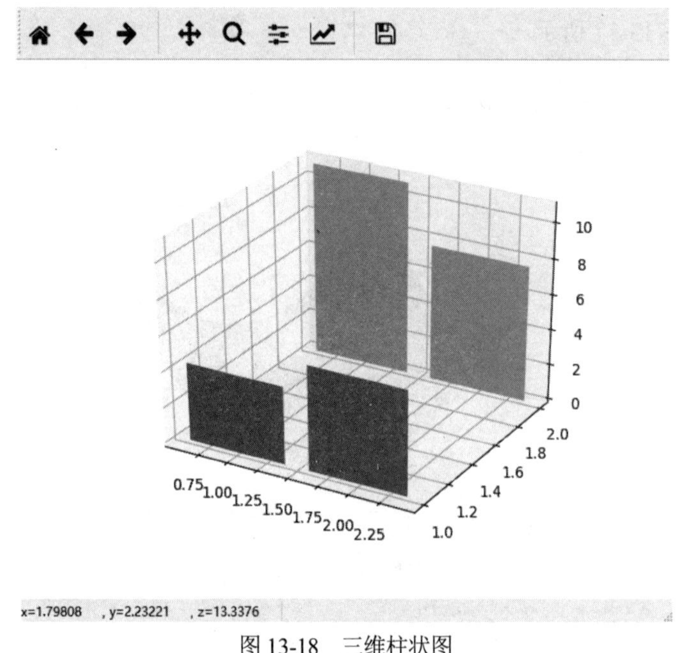

图 13-18 三维柱状图

如代码实例 13-15 所示，bar()方法接收了三维坐标数据 y、z、i，参数 zdir 决定了将哪个坐标轴作为 *z* 轴的维度。

13.4 图形设置

在前面的章节中，我们已经了解了如何使用 matplotlib 绘制常用的二维和三维图形，包括线性图、饼状图、散点图等。但是，matplotlib 默认的样式通常并不是非常美观。接下来将重点讲解如何设置绘图方法的常用参数，从而画出更漂亮、更形象的图形。

13.4.1 设置颜色

matplotlib 绘图方法在没有进行颜色设置时都会自动提供默认颜色，但往往默认颜色并不能满足实际需要，因此可以通过设置颜色参数来达到目标。本节重点学习 matplotlib 如何设置图形颜色。matplotlib 提供的直接可用的颜色字符如表 13-8 所示，这些颜色可以通过调用 matplotlib.pyplot.colors()得到。

表 13-8　颜色字符

字符	颜色	字符	颜色
b	蓝色	g	绿色
r	红色	y	黄色
c	青色	k	黑色
m	品红色	w	白色

上述颜色虽然在使用中非常直观，但提供的颜色范围较小，因此 matplotlib 还提供了另外两种方式来自定义颜色：一是使用类似 HTML 语言的十六进制字符串表示法，例如'#ffffff'表示颜色为白色；二是使用 RGB 色彩模式，颜色通过 R(红色)、G(绿色)、B(蓝色)三种色彩混合叠加而成。

代码实例 13-16 通过调用 plt.scatter()绘制了两种不同颜色的散点图，通过改变控制颜色的参数 c 可控制所绘制图形的颜色。其他类型的图形在进行颜色设置时同样通过参数 c 来改变颜色。与普通的 RGB 色彩模式使用[0,255]数值不同，matplotlib 使用一种归一化方法将[0,255]转换为[0,1]区间的值，参见第 13 行代码中参数 c 的使用形式。

代码实例 13-16

```
import matplotlib.pyplot as plt
import numpy as np
plt.rcParams['font.sans-serif'] = ['Microsoft YaHei']
plt.rcParams['axes.unicode_minus'] = False
x1 = np.random.rand(100)
y1 = np.random.rand(100)
x2 = np.random.rand(100)
y2 = np.random.rand(100)
x3 = np.random.rand(60)
y3 = np.random.rand(60)
plt.scatter(x1, y1, c='r')
plt.scatter(x2, y2, c='#0000FF')
plt.scatter(x3, y3, c=(0.4, 0.4, 0.2))
plt.show()
```

运行结果如图 13-19 所示。

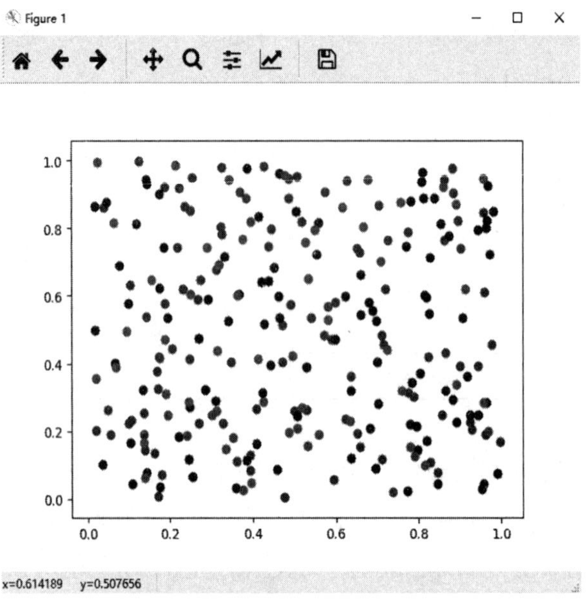

图 13-19　不同颜色的散点图

13.4.2　添加注释和标题

在数据可视化的过程中，可以通过在图形中添加文字注释来解释说明图形中的一些重要特征，这样能够更直观地解读图形表达的含义。此外，也可给图形添加标题，使图形表达的主题更直观。matplotlib 提供了 pyplot.annotate()和 pyplot.title()来实现添加注释和标题的功能。代码实例 13-18 演示了 matplotlib 如何使用这些方法来添加图形的注释和标题。

代码实例 13-17

```
import matplotlib.pyplot as plt
import numpy as np
plt.rcParams['font.sans-serif'] = ['SimHei']
plt.rcParams['axes.unicode_minus'] = False
x = np.arange(10)
y = np.random.randint(0, 30, 10)
plt.bar(x, y)
plt.annotate('第二个柱状图', xy=(1, 20), xytext=(2, 25), arrowprops=dict(facecolor='red', shrink=0.05))
plt.title('柱状图')
plt.show()
```

运行结果如图 13-20 所示。

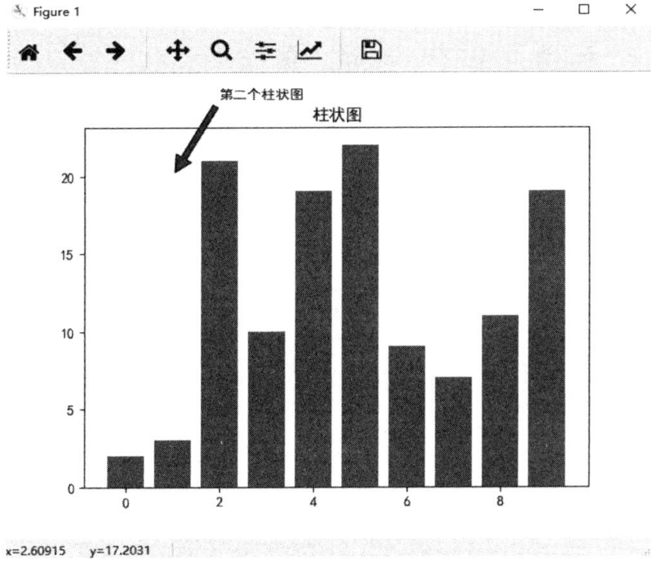

图 13-20　添加了注释的柱状图

上述代码中的第 8 行通过调用 annotate()方法来对绘制的柱状图添加注释。在使用 annotate()时，需要考虑两个点的坐标：注释的坐标 xy(x, y)和插入文本的坐标 xytext(x, y)。绘制完图形后，第 10 行通过调用 title()方法来给图形添加标题，以增强所绘制图形的友好性。

13.4.3　设置图例和标签

数据是图表所要展示的具体内容，而图例和标签能更好地帮助你理解图形的意义以及想要传递的信息。matplotlib 同样提供了图例设置方法 legend()以及标签设置方法 xlabel()和 ylabel()。代码实例 13-19 演示了 matplotlib 为图形添加图例和标签的过程。

代码实例 13-18

```
import matplotlib.pyplot as plt
import numpy as np
plt.rcParams['font.sans-serif'] = ['SimHei']
plt.rcParams['axes.unicode_minus'] = False
x = np.linspace(1, 10, 50)
y1 = [(i ** 2) for i in x]
y2 = [(i*4 + 20) for i in x]
plt.plot(x, y1, label='y = x * x', linestyle='-')
plt.plot(x, y2, label='y = x*4 + 6', linestyle='--')
plt.xlabel('x 轴')
plt.ylabel('y 轴')
plt.title('二元方法')
plt.legend()
plt.show()
```

运行结果如图 13-21 所示。

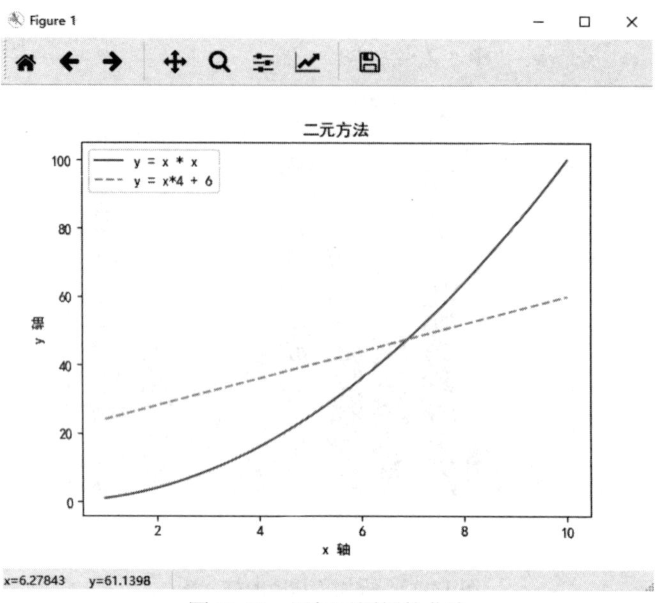

图 13-21 添加了图例的曲线

上述代码绘制了两条不同的曲线，并为图形添加图例和标签。首先通过调用 legend()方法来添加图例，对不同的曲线加以说明，例如不同的曲线的形状和表达函数。然后通过第 10 和 11 行代码中的 xlabel()和 ylabel()方法来设置 *x* 轴和 *y* 轴的标签。

13.5 文件操作

在 matplotlib 中，绘制图形时需要的数据很多都存储在不同格式的文件中，例如 CSV 文件、文本文件、Excel 文件等，因此绘制图形前需要将相关数据从文件中提取出来进行处理。本节将介绍 matplotlib 如何加载文件中的数据以绘制不同的图形。

13.5.1 从 CSV 文件中加载数据

CSV 是一种通用的、相对简单的文件格式，被广泛应用于很多实际应用领域。CSV 文件以纯文本形式存储表格数据，在本质上是字符序列，这是有别于二进制数据形式的显著特征。接下来将学习如何使用 matplotlib 加载 CSV 文件数据并进行可视化展示，参见代码实例 13-19。

代码实例 13-19

```
from matplotlib import pyplot as plt
import csv
# 用来正常显示中文标签
plt.rcParams['font.sans-serif'] = ['SimHei']
# 用来正常显示负号
plt.rcParams['axes.unicode_minus'] = False
x = []
y = []
with open("files/csv_load.csv", 'r') as csvfile:
    plots = csv.reader(csvfile, delimiter=',')
```

```
        for row in plots:
            x.append(float(row[0]))
            y.append(float(row[1]))
plt.plot(x, y, label='平方曲线')
plt.xlabel('x')
plt.ylabel('y')
plt.title('CSV 加载数据')
plt.legend()
plt.show()
```

运行结果如图 13-22 所示。

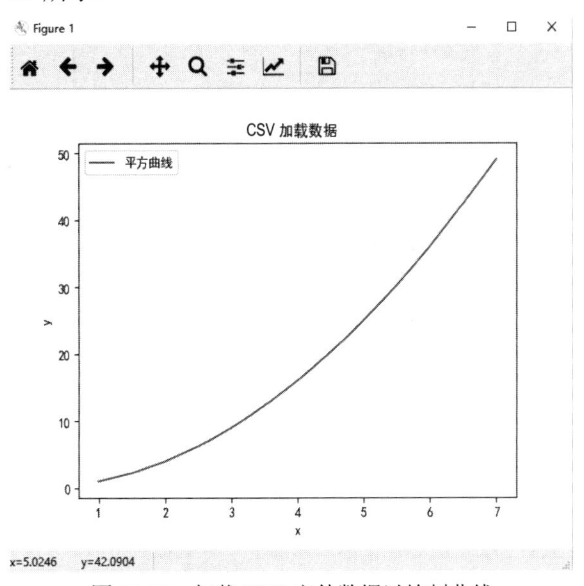

图 13-22 加载 CSV 文件数据以绘制曲线

Python 中自带用于处理 CSV 文件的库，csv.reader()方法将 CSV 文件以行的形式读取，用于折线图的绘制，并将每行中的第一列和第二列作为 x 轴和 y 轴的值。由于读取的数据是字符类型，float(row[0])的作用就是将值转换成数字类型。

13.5.2 从文本文件中加载数据

文本文件也是非常常见的一种文件格式，主要用于保存文本信息，并且在不同操作系统之间，文本文件很容易被创建和交换。代码实例 13-20 演示了如何加载文本文件中的数据并将数据分布情况以散点图展示出来。

代码实例 13-20

```
from matplotlib import pyplot as plt
import numpy as np
# 用来正常显示中文标签
plt.rcParams['font.sans-serif'] = ['SimHei']
# 用来正常显示负号
plt.rcParams['axes.unicode_minus'] = False
x, y = np.loadtxt('files/txt_load.txt', delimiter=',', unpack=True)
plt.scatter(x, y, label='Data', color='black')
```

```
plt.xlabel('x')
plt.ylabel('y')
plt.title('加载文本数据')
plt.legend()
plt.show()
```

运行结果如图 13-23 所示。

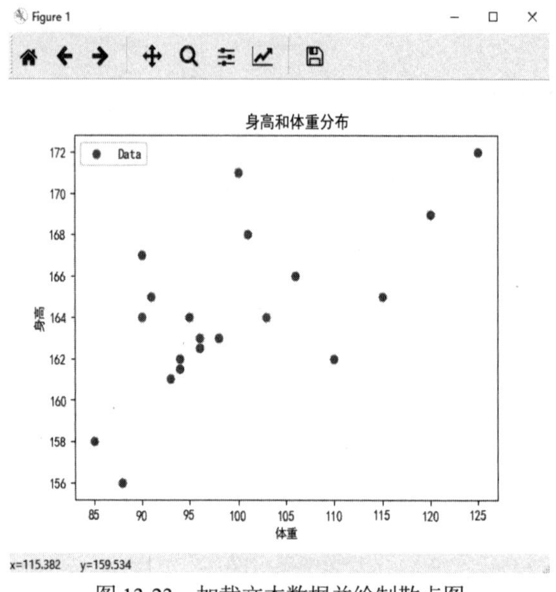

图 13-23 加载文本数据并绘制散点图

上述例子中的文本文件存放了 20 个人的身高和体重数据，每一行代表一个人的身高和体重，并且身高和体重数据以逗号分隔。上述代码以散点图的形式展示了人的身高和体重分布情况。第 7 行代码通过调用 NumPy 库的 loadtxt()方法加载文本文件，由于其中的数据是通过逗号分隔符分隔显示的，因此需要设置参数 delimiter=','以进行数据分离，并将 loadtxt()方法返回的数据作为 *x* 轴和 *y* 轴的数据传入 plt.scatter()方法，绘制成表示文本数据分布情况的散点图。

13.5.3 从 Excel 文件中加载数据

Excel 是微软开发的一款电子表格软件，是目前非常流行的图表处理办公工具。本节首先对 Excel 文件进行简单的基本数据操作，然后通过具体实例演示如何调用和操控 Excel 数据，并进行可视化显示。代码实例 13-21 演示了 matplotlib 如何加载 Excel 数据并进行图形化显示。

代码实例 13-21

```
import matplotlib.pyplot as plt
import xlrd
# 用来正常显示中文标签
plt.rcParams['font.sans-serif'] = ['SimHei']
# 用来正常显示负号
plt.rcParams['axes.unicode_minus'] = False
xls = xlrd.open_workbook('files/excel_load.xlsx')
table = xls.sheets()[0] # 获取 Excel 中的第一个 sheet 表数据
x = []
```

```
    y = []
    for i in range(table.nrows): # 获取 sheet 表的所有数据
        if i == 0:
            x = table.row_values(i) # 将第一行作为 x 轴标题
        else:
            y = table.row_values(i)
    plt.xlabel("x 轴：食物名称")
    plt.ylabel("y 轴：含水量(g)")
    plt.title("食物含水量")
    plt.bar(x, y)
    plt.show()
```

运行结果如图 13-24 所示。

上述代码实现了从 Excel 文件中加载数据(格式如图 13-25 所示)，并将每种食物对应的含水量以柱状图的形式进行可视化展示。其中，第 2 行代码通过导入 Python 中的 xlrd 库来实现 Excel 文件数据操作。第 7 行代码通过调用 xlrd.open_workbook()方法来打开 Excel 文件，然后通过 xls.sheets()[0]方法打开 Excel 中的第一个 sheet 表。第 11~15 行代码读取 sheet 表中的第一行和第二行数据作为柱状图的 x 轴和 y 轴参数。代码实例 13-22 展示了读取 Excel 中一个 sheet 表的过程，但是在实际开发中常常会涉及多个 sheet 表的数据文件。代码实例 13-22 演示了如何从多个 sheet 表中读取数据，并通过 matplotlib 进行可视化展示。

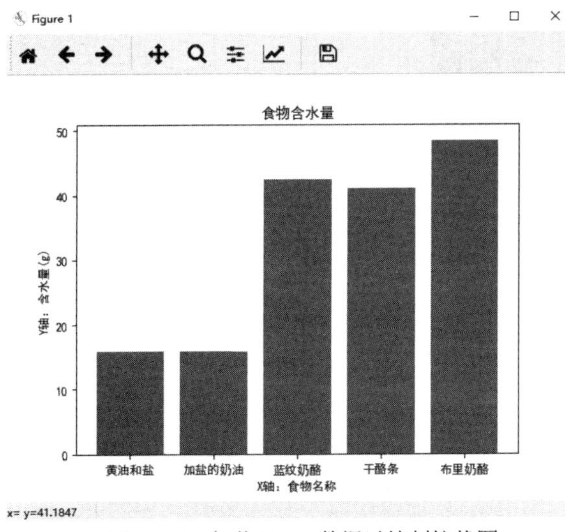

图 13-24　加载 Excel 数据以绘制柱状图

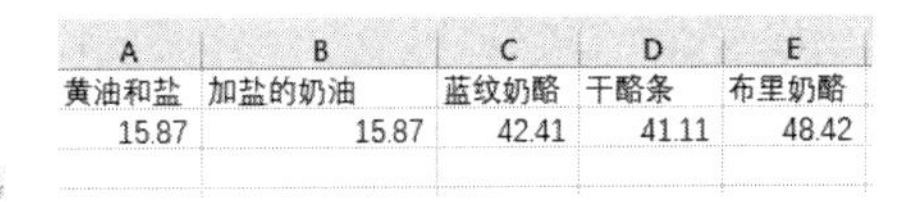

A	B	C	D	E
黄油和盐	加盐的奶油	蓝纹奶酪	干酪条	布里奶酪
15.87	15.87	42.41	41.11	48.42

图 13-25　Excel 数据格式

代码实例 13-22

```
plt.rcParams['font.sans-serif'] = ['SimHei']
# 用来正常显示负号
plt.rcParams['axes.unicode_minus'] = False
xls = xlrd.open_workbook('files/excel_load.xlsx')
sheets = xls.sheets()
x = []
y = []
for n in range(len(sheets)): # 循环读取每一个 sheet 表的数据
    table = sheets[n]
    for i in range(table.nrows):
```

```
            if i == 0:
                x = x + table.row_values(i)
            else:
                y = y +table.row_values(i)
    plt.xlabel("食物名称")
    plt.ylabel("含水量(g)")
    plt.title("食物含水量")
    plt.bar(x, y)
    plt.show()
```

运行结果如图 12-26 所示。

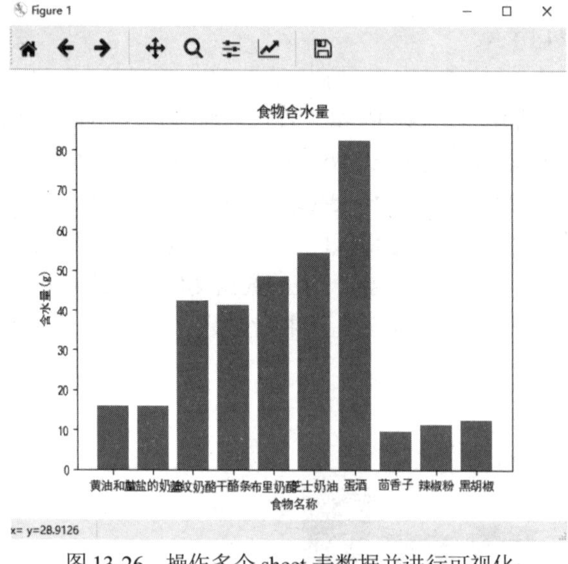

图 13-26　操作多个 sheet 表数据并进行可视化

13.6 图像操作

matplotlib 不仅可以用于图形绘制，而且提供了非常丰富的图像处理功能。matplotlib 主要通过 matplotlib.image 模块对图像进行各种处理，比如图像读取、格式转换、显示风格等。本节将展示如何通过 matplotlib.image 模块实现常用的图像处理功能。

13.6.1 图像的读取与显示

在实际应用中，处理图像的第一步是对图像进行快速读取和显示。matplotlib 提供了 image.imread()方法以方便实现常见格式图像读取，如 BMP、JPEG、GIF、PNG 等；提供的 image.imshow()方法则可以容易地实现图像的快速显示。代码实例 13-22 展示了 matplotlib 如何读取和显示不同格式的图像。

代码实例 13-23

```
import matplotlib.pyplot as plt
import matplotlib.image as image
```

```
img = image.imread('images/Koala.jpg')
plt.imshow(img)
plt.show()
```

运行结果如图 13-27 所示。

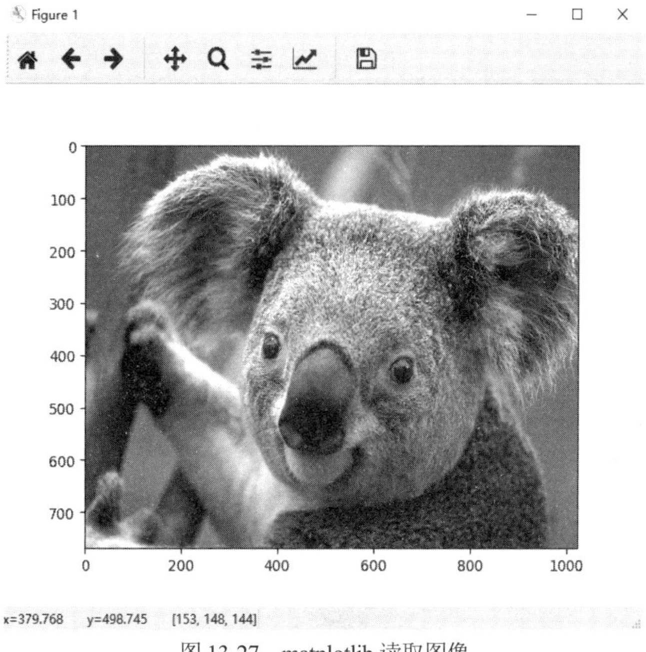

图 13-27　matplotlib 读取图像

上述程序中，第 3 行的 image.imread()方法用于加载本地图片，输入的参数为要加载的图片的路径，输出结果以数组形式返回。第 4 行的 pyplot. imshow()方法通过加载图像数组显示图片。上述程序展示了 matplotlib 读取并显示本地图片的过程，还可以通过加上 plt.axis('off')这行代码来去掉刻度，运行结果如图 13-28 所示。

图 13-28　去掉刻度

13.6.2 图像的保存与转换

利用 Python 中的 matplotlib 绘制好图形之后，可以通过 matplotlib 提供的功能很方便地将结果转换成不同格式的图片进行保存。matplotlib 提供的 savefig()方法可以实现对不同格式图像的存储，如代码实例 13-24 所示。

代码实例 13-24

```
import matplotlib.pyplot as plt
import numpy as np
x = np.random.randn(1000)
y = np.random.randn(1000)
plt.scatter(x, y)
plt.savefig('images/scatter.png')
plt.show()
```

保存后的图片如图 13-29 所示。

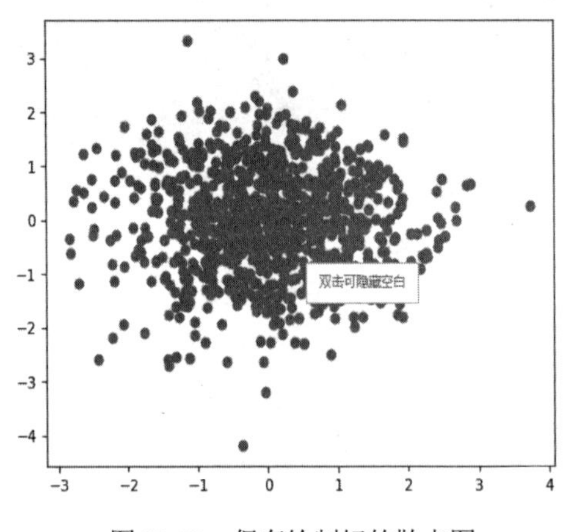

图 13-29 保存绘制好的散点图

在上述代码中，第 6 行的 pyplot.savefig()方法用于将绘制的图像保存为图片，参数为图片的路径地址。此外，pyplot.savefig()还支持 JPG、SVG 等多种图片格式间的转换。例如，通过代码 plt.savefig('images/scatter.jpg')即可实现 JPG 图像文件的存储。matplotlib 不仅可以将绘制的图形保存为不同格式的图片，还可以将图形转换成 PDF 格式输出。代码实例 13-25 演示了如何将上述绘制好的散点图转换为 PDF 格式并输出。

代码实例 13-25

```
import matplotlib.pyplot as plt
import numpy as np
from matplotlib.backends.backend_pdf import PdfPages
plt.rcParams['font.sans-serif']=['SimHei']
plt.rcParams['axes.unicode_minus']=False
pdf = PdfPages('scatter.pdf')
x = np.random.randn(1000)
y = np.random.randn(1000)
plt.scatter(x, y)
plt.xlabel('x 轴')
plt.ylabel('y 轴')
```

```
plt.title('保存 PDF 案例')
pdf.savefig()
plt.close()
pdf.close()
```

运行结果如图 13-30 所示。

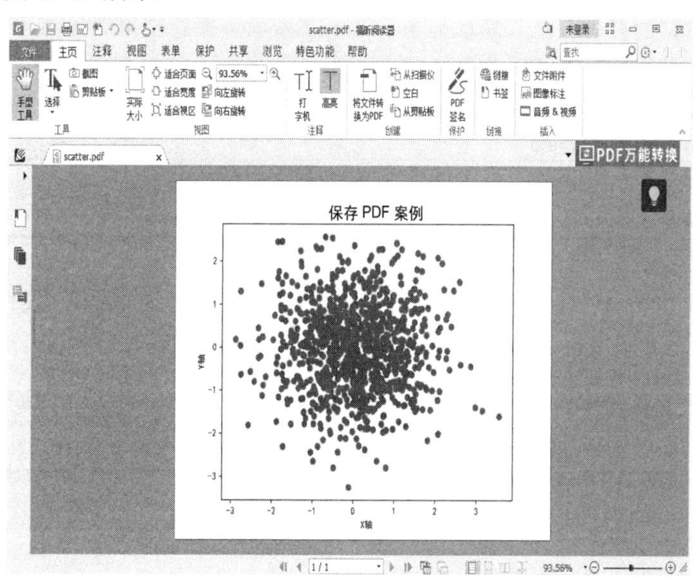

图 13-30 PDF 格式的输出结果

上述代码中，第 3 行导入了 matplotlib.backends.backend_pdf import PdfPages 方法用于操作 PDF 文件。第 6 行通过调用 pdf = PdfPages('scatter.pdf')方法设置需要保存的 PDF 文件名以及路径，最后在绘制完散点图后，通过第 13 行中的代码 pdf.savefig()将散点图转换为 PDF 格式文件。

13.7 综合实例

前面已经介绍了使用 matplotlib 绘制和处理图形的常用方法，但是在实际的应用中，往往需要结合使用多种方法。本节将通过一些综合实例展现 matplotlib 在几种不同实际场景中的应用。

13.7.1 绘制子图

在实际绘制图形时，不仅需要显示单个图形，而且常常需要同时显示多个图形。因此，matplotlib 提供了非常方便的子图绘制功能。其中，figure()、subplot()是使用比较频繁的图形构造方法。figure()方法虽然在绘制一般图形时不是必要的，但是在进行子图和个性化图形绘制时，需要使用该方法创建图形窗口对象，以实现图形绘制的灵活控制。表 13-9 列出了 figure()方法的常用参数。

表 13-9　figure()方法的常用参数

参数	含义及作用
num	窗口的属性 id，是窗口的身份标识
figsize	整数元组，表示绘图窗口的大小，默认为 rc fiuguer.figsize
dpi	整数，表示窗口的分辨率，默认为 rc figure.dpi
facecolor	窗口的背景颜色，默认为 rc figure.facecolor。颜色值可通过 RGB 来设置，范围是 '#000000'~'#FFFFFF'
edgecolor	窗口的边框颜色，默认为 rc figure.edgecolor
figureclass	用于自定义 Figure 实例
frameon	表示是否显示边框，默认显示
clear	清除窗口内容，默认为 false

通过设置上述常用参数，figure()方法可以方便你自定义图形的显示样式。例如，通过设置参数 facecolor 可定义图形不同的背景颜色，通过参数 figsize 可定义显示窗口的大小等，如代码实例 13-12 所示。

代码实例 13-26

```
import numpy as np
import matplotlib.pyplot as plt
x = np.linspace(1, 100, 100)
y = np.random.randint(20, 60, size=100)
plt.figure(num="figure",figsize=(6,4),facecolor="yellow",edgecolor="green")
plt.plot(x, y, c="red", label="y_line")
plt.legend(loc="line")
plt.show()
```

运行结果如图 13-31 所示。

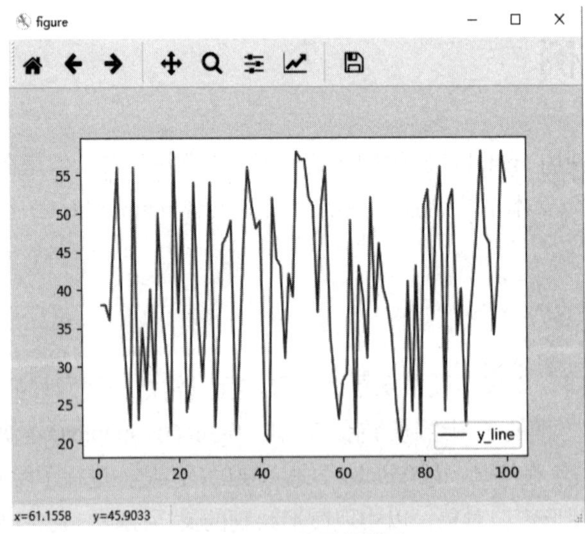

图 13-31　设置折线图

上述代码中的第 3 和 4 行使用 np.linspace()和 np.random.randint()方法随机构造了一组 x 和 y

坐标，作为绘制折线图的坐标数据。第 5 行调用 figure()方法，并设置参数 num 创建了一个 id 标识为 figure 的窗口。参数 figsize=(6,4)表示尺寸大小为 6×4，参数 facecolor="yellow"表示背景为黄色，参数 edgecolor="green"表示边框为绿色。以上实例展示了使用 matplotlib 中的 figure()方法能够方便、灵活地自定义图形绘制窗口。如果需要绘制多个子图，还需要 subplot()方法的支持。表 13-10 列举了 subplot()方法的常用参数。

表 13-10　subplot()方法的常用参数

参数	含义及作用
nrows	画布被分割成的行数
ncols	画布被分割成的列数
plot_number	当前正在绘制的子图的编号

通过设定上述参数，使用 subplot()方法就可以对不同子图所在的比例和顺序进行布局控制。代码实例 13-27 演示了如何通过 figure()和 subplot()方法在一个绘图窗口中同时绘制多个子图。

代码实例 13-27

```
import matplotlib.pyplot as plt
plt.rcParams['font.sans-serif']=['SimHei']
plt.rcParams['axes.unicode_minus']=False
plt.figure()
plt.subplot(2, 1, 1)
plt.plot([0.5, 1], [0.5, 1])
plt.title("子图绘制")
plt.subplot(2, 2, 3)
plt.plot([0.5, 1], [0.5, 1])
plt.subplot(2, 2, 4)
plt.plot([0.5, 1], [0.5, 1])
plt.show()
```

运行结果如图 13-32 所示。

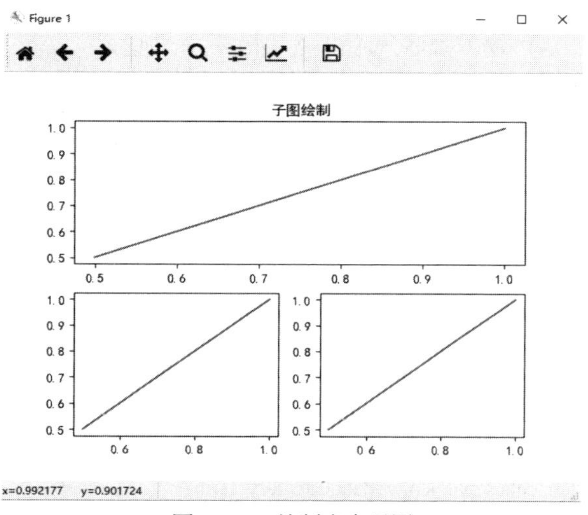

图 13-32　绘制多个子图

上述程序使用 subplot()方法绘制了三个子图，区域大小分别为 2×1、2×2、2×2。第一个子图的 plot_number 参数为 1，表示占据 2×1 区域的第一行第一列，第二和第三个子图的 plot_number 参数分别为 3 和 4，表示占据 2×2 区域的第三和第四个位置。

13.7.2 鸢尾花可视化属性分析

在实际数据处理过程中，数据往往是以某种格式存放在文件中。本节将展示如何从 CSV 文件中读取数据以进行图形的绘制，基本功能是结合数据处理库 Pandas，从鸢尾花的文件中读取数据，并通过图例分析鸢尾花属性。Iris 也称鸢尾花数据集，是数据分析中用于分类实验的一个常用数据集。主要包含 3 种植物：山鸢尾(setosa)、变色鸢尾(versicolor)和维吉尼亚鸢尾(virginica)，并且每种 50 个样本，共 150 个样本。Iris 数据集包含 4 个特征变量和 1 个类别变量。Iris 数据集中的每个样本包含 4 个特征——花萼长度、花萼宽度、花瓣长度和花瓣宽度，以及 1 个类别变量(label)。数据下载地址为 http://archive.ics.uci.edu/ml/datasets/Iris。

代码实例 13-28 展示了如何利用 matplotlib 方法对鸢尾花的一个实例进行分析。首先，代码的第 3 和 4 行通过调用 plt.rcParams['font.sans-serif']=['SimHei']和 plt.rcParams['axes.unicode_minus']=False 解决了绘图过程中的中文乱码问题，接着利用 Pandas 库将数据从 CSV 文件中读取出来。其次，根据鸢尾花属性的数量调用 plt.subplot2grid()和 plt.scatter 方法以绘制 6 个不同属性的散点子图，并且调用自定义标签设置方法，给每个属性的子图设置 x 轴和 y 轴标签。最后，调用 plt.title()方法为每个子图设置标题。

代码实例 13-28

```
import pandas as pd
from matplotlib import pyplot as plt
plt.rcParams['font.sans-serif']=['SimHei']
plt.rcParams['axes.unicode_minus']=False
# 设置坐标轴的标签
def Set_labels(xlabel, ylabel):
    plt.xlabel(xlabel)
    plt.ylabel(ylabel)
data = pd.read_csv(r"files/iris.csv")
data.columns = ['sepal_len', 'sepal_width', 'petal_len', 'petal_width', 'class']
data['class'] = data['class'].apply(lambda x: x.split('-')[1])  # 去掉种类中的多余部分
# 数据转换，把种类映射成数据类别
dict = {'setosa': 0, 'versicolor': 1, 'virginica': 2}
data['Category_num'] = data['class'].map(dict)
fig = plt.figure()
plt.subplot2grid((3, 2), (0, 0))
plt.scatter(data.sepal_len, data.sepal_width, c=data.Category_num)
Set_labels('sepal_len', 'sepal_width')
plt.title("萼片长度和宽度的种类分布图")
plt.subplot2grid((3, 2), (0, 1))
plt.scatter(data.petal_len, data.petal_width, c=data.Category_num)
Set_labels('petal_len', 'petal_width')
plt.title("花瓣长度和宽度的种类分布图")
plt.subplot2grid((3, 2), (1, 0))
plt.scatter(data.petal_len, data.sepal_len, c=data.Category_num)
Set_labels('petal_len', 'sepal_len')
plt.title("花瓣长度和萼片长度的种类分布图")
```

```
plt.subplot2grid((3, 2), (1, 1))
plt.scatter(data.petal_width, data.sepal_width, c=data.Category_num)
Set_labels('petal_width', 'sepal_width')
plt.title("花瓣宽度和萼片宽度的种类分布图")
plt.subplot2grid((3, 2), (2, 0))
plt.scatter(data.petal_len, data.sepal_width, c=data.Category_num)
Set_labels('petal_len', 'sepal_width')
plt.title("花瓣长度和萼片宽度的种类分布图")
plt.subplot2grid((3, 2), (2, 1))
plt.scatter(data.petal_width, data.sepal_len, c=data.Category_num)
Set_labels('petal_width', 'sepal_len')
plt.title("花瓣宽度和萼片长度的种类分布图")
plt.tight_layout()
plt.show()
```

运行结果如图 13-33 所示。

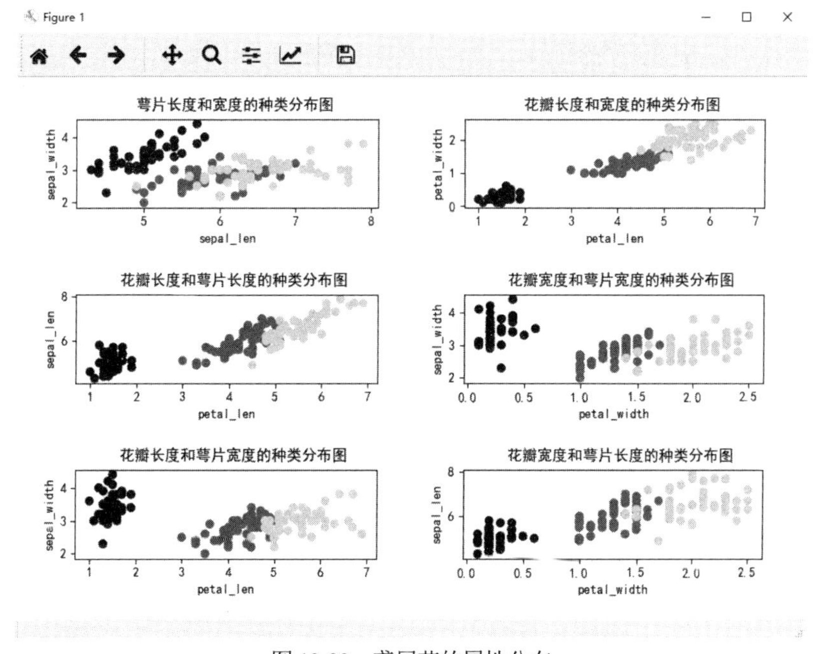

图 13-33 鸢尾花的属性分布

13.8 本章小结

在本章中，首先介绍了可视化图形库 matplotlib 的一些特性，使读者对于使用 matplotlib 进行绘制有了初步的了解。接着讲解了 matplotlib 的安装方式、常见二维和三维图形的绘制、不同样式图形的设置以及文件图像操作，并通过大量的实例演示相关方法的使用。最后，通过两个不同方面的综合实例，对 matplotlib 图形绘制进行了较为完整和系统的讲解与分析。通过本章的学习，读者对 matplotlib 基础知识和一些高级绘图功能的使用将有更深刻的理解。

第 14 章

高级科学计算库SciPy

SciPy 库是一款基于 Python 语言的非常优秀的数据分析工具。不仅可以处理线性代数、微积分等数学问题，还可以处理信号、图像、文件存取等工程问题。作为优秀的开源数学计算库，SciPy 库不仅功能丰富，而且简单易学易用，因此在数值计算上 SciPy 受到各个领域从业人员的热捧。本章重点讲解 SciPy 库的特点、安装方式以及数值积分、插值、概率统计、优化等常用模块的功能及使用。通过本章的学习，读者能够掌握 SciPy 库的基本功能和使用方法，掌握 SciPy 库在数学、科学及工程领域的应用。

本章的学习目标：

- 了解 SciPy 库的三种安装方式
- 掌握数值积分模块的使用
- 掌握插值模块的使用
- 掌握概率统计模块的使用
- 掌握优化模块的使用
- 掌握其他常用模块的使用

14.1 初识 SciPy

SciPy(读作 Sigh Pie)是免费的开源 Python 库，构建于 NumPy 库之上，并在 NumPy 的基础上增加了数学、科学以及工程等众多领域中常用的方法模块，例如线性代数、常微分方程求解、信号处理、图像处理、稀疏矩阵等。由于涉及领域众多，作为基础知识入门，本章主要对 SciPy 中常用的模块进行详细讲解，并通过大量实例进行说明。

14.1.1 SciPy 的特点

在科学计算社区，存在许多优秀的数值计算库，例如 SciPy、MATLAB 和 Scilab 等。尽管 MATLAB 和 SCILAB 功能都比较强大，但两者都属于商业软件，收费昂贵并且不允许修改源代码。与 MATLAB 和 Scilab 相比，SciPy 具有免费开源、功能强大、简单易学易用等优点。此外，SciPy 基于 Python 编程语言实现，代码可读性、可维护性也比较好。SciPy 允许编译成独立运行的可执行程序，当然也可以交互使用或作为脚本语言使用。因此，选择使用 SciPy 作为开发计算工具具有明显优势。表 14-1 对比了 SciPy 和 MATLAB、SCILAB 的优缺点。

表 14-1　SciPy 和 MATLAB、SCILAB 优缺点对比

	SciPy	MATLAB、SCILAB
优点	开源免费，代码可读性强、可维护性好，易学易用	功能更加强大，专业性强
缺点	代码运行效率不如 MATLAB 高，功能不如 MATLAB 丰富	商业化，价格昂贵，源代码不允许修改

14.1.2　安装 SciPy

在安装 SciPy 之前，应确保系统中已经正确安装了 Python 基本运行环境。SciPy 的安装方式与 Python 其他库的安装方式基本类似，因此 SciPy 的安装过程同样也适用于其他常用库。本节主要以 Windows 系统为例介绍 SciPy 的几种常见安装方法。

方法一：使用 Python 软件自带的包管理工具 pip 进行安装。该安装方法相对比较简单，适合作为 Python 入门练习使用。在系统命令行终端直接输入如下命令：

```
pip install scipy
```

如图 14-1 所示，执行后，当终端出现 Successfully installed scipy 字样时，表明 SciPy 安装成功。注意使用 pip 方法安装的库是系统全局库，因此与使用 Anaconda 在特定虚拟环境下安装的库有一定区别。

图 14-1　使用 pip 安装 SciPy

方法二：利用 Anaconda 虚拟环境进行 SciPy 的安装。首先要确保系统中成功安装了 Anaconda，该软件包含众多常用的科学计算库，其中就包含 SciPy。在 Anaconda 虚拟环境中可以通过 conda 命令进行安装。首先打开 Anaconda Prompt 命令终端，然后在指定的虚拟环境中安装 SciPy。如图 14-2 所示，在 Anaconda 默认环境中输入安装命令：

```
conda install scipy
```

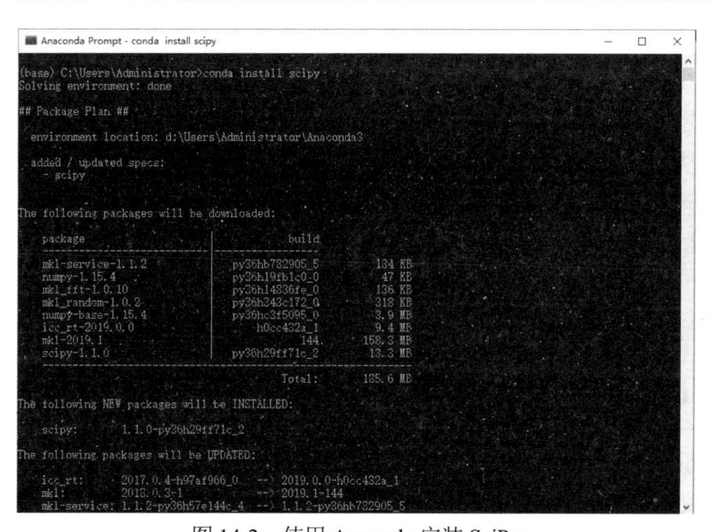

图 14-2　使用 Anconda 安装 SciPy

安装完毕后，直接执行 python 命令，进入 Python 交互式运行环境，输入并运行以下代码检验 SciPy 是否安装成功：

```
import scipy
```

以上代码的作用是导入 SciPy 库，在 Python 交互式运行环境中键入以上代码并按回车键执行，如果系统没有提示任何错误信息，则表明 SciPy 安装成功，执行结果如图 14-3 所示。

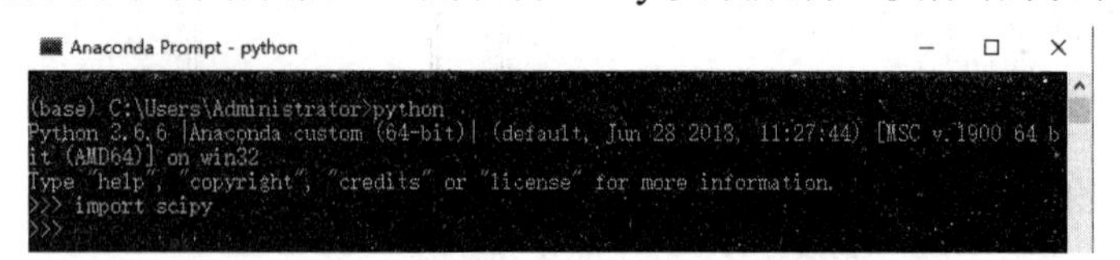

图 14-3　验证 SciPy 安装是否成功

14.1.3　SciPy 简单实例

SciPy 库的导入和使用相对比较直接和简单。下面通过一个常用的求解矩阵行列式的实例，来简单了解 SciPy 的基本使用过程。在 SciPy 中提供了大量的数学计算模块，编程时直接引入即可实现较为复杂的数学运算。例如，计算矩阵的行列式可以直接使用 SciPy 中 linalg 模块的 det 方法，该方法将矩阵作为输入并返回一个标量值，参见代码实例 14-1。

代码实例 14-1

```
import numpy as np  # 导入 NumPy 库
from scipy import linalg  # 导入 linalg 模块
A = np.random.randint(0, 9, (3, 3)) # 随机生成一个值在[0,9]区间内的 3 阶整数矩阵
x = linalg.det(A)  # 调用 linalg 模块的 det 方法，求矩阵 A 的行列式
 print(A)  # 打印生成的矩阵。矩阵是随机生成的，因此每次运行程序时，生成的矩阵会不同
 print(x)  # 打印结果
输出结果：
[[3 4 1]
 [0 7 2]
 [2 7 8]]
x = 128.0
```

上述程序中的第 1 和 2 行导入程序所需的 NumPy 库和 SciPy 的 linalg 模块。第 3 行利用 numpy.random 模块中的 randint 方法生成了一个 3 阶整数矩阵。第 4 行调用 scipy.linalg 模块中的 det 方法计算矩阵的行列式，最后两行的作用是输出结果。

通过上面的实例可以看出，使用 SciPy 的基本步骤非常简单明了。作为一款实用的数据分析工具，SciPy 的使用非常方便，语法也相对比较简洁，通常只需要简单的几个步骤就可以实现复杂的计算功能。接下来将详细说明 SciPy 中常用模块的使用过程。

14.1.4　SciPy 使用基础

SciPy 作为高级科学计算库，其中包含的计算模块有很多，主要涉及数学、科学及工程方面。例如，数值积分模块(integrate)，可以求多重积分、高斯积分、解常微分方程等；稀疏矩阵模块(sparse)，提供了大型稀疏矩阵计算中的各种算法；插值模块(interpolate)，提供各种一维、

二维、*N* 维插值算法，包括 B 样条插值、径向基函数插值等。表 14-2 列出了 SciPy 中的主要模块及功能说明。

表 14-2 SciPy 主要模块

模块名	功能说明
cluster	层次聚类模块，包含矢量量化、k-均值算法等
constants	数学科学常量模块，里面提供了大量数学科学常量
fftpack	快速傅里叶变换模块，可以进行 FFT/ DCT/ DST 等操作
integrate	积分模块，求多重积分、高斯积分、解常微分方程等
interpolate	插值模块，提供各种一维、二维、*N* 维插值算法，包括 B 样条插值、径向基函数插值等
io	IO 模块，提供操作多种文件的接口，如 MATLAB 文件、IDL 文件、WAV(音频)文件、ARFF 文件等
misc	图像操作模块，提供打开、保存、翻转、旋转、剪裁等操作
linalg	线性代数模块，提供各种线性代数中的常规操作
ndimage	多维图像处理模块
optimize	优化模块，包含各种优化算法，比如用于求有/无约束的多元标量函数最小值算法、最小二乘法，用于求有/无约束的单变量函数最小值算法，还有用于解各种复杂方程的算法
signal	信号处理模块，包括样条插值、卷积、差分等滤波方法， FIR/IIR 滤波，中值、排序、维纳、希尔伯特等滤波器，以及各种谱分析算法等
sparse	稀疏矩阵模块，提供大型稀疏矩阵计算中的各种算法
spatial	空间结构模块，提供一些空间相关的数据结构和算法，如 Delaunay 三角剖分、共面点、凸包、维诺图、KD 树等
special	特殊函数模块，包含各种特殊的数学函数，可以直接调用，如立方根方法、指数方法、Gamma 方法等
stats	统计模块，提供一些统计学上的常用方法

由于 SciPy 库涉及领域众多，其中包含的方法模块也非常多，因此本章接下来详细介绍 SciPy 的一些常用模块，并通过大量实例来介绍 SciPy 强大的科学计算功能。对于不同领域的读者来说，未涉及的功能模块请在了解 SciPy 基础用法后自行学习相关知识。

14.2 数值积分模块(integrate)

scipy.integrate 模块主要提供了数值积分和常微分方程组求解算法。其中，数值积分包含一重积分、多重积分及固定采样积分求解算法；常微分方程求解算法提供了一些基于 odeint 函数和 ode 类的方法。下面进行详细讲解。

14.2.1 常用积分方法

积分是数学中一个非常重要的概念，在实际应用中使用非常广泛。然而，传统手工计算积分问题是一项非常烦琐的过程，在工程应用中通常会利用 SciPy 等类似的数据分析工具。SciPy

库已经封装好大量用于计算各种积分的方法，通过熟练使用这些方法，可以在很大程度上提升工作效率。scipy.integrate 模块主要提供针对两类积分的求解方法：给定函数对象求积分、对固定采样样本数值求积分。

1. 给定函数对象求积分

scipy.integrate 模块提供了许多求解积分的方法，表 14-3 列出了实际中常用的几个积分函数。

表 14-3　常用积分函数

函数名	说明
quad	一重积分求解方法
dblquad	二重积分求解方法
tplquad	三重积分求解方法
nquad	*n* 重积分求解方法
fixed_quad	对 func(*x*)做 *n* 维高斯积分
quadrature	求给定容限范围内的高斯积分
romberg	对函数做 Romberg 积分

积分在数学和物理上应用十分广泛，因此 SciPy 提供了表 14-3 中比较常用的数值积分方法。其中，一重积分求解方法 quad 和二重积分求解方法 dblquad 可以满足数值积分的大部分需求。首先介绍一重积分求解方法 quad，定义如下：

```
quad(func, a, b, args=(), …)
```

quad 函数的成功调用需要三个必要参数：被积函数 func、积分下限 a 和积分上限 b。其中，被积函数 func 需要根据实际情况自行定义。参数及详细说明详见表 14-4。

表 14-4　quad 函数的参数及说明

参数名	说明
func	被积函数
a	积分下限
b	积分上限
args	func 函数需要的额外参数，例如 quad(func, a, b, args=(1,))。args 参数必须以元组的形式传入

利用 quad 函数可实现以下积分函数的求解：

$$\int_0^2 x^n \mathrm{d}x$$

定义函数 x^n, 其中 n 取任意整数。当 n=1 时，被积函数为 x；当 n=2 时，被积函数为 x^2；以此类推。其中，n 的值可以通过 quad 函数的 args 参数来传递，参见代码实例 14-2。

代码实例 14-2

```
import numpy as np
from scipy.integrate import quad   # 导入一重积分求解方法 quad
def func(x, n):
    return x**n   # 定义函数 x^n
down_limit = 0    # 定义积分下限
up_limit = 2      # 定义积分上限
result1 = quad(func, down_limit, up_limit, args=(1,))   # 调用函数 quad 求积分值
print(' result1 = ', result1)
result2 = quad(func, down_limit, up_limit, args=(2,))   # 调用函数 quad 求积分值
print(' result2 = ',result2)
```

输出结果：

```
result1 = (2.0, 2.220446049250314e-14)
result2 = (2.666666666666667, 2.960594732333751e-14)
```

上述代码中的第 2 行导入了 integrate 模块中的一重积分求解方法 quad，第 3 和 4 行定义了被积函数 x^n，第 7 和 9 行通过直接调用 integrate 模块的 quad 函数完成了积分函数的求解。quad 函数返回的结果是一个元组，元组中的第一个数是积分计算结果，第二个数是积分计算结果的绝对误差估计值。

从上面的求解过程中可以看出，利用 SciPy 进行一重积分的求解比较简单，只要定义出被积函数即可。因此，利用 scipy.integrate 模块大大简化了使用基本编程指令进行积分计算的处理过程。

下面介绍使用 scipy.integrate 模块中的二重积分求解方法 dblquad 求解二重积分的过程。

二重积分求解方法 dblquad 的用法与一重积分求解方法 quad 基本类似。下面通过求解半球 $x^2+y^2+z^2=1(z>0)$(如图 14-4 所示)的体积来介绍双重积分求解方法 dblquad 的用法。

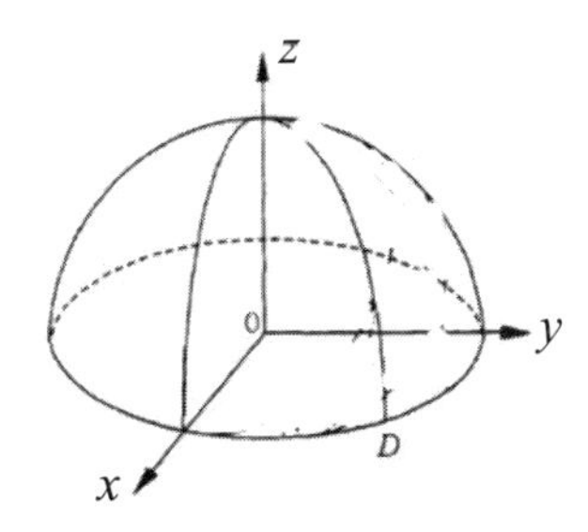

图 14-4　半球 $x^2+y^2+z^2=1(z>0)$

dblquad 函数的定义如下：

```
dblquad(func, a, b, gfun, hfun, args=(), ...)
```

使用 dblquad 可以对 func(*x*,*y*)函数进行二重积分。其中 a 和 b 是变量 *x* 的积分区间，gfun(*x*)~hfun(*x*)是变量 *y* 的积分区间。其中，gfun 和 hfun 函数是以 *x* 为自变量的关于 *y* 的函数，func 是以 *x* 和 *y* 为自变量的函数，参见代码实例 14-3。

代码实例 14-3

```
from scipy.integrate import dblquad
def hemi_circle(x):
return (1-x**2)**0.5   # 定义单位半圆曲线函数(y>=0)
def hemisphere(x, y):
'''根据函数 x2+y2+z2=1(z>=0)，定义通过(x,y)坐标计算球面上点 z 的值函数'''
return (1-x**2-y**2)**0.5
"""
X-Y 平面与 x2+y2+z2=1 表示的球体相交结果为单位圆，因此积分区间为单位圆，可以对 x 轴坐标从-1
 到 1 进行积分，对 y 轴坐标从-hemi_circle(x)到 hemi_circle(x)进行积分
 """
result = dblquad(hemisphere, -1, 1, lambda x:-hemi_circle(x), lambda x:hemi_circle(x))
print('dblquad result = ', result)
print('球体公式计算结果 =', np.pi*4/3/2)   # 通过球体体积公式计算半球体积
输出结果：
dblquad result = (2.0943951023931984, 1.0002354500215915e-09)
球体公式计算结果 =2.0943951023931953
```

通过对比使用 dblquad 函数计算的值与使用数学公式计算的值，可以看出前者的计算结果是非常准确的。通过以上示例，希望读者可以进一步理解积分函数的使用并学习三重积分求解方法 tplquad、n 重积分求解方法 nquad 等积分方法的使用。

2. 对固定采样样本数值求积分

采样也称取样，是指把时间域或空间域的连续量转换成离散量的过程。在数学中，函数的积分值就是函数与坐标轴围成的图形的面积。因此，在把连续量转换成离散量后，就可以采用分割法求每部分面积，然后求累计值，进而估计出函数的积分值。

表 14-5 列出了 scipy.integrate 模块中提供的对固定采样样本数值求积分的常用方法。

表 14-5　对固定采样样本数值求积分的常用方法

方法名	描述
trapz	采用梯形法则求积分
cumtrapz	采用梯形法则求累计积分
simps	采用辛氏法则从样本中计算积分
romb	采用 Romberg 积分法从(2^k+1) 均匀间隔样本中计算积分

下面通过 trapz 方法介绍对固定采样样本数值求积分的过程。在利用 trapz 方法求解积分前，先来简单了解一下什么是梯形法求积分。从学过的数学知识可知，积分值的绝对值就是函数与坐标轴围成的面积。简单来讲，既然是求面积，就可以利用分割法把图形分割成许多细小的竖条，然后用直线连接相邻的 y 值，这样每个竖条就是一个梯形(参见图 14-5)。然后把所有的梯形面积累加，即可近似求出图形与坐标轴围成的面积。

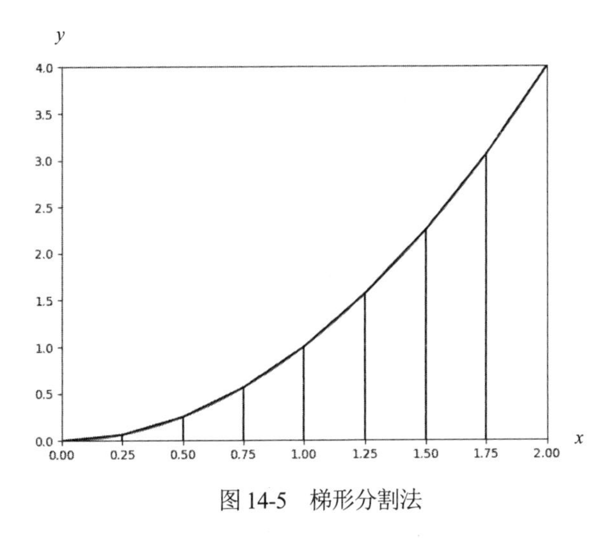

图 14-5　梯形分割法

对于利用分割法求面积，SciPy 中提供了多种方法，其中 trapz 方法比较常用。trapz 方法的定义如下：

```
trapz(y, x=None, dx=1.0, axis=－1)
```

其中，被积分的数值序列 y 是 trapz 方法调用时的必要参数，其他几个参数都是可选的。trapz 方法的参数及说明参见表 14-6。

表 14-6　trapz 方法的参数及说明

参数名	说明
y	被积分的数值序列
x	y 中元素的间距。若 x 为 None，则 y 中元素的间距默认为 dx。x 默认为 None
dx	标量，默认为 1
axis	整数类型，积分轴

以 $y = x^2$ $(0 \leqslant x \leqslant 2)$与 x 轴的正半轴围成的图形为例，利用 trapz 方法计算积分值，如代码实例 14-4 所示。

代码实例 14-4

```
from scipy.integrate import trapz
def func(x, n):
    return x**n   # 定义函数 x^n
N = 2000
x = np.linspace(0, 2, N)   # 在[0, 2]区间取 2000 个离散值
y = func(x, 2)             # 计算 x 中离散值对应的 y 值
result = trapz(y, x)       # 调用 trapz 方法计算积分值
print('result = ', result)
```

输出结果：

```
result = 2.6666670003335837
```

对比代码实例 14-2，利用 trapz 方法求得的积分值也是非常准确的，并且求解的效率更高一些。此外，cumtrapz 方法用于求累计积分，与 trapz 方法的关系就类似于 sum 与 cumsum，这里不再举例。

14.2.2 求解常微分方程

所谓微分方程，是指表示未知函数的导数以及自变量之间关系的方程。未知函数是一元函数的微分方程称为常微分方程，未知函数是多元函数的微分方程称为偏微分方程。微分方程中出现的未知函数最高阶导数的阶数，称为微分方程的阶。微分方程的数学定义如下：

$$F(x, y, y', y''...y(n)) = 0$$

根据 F 函数方程求解 y 函数的过程称为解微分方程。scipy.integrate 模块中提供了多种求解微分方程的方法，如表 14-7 所示。

表 14-7　求解微分方程的方法

方法名	说明
odeint	解常微分方程的通用函数
ode	使用 vode 和 zvode 的方式进行 ode 并求解微分方程
complex_ode	将复数值的 ode 转换为实数并求解微分方程

odeint 是基于函数的 API，ode 则是面向对象的 API。通常 odeint 更好上手，而 ode 则更灵活一些。

解微分方程在数学和物理中的应用比较广泛，下面通过求解在重力和摩擦力作用下摆锤角随时间变化的二阶微分方程，来演示使用 odeint 方法求解微分方程的过程。摆锤角随时间变化的二阶微分方程为：

```
theta′′(t) + b * theta′(t) + c * sin(theta(t)) = 0
```

上述方程中，b 和 c 是正常量，′ 表示一阶导数，′′表示二阶导数。为了使用 odeint 方法求解上述方程，需要把方程转换为一阶微分方程。将角速度定义为：

```
omega(t) = theta′(t)
```

方程会变换为：

```
theta′(t) = omega(t)
omega′(t) = −b *omega(t) − c *sin(theta(t))
```

下面通过代码实现二阶微分方程的求解过程，如代码实例 14-5 所示。

代码实例 14-5

```
def pend(y, t, b, c):
    theta, omega = y   # 向量[theta, omega]用 y 表示
    dydt = [omega, -b*omega - c*np.sin(theta)]
    return dydt
```

```
b, c = 0.25, 5.0  # 假设 b = 0.25, c = 5.0

"""假设摆锤近似垂直，theta(0)= pi - 0.1；并且最初是静止的，所以 omega(0) = 0"""
y0 = [np.pi - 0.1, 0.0]  # 设置初始值
t = np.linspace(0, 10, 101)  # 在 0<=t<=10 范围内产生 101 个均匀间隔样本

from scipy.integrate import odeint
# 调用 odeint 方法进行求解，并通过 odeint 方法的 args 参数将 b 和 c 的值传递给 pend 方法
sol = odeint(pend, y0, t, args=(b, c)) # sol 是一个形状为(101, 2)的多维数组。第一列是 theta(t)，第二列是
                                       # omega(t)

import matplotlib.pyplot as plt
# 可视化角速度和 theta 值随时间的变化
plt.plot(t, sol[:, 0], 'b', label='theta(t)') plt.plot(t, sol[:, 1], 'g', label='omega(t)') plt.legend(loc='best')
plt.xlabel('t')
plt.grid()
plt.show()
```

输出结果如图 14-6 所示。

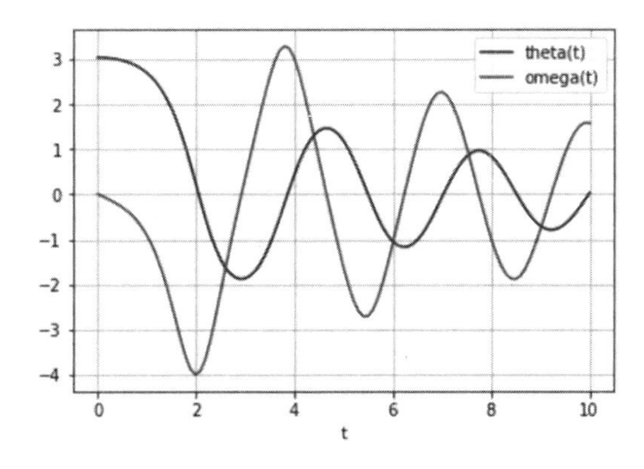

图 14-6 求解二阶微分方程

在高等数学中，如果求解上面的二阶微分方程，在计算上会有一定难度，但是利用 SciPy 中的方法进行求解，不仅过程清晰，而且不会出错。因此可以看出，SciPy 库确实为计算复杂的数学问题带来了很大的便利。

14.3 插值模块(interpolate)

使用插值可通过已知的离散数据求未知数据。与拟合不同，插值要求曲线通过所有的已知点。插值是离散函数逼近的重要方法，利用插值可通过函数在有限个点处的取值状况，估算出函数在其他点处的近似值。插值运算在信号处理和图像处理领域应用十分广泛。

假定函数 $f(x)$在自变量 x(离散值)处对应的函数值已知，求解出适当的特定函数 $p(x)$，使得 $p(x)$在 x 处所取的函数值等于 $f(x)$在 x 处的已知值，从而用 $p(x)$估计 $f(x)$在这些 x 值之间对应的函数值，这种方法称为插值法。

SciPy 的 interpolate 模块提供了许多对数据进行插值的方法，涵盖简单的一维插值和复杂的

多维插值。当样本数据归因于单变量时，一般使用一维插值；而当样本数据归因于多个独立变量时，使用多维插值。

14.3.1 一维插值方法

在工程实践中，比如图像重建、建筑工程中的外观设计、天文观测数据的处理等方面，插值技术不可或缺。因此，SciPy 中提供了各种插值方法，如一维、二维、*N* 维插值方法，包括 B 样条插值、径向基函数插值等。下面首先介绍简单的一维插值方法。

interp1d 是一个类，其构造函数定义如下：

```
__init__(x, y, kind='linear', ...)
```

在使用 interp1d 类时，需要传入必要的参数以生成一个对象实例。其中常用的参数有四个：*x* 是一维的真实数据；*y* 是 *N* 维的数据；kind 是插值类型，默认是线性插值(linear)。axis 指定沿 *y* 的某个轴进行插值。interp1d 类的构造函数参数参见表 14-8。

表 14-8 interp1d 构造函数的参数及说明

参数名	说明
x	array_like 类型，一维的真实数据
y	array_like 类型，*N* 维的数据，长度必须等于沿某个插值轴的 *x* 的长度
kind	插值类型，可选。可以是字符串或整数：zero、nearest 阶梯插值，相当于 0 阶 B 样条曲线；slinear、linear 线性插值，用一条直线连接所有的取样点，相当于一阶 B 样条曲线；quadratic、cubic 二阶和三阶 B 样条曲线，更高阶的曲线可以直接使用整数指定
axis	指定沿 *y* 的某个轴进行插值，默认沿着 *y* 的最后一个轴进行插值

下面通过函数 $f(x)=e^{(-x/3)}$来演示一维插值的过程。

(1) 首先生成离散值 *x*。

(2) 将 *x* 代入上面的函数，计算出对应的函数值。

(3) 通过 interpolate.interp1d 方法求解出函数 *p*(*x*)，interpld 是一个类，其返回值是一个函数。

(4) 生成新的样本点 xnew，使用步骤(3)求解出的 *p*(*x*)函数计算出 ynew，实现插值。

下面通过代码实现上述过程，如代码实例 14-6 所示。

代码实例 14-6

```
import matplotlib.pyplot as plt
from SciPy import interpolate   # 导入 interpolate 模块
x = np.arange(0, 10)   # 生成 1~9 的数组
y = np.exp(-x/3.0)    # 定义 f(x)函数
p = interpolate.interpld(x, y) # 调用 interp1d 方法，求解出 p(x)函数
xnew = np.arange(0, 9, 0.1)   # 生成新的样本点
ynew = p(xnew)    # 使用 p(x)函数，计算 ynew 的值
plt.plot(x, y, 'bo', xnew, ynew, 'r-')   # 可视化插值后的函数图形
plt.show()
```

输出结果如图 14-7 所示。

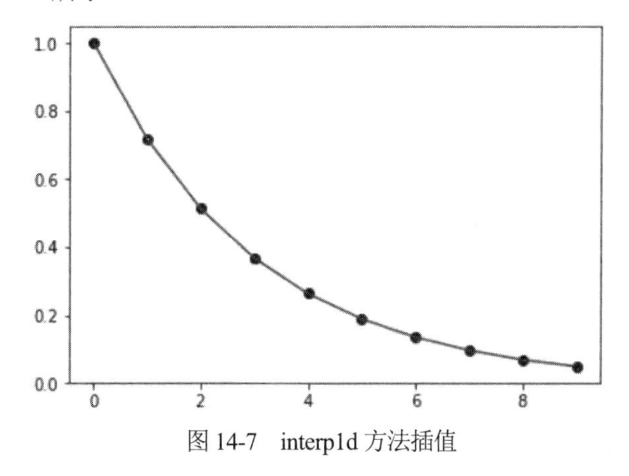

图 14-7　interp1d 方法插值

interp1d 方法要求参数 *x* 是一个递增序列，并且只能在 *x* 的取值范围内进行内插计算，不能用它进行外推运算，即不能计算 *x* 的取值范围之外的数据点。

14.3.2　多维插值方法

多维插值主要用于图像重构。scipy.interpolate 模块中的 griddata 方法具有强大的使用多维散列取样点进行插值运算的能力。griddata 方法的定义如下：

```
griddata(points, values, xi, method='linear', fill_value=nan)
```

其中，points 表示 *K* 维空间中的坐标，它可以是形状为(*N*, *K*)的数组，也可以是有 *K* 个数组的序列，*N* 为数据的点数。values 是 points 中每个点对应的值。xi 是需要进行插值运算的坐标，形状为(*M*, *K*)，*M* 为需要进行插值运算的坐标的数量。method 参数有三个选项：'nearest'、'linear'和'cubic'，分别对应 0 阶、1 阶以及 3 阶插值。

下面使用 griddata 方法对图片进行插值处理，如代码实例 14-7 所示。

代码实例 14-7

```
import numpy as np
def func_ndmin(x, y):
    return x*(1-x)*np.cos(4*np.pi*x) * np.sin(4*np.pi*y**2)**2  # 定义二维函数
# 生成 grid 数据，复数定义了生成 grid 数据的步幅 step，若省略复数，则 step 默认为 5
grid_x, grid_y = np.mgrid[0:1:100j, 0:1:200j]
points = np.random.rand(1000, 2)  # 随机生成 1000 个数据点
values = func_ndmin(points[:,0], points[:,1])

from scipy.interpolate import griddata  # 导入 griddata 方法
grid_z0 = griddata(points, values, (grid_x, grid_y), method='nearest')
grid_z1 = griddata(points, values, (grid_x, grid_y), method='linear')
grid_z2 = griddata(points, values, (grid_x, grid_y), method='cubic')

import matplotlib.pyplot as plt
```

```
plt.subplot(221)
plt.imshow(func(grid_x, grid_y).T, extent=(0,1,0,1), origin='lower')
plt.plot(points[:,0], points[:,1], 'k.', ms=1)
plt.title('Original')
plt.subplot(222)
plt.imshow(grid_z0.T, extent=(0,1,0,1), origin='lower')
plt.title('Nearest')
plt.subplot(223)
plt.imshow(grid_z1.T, extent=(0,1,0,1), origin='lower')
plt.title('Linear')
plt.subplot(224)
plt.imshow(grid_z2.T, extent=(0,1,0,1), origin='lower')
plt.title('Cubic')
plt.gcf().set_size_inches(6, 6)
plt.show()
```

输出结果如图 14-8 所示。

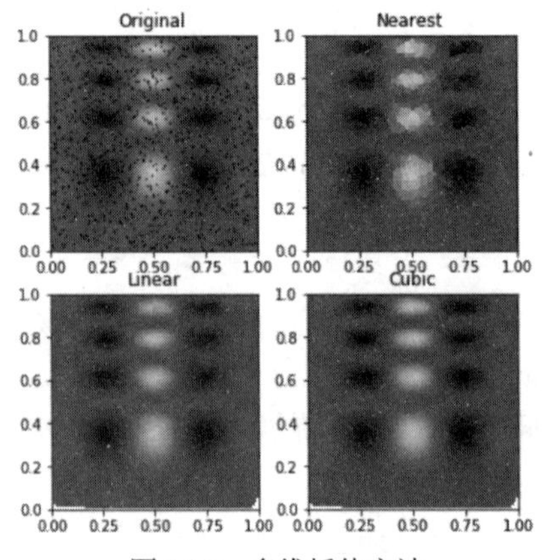

图 14-8　多维插值方法

从结果可以看出，所有方法都在某种程度上重现了精确的结果，但是对于这些平滑函数，cubic 插值的结果更好一点。scipy.interpolate 模块提供的插值方法还有很多，例如 B 样条插值、径向基函数插值等，它们的使用都比较简单，有需要的读者可以自行学习。

14.4　概率统计模块(stats)

概率统计在数据分析中占据重要的地位，因此 SciPy 库对这一部分涉及的统计计算方法做了封装。概率分布随机变量分为连续型和离散型。在 SciPy 库中，所有的连续随机变量都是 rv_continuous 的派生类对象，而所有的离散随机变量都是 rv_discrete 的派生类对象。SciPy 库中涉及的相关统计方法很多，本节介绍常见的几种统计方法。其他有用的方法可以到 SciPy 官网查看文档。要想求数据分布的数字特征，首先调用 scipy.stats 模块中对应的分布函数，然后获取属性。其中，公共属性如表 14-9 所示。

表 14-9　公共属性

属性名	描述
rvs	对随机变量进行随机取值，产生服从某种分布的样本集，可以通过 size 参数指定输出的样本集大小
pdf	随机变量的概率密度函数，产生对应 x 的某种分布的 y 值
cdf	随机变量的累积分布函数，是概率密度函数的积分
sf	随机变量的生存函数，值是 1 - cdf(t)
ppf	累积分布函数的反函数
stats	计算随机变量的期望值和方差
fit	对一组随机取样进行拟合，找出最适合取样数据的概率密度函数的系数。例如，stats.norm.fit(x)会将 x 看成某个正态分布的抽样，求出最好的拟合参数(mean, std)

14.4.1　连续型随机变量

所谓连续型随机变量，是指如果随机变量 x 的所有可能取值不可以逐个列举出来，而是取数轴上某一区间内的任一点的随机变量。例如，一批电子元件的寿命、实际中经常遇到的测量误差等都是连续型随机变量。

正态分布函数是连续型随机变量的函数，在数据分析中的应用十分广泛。下面以正态分布为例，利用 SciPy 中提供的统计方法求解相关的统计量。正态分布函数定义如下：

$$f(x)=\frac{\mathrm{e}-(x-\mathrm{loc})^2(2\mathrm{scale}^2)}{\mathrm{scale}\sqrt{2\pi}}$$

loc 为期望值，即对称轴位置；scale 为标准差，即开口大小。SciPy 中的正态分布函数默认 loc=0，scale=1，即标准正态分布。下面通过代码求解正态分布函数的各种统计量，如代码实例 14-8 所示。

代码实例 14-8

```
from scipy.stats import norm
"""
loc 为期望值，即对称轴位置
scale 为标准差，即开口大小
默认 loc=0，scale=1，即标准正太分布
"""
print('rvs = ', norm.rvs(size=10))  # 产生 10 个正太分布的随机变量
print('pdf = ', norm.pdf(0))  # 根据 x 求概率分布值
print('cdf = ', norm.cdf(1, loc=1, scale=1)) # 根据 x 求累计概率分布值
print('ppf = ', norm.ppf(0.5, loc=1, scale=1)) # 根据累计概率分布值反求 x 值
print('sf = ', norm.sf(0))              # 随机变量的生存函数
print('stats = ', norm.stats(0))        # 随机变量的期望值和方差
print('mean = ', norm.mean(0))  # 随机变量的期望值
print('std = ', norm.std(0))            # 随机变量的方差

x = norm.rvs(loc=1.0,scale=2.0,size=100) # 求正态分布的最佳拟合参数 fit
  # 使用 fit 对随机取样序列 x 进行拟合，返回的是与随机取样值最吻合的随机变量的参数
print('fit = ', norm.fit(x))  # 得到随机序列的期望值和标准差
```

```
输出结果：
rvs = [ 0.98422202   -2.28376467   1.88905947   0.27381875   -1.22598875   -0.23030255
        0.07073475   0.17814926   0.27310775   -0.35777563]
pdf = 0.3989422804014327
cdf = 0.5
ppf =1.0
sf = 0.5
stats = (array(0.), array(1.))
mean =0.0
std =1.0
fit = (0.9850103231032431, 2.014544900887225)
```

利用 SciPy 中的方法进行相关统计量的计算，只需要调用相关方法即可，十分简单方便。

14.4.2 离散型随机变量

离散型随机变量与连续型随机变量都由随机变量的取值范围(或者说取值形式)确定，变量取值只能取离散型的自然数，这样的变量就是离散型随机变量。

二项分布和泊松分布在离散型随机变量中占有重要的地位，因此 SciPy 中提供了这两种随机变量的实现。对于二项分布，会重复 n 次独立的伯努利试验。在每次试验中只有两种可能的结果，而且两种结果发生与否互相对立，并且相互独立，与其他各次试验结果无关，事件发生与否的概率在每一次独立试验中都保持不变，这一系列试验总称为 n 重伯努利实验，当试验次数为 1 时，二项分布服从 0-1 分布。

$$f(k)\binom{n}{k}p^k(1-p)^{(n-k)}$$

泊松分布的参数 λ 是单位时间(或单位面积)内随机事件的平均发生率。泊松分布适合于描述单位时间内随机事件发生的次数。例如，某一服务设施在一定时间内到达的人数，电话交换机接到呼叫的次数，汽车站台的候客人数，机器出现的故障数，自然灾害发生的次数，等等。

下面通过代码演示 SciPy 的 stats 模块中关于二项分布和泊松分布的相关统计方法，如代码实例 14-9 和代码实例 14-10 所示。

代码实例 14-9

```
# 二项分布
from scipy.stats import binom
n = 100   # 随机事件发生的次数
p = 0.5   # 随机事件发生的概率
f = binom(n, p)
print('stats = ',f.stats())   # 泊松分布的期望值和方差
print('mean= ',f.mean())

输出结果：
stats = (array(50.), array(25.))
mean = 50.0
```

在上述程序中，首先导入二项分布方法 binorm，并设置相关参数。然后调用二项分布方法 binorm，生成数据分布。最后打印出该数据分布的统计量(期望和方差)及均值。

代码实例 14-10

```
# 泊松分布
from scipy.stats import poisson
_lambda = 10  # λ值
time = 10000  # 观察时间
t = np.random.rand(_lambda*time )*time
count, time_edges = np.histogram(t, bins=time, range=(0,time)) #统计某时间内事件发生的次数
sol = poisson(count)
print('pmf = ',sol.pmf(1))  # pmf 概率质量函数
print('cdf= ',sol.cdf(1))
```

输出结果：

```
pmf  =  [4.53999298e-04 1.11068824e-03 1.83718709e-04 ... 1.11068824e-03
         4.58853481e-06 7.37305482e-05]
cdf  =  [4.99399227e-04 1.23409804e-03 2.00420409e-04 ... 1.23409804e-03
         4.89443714e-06 7.98747606e-05]
```

在上述程序中，首先导入 scipy.stats 模块中的泊松分布方法 poisson，并设置相关参数。然后调用泊松分布方法，生成数据分布。最后打印出数据分布的概率质量值以及累积分布值。

14.4.3　常用统计方法

统计量是统计理论中用来对数据进行分析、检验的变量，因此，在数据分析中占有重要地位，SciPy 库也提供了实现统计量计算的函数。scipy.stats 模块中的统计函数非常多，表 14-10 列出了部分统计方法。

表 14-10　部分统计方法

方法名	说明
describe	计算传递的数组的几个描述性统计信息
gmean	计算沿指定轴的几何平均值
hmean	计算沿指定轴的调和平均值
kurtosis	计算数据集的峰度(Fisher 或 Pearson)
kurtosistest	测试数据集是否具有正常峰度
mode	返回传递的数组中的模态值数组
moment	计算样本平均值的第 n 个时刻
normaltest	测试样本是否与正态分布不同
skew	计算数据集的偏度
skewtest	测试偏斜是否与正态分布不同
kstat	返回第 n 个 k 统计量(到目前为止 $1 \leqslant n \leqslant 4$)
kstatvar	返回 k 统计量方差的无偏估计
tmean	计算修剪的平均值

(续表)

方法名	说明
tvar	计算修剪的方差
tmin	计算修剪的最小值
tmax	计算修剪后的最大值
tstd	计算修剪的样品标准偏差
tsem	计算平均值的修剪标准误差
entropy	计算给定概率值的分布的熵

下面通过实例了解几个常用统计方法的使用，如代码实例 14-11 所示。

代码实例 14-11

```
from scipy.stats import gmean,hmean,describe,moment,kstat

rndm = np.random.RandomState(1234)
a = np.arange(10)
print('describe_a=', describe(a)) # 打印出数据的相关统计信息
b = [[1, 2], [3, 4]]
print('describe_b=', describe(b)) # 打印出数据的相关统计信息
print('gmean=', gmean([1, 4])) # 计算沿指定轴的几何平均值
print('hmean=', hmean([1, 4])) # 计算沿指定轴的调和平均值
for n in [2, 3, 4, 5, 6, 7]:
    x = rndm.normal(size=10**n)
    m, k = moment(x, 3), kstat(x, 3)
    print('mk=', "%.3g %.3g %.3g" % (m, k, m-k))

输出结果：
describe_b=DescribeResult(nobs=10,minmax=(0,9),mean=4.5,variance=9.166666666666666,skewness=0.0,
    kurtosis=-1.2242424242424244)
describe_a=DescribeResult(nobs=2,minmax=(array([1,2]),array([3,4])), mean=array([2., 3.]), variance=array
    ([2., 2.]), skewness=array([0., 0.]), kurtosis=array([-2., -2.]))
gmean= 2.0
hmean=1.6
mk=-0.631 -0.651 0.0194
mk=0.0282 0.0283 -8.49e-05
mk=-0.0454 -0.0454 1.36e-05
mk=7.53e-05 7.53e-05 -2.26e-09
mk=0.00166 0.00166 -4.99e-09
mk=-2.88e-06 -2.88e-06 8.63e-14
```

14.5 优化模块(optimize)

找到函数的局部或全局最小值以及求方程解的问题都属于优化问题。优化问题在实际应用中也比较常见，因此 SciPy 中提供了 optimize 模块来实现这些需求。下面分别介绍 optimize 模块中的 leastsq 拟合方法、函数最小值方法以及用于解方程及方程组的 fsolve 方法。

14.5.1　leastsq 拟合方法

所谓拟合，是指已知某函数的若干离散函数值{f1,f2,⋯,fn}，通过调整函数中的待定系数 f(λ1,λ2,⋯,λn)，使得函数与已知点集的差别(最小二乘意义)最小。如果待定函数是线性的，则叫作线性拟合或线性回归(主要用在统计中)，否则叫作非线性拟合或非线性回归。表达式也可以是分段函数，这种情况下叫作样条拟合。

你在数据分析中会经常遇到一些相关数据的分析与处理，并要求拟合曲线以反映数据的规律。因此，拟合在数据分析中占据比较重要的地位。在 SciPy 的 optimize 模块中提供了许多数据拟合方法。本节以最小二乘拟合(least-square fitting)方法为例，对数据拟合的基本步骤进行讲解。首先看一下最小二乘拟合的定义。假定存在线性函数 $f(x)=k*x+b$，参数 k 和 b 是未知量，需要确定它们的值。如果将参数 k、b 用 p 表示的话，那么拟合的目的是要找到 p 值，使得如下公式中的 S 函数最小：

$$S(p)=\sum_{i=0}^{m}(y_i-f(x_i-p))^2$$

这种求解 p 值的方法称为最小二乘拟合。

SciPy 的 optimize 模块中提供了最小二乘拟合方法 leastsq，定义如下：

```
leastsq(func, x0, args=(), …)
```

leastsq 方法的调用需要两个必要参数：func 定义实际函数值与预测函数值之间的差值，x0 是最小化函数的初始设置参数。leastsq 方法的参数如表 14-11 所示。

表 14-11　leastsq 方法的参数

参数名	说明
func	定义实际函数值与预测函数值之间的差值
x0	多维数组，最小化函数的初始设置参数
args	元组类型，可选。func 函数需要的额外参数

下面使用代码演示最小二乘拟合方法 leastsq，如代码实例 14-12 所示。

代码实例 14-12

```
from scipy.optimize import leastsq   # 导入最小二乘拟合方法 leastsq

def func_leastsq (x, p):
    a, b = p
    return a*x + b          # 定义需要拟合的函数：a*x + b

def residuals(p, y, x):
     return y - func(x, p)  # 实验数据 x、y 和拟合函数的差，p 为拟合方法需要找到的系数
x = np.linspace(-2, 2, 100)
a, b = 2, 0                  # 真实函数参数
y0 = func_leastsq (x, [a, b])  # 真实数据值
```

```
y1 = y0 + 0.2 * np.random.randn(len(x))   # 加入噪声之后的实验数据值
p0 = [1, 1]                                # 参数的初始化值
result = leastsq(residuals, p0, args=(y1, x)) # args 为需要拟合的实验数据
print("真实参数: ", [a, b])
print("拟合参数: ", result[0])

plt.plot(x, y0, 'r.' ,label="Real data")
plt.plot(x, y1, label="Data with noisy")
plt.plot(x, func(x, result[0]),'b+', label="Fitting data")
plt.legend()
    plt.show()
```

输出结果如下(参见图 14-9)：

```
真实参数：[2, 0]
拟合参数：[ 2.00947022 -0.02951032]
```

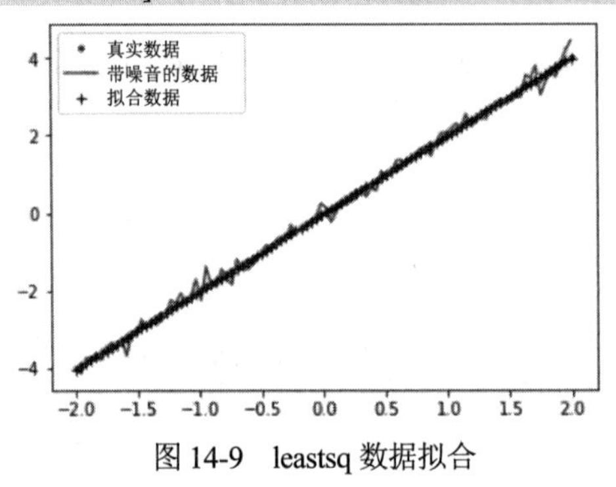

图 14-9　leastsq 数据拟合

从输出结果可以看出，最小二乘拟合的结果是符合预期的。SciPy 的 optimize 模块中的其他拟合方法和 leastsq 方法有类似的功能，有的甚至能拟合更加复杂的曲线。

14.5.2　函数最小值方法

SciPy 中的 optimize 模块提供了多个求解函数最小值的方法，例如 fmin、fmin_powell、fmin_cg、fmin_bfgs、fmin_ncg、brute 等。对于前 5 个方法，如果所求函数存在局部最小值和全局最小值，初始值选取不当就会得到局部最小值而不是全局最小值。

下面通过实际的例子来演示 optimize 模块中常用的求解函数最小值的方法。定义函数 $f(x) = \sin(x) + \frac{x}{10}$，下面使用 fmin、fmin_powell、fmin_bfgs 三个方法求解该函数的最小值。这三个方法的定义都比较简单，就以 fmin 方法为例，看一下定义：fmin(func, x0, args=(),⋯)。

fmin 方法的调用需要两个必要参数：func 定义要求解最小值的函数，x0 为假设的最小值。fmin 方法的参数如表 14-12 所示。

表 14-12　fmin 方法的参数

参数名	说明
func	定义要求解最小值的函数
x0	多维数组，假设的最小值
args	元组类型，可选。func 函数需要的额外参数

具体用法参见代码实例 14-13。

代码实例 14-13

```
x = np.linspace(-10,18)
y = np.sin(x)+x/10
plt.plot(x,y,'r')   # 可视化函数 f(x) = sin(x) +x/10 的图形
plt.title('$sin(x)+x/10$')
def func_min(x):
      return np.sin(x)+x/10   # 定义 fmin、fmin_powell、fmin_bfgs 三个方法需要的函数

from SciPy import optimize   # 导入优化模块 optimize
local_min1 = optimize.fmin(func_min, 10)              # 调用 fmin 方法求函数最小值
local_min2 = optimize.fmin_powell(func_min, 5)     # 调用 fmin_powell 方法求函数最小值
local_min3 = optimize.fmin_bfgs(func_min, 0)         # 调用 fmi_bfgs 方法求函数最小值
plt.scatter(local_min1, func_min(local_min1),linewidths=9)   # 在上面的可视化图形中标出最小值
plt.scatter(local_min2, func_min (local_min2),linewidths=9)
plt.scatter(local_min3, func_min (local_min3),linewidths=9)
```

输出结果如下(参见图 14-10)：

```
Optimization terminated successfully.
         Current function value: 0.094553
         Iterations: 15
         Function evaluations: 30
Optimization terminated successfully.
         Current function value: -0.533765
         Iterations: 2
         Function evaluations: 30
Optimization terminated successfully.
         Current function value: -1.162084
         Iterations: 4
         Function evaluations: 18
         Gradient evaluations: 6
```

<matplotlib.collections.PathCollection at 0x7fd7a36c3e10>

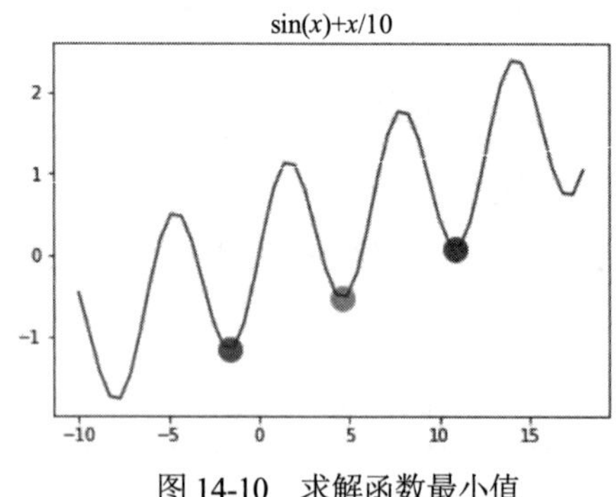

图 14-10　求解函数最小值

从上面的例子可以看出：fmin、fmin_powell、fmin_bfgs 方法都可以求出函数最小值，但得到的却不是全局最小值。在不确定初始值的情况下，可以使用 brute 方法求出全局最小值，参见代码实例 14-14。

代码实例 14-14

```
x = np.linspace(-10,18)
y = np.sin(x)+x/10   # 可视化函数 f(x) = sin(x) +x/10 的图形
plt.plot(x,y,'r')
plt.title('$sin(x)+x/10$')
def func_min (x):
        return np.sin(x)+x/10    # 定义函数
from SciPy import optimize    # 导入优化模块 optimize
grid = (-10, 18, 0.1)
global_min = optimize.brute(func_min, (grid,))   # 调用 brute 方法求函数最小值
plt.scatter(global_min,f(global_min),linewidths=9)
```

输出结果如图 14-11 所示。

<matplotlib.collections.PathCollection at 0x7fd7a351fb70>

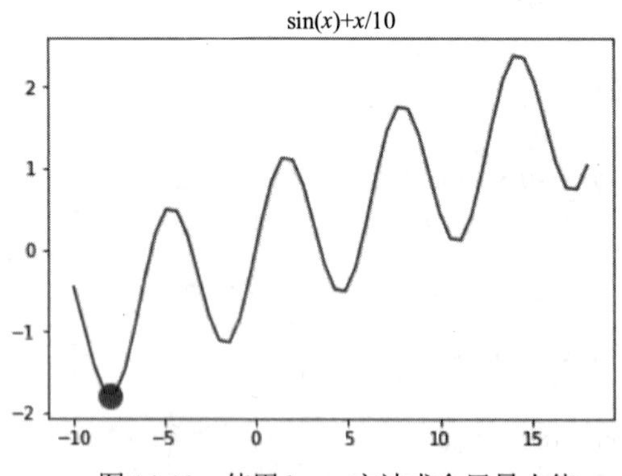

图 14-11　使用 brute 方法求全局最小值

虽然使用 brute 方法可以很好地求出目标函数的全局最小值，但是在数据很大的情况下，使用 brute 方法求解会需要更多的时间。

14.5.3　fsolve 方法

fsolve 方法隶属于 optimize 模块，作用是求解方程及方程组的解。fsolve 方法定义如下：

```
fsolve(func, x0, args=(),…)
```

fsolve 方法的常用参数有两个：func(*x*)是计算方程组误差的函数，它的参数 *x* 是一个矢量，表示方程组的各个未知数的一组可能解，func 返回将 *x* 代入方程组之后得到的误差；x0 为未知数矢量的初始值。fsolve 方法的参数如表 14-13 所示。

表 14-13　fsolve 方法的参数

参数名	说明
func	定义方程组的误差函数
x0	多维数组，方程 func(*x*) = 0 的根的最初估计值
args	元组类型，可选。Func 函数需要的额外参数

1. 求解一元方程组

示例如代码实例 14-15 所示。

代码实例 14-15

```
from scipy.optimize import fsolve
x = np.linspace(-10,1)
y1, y2 = 2*np.sin(x), np.exp(x)+0.5       # 定义方程组函数
plt.plot(x,y1,'r',x,y2,'b--')
plt.title('$sin(x)$ and $e^x-0.5$')

def func_eq(x):
    return np.array(2*np.sin(x)-np.exp(x)-0.5)

res = fsolve(func_eq,[-9, -6, -3])         # 调用 fsolve 方法
print('要求解的方程的根 =', res)
print('方程的根对应的函数值 =', 2*np.sin(res))
plt.scatter(res, 2*np.sin(res), linewidths=9)
plt.show()
```

输出结果如下(参见图 14-12)：

```
求解的方程的根 =  [-9.67749058 -6.02926174 -3.41135076]
方程的根对应的函数值 =  [0.50006268 0.50240727 0.5329966 ]
```

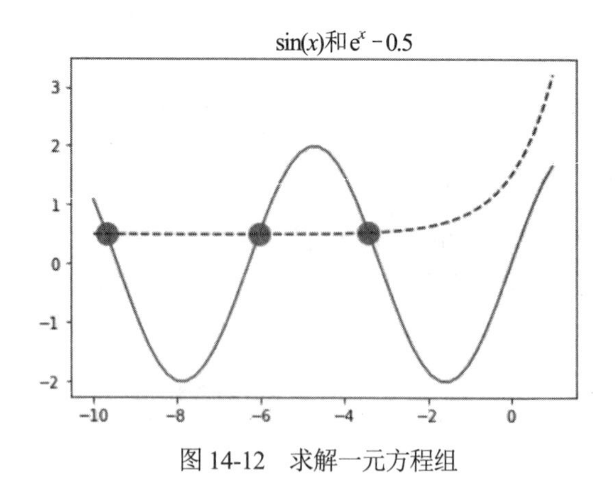

图 14-12　求解一元方程组

2. 求解非线性方程组

使用 fsolve 方法对如下方程组进行求解：

$$\begin{cases} f1(u1,u2)=0 \\ f2(u1,u2)=0 \end{cases}$$

func 可以如下定义：

```
def func(x):
    u1,u2 = x
    return [f1(u1,u2), f2(u1,u2)]
```

求解方程组的代码如代码实例 14-16 所示。

代码实例 14-16

```
def   func_eqs(x):
    x0, x1 = float(x[0]), float(x[1])
    return np.array([3*x0+2*x1-3, x0-2*x1-5])   # 定义方程组
sol2_fsolve = fsolve( func_eqs,[0,0])            # 调用 fsolve 方法
print('方程组的根 =',sol2_fsolve)

输出结果：
方程组的根 = [ 2. -1.5]
```

由于 fsolve 方法在调用函数 f 时，传递的参数为数组，因此如果直接使用数组中的元素计算的话，计算速度将会有所降低，因此这里先使用 float 方法将数组中的元素转换为 Python 中的标准浮点数。

14.6 其他常用模块

前面介绍的都是一些使用广泛的并且比较难的模块。本节简单介绍一些适用范围较窄并且

比较简单的模块。

14.6.1 线性代数模块(linalg)

scipy.linalg 模块提供了线性代数中运算的基本方法。例如，求解矩阵的行列式、求矩阵的逆、解线性方程组、求解特征值和特征向量等。

示例如代码实例 14-17 所示。

代码实例 14-17

```
from scipy.linalg import det, eig, eigvals, inv, solve

a = np.array([[0,2,3], [4,5,6], [7,8,9]])    # 生成矩阵
print("矩阵行列式：", det(a))             # 计算矩阵的行列式
print('-'*10)
a = np.array([[1., 2.], [3., 4.]])           # 生成矩阵
print("矩阵的逆：", inv(a))              # 计算矩阵的逆
print('-'*10)
a = np.array([[3, 2, 0], [1, -1, 0], [0, 5, 1]])  # 定义方程组的系数
b = np.array([2, 4, -1])
x = solve(a, b)                            # 解线性方程组
print('方程组的解：', x)
print(np.dot(a, x) == b)
print('-'*10)

"""
linalg.eig(a)计算矩阵 a 的特征值 values 和特征向量 vectors，在 vectors 中，每一列是一个特征向量
"""
a = np.array([[0., -1.], [1., 0.]])
values, vectors = eig(a)          # 求特征值和特征向量
print("特征值：", values)
print("特征向量：", vectors)
```

输出结果：

```
矩阵的行列式： 3.0
----------
矩阵的逆： [[-2. 1. ]
 [ 1.5 -0.5]]
----------
方程组的解：[ 2. -2. 9.]
[ True   True   True]
----------
特征值： [0.+1.j 0.-1.j]
特征向量： [[0.70710678+0.j          0.70710678-0.j          ]
           [0.          -0.70710678j 0.          +0.70710678j]]
```

14.6.2 文件模块(io)

scipy.io(输入输出)模块提供了广泛的文件操作功能，可以处理不同格式的文件，例如 MATLAB 文件。

下面详细介绍最常用的 MATLAB 文件格式，表 14-14 列出了用于加载和保存 MATLAB 文

件的方法。

表 14-14　用于处理 MATLAB 文件的方法

方法名	描述
loadmat	加载 MATLAB 文件
savemat	保存 MATLAB 文件
whosmat	列出 MATLAB 文件中的变量

示例参见代码实例 14-18。

代码实例 14-18

```
import scipy.io as sio
vect = np.arange(10)                    # 生成数据
sio.savemat('array.mat',{'vect':vect})          # 保存 MATLAB 文件
mat_file_content = sio.loadmat('array.mat') # 加载 MATLAB 文件
print(mat_file_content)
 # 可以看到数组以及 meta 信息。如果我们想要在不将数据读入内存的情况下检查 MATLAB 文件的
 # 内容，请使用 whosmat 命令
mat_file_content = sio.whosmat('array.mat')
print(mat_file_content)
```

输出结果：

```
{'__header__': b'MATLAB 5.0 MAT-file Platform: posix, Created on: Thu Aug 16 04:06:52 2018',
 '__version__': '1.0', '__globals__': [], 'vect': array([[0, 1, 2, 3, 4, 5, 6, 7, 8, 9]])}    [('vect', (1, 10), 'int64')]
```

14.6.3　图像处理模块(ndimage)

scipy.ndimage 模块实现了图像处理中以下常见任务。

- 输入输出，显示图像。
- 基本操作：裁剪、翻转、旋转等。
- 图像过滤：去噪、锐化等。
- 图像分割：标记与不同对象相对应的像素。
- 分类。
- 特征提取。

1. 图像的基本操作

SciPy 的 misc 包带有一些图像，下面使用这些图像来学习图像的基本操作。示例参见代码实例 14-19。

代码实例 14-19

```
from SciPy import misc
 from imageio import imwrite   #imageio 是一个 Python 库，提供了一种简单的方式来读写各种图像数据
f = misc.face()
imwrite('face.png',f) # misc.imsave('face.png', f)
plt.imshow(f)
plt.show()
```

输出结果如图 14-13 所示。

图 14-13　打开图像文件

任何图像都可以用数字矩阵表示，数字表示颜色等信息，计算机仅基于这些数字理解和操纵图像。简单来说，图像是由数字组成的，因此数字的任何变化都会改变原始图像。图像的一些操作，例如旋转、裁剪等，都是对这些数字矩阵进行处理。下面是简单的图像裁剪、翻转和旋转示例，参见代码实例 14-20~代码实例 14-22。

代码实例 14-20

```
face = misc.face(gray = False)
print(face.mean(),face.max(),face.min())
face = misc.face(gray = True)
x,y = face.shape
crop_img = face[x//4:-x//4,y//4: -y//4]   # 裁剪
plt.imshow(crop_img)
plt.show()
```

输出结果如图 14-14 所示。

```
110.16274388631184 255 0
```

图 14-14　剪裁图像

代码实例 14-21

```
# 图像翻转
flip_ud_img = np.flipud(face)      # 调用翻转方法
plt.imshow(flip_ud_img)
plt.show()
```

输出结果如图 14-15 所示。

图 14-15　翻转图像

代码实例 14-22

```
# rotate()函数以指定的角度旋转图像
from SciPy import ndimage
rotate_img = ndimage.rotate(face,45) #  调用旋转方法
plt.imshow(rotate_img)
plt.show()
```

输出结果如图 14-16 所示。

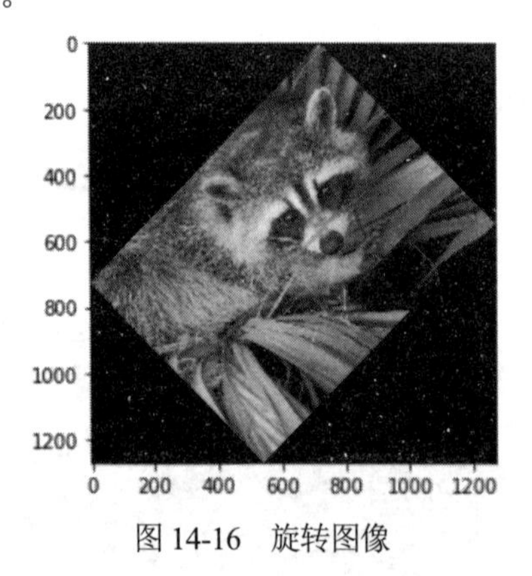

图 14-16　旋转图像

2. 过滤

过滤是一种用于修改或增强图像的技术。例如，可以过滤图像以强调某些功能或删除其他功能。可通过过滤实现的图像处理操作包括平滑、锐化和边缘增强。示例参见代码实例 14-23。

代码实例 14-23

```
blurred_img = ndimage.gaussian_filter(face,sigma = 3) #  调用高斯过滤方法
plt.imshow(blurred_img)
plt.show()
```

输出结果如图 14-17 所示。

图 14-17　过滤图像

3. 边缘检测

边缘检测是一种用于查找图像内对象边界的图像处理技术。它的工作原理是检测亮度的不连续性。边缘检测用于图像处理、计算机视觉和机器视觉等领域的图像分割和数据提取。常用的边缘检测算法包括 Sobel、Canny、Prewitt、Roberts、Fuzzy Logic methods 等。示例参见代码实例 14-24。

代码实例 14-24

```
im = np.zeros((256,256))
im [64:-64,64:-64] = 1
im [90:-90,90:-90] = 2
im = ndimage.gaussian_filter(im,8)      # 调用高斯过滤方法
plt.imshow(im)
plt.show()
plt.show()
```

输出结果如图 14-8 所示。

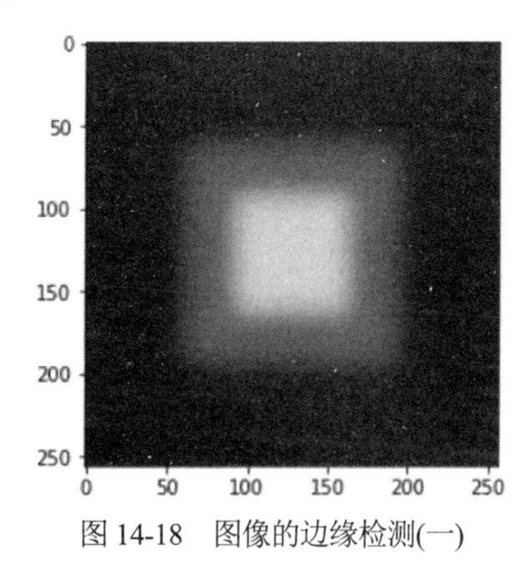

图 14-18　图像的边缘检测(一)

下面检测图 14-18 中彩色块的边缘。ndimage 模块提供了一个名为 Sobel 的函数来执行此操作。NumPy 提供了 hypot 函数来将两个结果矩阵组合成一个。示例参见代码实例 14-25。

代码实例 14-25

```
im = np.zeros((256, 256))
im[64:-64, 64:-64] = 1
im[90:-90,90:-90] = 2
im = ndimage.gaussian_filter(im, 8)        # 调用高斯过滤方法
sx = ndimage.sobel(im, axis = 0, mode = 'constant')
sy = ndimage.sobel(im, axis = 1, mode = 'constant')
sob = np.hypot(sx, sy)

plt.imshow(sob)
plt.show()
```

输出结果如图 14-19 所示。

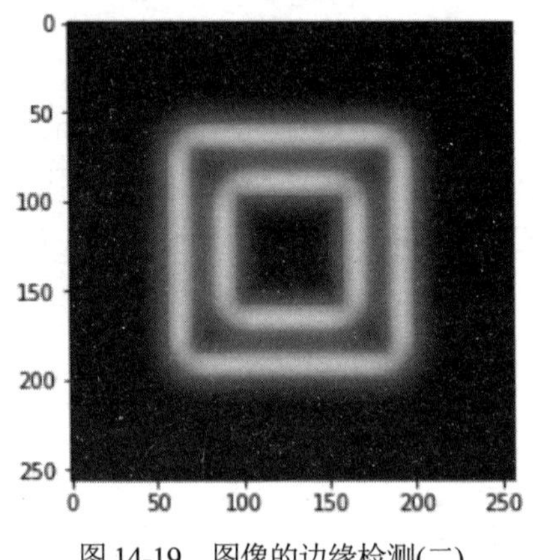

图 14-19　图像的边缘检测(二)

14.6.4　特殊方法模块(special)

scipy.special 模块提供了一些常用函数以及一些特殊功能，例如立方根方法、指数方法、相对误差指数方法、指数和的对数方法、Lambert 方法、排列组合方法、Gamma 方法等。示例参见代码实例 14-26。

代码实例 14-26

```
from scipy.special import cbrt,exp10,exprel,logsumexp,lambertw,comb,perm,gamma

res = cbrt([10,9,0.1254,64])      # cbrt(x)获取 x 的逐元素立方根
print('cbrt: ', res)
print('*'*15)
res = exp10([2,9])                # exp10(x)计算 10**x 元素
print('exp10: ', res)
print('*'*15)

"""
当 x 接近零时，exp(x)接近 1，因此数值计算 exp(x)-1 可能损失精度。使用 exprel(x)以避免精度损失
"""
res = exprel([ - 0.25,-0.1,0,0.1,0.25])  # exprel(x)生成相对误差指数(exp(x)-1)/x
print('exprel: ', res)
print('*'*15)
a = np.arange(10)
```

```
res = logsumexp(a)            # logsumexp(x)计算输入元素的指数总和的对数
print('logsumexp: ', res)
print('*'*15)

"""
  Lambert W 函数 W(z)被定义为 w * exp(w)的反函数。换句话说，对于任何复数 z，W(z)的值使得
   z = W(z)* exp(W(z))
  Lambert W 函数是一个具有无限多个分支的多值函数。每个分支给出方程 z = w*exp(w)的单独解，分支
由整数 k 索引
"""
w = lambertw(1)               # lambertw(x)也被称为 Lambert W 函数
print('lambertw: ', res)
print(w * np.exp(w))
print('*'*15)
# 排列和组合
# comb(N, k)组合
res = comb(10,3)
print('comb: ', res)
# 仅对 exact = false 大小写接收数组参数。如果 k> N、N <0 或 k <0，则返回 0
res = perm(10,3)
print('perm: ', res)
print('*'*15)

"""
对于自然数'n'，gamma 函数通常被称为广义阶乘，因为 z * gamma(z)= gamma(z + 1)和 gamma(n + 1)= n !
"""
res = gamma([0,0.5,1,5])      # 调用 gamma 函数
print('gamma: ', res)
```

输出结果：

```
cbrt:   [2.15443469 2.08008382 0.50053277 4.    ]
***************
exp10:   [1.e+02 1.e+09]
***************
exprel:   [0.88479687 0.95162582 1.1.05170918 1.14610167]
***************
logsumexp:   9.45862974442671
***************
lambertw:   9.45862974442671
(1+0j)
***************
comb:   120.0
perm:   720.0
***************
gamma:   [inf   1.77245385   1.   24.]
```

14.7 综合实例

通过前面对 SciPy 中常用模块的介绍及举例说明，读者可以掌握 SciPy 中模块的基本用法。接下来通过一个完整的综合实例，计算玻璃显微图像中气泡的平均大小，进一步感受 SciPy 库的功能及其在图像处理中的优势。

这个综合实例实现的主要功能是为玻璃显微图像中的气泡、未溶解的沙粒和玻璃上色，移

除像素小于10的沙粒并且预测气泡的平均大小。下面列出具体步骤：

(1) 打开图像文件MV_HFV_012.jpg并显示图像。这张图显示了一个带有气泡(黑色)和未溶解沙粒(深灰)的玻璃样本(轻灰矩阵)。

(2) 修剪图像，删除图像底部的测量信息。

(3) 用中值滤波器过滤图像，以便细化直方图，便于后面的处理。

(4) 使用滤波后图像的直方图，为沙粒像素、玻璃像素和气泡像素定义阈值范围。

(5) 对三个对象用三种不同的颜色着色。

(6) 用数学形态学清理对象。

(7) 给所有气泡和沙粒做标签，并将小于10像素的沙粒从图像中移除。

(8) 计算气泡的平均大小。

下面使用SciPy库提供的ndimage模块实现上面的操作。代码实例14-27首先导入了程序所需要的NumPy和pylab库以及SciPy中的ndiamge模块。其中，pylab库是一种用于交互的图形绘制库。

代码实例14-27

```
import numpy as np
import pylab as pl
from scipy import ndimage
```

具体实现过程如下：

(1) 使用imread函数打开图像文件MV_HFV_012.jpg，使用imshow函数显示图片，参见代码实例14-28。

代码实例14-28

```
dat = pl.imread('data/MV_HFV_012.jpg')   # 打开图像
pl.imshow(dat)                           # 显示图像
```

输出结果如图14-20所示。

<matplotlib.image.AxesImage at 0x7f8a74175710>

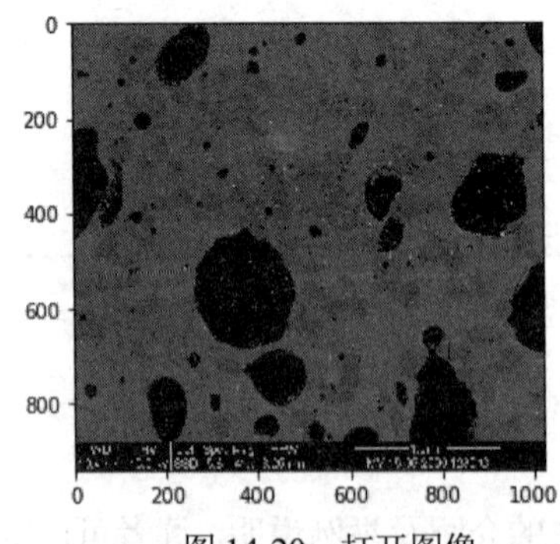

图14-20　打开图像

从显示的图像中可以看出，图像的底部有部分无用的测量数据，所以需要裁掉这部分。

(2) 修剪图片，删除带有测量信息的部分图像信息，参见代码实例14-29。

代码实例 14-29

```
dat = dat[:-60]    # 后 60 行属于无用的测量信息
pl.imshow(dat)   # 显示图像
```

输出结果如图 14-21 所示。

```
<matplotlib.image.AxesImage at 0x7f8a74143ef0>
```

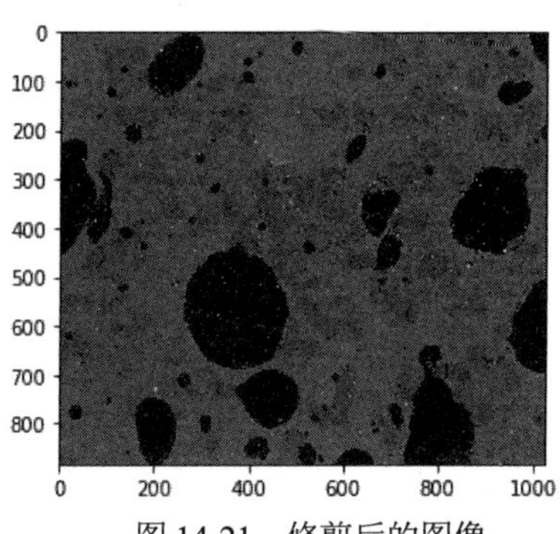

图 14-21　修剪后的图像

(3) 用中值滤波器过滤图像以便细化直方图，参见代码实例 14-30。

代码实例 14-30

```
filtdat = ndimage.median_filter(dat, size=(7,7))            # 使用中值过滤器过滤图像数据
hi_dat = np.histogram(dat, bins=np.arange(256))             # 过滤前数据的直方图
hi_filtdat = np.histogram(filtdat, bins=np.arange(256))  # 过滤后数据的直方图
```

从显示的直方图结果(参见图 14-22)可以看出，过滤后的数据(蓝色)直方图更加细化。使用过滤后的数据会使后面的处理结果更精确。

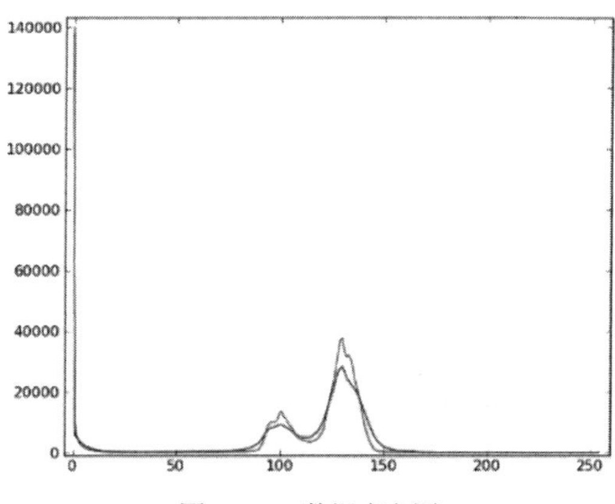

图 14-22　数据直方图

(4) 使用过滤后的直方图定义沙粒像素、玻璃像素和气泡像素的阈值范围，参见代码实例 14-31。

代码实例 14-31

```
void = filtdat <= 50   # 数据小于或等于 50 的定义为玻璃
 sand = np.logical_and(filtdat > 50, filtdat <= 114)   # 数据大于 50 并且小于或等于 114 的定义为沙粒
glass = filtdat > 114   # 数据大于 114 的定义为气泡
```

(5) 将三种不同的对象用不同的颜色着色，参见代码实例 14-32。

代码实例 14-32

```
phases = void.astype(np.int) + 2*glass.astype(np.int) + 3*sand.astype(np.int)
pl.imshow(phases)
```

输出结果如图 14-23 所示。

<matplotlib.image.AxesImage at 0x7f8a99168a90>

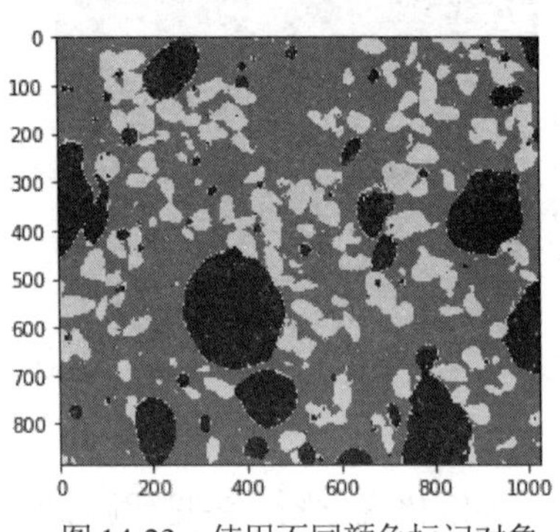

图 14-23　使用不同颜色标记对象

通过一行简单的代码，便可分别将不同对象对应的像素值扩大不同的倍数，从而在显示时通过不同颜色将不同对象区分开。

(6) 用数学形态学清理气泡，参见代码实例 14-33。

代码实例 14-33

```
sand_op = ndimage.binary_opening(sand, iterations=2) # 清除沙粒
pl.imshow(sand_op) # 显示清除沙粒后的图像
```

输出结果如图 14-24 所示。

<matplotlib.image.AxesImage at 0x7f8a990cb668>

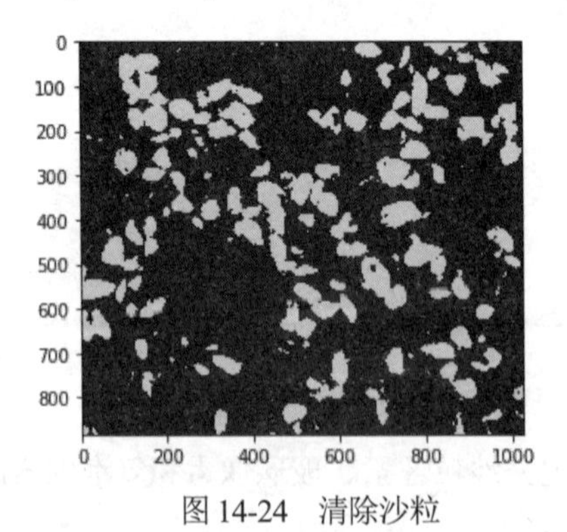

图 14-24　清除沙粒

(7) 为所有气泡和沙粒做标签，并删除小于 10 像素的沙粒。使用 ndimage.sum 或 np.bincount 计算沙粒大小，参见代码实例 14-34。

代码实例 14-34

```
sand_labels, sand_nb = ndimage.label(sand_op)
sand_areas=np.array(ndimage.sum(sand_op,sand_labels, np.arange(sand_labels.max()+1)))
mask = sand_areas > 100
remove_small_sand = mask[sand_labels.ravel()].reshape(sand_labels.shape)
pl.imshow(remove_small_sand)
bubbles_labels, bubbles_nb = ndimage.label(void)
bubbles_areas = np.bincount(bubbles_labels.ravel())[1:]
```

输出结果如图 14-25 所示。

```
<matplotlib.image.AxesImage at 0x7f8a98fcadd8>
```

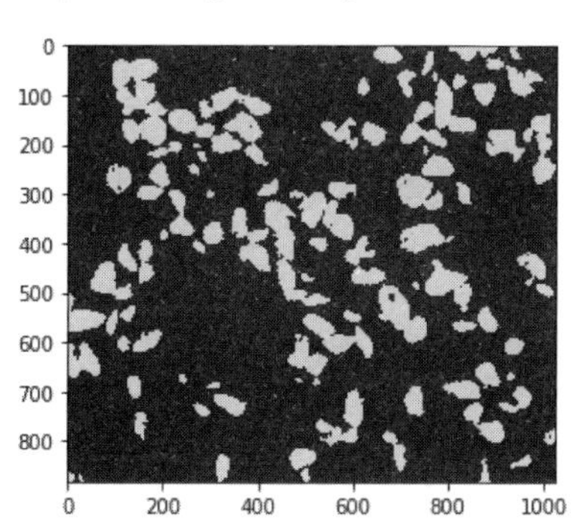

图 14-25　删除小于 10 像素的沙粒

使用 ndimage.label 可以对图像中的不同区域使用不同颜色做标签。

(8) 计算气泡的平均大小，参见代码实例 14-35。

代码实例 14-35

```
mean_bubble_size = bubbles_areas.mean()
median_bubble_size = np.median(bubbles_areas)
mean_bubble_size, median_bubble_size
```

输出结果：

```
(1699.875, 65.0)
```

14.8 本章小结

在本章中，首先介绍了 SciPy 库的特点、安装方式以及 SciPy 库中的众多模块及其功能，使读者在整体上对 SciPy 库有初步认识。然后详细介绍了若干常用模块，并通过大量典型实例使读者理解并掌握常用模块的适用范围及基本用法。最后，通过一个计算玻璃显微图像中气泡平均大小的完整实例，加深 SciPy 库在实际场景中的应用。本章不仅从基本概念、基本原理上对 SciPy 进行分析，而且通过大量实例加深读者对 SciPy 在实际应用场景中的理解。通过本章的学习，使得读者能够熟练掌握 SciPy 库的基本功能和使用方法，具备在实际项目中应用的能力，提升数据分析效率。

第三部分　实 践 篇

第 15 章 Python机器学习

近年来，机器学习已成为最热门的话题和研究方向之一。机器学习不仅涉及许多数学知识，而且数据处理过程也较为复杂，如何用通俗易懂的语言和便捷的工具解决这些问题，对于入门机器学习非常重要。本章重点通过 Python 语言强大的数据分析能力使读者学习和掌握机器学习的一般知识和开发流程，并借助 Python 机器学习工具包 scikit-learn 进行常用机器学习算法实践。通过本章的学习，读者可以了解如何利用 Python 语言进行机器学习开发，理解常用机器学习算法的基本原理，掌握并使用第三方工具库进行完整的机器学习项目实践。

本章的学习目标：

- 了解机器学习的定义及应用
- 熟悉机器学习开发流程
- 熟悉 scikit-learn 库的安装及应用
- 掌握数据处理、模型选择及模型评估方法
- 掌握 scikit-learn 常用模块
- 掌握常用机器学习算法的原理、优缺点及运用
- 掌握常用机器学习算法在实践中的选择及应用

15.1 初识机器学习

机器学习(Machine Learning，ML)是一门多领域交叉学科，涉及概率论、统计学、凸优化、算法复杂度理论等多门学科。机器学习的主要任务是通过研究和设计，让计算机能够自主“学习”，从数据中自动分析并获得规律，实现对未知数据的预测或分类。目前，机器学习的应用已经广泛渗透到各种领域，例如垃圾邮件检测、人脸识别、自然语言处理、语音识别、产品推荐、医学分析、股票交易、信用卡欺诈检测等。未来，机器学习特别是深度学习算法将会拥有更广阔的应用前景和价值。

15.1.1 什么是机器学习

学习是人类具有的一种重要智能行为，通过学习，人类不断获得经验并逐渐增强认知能力。机器学习就是通过模拟人类的学习行为使计算机具有自主学习的能力。例如，人们希望通过计算机或智能设备能够自动判定股票的涨跌、估计物价变化趋势或是预测事故或故障的发生。

机器学习的关键在于如何从数据中学习特定的模型以实现过程或任务的自动化，其中，模型(Model)、策略(Strategy)和算法(Algorithm)是机器学习的三个要素。模型是从数据中抽象出来用来描述客观世界的数学模型，通过大量数据分析，从中找到数据间的规律。在模型的假设空间中，包含所有可能的条件概率分布或决策函数，机器学习需要考虑按照什么样的准则学习或选择最优的模型，这就是策略。算法是指学习模型的具体计算方法，完成之前的两个步骤后，最后需要考虑的是用什么样的计算方法求解最优模型。

美国卡内基梅隆大学(Carnegie Mellon University)机器学习研究领域的著名教授 Tom Mitchell 对机器学习给出了更为准确的定义：

对于某类任务 T 和性能度量 P，如果计算机程序在 T 上以 P 衡量的性能随着经验 E 而自我完善，那么称计算机程序从经验 E 中学习。

Tom Mitchell 给出的机器学习定义的本质思想是将机器学习算法看作计算机程序，针对某个特定的任务，从经验中学习，并且越做越好。在图 15-1 中可以更加直观地看出，机器学习会对生成后的模型进行评估，从反馈的经验中不断改进，从而选择出更加合适的模型。

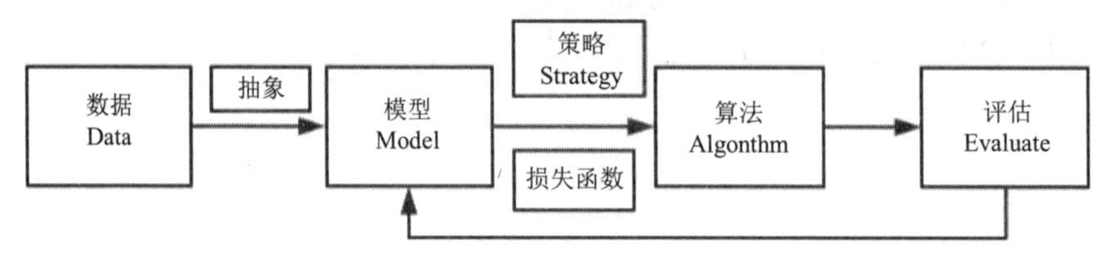

图 15-1　机器学习定义的图形化表示

垃圾邮件的过滤系统就是典型的机器学习程序。在这个例子中，任务 T 就是要对新邮件进行分类，经验 E 是训练样本，性能度量 P 可定义为正确分类垃圾邮件所占的比例，通常这种度量方式被称为准确率(Accuracy)。垃圾邮件过滤程序的目标就是通过经验 E 的训练，使得性能度量 P 越来越好，即识别垃圾邮件的准确率不断提高。

目前，机器学习被广泛地应用于工业、交通、医疗、教育、环保等各行各业。机器学习在计算机视觉领域的应用是最显著的技术突破之一，也是机器学习在医疗界特别活跃的应用领域。微软的 InnerEye 计划(始于 2010 年)目前正在开发图像诊断工具，已发布了解释发展动向(包括机器学习用于图像分析)的许多视频。在传媒行业，基于机器学习搭建的智能媒体平台，可以通过研究媒体的投递和发送规则，结合当前热点事件、舆论和公关营销内容，自动生成用户想要阅读的内容。近年来，交通行业中无人驾驶汽车技术的发展突飞猛进，谷歌、百度、特斯拉等传统巨头纷纷加入其中。自动驾驶利用传感器和激光雷达等感知器采集路况和行人信息，结合先进的机器学习算法，不断优化并最终规划出最优路线及操控方案。人工智能与艺术的交叉碰撞，在相关的技术领域和艺术领域引起了高度关注，其中核心之一就是基于机器学习和深度学习的图像风格迁移，艺术风格迁移可以轻松地创建梵高、莫奈以及任何艺术家风格的图像。

15.1.2　机器学习模型分类

根据模型对训练样本的需求，机器学习可分为以下四种形式：监督学习、无监督学习、半监督学习和强化学习。

1. 监督学习

监督学习通常是指在专家标记的“样本集”上训练学习算法并建立预测或分类模型，将模型预测结果与实际结果(样本的标签)进行比较，不断调整预测模型参数，直到模型的预测结果达到预期的准确率。例如垃圾邮件分类，首先，使用的数据集需要对邮件是否属于垃圾邮件进行标记，然后在已经标记邮件数据的基础上训练模型，最后将模型预测的结果与标记结果进行比较，通过调整模型参数来减少邮件错误分类的数量。

监督学习通常包括回归和分类。回归(Regression)：模型的输出结果为连续值。比如：房屋价格预测。通过对大量具有不同特征(面积、地理位置、户型、开发商)房屋的价格数据进行学习，从而预测出某个房屋的价格。模型的输出结果是房屋的价格，取值范围为某个连续的区间。分类(Classification)：模型的输出结果为离散值。比如：判定一封电子邮件是否为垃圾邮件时，输出结果只有两类，要么输出 1(表示是垃圾邮件)，要么输出 0(表示不是垃圾邮件)。表 15-1 对监督学习中的分类与回归做了比较。

表 15-1　监督学习中的分类与回归

监督学习		
监督学习的分类	回归	分类
输出结果	连续值	离散值
常用算法	最小二乘法、k 近邻算法、线性回归、岭回归、lasso、分类回归树、神经网络	k 近邻算法、贝叶斯分类、决策树、逻辑回归、神经网络、支持向量机

从表 15-1 中可以看到，分类和回归最显著的区别就在于输出结果的类型。如果在可能的结果之间具有连续性，那么就是回归问题，反之，则为分类问题。

2. 无监督学习

无监督学习通常是指训练集中给定的数据没有任何标签或只有同一种标签。在学习过程中，不会对机器学习模型的输出结果进行判定，而是让它自己学习怎样做。无监督学习以数据之间的某种关系(如欧式距离、余弦相似性)为依据，实现数据的划分。这种划分数据的方式在机器学习领域中被称作聚类(Clustering)。

无监督学习与监督学习的区别在于是否为算法提供预期的输出值。如图 15-1 所示，左侧为监督学习，标签明确指示了哪些是对(圈)，哪些是错(叉)。右侧为无监督学习，从图中无法区分数据对错，因为数据的标签都为同一种。因此，相比监督学习，无监督学习的难度更大。

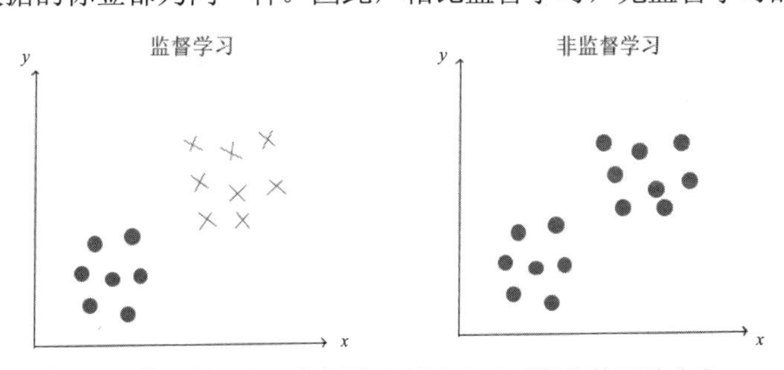

图 15-2　监督学习与无监督学习(圈和叉表示数据的两种分类)

无监督学习的方法分为两大类：基于概率密度函数估计的直接方法和基于样本中相似性的聚类方法。基于概率密度函数估计的直接方法，是指通过寻找数据与数据之间的联系，找到各类别在特征空间的分布参数，再对输入的数据进行分类。基于样本中相似性的聚类方法，是指通过不同数据在特征空间中的不同位置，找到不同类别的核心或中心，再根据样本数据与核心的相似性或距离，将样本数据划分为不同的类别。

3. 半监督学习

顾名思义，半监督学习将监督学习和无监督学习相结合，在训练阶段使用的数据包含大量无标签数据和少量有标签数据。半监督学习在训练模型时只使用少量带标签的数据，这样做不仅可以降低将数据集全部标注所产生的成本，还能提高训练模型的准确度。

半监督学习可以进一步划分为纯半监督学习和直推学习，两者的区别如下：纯半监督学习在训练阶段用到的数据是无标签数据，在测试阶段用到的是具有标签的数据，用来测评模型拟合度；直推学习在训练阶段使用有标签数据，在测试阶段使用无标签数据预测模型。换言之，直推学习希望学习后的模型能适用于训练过程中未出现的数据，纯半监督学习则对学习过程中观察到的未标记数据进行预测。

4. 强化学习

强化学习也使用未标记的数据对模型进行训练，与无监督学习相比，强化学习可以通过某种方式知道模型结果是否在逐步接近正确结果。在没有任何标签数据的情况下，强化学习先尝试做出一些行为，得到结果，判断结果是好是坏，根据反馈结果不断调整行为，直到找到最优的策略。强化学习能够学习到在什么情况下选择什么样的行为，可以得到最好的结果。表 15-2 对强化学习与监督学习、无监督学习做了比较。

表 15-2　强化学习与监督学习、无监督学习的比较

	监督学习	无监督学习	强化学习
学习内容	输入到输出的映射	模式	输入到输出的映射
结果反馈	无延时	无延时	有延时
输入内容	有标签 数据独立分布	无标签 数据独立分布	无标签 根据反馈结果调整输入

15.1.3　Python 与机器学习

Python 之所以能够成为实现机器学习算法的首选编程语言，不仅因为 Python 易学易用，更重要的是 Python 提供了大量第三方数据处理工具和机器学习支持库。在数学科学计算方面有 NumPy、Pandas、SciPy 等，在可视化方面有 matplotlib、SeaBom 等，在机器学习方面有成熟的 scikit-learn 库等。针对各种垂直领域，比如图像、语音、文本等，在数据处理各阶段都有成熟的算法可以直接使用。

Python 语言除了拥有大量编程人员自行开发的第三方程序库以外，业界也有许多著名公司拥有用于科学研究和商业的云平台，比如亚马逊的 Amazon Web Services、谷歌的 Prediction API 等。这些平台同时面向互联网用户提供机器学习基于 Python 语言的应用编程接口；并且有些平

台提供的机器学习功能模块不需要用户编写代码，通过Python语言并遵照API的编写协议规则，像搭积木一样把各个模块串接起来就可以直接使用。因此，以 Python 这类解释型语言作为编码媒介逐渐成为当前机器学习领域一种比较流行的选择。

15.2 机器学习开发流程

完整的机器学习开发流程通常有数据采集、数据清洗、数据标注、模型选择、模型评估和优化等几个阶段，如图 15-3 所示。本节将通过介绍机器学习开发流程，使读者对于如何进行机器学习开发有更深入的了解。

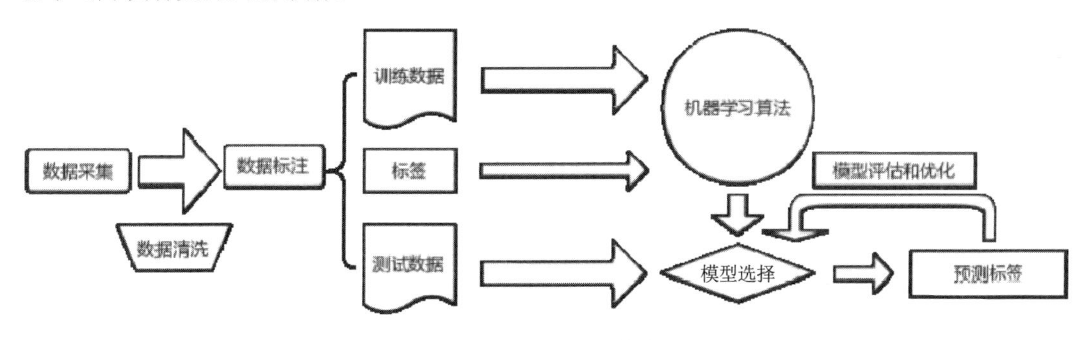

图 15-3　机器学习开发流程

15.2.1 数据采集

数据是机器学习的基础，良好的机器学习模型建立在优质数据集的基础之上，没有数据，机器学习算法也就成了无源之水。因而，收集需要的数据并转换成机器学习能够使用的数据格式，是机器学习开发流程的第一步。

数据的全面性和完整性对机器学习模型的准确度至关重要，因此在数据采集阶段，需要使样本数据尽可能多且尽可能多样。当样本足够大、特征足够详细时，训练出的模型也会越好。数据的采集若存在缺失，有可能会导致机器学习模型性能较差。收集样本数据的方式有很多种，例如：利用爬虫技术从网页上获取数据、从相关 API 接口中获取数据、各种公开的数据集等。

15.2.2 数据清洗

一般情况下，采集到的原始数据中存在大量不完整、不一致、有异常的数据，直接影响着机器学习模型训练的效率和准确度。因此，对原始数据进行筛选、整合、归一化等数据清洗工作对提高机器学习模型的性能具有重要作用。数据清洗主要包含以下内容：删除原始数据集中的无关数据、重复数据；平滑噪声数据；筛选与挖掘主题无关的数据；缺失值、异常值的处理等。数据清洗的常用方法有：

(1) 属性子集的选择。由于属性间的冗余及任务无关等原因，在训练过程中往往只选择部分样本属性来训练机器学习模型。这个过程主要包括冗余属性的筛选，以及与任务相关的属性子集的选择。

(2) 缺失值的填充。采集数据时，由于各种因素导致部分样本数据属性的缺失。对属性缺失样本的处理方式包括：直接删除(适合缺失值数量较小的情况)、常量填充(如默认值)、均值或中位数替代。

(3) 异常值的处理。异常值包含两种类型：噪声和离群点。对异常值而言，可以采用分箱或聚类等方式将数据聚集在几个区间之内，然后采用均值或箱边界对数据进行平滑，实现对异常值的处理。

15.2.3 数据标注

对于监督学习而言，使用的数据集中需要包含样本的类别或输出值等标签。因而，在训练模型之前需要对数据进行标注，数据的标注可以人工完成，也可以借助机器自动完成。数据标注是数据处理中的重要一环，标注的准确性决定了模型训练的准确度。数据标注可以类比人类学习的过程。比如，以学习认识猫的过程为例，首次看到一只猫时，有人告诉我们这是一只猫，这时我们的大脑就会抽取出猫的特征，并给带这些特征的动物贴上猫的标签，当再次见到有类似特征的动物时，大脑就可以判断出这是一只猫。同理，监督学习首先需要带有猫的图片，并标注着“猫”的标签，然后机器学习模型通过学习大量图片中猫的特征，当学习结束后给模型输入任意一张图片时，模型就可以辨别出图片中是否有猫。因此，“猫”的标注如同数据集中数据标签的标注，通过学习大量数据标签生成模型，最后进行模型的使用。

15.2.4 模型选择

不同的机器学习模型针对某一特定问题有不同的执行效率和准确度，因此针对特定问题选择合适的模型非常重要。模型选择是一个复杂的决策过程，涉及问题领域、数据量大小、训练时长、模型的准确度等多个方面的问题。

理想的模型不关心训练时的准确度，而更关心对测试集进行测试时的性能，即模型的泛化能力(generalization ability)。有的模型在相同的数据集上进行训练和测试时，准确度非常高。而当使用训练数据集训练模型，用另外新的数据集进行测试时，效果却不理想，这就是模型泛化能力弱的表现。因此，泛化能力的强弱是选择机器学习模型的重要依据。

泛化能力的强弱等同于拟合效果的强弱，模型对于数据集的拟合包括过拟合和欠拟合。在图15-4中，左图用线性模型拟合一个二次模型，可以看到拟合曲线无法很好地对数据点进行拟合，这种情况被称为欠拟合(underfitting)，也就是存在着高偏差(high bias)。图15-4中的右图用高次模型拟合一个二次模型，虽然能够让图中的每个样本点都经过曲线，但是对于新的数据，可能会强加一些原本并不存在的特性，这会使得模型非常敏感，这种情况被称为过拟合(overfitting)，对应着高方差(high variance)。图15-4中的中间图使用的模型较好地拟合了数据集，实线基本可以拟合各个数据点，也不会使得模型过分敏感。因此，在选择机器学习模型时应避免对数据集过拟合和欠拟合，选择较为合适的模型。

机器学习模型的构建主要分两大部分：模型训练和模型测试。模型训练是在数据集上训练机器学习模型的参数及拓扑结构，模型测试是对已训练模型的精度、准确度等性能进行测试。为保证机器学习模型的泛化能力，通常把数据集分为训练数据集和测试数据集两部分。训练数据集用来训练模型，模型训练好后，在测试数据集上测试模型的性能，以判断模型的泛化能力。

值得说明的是，在划分数据集的时候要尽量保持训练集和测试集与原始数据集相似的数据分布。

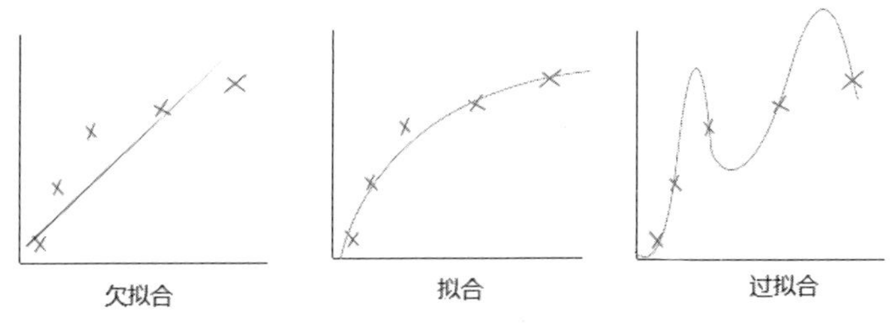

图 15-4　过拟合与欠拟合

假设有 1000 张照片，其中有的照片包含猫，有的不包含猫。首先随机选择 900 张照片，让模型学习猫的特征，然后用剩余的 100 张照片测试模型是否能识别出哪张包含猫。其中的 900 张用来训练的照片就是训练集(train set)，剩余 100 张用于测试的照片就是测试集(test set)。将原始数据集分为训练集和测试集能够保证模型在未知数据样本上的准确性。对于监督学习来说，模型的准确性要用模型“没见过”的数据进行测试，而不能用那些用来训练模型的数据进行测试。

15.2.5　模型评估和优化

模型评估是机器学习流程中十分重要的一步，目的是判断模型对于数据集是否为最佳模型。模型评估的困难之处，在于模型在训练数据集上难以反映模型在新数据集上的性能。

在机器学习中，评估模型的好坏时经常使用错误率——模型输出结果与实际结果不一致的数据所占的比例。为了更好地评估模型在新数据集上的错误率，需要使用更加复杂的方法——交叉验证(cross validation)。交叉验证通常分为以下三种。

留出法(hold-out)交叉验证：将原始数据集随机分为两部分，一部分为训练数据集，用来训练算法生成模型；另一部分为验证数据集，通过验证数据集验证模型，记录最后的分类准确率，并与已知的结果进行比较，评估算法的准确度。

***K* 折交叉验证**：将原始数据分成 K 组(一般是均分)，对每个子集数据分别做一次验证集，其余的 $K-1$ 组子集数据作为训练集，这样会得到 K 个模型，对这 K 个模型的结果取平均数，作为 K 折交叉验证下分类器的性能指标。K 的取值可以为 10、5、3，10 折交叉验证是最常用的。

留一交叉验证：将原始数据中 N 个样本的每一个样本单独作为验证集，其余的 $N-1$ 个样本作为训练集，因此会得到 N 个模型，用这 N 个模型最终的验证集的分类准确率作为性能指标。表 15-3 列出了以上三种常用交叉验证法的优缺点。

表 15-3　三种交叉验证法的比较

	留出法交叉验证	*K* 折交叉验证	留一交叉验证
优点	处理简单，只需要随机把原始数据分为两组即可	可以有效避免过学习或欠学习状态的发生，结果有说服力	每一回合的训练数据最接近原始样本分布，评估结果较为可靠。实验过程没有随机因素，过程可重复
缺点	部分样本可能从未做过训练或测试数据，而有些样本不止一次选为训练或测试数据	K 值需要进行选择	计算成本较高。当 N 值较大时，计算较为耗时

模型评估可以确定模型在数据集上的泛化能力，而模型优化可以提升模型的泛化性能。

机器学习的模型参数一般分为两种：一种是影响模型在训练集上的准确度或防止过拟合的参数；另一种则是不影响这两者的参数。参数调优主要针对第一种参数，使模型在训练集上的准确度和防止过拟合之间取得较好的平衡。目前较为常用的两种自动寻找最优参数的算法是：

- 网格搜索优化参数，通过遍历已经定义参数的列表来评估模型的参数，从而找到最优参数。
- 随机搜索优化参数，通过固定次数的迭代，采用随机采样分布的方式搜索合适的参数。

当模型的参数少于三个时，推荐使用网格搜索优化参数；如果需要优化的参数超过三个，推荐使用随机搜索优化参数。

15.3 初识 scikit-learn

scikit-learn 是基于 Python 语言的第三方机器学习库。它包含了几乎所有主流机器学习算法的实现，并提供一致的调用接口。scikit-learn 基于 NumPy 和 SciPy 等科学计算库，支持向量机、随机森林、梯度提升树、*K* 均值、聚类等机器学习算法。

15.3.1 scikit-learn 简介

scikit-learn(简称 sklearn)是当今非常流行的机器学习工具，也是最有名的 Python 机器学习库之一。scikit-learn 是一个开源项目，可以免费使用和分发，任何人都可以轻松获取其源代码，从而查看其背后的原理。scikit-learn 包含许多目前最先进的机器学习算法，其官方文档对每个算法都有详细的介绍说明。scikit-learn 的主要功能包括分类、回归、聚类、数据降维、模型选择和数据预处理六大部分。表 15-5 列出了分类、回归和聚类的应用以及对应的机器学习算法。

表 15-5　分类、回归和聚类的应用以及对应的机器学习算法

	应用	算法
分类	异常检查、面部识别等	KNN、SVM 等
聚类	图像分割、群体分割等	*K* 均值、谱聚类等
回归	价格预测、趋势预测等	线性回归、SVR 等
降维	可视化	PCA、NMF 等

scikit-learn 的官方网站提供了一张模型速查表，只需要回答几个简单的问题，就可以选择一个相对比较合适的模型。这张模型速查表如图 15-5 所示。

在模型速查表中，蓝色圆圈内是判断条件，绿色方框内是可以选择的算法。从 START 开始，首先查看数据样本是否大于 50，小于则需要收集更多的数据。由图 15-5 中的分支可以看出核心算法有四大类：分类、回归、聚类和降维。其中分类和回归属于监督式学习，即每个输入数据需要对应一个标签；聚类是非监督式学习，即输入样本数据没有标签。另一类是降维，当数据集有很多属性时，可以通过降维算法对属性进行归纳。最后根据问题分类选择相应的

合适算法。

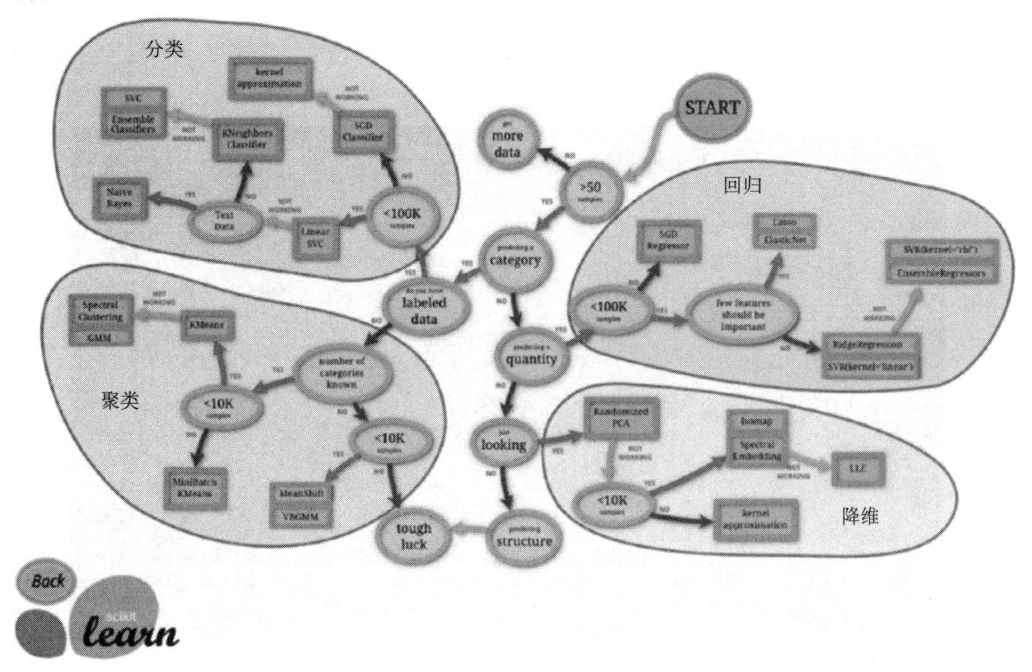

图 15-5　scikit-learn 模型速查表

15.3.2　安装 scikit-learn

在安装 scikit-learn 之前，使用者应确保系统中已经正确安装了 Python 的基本运行环境。scikit-learn 的安装方式与 Python 其他库的安装方式基本类似，本节主要以 Windows 系统为例介绍 scikit-learn 的几种常用安装方法。

方法一：使用 Python 软件自带的包管理工具 pip 进行安装。首先，在终端输入如下命令：

```
pip install scikit-learn
```

如图 15-6 所示，当终端出现 Successfully installed scikit-learn 字样时，表示 scikit-learn 安装成功。使用 pip 方法安装的是全局库，这与使用 Anaconda 在特定虚拟环境下安装的库有一定区别，望读者注意。

图 15-6　使用 pip 安装 scikit-learn

方法二：利用 Anaconda 软件安装 scikit-learn。首先要确保系统中已安装 Anaconda 工具，该工具可通过 conda 命令安装第三方库。首先打开 Anaconda Prompt，然后在指定的虚拟环境中安装 scikit-learn(如图 15-7 所示)，安装命令为：

```
conda install scikit-learn
```

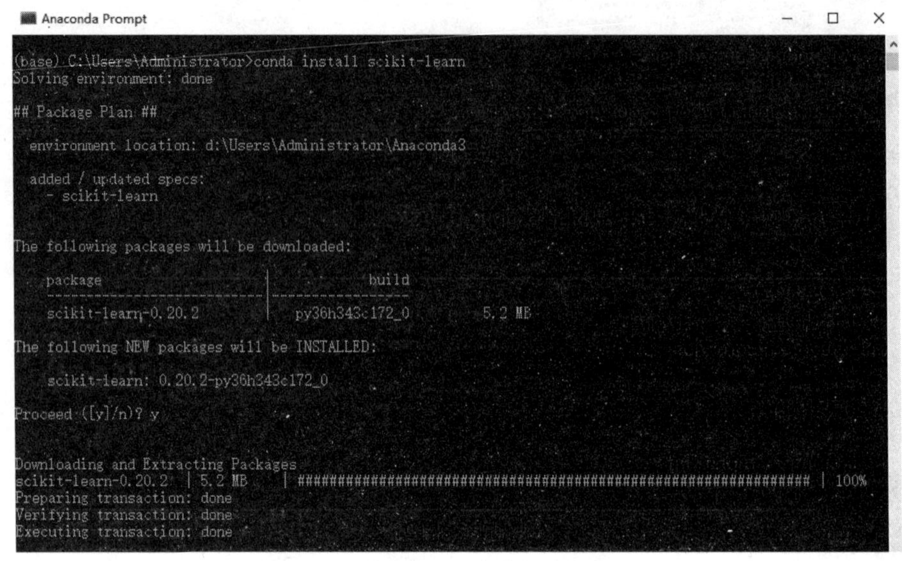

图 15-7　使用 Anconda 安装 scikit-learn

安装完成后，在 Python 编译环境下运行以下代码进行测试，以检验安装包是否安装成功：

```
import sklearn
```

以上代码的作用是导入 scikit-learn 库，在终端键入以上代码并按回车键。如果没有报错，则表明 scikit-learn 安装成功，如图 15-8 所示。

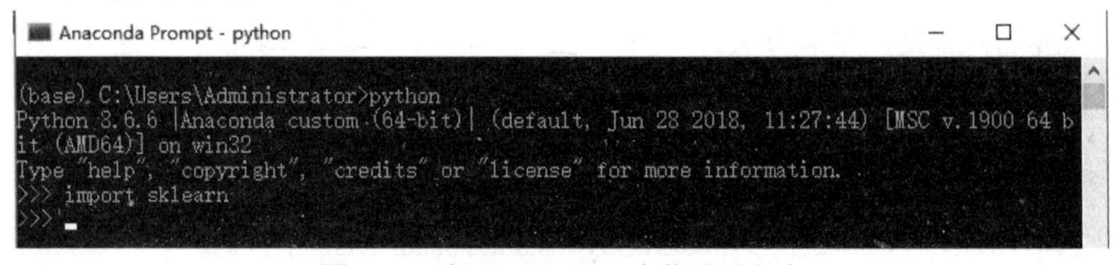

图 15-8　验证 scikit-learn 安装是否成功

15.3.3　scikit-learn 常用模块

scikit-learn 的优点之一就是提供模块化编程，通过接口、模块的调用就可以轻松实现机器学习开发。scikit-learn 主要分为六大部分，分别用于完成相应的分类任务、回归任务、聚类任务、降维任务、模型选择以及数据预处理。

1. 数据集模块

scikit-learn 中的 sklearn.datasets 模块提供了非常实用的数据导入、在线下载以及本地生成数据集等常用功能。例如，要使用 scikit-learn 中提供的数据集，需要通过下面的语句导入 sklearn.datasets 模块：

```
from sklearn import dataset
```

sklearn.datasets 模块中主要有三种数据形式。

- 自带的小数据集：sklearn.datasets.load_<name>。
- 远程下载的数据集：sklearn.datasets.fetch_<name>。
- 可自行构造的数据集：sklearn.datasets.make_<name>。

表 15-6 给出了 sklearn 中的大部分数据集及其调用方式。

表 15-6　sklearn 中的大部分数据集及其调用方式

自带的小数据集			远程下载的数据集		
数据集名称	调用方式	数据规模	数据集名称	调用方式	数据规模
波士顿房价	load_boston()	506*13	新闻分类	fetch_20newsgroups	N/A
鸢尾花	load_iris()	150*4	带标签的人脸	fetch_ifw_people	N/A
糖尿病	load_diabetes()	442*10	Olivetti 脸部图像	fetch_olivetti_faces	400*64*64
手写数字	load_digits()	5620*64	路透社新闻语料	fetch_rev1	804415*47236

2. 数据预处理模块

scikit-learn 的 sklearn.preprocessing 模块提供了数据的标准化、规范化、二值化以及分类特征编码、推断缺失数据等数据预处理方法。可以通过下面的语句导入 scikit-learn 的数据预处理模块：

```
from sklearn import preprocessing
```

在数据预处理模块中，数据的规范化或归一化是数据预处理的一项基础工作。在大数据样本中，不同属性的量纲往往不一致，数值间的差别也比较大，因此在机器学习过程中会导致“大数吃小数”等问题。因此，需要对数据进行规范化处理，使之归一化在特定的区域，以提高机器学习模型的性能。表 15-7 列出了 sklearn.preprocessing 模块中用于规范化和编码的部分方法。

表 15-7　sklearn.preprocessing 模块中的常用方法

方法		说明
规范化方法	preprocessing.MinMaxScaler()	将每个特征缩放到给定的范围内
	preprocessing.Normalizer()	使数据中各个特征值的和为 1
	preprocessing.StandardScaler()	使各个特征的均值为 0、方差为 1
编码方法	preprocessing.OneHotEncoder()	特征用一个二进制数表示
	preprocessing.LabelEncoder()	把字符串类型的数据转换为整型
	preprocessing.OrdinalEncoderr()	将分类特征编码为整数数组

3. 特征的提取与选择

特征提取是数据预处理任务中的一个重要环节。一般而言，特征提取对最终结果的影响要高过数据处理算法本身。下面的语句用来导入 scikit-learn 中的特征提取和特征选择模块：

```
from sklearn import feature_extraction       # 特征提取
from sklearn import feature_selection        # 特征选择
```

一般的特征提取技术都是高度针对特定的领域，如图像处理领域，已经存在各种特征提取技术，但这些技术在其他领域的应用却非常有限。表 15-8 和表 15-9 分别列出了 sklearn.feature_extraction 和 sklearn.feature_selection 模块中常用的特征提取和特征选择方法。

表 15-8　sklearn.feature_extraction 模块中的特征提取方法

方法	说明
feature_extraction.DictVectorizer()	将特征值映射列表转换为向量
feature_extraction.FeatureHasher()	特征哈希，一种降维技巧
feature_extraction.text	文本相关的特征提取
feature_extraction.image	图像相关的特征提取
feature_extraction.text.CountVectorizer	将文本转换为每个词出现次数的向量
feature_extraction.text.TfidfVectorizer	将文本转换为 tfidf 值的向量

表 15-9　feature_selection 模块中的特征选择方法

方法	说明
feature_selection.VarianceThreshold()	删除方差小的特征
feature_selection.SelectKBest()	返回 k 个最佳特征
feature_selection.SelectPerentile()	返回表现最佳的前 r%个特征

本节对 scikit-learn 的安装与常用模块进行了简单介绍。常用模块主要用于数据的处理，包括数据导入、数据预处理、特征的提取与选择三方面。在实际工程应用领域，数据采集、标记、清洗、特征选择等往往和具体的应用场景相关。接下来将对机器学习的常用算法进行讲解，并通过实例演示使用过程。

15.4 常用的机器学习算法

本节将对几个常用的机器学习算法(k 近邻算法、线性回归算法、决策树算法、支持向量机算法、朴素贝叶斯算法等)进行介绍，并指出不同算法的使用范围。

15.4.1 K 近邻算法

K 近邻算法(K-Nearest Neighbor，KNN)的基本思想如下：给定训练数据集，对新输入的样本，在训练数据集中找到与该样本最邻近的 K 个实例(也就是所谓的 K 个邻居)，如果这 K 个实例中的多数属于某个类别，就把输入样本划分到该类别中。

K 近邻算法通常又可以分为分类算法和回归算法。在分类算法中，采用多数表决法，也就是选择 *K* 个样本中出现最多的类别标记作为预测结果。在回归算法中采用平均法，将 *K* 个样本实际输出标记的平均值或加权平均值作为预测结果。*K* 近邻算法用距离来度量数据样本之间的关系。距离度量有多种方式，最常用的是欧式距离。假如有两个 *n* 维向量：$\boldsymbol{x}(x_1, x_2,\cdots, x_n)$和 $\boldsymbol{y}(y_1, y_2,\ldots, y_n)$。这两个向量的欧式距离定义为：

$$D(x,y)=\sqrt{(x_1-y_1)^2+(x_2-y_2)^2+\cdots+(x_n-y_n)^2}=\sqrt{\sum_{i=1}^{n}(x_i-y_i)^2}$$

除了欧氏距离，还有其他的距离度量方式。比如曼哈顿距离，其定义为：

$$D(x,y)=|x_1-y_1|+|x_2-y_2|+\cdots+|x_n-y_n|=\sum_{i=1}^{n}|x_i-y_i|$$

KNN 算法属于一种较简单、基础的机器学习算法。KNN 算法在维度很高的数据中也具有良好的分类效果，但也存在优缺点。

优点：准确性高，对异常值和噪声有较高的容忍度。同时应用广泛，不论分类还是回归都可以使用。由于 KNN 算法主要靠周围有限的邻近样本，而不靠判别类域的方法来确定所属类别，因此对于类域的交叉或重叠较多的待分样本集来说，KNN 算法较其他算法更为适合。

缺点：计算量较大，对内存要求也比较高，因为每次在对未标记样本进行分类时，都需要全部计算一遍距离。当数据样本分布不平衡时，对稀有类别的预测准确率较低。

下面举例介绍 *K* 近邻算法的分类和回归算法。

1. *K* 近邻算法的分类

在 scikit-learn 中，使用 sklearn.neighbors.KNeighbors.Classifier 类进行 *K* 近邻算法的分类。以(－2, 1)、(－0.5, 4)、(0、3)三点为中心，使用 sklearn.datasets.samples_generator 包中的 make_blobs 函数随机生成 100 个训练样本。之后对坐标为(－1, 2.3)的新样本进行预测，判断该样本所属的类别。具体步骤如下：

(1) 使用 make_blobs 函数随机生成 100 个训练样本并可视化，如代码实例 15-1 所示。

代码实例 15-1

```
from sklearn.datasets.samples_generator import make_blobs
import matplotlib.pyplot as plt
# 生成数据集
centers = [[-2, 1],[-1.5, 4],[0, 3]]
X, y=make_blobs(n_samples=100, centers=centers, random_state=0,cluster_std=0.70)
# 可视化数据
plt.figure(figsize=(16, 6), dpi=144)
c = np.array(centers)
plt.scatter(X[:, 0],X[:, 1], c=y, s=100, cmap='cool'); # 画出样本
plt.scatter(c[:,0], c[:, 1], s=100, marker='^', c='orange') # 画出中心点
plt.show()
```

输出结果如图 15-9 所示。

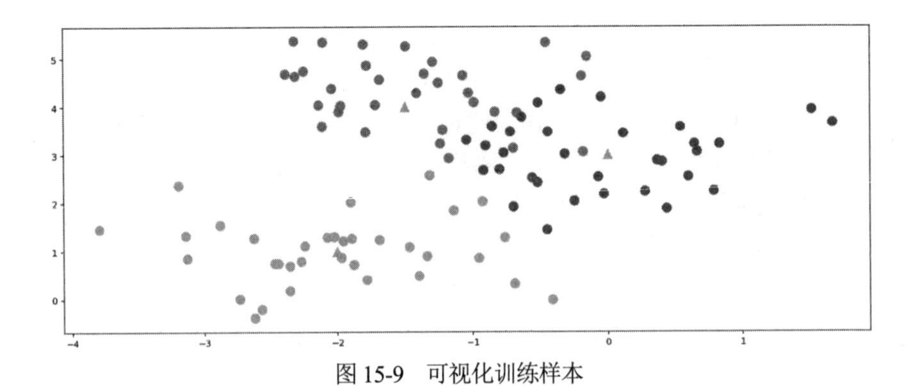

图 15-9 可视化训练样本

(2) 使用 KNeighborsClassifier 类对数据进行训练，如代码实例 15-2 所示。

代码实例 15-2

```
from sklearn.neighbors import KNeighborsClassifier
k = 3
clf = KNeighborsClassifier(n_neighbors=k)
clf.fit(X, y);
```

(3) 对新样本(－1, 2.3)进行预测，如代码实例 15-3 所示。

代码实例 15-3

```
X_sample = [-1, 2.3]
temp = np.array(X_sample).reshape((1,-1))
y_sample = clf.predict(temp)
neighbors = clf.kneighbors(temp, return_distance=False)
```

(4) 把待预测样本以及与待预测样本最近的 3 个样本标记出来，如代码实例 15-4 所示。

代码实例 15-4

```
plt.figure(figsize=(16, 6),dpi=144)
plt.scatter(X[:, 0], X[:, 1], c=y, s=100, cmap='cool')
plt.scatter(c[:,0], c[:,1], s=100, marker='^',c='k')
plt.scatter(X_sample[0], X_sample[1], marker='x',c=y_sample[0], s=100,cmap='cool')
for i in neighbors[0]:
plt.plot([X[i][0], X_sample[0]], [X[i][1], X_sample[1]], 'k--', linewidth=0.6);
plt.savefig("knn.png")
plt.show()
```

输出结果如图 15-10 所示。

在上述实例中，选取与新样本(－1, 2.3)距离最近的 3 个邻近点。之后通过比较 3 个邻居中各类别所占比重，即可预测新样本(－1, 2.3)所属的类别。从图 15-10 中可以看出，新样本(－1, 2.3)预测的所属类别为浅蓝色。

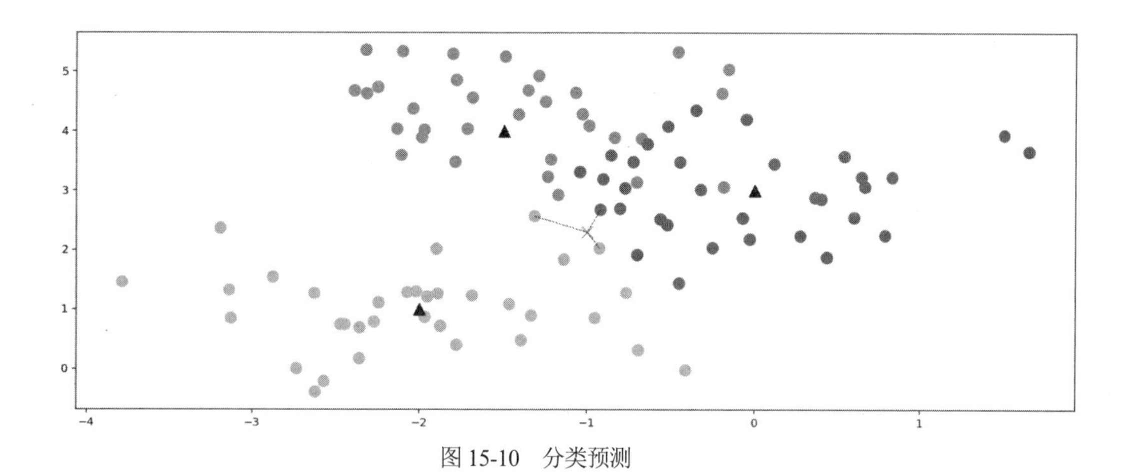

图 15-10　分类预测

2. *K* 近邻算法的回归拟合

K 近邻算法既可以用于分类问题，也可以用于回归问题。使用 *K* 近邻算法做回归和分类的主要区别在于最后做预测时的决策方式不同。

使用 KNN 做分类预测时，一般选择多数表决法；做回归时，一般选择平均法。同样，与分类不同的是，回归问题生成的数值是连续的，而不是离散的。下面通过拟合 sin 函数来举例介绍回归拟合，具体步骤如下：

(1) 生成添加了噪声的数据集，如代码实例 15-5 所示。

代码实例 15-5

```
import numpy as np
import matplotlib.pyplot as plt

# 生成 50 个模拟点
n_dots = 50
X = 5*np.random.rand(n_dots, 1)
# 在 sin 函数的基础上，加入噪声
y = np.sin(X).ravel()
```

(2) 用生成的噪声数据集训练回归模型并生成要预测的数据样本 T，如代码实例 15-6 所示。

代码实例 15-6

```
from sklearn.neighbors import KNeighborsRegressor
k = 3
knn = KNeighborsRegressor(k)
knn.fit(X, y);
# 生成足够密集的点并进行预测
T = np.linspace(0, 5, 500)[:, np.newaxis]
y_pred = knn.predict(T)
knn.score(X, y) # 使用 score 函数计算拟合曲线对训练样本的拟合准确性
```

输出结果：

```
0.9930865762269598
```

(3) 把预测点连接起来，构成拟合曲线，如代码实例 15-7 所示。

代码实例 15-7

```
plt.figure(figsize=(16, 6),dpi=144)
plt.scatter(X, y, c='g', label='data', s=100)
plt.plot(T, y_pred, c='k', label='prediction',lw=4)
plt.axis('tight')
plt.title("KNeighborsRegressor (k = %i)" %k)
plt.show()
```

输出结果如图 15-11 所示。

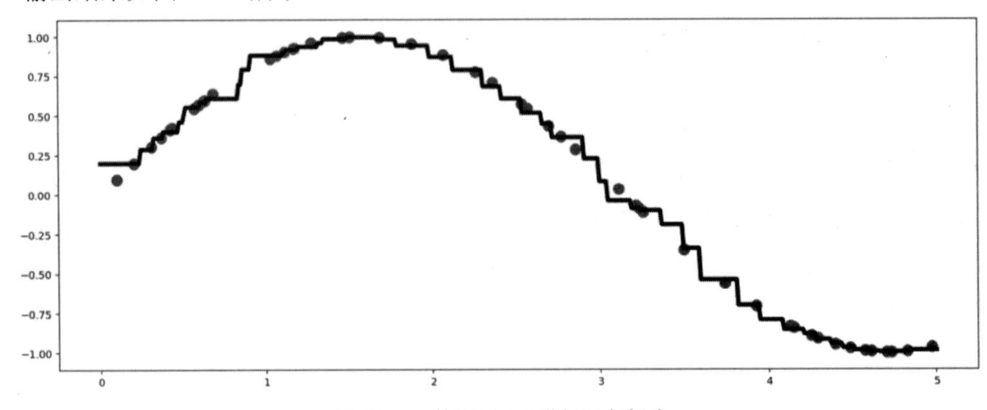

图 15-11　使用 KNN 进行回归拟合

在上面的实例中，首先在 x 轴的指定区间内生成足够多的预测样本点，针对这些样本点，使用训练出来的模型进行预测，得到预测值，然后把所有的预测点连接起来，就得到如图 15-11 所示的拟合曲线。

15.4.2　线性回归算法

线性回归算法使用线性方程对数据集进行拟合，是一种常见的回归算法，在实践中被广泛使用。下面介绍线性回归算法中几个重要的概念。

1. 预测函数与损失函数

在回归分析中，如果只有一个因变量和一个自变量，且二者的关系近似线性，那么称这种回归分析为一元线性回归分析，也称简单回归分析。预测函数如下：

$$h_w(x) = w_0 * x_0 + b$$

如果回归分析中包含两个或两个以上的自变量，且自变量和因变量之间存在线性关系，那么称为多元线性回归分析。预测函数如下：

$$h_w(x) = w_0 * x_0 + w_1 * x_1 + \dots + w_p * x_p + b$$

上面两个预测函数可以用如下方程统一表示：

$$h_w(x) = \sum_{j=0}^{n} (w_j * x_j) + b$$

线性回归的目的是寻找参数 w 的最优解，使训练集的预测值 $h(x)$与真实目标值 $y(x)$之间的均方误差最小。均方误差是预测值与真实值之差的平方和的均值。

线性回归的损失函数(这里用均方误差表示)可以表示为：

$$J(w)=\frac{1}{2m}\sum_{i=1}^{m}(h(x^i)-y^i)^2$$

因此，寻找参数 w 的最优解，可以转换为最小化 $J(w)$。

求最优解的方法有最小二乘法和梯度下降算法。

2. 最小二乘法

以最简单的一元线性模型来解释最小二乘法。对于一元线性回归分析，假设从总体中得到 m 组观测值$(x1, y1)$、$(x2, y2)$、…、(xm, ym)。对于这 m 组观测值，可以使用无数条直线来拟合，其中最佳拟合直线处于样本数据的中心位置。选择最佳拟合直线的标准可以是：使总的拟合误差(即总残差)最小。最小二乘法的原则是以“残差平方和最小”选择最佳拟合直线，也就是普通最小二乘法。使用最小二乘法拟合直线不仅计算方便，得到的估计量也具有很好的特性。但是这种方法对异常值非常敏感。

假设一元线性回归模型为：

$$y=wx+b$$

其中，y 表示观测数据的真实值(观测值)，w 和 b 为回归系数。要想得到最佳拟合直线，只确定 w 和 b 的最佳值即可。

残差平方和可以表示为：

$$J(w,b)=\sum_{i=1}^{m}(\hat{y}_i-y_i)^2=\sum_{i=1}^{m}(\hat{y}_i-wx_i-b)^2$$

其中，m 表示有 m 组观测数据，$\hat{y}$ 表示由观测数据使用二乘法求得的估计值。

由最小二乘法可知，只需要确定参数 w 和 b 使 $J(w, b)$最小，即可得到最佳拟合直线。

线性回归模型在二维空间中就是一条直线。图 15-12 是利用 scikit-learn 中的 LinearRegression 类对数据进行拟合后得到的二维拟合直线。线性回归模型在三维空间是一个平面，高维空间的线性模型无法用图形这种方式进行描述。

3. 梯度下降算法

梯度下降算法也称最速下降法，是一种求解最优解的方法。以图 15-13 为例，当从 A 点向 B 点靠近时，A 点处切线斜率的大小和方向是不断变化的。如果要以最快的速度到达 B 点，就要一直沿着 A 点处斜率绝对值最大的方向行进。因此，A 点在靠近 B 点的过程中，需要不断找出 A 点处斜率绝对值最大的方向并沿着该方向靠近 B 点，直到抵达 B 点。这就是梯度下降的思想。

线性回归算法的损失函数可以表示为：

$$J(w)=J(w_0,w_1)=\frac{1}{2m}\sum_{i=1}^{m}(h(x^{(i)})-y^{(i)})^2$$

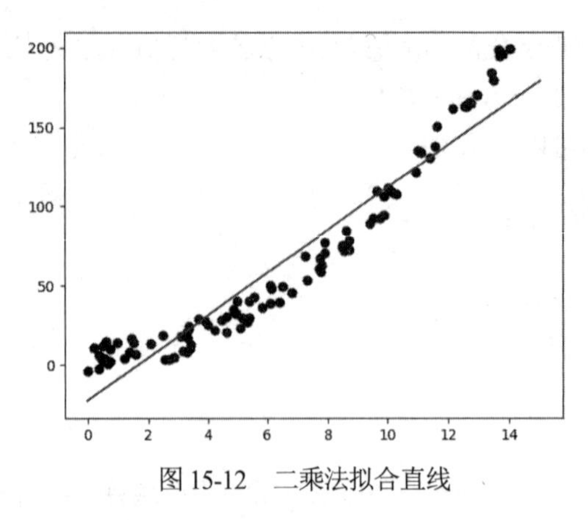

图 15-12　二乘法拟合直线

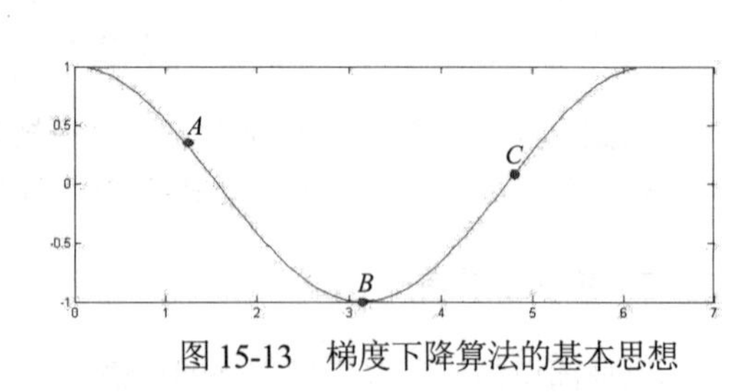

图 15-13　梯度下降算法的基本思想

通过梯度下降算法最小化 $J(w)$的过程如下：首先随机选择一组(w_0, w_1)，同时选择参数 a 作为移动的步幅。然后，让 x 轴上的 w_0 和 y 轴上的 w_1 分别向特定的方向移动一小步，步幅的大小由 a 决定。经过多次迭代后，x 轴和 y 轴上的值所对应的点就慢慢靠近 z 轴的最小值。在迭代过程中，w_0、w_1 的取值变化如下：

$$w_0 = w_0 - \frac{a}{m}\sum_{i=1}^{m}(h(x^{(i)}) - y^{(i)})$$

$$w_1 = w_1 - \frac{a}{m}\sum_{i=1}^{m}((h(x^{(i)}) - y^{(i)})x_i)$$

下面使用 scikit-learn 中的 diabetes 数据集，并使用 LinearRegression 类来训练线性回归模型，最后得出预测结果并可视化，如代码实例 15-8 所示。

代码实例 15-8

```
# 导入数据集
import matplotlib.pyplot as plt
import numpy as np
from sklearn import datasets, linear_model
from sklearn.model_selection import train_test_split
diabetes = datasets.load_diabetes()
# 处理数据
# 仅使用 diabetes 数据集的第一个特征
diabetes_X = diabetes.data[:, np.newaxis, 2]

# 将数据集分为训练集与测试集，并且比例为 8：2
diabetes_X_train, diabetes_X_test, diabetes_y_train, diabetes_y_test = train_test_split(
        diabetes_X, diabetes['target'],test_size=0.1 ,random_state = 0)
# 模型选择和训练
regr = linear_model.LinearRegression()
# 训练模型
regr.fit(diabetes_X_train, diabetes_y_train)

plt.scatter(diabetes_X_test, diabetes_y_test,    color='black')
plt.plot(diabetes_X_test, regr.predict(diabetes_X_test), color='blue',
            linewidth=3)
plt.show()
```

输出结果如图 15-14 所示。

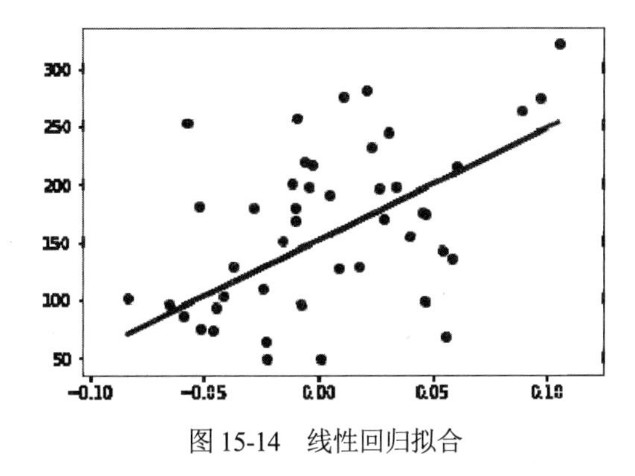

图 15-14　线性回归拟合

线性模型的训练速度非常快，预测性能也好。这种模型可以推广到非常大的数据集，对稀疏数据同样有效。

15.4.3　决策树算法

决策树(Decision Tree)又称为判定树，是一种以树状结构表达的预测分析算法，属于经典的机器学习算法之一，主要用于分类。决策树由节点和有向边组成。节点有两种类型：内部节点和叶节点。内部节点表示特征或属性，叶节点表示分类。简单来说，决策树是由一层层的 if/else 问题组成的。

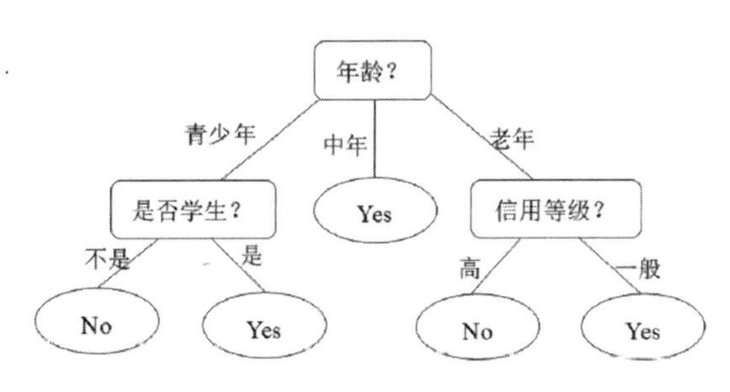

图 15-15　决策树示例

图 15-15 显示了一个训练好的决策树模型。最上层为根节点，首先根据年龄特征进行判断，之后进入下一层并根据相应的特征再次判断，以此类推，直至到达叶节点，得到输出结果 Yes 或 No。表 15-10 列出了决策树的优缺点。

表 15-10　决策树的优缺点

优点	缺点
决策树模型的计算量相对较小，较容易转换为分类规则	决策树模型容易忽略属性之间的相关性
能够更加直观清晰地展示哪些字段更为重要，挖掘出的分类规则准确性更高	由于数据会按段划分，容易造成过拟合
可以处理连续种类的字段，将字段分层处理	对于各类别样本不一致的数据，信息增益偏向于具有更多数值的特征
更加适合高纬度的数据集	

决策树的每层都是根据数据属性来划分的，因此如何选择最优划分属性成为构造决策树的关键。下面介绍几个常用准则。

信息熵：用来评估样本集合的纯度。香农(Shannon)曾指出："信息是用来消除随机不确定性的东西"，并提出了"信息熵"的概念，以解决信息的度量问题。一条信息的信息量和它的不确定性有直接关系。一个问题的不确定性越大，要搞清楚这个问题，需要了解的信息就越多，信息熵就越大。信息熵的公式为：

$$H(X) = -\sum_{x \in X} P(x)\log_2 P(x)$$

其中，$P(x)$表示随机事件 X 中 x 出现的概率。简单来说，计算信息熵，就是把集合中每个类别所占的比例乘以对应的对数，然后将类别相加，经过计算，就可以得出数据集的信息熵。信息熵越小，数据集越纯粹，包含的信息量也就越少。信息熵的最小值为 0，此时数据集只含有一个类别。

信息增益：信息熵和特征条件熵的差，信息增益越大，特征的选择性越好。针对某一特征，系统有它和没有它时，两者信息量的差值就是这个特征给系统带来的信息增益，表示为集合 Y 的信息熵 $H(Y)$与特征 X 在给定条件下的特征条件熵 $H(Y|X)$之差：

$$g(Y|X) = H(Y) - H(Y|X)$$

使用信息增益作为特征选择指标的决策树构建算法称为 ID3 算法。

信息增益率：信息增益倾向于选择取值个数较多的特征作为判定属性，信息增益率则有效地解决了这个问题。特征 X 对训练数据集 Y 的信息增益 $g(Y, X)$定义为信息增益 $g(Y, X)$与训练数据集 Y 关于特征 X 的值的信息熵 $H(Y)$之比：

$$g(Y,X) = \frac{G(Y,X)}{H_x(Y)}$$

其中，$HX(Y) = -\sum_{i=1}^{n}\frac{|Y_i|}{|Y|}\log_2\frac{|Y_i|}{Y}$，$n$ 是特征 X 的取值个数。

对于决策树的构建，最重要的就是分支处理，也就是在每个决策节点选择判定属性。分支属性的选取是指使用决策点上的哪个属性对数据集进行划分，要求每个分支样本的纯度尽可能高，而且不要产生样本数量太少的分支。不同算法对于分支属性的选取方法有所不同，下面结合几个常用决策树算法来分析分支的处理过程。

1. ID3 算法

使用信息增益作为特征选择指标的决策树构建算法称为 ID3 算法。ID3 算法由罗斯·昆兰提出，用来从数据集中生成决策树。ID3 算法从每个节点处选出能获得最高信息增益的分支属性进行分裂。

ID3 算法的优点：不存在无解的危险；可以利用全部训练的统计性质进行决策，从而抵抗噪声。ID3 算法的缺点：处理大型数据时速度较慢，经常出现内存不足，不可以并行，不可以处理数值型数据。

2. C4.5 算法

C4.5 算法的总体思想与 ID3 算法相似，都是通过构建决策树进行分类，区别在于分支的处理。在分支属性的选取上，ID3 算法使用信息增益作为度量，而 C4.5 算法引入了信息增益率作为度量。

与 ID3 算法计算信息增益的过程类似，假设样本集为 S，样本的属性 A 具有 v 个可能取值。Gain(S, A)为属性 A 对应的信息增益，属性 A 的信息增益率 GainRatio 定义为：

$$\text{GainRatio}(A)=\frac{\text{Gain}(A)}{-\sum_{i=1}^{v}\frac{|S_i|}{S}\log_2\frac{|S_i|}{S}}$$

由信息增益率的计算公式可知，当 v 比较大时，信息增益率会明显降低，从而在一定程度上能够解决 ID3 算法往往选择取值较多属性的问题。与 ID3 算法相比，C4.5 算法的主要改进之处使用信息增益率作为分裂的度量标准。此外，针对 ID3 算法只能处理离散数据、容易出现过拟合等问题，C4.5 算法在这些方面也都做出了相应的改进。

3. C5.0 算法

C5.0 算法是由罗斯・昆兰在 C4.5 算法的基础上提出的商用改进版本，目的是对含有大量数据的数据集进行分析。需要注意的是，C5.0 算法用于生成多分支决策树，输入变量可以是分类型，也可以是数值型，输出变量为分类型。注意不同的决策树算法对输入输出数据类型的要求。如前所述，决策树的核心问题之一是决策树分支准则的确定。C5.0 算法以信息增益率为标准确定最佳分组变量和最佳分割点，核心概念是信息熵。

4. CART 算法

CART(Classification Regression Tree，分类回归树)算法也是构建决策树的一种常用算法，构建过程采用的是二分循环分割的方法，每次划分都把当前样本集划分为两个子样本集，使决策树中的节点均有两个分支。显然，这样就构造了一个二叉树。如果分支属性有多个取值，那么在分裂时会对属性值进行组合，选择最佳的两个组合分支。假设某属性存在 q 个可能取值，那么以该属性作为分支属性，生成两个分支的分裂方法共有 2^{q-1} 种。

下面使用泰坦尼克号数据集并利用决策树算法预测幸存者的生还率，如代码实例 15-9 所示。

代码实例 15-9

```
# 导入数据集
import pandas as pd
def read_dataset(fname):
    # 指定第一列作为行索引
    data = pd.read_csv(fname, index_col=0)
    # 丢弃无用的数据
    data.drop(['Name', 'Ticket', 'Cabin'], axis=1, inplace=True)
    # 处理性别数据
    data['Sex'] = (data['Sex'] == 'male').astype('int')
    # 处理登船港口数据
    labels = data['Embarked'].unique().tolist()
    data['Embarked'] = data['Embarked'].apply(lambda n: labels.index(n))
    # 处理缺失数据
    data = data.fillna(0)
    return data
train = read_dataset('datasets/train.csv')
```

```
# 模型选择和训练
# 划分数据
from sklearn.model_selection import train_test_split

y = train['Survived'].values
# 对数据进行清洗，舍弃无关特征
X = train.drop(['Survived'], axis=1).values
# 将训练数据划分为训练集与测试集
X_train, X_test, y_train, y_test = train_test_split(X, y, test_size=0.2)
# 采用决策树模型对数据进行拟合
from sklearn.tree import DecisionTreeClassifier
clf = DecisionTreeClassifier()
clf.fit(X_train, y_train)
train_score = clf.score(X_train, y_train)
test_score = clf.score(X_test, y_test)
print('train score: {0}\n test score: {1}'.format(train_score, test_score))

输出结果：
train score: 0.9859550561797753
test score: 0.7932960893854749
```

从输出结果可以看出，训练时的准确率很高，但交叉验证的准确率较低，并且两者差距较大，分析可得出这是模型过拟合的表现。解决决策树过拟合的方法是剪枝，剪枝包括前剪枝和后剪枝。scikit-learn 不支持后剪枝，但可以通过限定决策树的深度，使决策树无法继续分裂，从而防止过拟合。

15.4.4 支持向量机算法

支持向量机(Support Vector Machine，SVM)是 Corinna Cortes 和 Vapnik 等人于 1995 年提出的，它在解决小样本、非线性及高维模式识别中表现出许多特有的优势。支持向量机是一种二分类模型，基本模型是定义在特征空间中的间隔最大的线性分类器。基本思想是通过扩维变换，将低维特征空间中线性不可分的数据样本映射到高维空间中，使它们变得线性可分，然后在变换后的高维空间中进行分类。

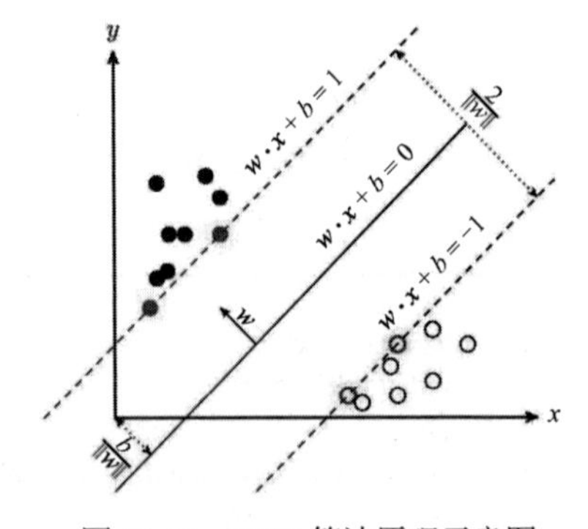

图 15-16　SVM 算法原理示意图

图 15-16 中定义了一个超平面 $\boldsymbol{w}^{\mathrm{T}}\boldsymbol{x}+b=0$。其中 $\boldsymbol{w}=(w_1, w_2, \ldots, w_d)$，它定义了垂直于超平面的方向，换言之，$\boldsymbol{w}$ 是超平面的法向量。如果 $\boldsymbol{w}$ 不变，可以通过改变 b 的大小来移动超平面。图 15-16 中的实心圆和空心圆是到超平面距离之和最小的两个异类。在 SVM 算法中，这两个异类称为“支持向量”。这两个异类的支持向量到超平面的距离之和是 $\dfrac{2}{\|\boldsymbol{w}\|}$，该距离也称为“间隔距离”。可以看出，“间隔距离”越大，分类的准确率就越高。因此，最大化“间隔距离”是使用 SVM 算法的模型在训练阶段要完成的任务。

如上所述，SVM 会将原始低维特征空间映射到更高维度的特征空间。但是高维空间的维数可能很高，甚至有可能是无限维，因此直接映射通常很困难。针对这个问题，可使用核函数来实现数据的映射。

支持向量机为了更好地分类，通过某种线性变换 ψ(*x*)，将输入空间 x 映射到高维特征空间 *H*。如果低维空间存在 *K*(*x*, *y*)，其中 *x* 和 *y*∈ x，使得 *K*(*x*,*y*)= ψ(*x*)•　ψ(*y*)，就称 *K*(*x*,*y*)为核函数。其中，ψ(*x*)•　ψ(*y*)为 *x* 和 *y* 映射到特征空间的内积，ψ(*x*)为 x → *H* 的映射函数。接下来介绍 SVM 算法中几种常用的核函数。

1. 线性核函数

线性核(Linear Kernel)函数是最简单的核函数，主要用于线性可分的情况，表达式为：

$$K(x, y)=x^{\mathrm{T}}*y+c$$

其中，*x* 和 *y* 是输入空间 x 中的点，*c* 为可选的常数。线性核函数的特征空间和输入空间维度是相同的，参数较少，运算速度较快。因此，在特征数量相对于样本数量非常多时，适合采用线性核函数。

2. 多项式核函数

多项式核(Polynomal Kernel)函数的参数较多，当多项式阶数高时复杂度较高，对于正交归一化后的数据，可优先选用多项式核函数，表达式为：

$$k(x,y)=(ax^{t}*y+c)^{d}$$

其中，*x* 和 *y* 是输入空间 x 中的点，*a* 表示调节参数，*d* 表示最高项次数，*c* 为可选常数。

3. 高斯核函数

高斯核(Gaussian Kernel)函数在 SVM 中也称为径向基核函数。与多项式核函数相比，参数少，因此在大多数情况下都有较好的性能；在不确定使用哪种核函数时，可优先使用高斯核函数。表达式为：

$$k(x,y)=\exp(-\frac{\|x-y\|^{2}}{2a^{2}})$$

其中，*x* 和 *y* 是输入空间 x 中的点，*a* 表示调节参数。当 a^2 越大时，高斯核函数变化越平滑，模型的偏差和方差越大，泛化能力越差，越容易过拟合。当 a^2 越小时，高斯核函数变化越剧烈，模型的偏差和方差越小，模型对噪声样本比较敏感。

4. Sigmoid 核函数

Sigmoid 核(Sigmoid Kernel)函数也是线性不可分 SVM 的常用核函数之一，表达式为：

$$k(x,y)=\tanh(ax^{t}*y+c)$$

其中，*x* 和 *y* 是输入空间 x 中的点，*a* 表示调节参数，*c* 为可选常数，一般使 *c* 取 1/*n*，*n* 为数据维度。

下面通过 scikit-learn 中的 svm 模块来举例说明不同核函数的 SVM 算法的使用。首先，生成一个包含两个特征、三种类别的数据集，然后构造 4 个 SVM 算法来训练数据集，4 个 SVM 算法分别是线性核函数、线性 SVC、三阶多项式核函数，以及 γ=0.7 的 RBF 核函数，最后将使用 4 个 SVM 算法拟合出来的超平面可视化，如代码实例 15-10 所示。

代码实例 15-10

```
import numpy as np
import matplotlib.pyplot as plt
from sklearn import svm, datasets

plt.rcParams['font.sans-serif'] = ['SimHei']

def make_meshgrid(x, y, h=.02):
x_min, x_max = x.min() - 1, x.max() + 1
y_min, y_max = y.min() - 1, y.max() + 1
xx, yy = np.meshgrid(np.arange(x_min, x_max, h), np.arange(y_min, y_max, h))
return xx, yy

def plot_contours(ax, clf, xx, yy, **params):
    Z = clf.predict(np.c_[xx.ravel(), yy.ravel()])
    Z = Z.reshape(xx.shape)
    out = ax.contourf(xx, yy, Z, **params)
    return out

# import some data to play with
iris = datasets.load_iris()
# Take the first two features. We could avoid this by using a two-dim dataset
X = iris.data[:, :2]
y = iris.target

# we create an instance of SVM and fit out data. We do not scale our
# data since we want to plot the support vectors
C = 1.0  # SVM regularization parameter
models = (svm.SVC(kernel='linear', C=C),
          svm.LinearSVC(C=C),
          svm.SVC(kernel='rbf', gamma=0.7, C=C),
          svm.SVC(kernel='poly', degree=3, C=C))
models = (clf.fit(X, y) for clf in models)

# title for the plots
titles = ('linear kernel',
          'LinearSVC',
          'RBF kernel',
          'Polynomial kernel(degree=3)')

# Set-up 2x2 grid for plotting.
fig, sub = plt.subplots(2, 2)
plt.subplots_adjust(wspace=0.4, hspace=0.4)

X0, X1 = X[:, 0], X[:, 1]
xx, yy = make_meshgrid(X0, X1)
```

```
for clf, title, ax in zip(models, titles, sub.flatten()):
    plot_contours(ax, clf, xx, yy,
                  cmap=plt.cm.coolwarm, alpha=0.8)
    ax.scatter(X0, X1, c=y, cmap=plt.cm.coolwarm, s=20, edgecolors='k')
    ax.set_xlim(xx.min(), xx.max())
    ax.set_ylim(yy.min(), yy.max())
    ax.set_xlabel('萼片长度')
    ax.set_ylabel('萼片宽度')
    ax.set_xticks(())
    ax.set_yticks(())
    ax.set_title(title)
plt.show()
```

输出结果如图 15-17 所示。

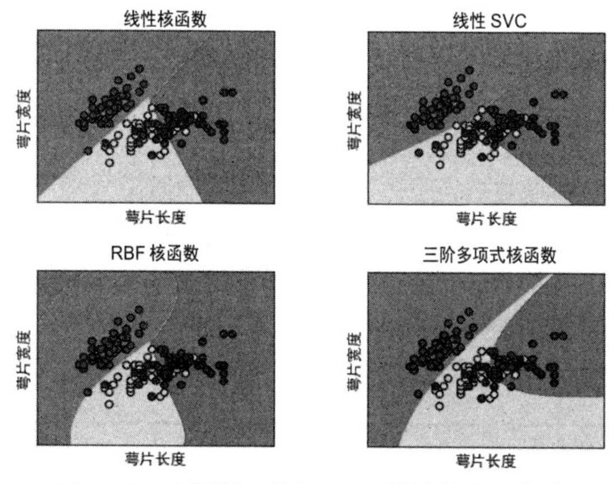

图 15-17 不同核函数的 SVM 算法的分类比较

从图 15-17 可以看出，针对代码中生成的数据集，使用不同核函数的 SVM 算法分类的结果差别不大。在实际操作中可以多做对比实验，找出最适合数据集的核函数。

15.4.5 朴素贝叶斯算法

朴素贝叶斯是贝叶斯决策理论的一部分。因此，首先简单介绍一下贝叶斯决策理论。

假设 $p(c_1 \mid x, y)$ 表示数据样本 (x, y) 属于类别 c_1 的概率，$p(c_2 \mid x, y)$ 表示数据样本 (x, y) 属于类别 c_2 的概率。对于新的数据样本 (a, b)，可以通过下面的规则来判断所属类别：

- 若 $p(c_1 \mid a, b) > p(c_2 \mid a, b)$，则新样本属于类别 1。
- 若 $p(c_2 \mid a, b) > p(c_1 \mid a, b)$，则新样本属于类别 2。

上面的规则说明，新的数据样本属于概率高的类别。这就是贝叶斯决策理论的核心。

既然知道要分类新的数据样本，就必须求出对应所有类别的概率，那么求解这些概率就成了关键的问题。根据贝叶斯定理可知：

$$p(c_i \mid x, y) = \frac{p(x, y \mid c_i) p(c_i)}{p(x, y)}$$

根据上面的公式可知，要求$p(c_i|x,y)$，只需要知道$p(x,y|c_i)$、$p(c_i)$和$p(x,y)$三个概率。对于给定样本(x,y)，$p(x,y)$与标记无关，可以忽略。$p(c_i)$称为先验概率，表达了样本空间中各类样本所占的比例。$p(x,y|c_i)$是条件概率，涉及关于(x, y)所有属性的联合概率，直接根据样本出现的频率来估计会很困难，在实际应用中常使用“属性条件独立性假设”，对已知类别，假设所有的属性相互独立。换言之，假设每个属性独立时，对分类结果发生的影响也是相互独立的，则$p(x,y|c_i)=p(x,y|c_i)p(c_i)$。朴素贝叶斯分类是一种简单的分类算法。与之前介绍的线性分类模型相比，训练速度往往更快。但为了得到这种高效率而付出的代价是，朴素贝叶斯分类模型的泛化性能要比线性分类模型稍差。

scikit-learn中实现了三种朴素贝叶斯分类器：GaussianNB、BernoulliNB和MultinomialNB。GaussianNB可应用于任意连续数据，而BernoulliNB假定输入数据为二分类数据，MultinomialNB假定输入数据为计数数据(每个特征代表某个对象的整数计数)。BernoulliNB和MultinomialNB主要用于文本数据分类。

MultinomialNB和BernoulliNB都只有参数alpha，用于控制模型的复杂度。工作原理是：算法向数据中添加alpha个虚拟数据点，这些点对所有特征都取正值，这可以将统计数据“平滑化”。alpha越大，平滑化越强，模型复杂度就越低。

GaussianNB主要用于高维数据，而另外两种朴素贝叶斯模型则广泛用于稀疏计数数据，比如文本。MultinomialNB的性能通常要优于BernoulliNB，特别是在包含很多非零特征的数据集中。

下面通过scikit-learn中的GaussianNB贝叶斯分类算法拟合pima数据集，如代码实例15-11所示。

代码实例 15-11

```
from pandas import read_csv
from sklearn.model_selection import KFold
from sklearn.model_selection import cross_val_score
from sklearn.naive_bayes import GaussianNB

# 导入数据集
filename = 'pima_data.csv'
names = ['preg','plas','pres','skin','test','mass','pedi','age','class']
data = read_csv(filename, names=names)

# 将数据分为输入数据和输出结果
array = data.values
X = array[:, 0:8]
y = array[:, 8]
num_folds = 10
seed = 7
kfold = KFold(n_splits=num_folds, random_state=seed)

# 模型选择与训练
model = GaussianNB()
result = cross_val_score(model, X, y, cv=kfold)
print(result.mean())

输出结果：
0.7551777170198223
```

贝叶斯概率及贝叶斯准则提供了一种利用已知值来估计位置概率的有效方法。对于分类而言，使用概率有时比硬规则更有效。

15.4.6 几种机器学习算法的比较

前面介绍了几种常用的机器学习算法及其优缺点。在实践中根据实际需要选择某种合适的机器学习算法非常重要。表 15-11 对各个算法进行了简单总结。

表 15-11 常用的机器学习算法及其特点

算法	特点
K 近邻算法	适用于小型数据集，是很好的基准模型，容易解释
线性回归算法	适用于样本量非常大的数据集，也适用于高维数据
朴素贝叶斯算法	只适用于分类问题，适用于非常大的数据集和高维数据，精度通常要低于线性模型
决策树算法	速度快，不需要数据缩放，可以可视化，便于解释
支持向量机算法	对于特征含义相似的中等大小的数据集十分适用，需要缩放数据，对参数较敏感

15.5 机器学习实例

前面介绍了机器学习开发流程以及常用的机器学习算法，针对上面的知识点，本节将完成一个简单的机器学习实例——鸢尾花分类，同时还会介绍一些核心概念和术语。通过对本实例的学习，你可以对机器学习有更深刻的认识。

鸢尾花(Iris)数据集是机器学习和统计学中一个简单而经典的数据集。这个数据集来源于科学家在某个岛上找到的一种花的三种不同亚类别，分别叫作 setosa、versicolor 和 virginicsa。但这三个种类并不是很好分辨，所以科学家从花萼长度、花萼宽度、花瓣长度、花瓣宽度四个角度测量不同的种类用于定量分析。基于这四个特征，形成了一个多重变量分析的数据集。依据监督学习的一般过程，本节逐步构建出一个典型的机器学习案例。

15.5.1 数据准备

本例中采用的鸢尾花数据集，可以在 scikit-learn 的 sklearn.datasets 模块中找到，并使用该模块的 load_iris 方法加载。鸢尾花数据集中有三个不同的种类，共 150 个样本。为了数据处理方便，该数据集将三个不同种类的花分别用 0、1、2 来表示，见表 15-12。

表 15-12 鸢尾花类型

setosa	versicolor	virginicsa
0	1	2

该数据集包含花萼长度、花萼宽度、花瓣长度和花瓣宽度四类数据，见如表 15-13。

表 15-13　鸢尾花数据集的属性　(单位：cm)

花萼长度 (sepal length)	花萼宽度 (sepal width)	花瓣长度 (petal length)	花瓣宽度 (petal width)
5	2.6	1	0.2
...	...	...	...

为了确保所构建模型的准确性，需要预留一部分未用于训练的数据集来评估模型的性能。比较通用的做法是将数据集一分为二，其中 75%的数据作为训练集，其余 25%的数据作为测试集。scikit-learn 中的数据通常用大写的 X 表示，而标签用小写的 y 表示。scikit-learn 中的 train_test_split 方法利用伪随机数生成器可以将数据集分为训练集和测试集并将数据随机打乱。train_text_split 方法的输出为 X_train、X_test、y_train 和 y_test。其中 X_train 包含 75%的数据，X_test 包含另外 25%的数据。下面通过代码演示加载鸢尾花数据集并打印出训练集和测试机的形状，如代码实例 15-12 和代码实例 15-13 所示。

代码实例 15-12

```
import numpy as np
import matplotlib.pyplot as plt

# 导入鸢尾花数据集
from sklearn.datasets import load_iris
iris_dataset = load_iris()
# 使用 train_test_split 方法划分训练集和测试集
from sklearn.model_selection import train_test_split

X_train, X_test, y_train, y_test = train_test_split(
    iris_dataset['data'], iris_dataset['target'], random_state = 0)
# 查看训练数据 X_train 和训练标签 y_train 的数据维度
print("X_train shape: {}".format(X_train.shape))
print("y_train shape: {}".format(y_train.shape))

输出结果:
X_train shape: (112, 4)
y_train shape: (112,)
```

代码实例 15-13

```
# 查看测试数据 X_test 和测试标签 y_test 的数据维度
print("X_test shape:{}".format(X_test.shape))
print("y_test shape:{}".format(y_test.shape))

输出结果:
X_test shape:(38, 4)
y_test shape:(38,)
```

15.5.2　选择和训练模型

在构建机器学习模型之前，首先应检查数据，以确定数据集的特征属性是否完整。检查数据的最佳方法之一就是将其可视化。

单变量图会显示每一个单独的特征属性，以更好地理解每一个特征属性。箱线图可以展示属性与中位值的离散速度，直方图用来显示每个特征属性的分布情况。

多变量图用于理解不同特征属性之间的关系。可以使用散点矩阵图来查看每个属性之间的关系。下面通过代码演示鸢尾花数据集中的属性的直方图和散点图，如代码实例 15-14 和代码实例 15-15 所示。

代码实例 15-14

```
# 直方图
# 首先将 NumPy 数组转换成 pandas DataFrame
iris_dataframe = pd.DataFrame(X_train,columns=iris_dataset.feature_names)
pd.DataFrame.hist(iris_dataframe,figsize=(6,6))
```

输出结果：

```
array([[<matplotlib.axes._subplots.AxesSubplot object at 0x000001F0353FB940>,
        <matplotlib.axes._subplots.AxesSubplot object at 0x000001F037550748>],
       [<matplotlib.axes._subplots.AxesSubplot object at 0x000001F036EC5DD8>,
        <matplotlib.axes._subplots.AxesSubplot object at 0x000001F036EF64A8>]],
        dtype=object)
```

从图 15-18 所示的数据属性直方图中可以看出：sepal_length 和 separ-width 都接近于高斯分布。

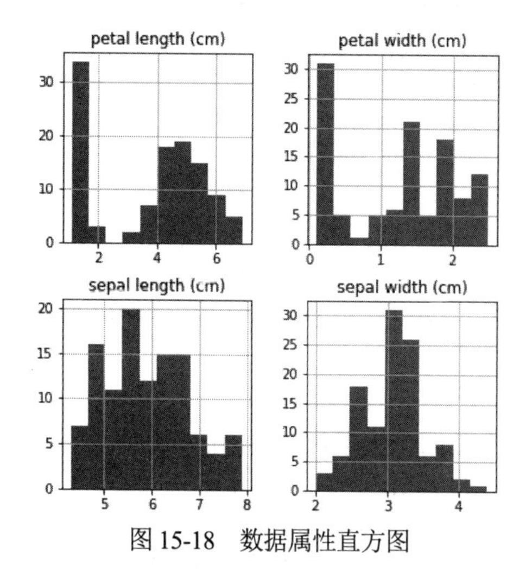

图 15-18　数据属性直方图

代码实例 15-15

```
# 散点矩阵图
pd.plotting.scatter_matrix(iris_dataframe,figsize=(16,12))
```

输出结果如图 15-19 所示。

分析上面输出的直方图和散点图中属性之间的关系，这里选择使用 *K* 近邻分类算法。

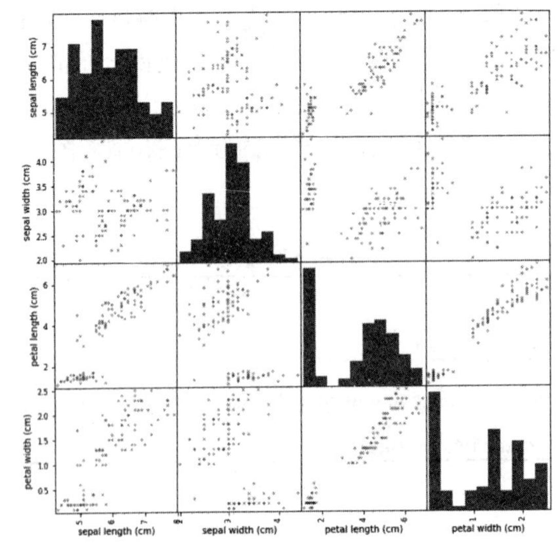

图 15-19　数据属性的散点矩阵图

K 近邻分类算法是使用 sklearn.neighbors 模块中的 KNeighborsClassifier 类实现的。首先，导入 KNeighborsClassifier 类并实例化，实例化该类时，需要对 n_neighbors 参数进行赋值，此处设置 n_neighbors = 1。用训练集训练模型时，需要调用实例化对象的 fit 方法，将 X_train 训练数据和 y_train 训练标签作为输入参数，如代码实例 15-16 所示。

代码实例 15-16

```
#K 近邻算法
from sklearn.neighbors import KNeighborsClassifier
# 训练数据使用 KNN 模型进行训练
knn = KNeighborsClassifier(n_neighbors = 1)
knn.fit(X_train, y_train)

输出结果：
KNeighborsClassifier(algorithm='auto', leaf_size=30, metric='minkowski',
            metric_params=None, n_jobs=1, n_neighbors=1, p=2,
            weights='uniform')
```

15.5.3　使用模型

对模型进行训练后，需要使用新数据对模型的性能进行预测。假设有鸢尾花数据样本需要预测种类，具体属性如表 15-14 所示。

表 15-14　测试数据的属性

(单位：cm)

花萼长度	花萼宽度	花瓣长度	花瓣宽度
5	2.6	1	0.2

首先对预测的数据样本进行处理，使其符合程序需要，如代码实例 15-17 所示。

代码实例 15-17

```
X_new = np.array([[5,2.6,1,0.2]])
print("X_new.shape:{}".format(X_new.shape))      #得出：样本数为 1，特征数为 4

输出结果：
X_new.shape:(1, 4)
```

确定数据处理符合预期要求后，调用模型的 predict 方法对数据样本进行预测，如代码实例 15-18 所示。

代码实例 15-18

```
prediction = knn.predict(X_new)
print("Prediction:{}".format(prediction))  #预测鸢尾花的品种
print("Predictied target name:{}".format(iris_dataset['target_names'][prediction]))

输出结果：
Prediction:[0]
Predictied target name:['setosa']
```

经过模型预测，鸢尾花的品种属于 setosa。

15.5.4　评估模型

上述用于模型预测的新数据样本的种类是 setosa，但是仅仅依据这一结果无法确定模型预测的准确率，因此需要使用测试集来评估模型的性能。使用训练好的模型，对测试集进行预测，对预测结果与测试集的数据标签进行对比，通过计算精度(品种预测正确的鸢尾花所占的比例)来衡量模型。模型测试代码如代码实例 15-19 所示。

代码实例 15-19

```
y_pred = knn.predict(X_test)
print("Test set predictions:\n{}". format(y_pred))     #测试集的鸢尾花的品种

输出结果：
Test set predictions:
[2 1 0 2 0 2 0 1 1 1 2 1 1 1 1 0 1 1 0 0 2 1 0 0 2 0 0 1 1 0 2 1 0 2 2 1 0 2]
```

代码实例 15-19 的输出结果是模型对测试集的预测结果。下面通过两种方式来对比测试集的预测结果与实际结果，以此估计模型的性能。

方式一如代码实例 15-20 所示。

代码实例 15-20

```
#测试集中鸢尾花的品种与预测相一致的属性，即精度
print("Test set score: {:.2f}".format(np.mean(y_pred == y_test)))

输出结果：
Test set score: 0.97
```

方式二如代码实例 15-21 所示。

代码实例 15-21

```
#使用 knn 对象的 score 方法计算测试集的精度
print("Test set score: {:.2f}".format(knn.score(X_test, y_test)))

输出结果：
Test set score: 0.97
```

上述两种方式的结果显示模型的精度为 0.97，即正确率为 97%。

通过上述简单的鸢尾花实例，我们介绍了机器学习开发的一般流程。该实例包含从数据导入到模型选择，以及对模型进行训练和预测的整个过程。该实例中用到的数据集是由专家标注过的，已经给出了鸢尾花的正确品种分类，因此这是一个监督学习问题。通过对本实例的学习，可以将该模型应用到许多机器学习任务上。15.6 节会更加深入地讲解两个综合性实例，以加深对机器学习过程的认识。

15.6 机器学习综合实践

通过对机器学习知识以及 15.5 节简单实例的学习，我们对机器学习的相关知识有了比较深刻的认识。接下来对文本分类和回归这两个实用的综合实例进行讲解。通过对实例中几个机器学习模型的使用和对比，让读者对整个开发过程有更好的理解。

15.6.1 文本分类实例

本例采用的是 scikit-learn 中的 20Newgroups 数据集，详细信息读者可以查看网址 http://http://qwone.com/~jason/20Newsgroups/。该数据集包括两部分，一部分是用来训练模型的训练数据，另一部分是用来评估模型的测试数据。

与之前的鸢尾花实例相似，20Newgroups 数据集也可以通过 sklearn.datasets 模块加载，数据接口为 sklearn.datasets.fetch_20newgroups()。下面首先导入相关类库并加载 20Newgroups 数据集，如代码实例 15-22 所示。

代码实例 15-22

```
from sklearn.datasets import load_files
from sklearn.feature_extraction.text import CountVectorizer
from sklearn.feature_extraction.text import TfidfVectorizer
from sklearn.linear_model import LogisticRegression
from sklearn.naive_bayes import MultinomialNB
from sklearn.neighbors import KNeighborsClassifier
from sklearn.svm import SVC
from sklearn.tree import DecisionTreeClassifier
from sklearn.metrics import classification_report
from sklearn.metrics import accuracy_score
from sklearn.model_selection import cross_val_score
from sklearn.model_selection import KFold
from sklearn.model_selection import GridSearchCV
from sklearn.ensemble import AdaBoostClassifier
```

```
from sklearn.ensemble import RandomForestClassifier
from matplotlib import pyplot as plt

# 加载数据
from sklearn.datasets import fetch_20newsgroups
newsgroups_train = fetch_20newsgroups(subset='train')
```

下面查看数据 newsgroups_train 的一些属性，如代码实例 15-23 所示。

代码实例 15-23

```
# 训练数据的相关信息
print(newsgroups_train.filenames.shape)
print(newsgroups_train.target.shape)
# 输出前 10 项数据的标签信息
print(newsgroups_train.target[:10])

输出结果：
(10156,)
(10156,)
[4  14  0  2  3  16  14  9  14  7]
```

代码实例 15-23 输出了 20Newgroups 数据集中训练数据的形状以及前 10 项数据的标签信息。

文本数据属于非结构化数据。一般要转换成结构化数据才能作为机器学习模型的输入。常见的做法是将文本转换成“文档-词项矩阵”，矩阵中的元素可以使用词频或 TF-IDF 值等。TF-IDF(Term Frequency-Inverse Document Frequency)是一种用于资讯检索与资讯探勘的常用加权技术。TF(Term Frequency，词频)是指词条在文档中出现的频率，IDF(Inverse Document Frequency，逆文档频率)是对词条普遍重要性的度量，某一特定词语的 IDF，可以由总文件数目除以包含该词语的文件数目，再对商取对数得到。TF-IDF 是一种统计方法，用于评估字词对于文件集或语料库中一份文件的重要程度。字词的重要性跟它在文件中出现的次数成正比，但同时跟它在语料库中出现的频率成反比。

$$TF-IDF=TF*IDF$$

TF-IDF 的主要思想是：如果某个词或短语在一篇文章中出现的频率高，并且在其他文章中很少出现，则认为这个词或短语具有很好的类别区分能力，适用于分类。

scikit-learn 中提供了 CountVectorizer 和 TfidTransformer 两种方法来对词频和 TF-IDF 进行文本特征提取。将上面的 newsgroups_train 文本数据转换为结构化数据并进行特征提取，如代码实例 15-24 所示。

代码实例 15-24

```
# 计算词频
count_vect = CountVectorizer(stop_words='english', decode_error='ignore')
X_train_counts = count_vect.fit_transform(newsgroup_train.data)
# 计算 TF-IDF
tf_transformer = TfidfVectorizer(stop_words='english', decode_error='ignore')
X_train_counts_tf = tf_transformer.fit_transform(newsgroup_train.data)
# 查看数据维度
print(X_train_counts_tf.shape)
```

```
输出结果:
(10156,122402)
```

上面分别用词频和 TF-IDF 对数据集的维度进行计算，得出数据维度非常巨大，而仅仅从得出的数据维度很难对模型进行选择。接下来采用十折交叉验证分别对逻辑回归(LR)、分类与回归树(CART)、支持向量机(SVM)、朴素贝叶斯(MNB)和 *K* 近邻算法(KNN)进行训练，比较各种算法的准确度，从中选择出合适的模型，如代码实例 15-25 所示。

代码实例 15-25

```
# 设置评估算法的基准
num_folds = 10
seed = 7
scoring = 'accuracy'
# 生成模型
models = {}
models['LR'] = LogisticRegression()
models['SVM'] = SVC()
models['CART'] = DecisionTreeClassifier()
models['MNB'] = MultinomialNB()
models['KNN'] = KNeighborsClassifier()
# 比较算法的准确度和结果的标准方差
results = []
for key in models:
    kfold = KFold(n_splits=num_folds, random_state=seed)
    cv_results=cross_val_score(models[key], X_train_counts_tf, dataset_train.target, cv=kfold, scoring=scoring)
    results.append(cv_results)
print('%s : %f (%f)' % (key, cv_results.mean(), cv_results.std()))

输出结果:
LR : 0.901636 (0.010638)
SVM : 0.047658 (0.004797)
CART : 0.660005 (0.011887)
MNB : 0.880760 (0.006831)
KNN : 0.797163 (0.011413)
```

从结果可以看出，逻辑回归(LR)的准确率最高。下面采用更加直观的方式对数据进行可视化，以便分析各种算法的优劣。箱线图是一种能够较好地反映数据的离散情况的图形化表示方法。箱线图的绘制方法如下：首先找出一组数据的最大值、最小值、中位数和两个四分位数，然后连接两个四分位数画出箱子，再将最大值和最小值与箱子相连接，中位数在箱子中间。箱线图可以使用前面学习过的 matplotlib 可视化库中的 boxplot 方法直接绘制，如代码实例 15-26 所示。

代码实例 15-26

```
# 数据可视化，箱线图比较算法
fig = plt.figure()
fig.suptitle('算法箱线图比较')
ax = fig.add_subplot(111)
```

```
plt.boxplot(results)
ax.set_xticklabels(models.keys())
plt.show()
```

输出结果如图 15-20 所示。

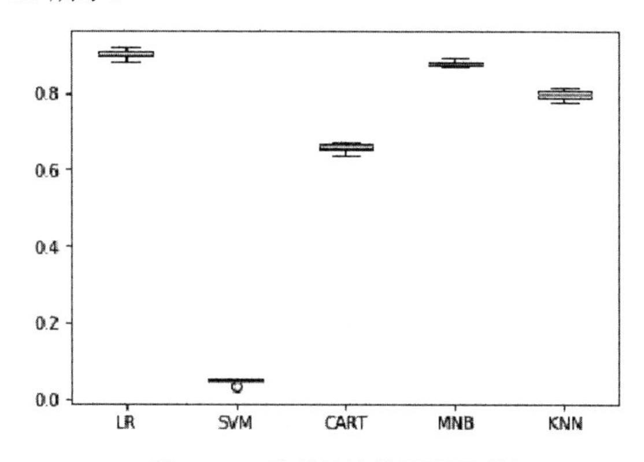

图 15-20　几种算法的箱线图对比

从箱线图中可以看出，算法结果的离散程度能够反映算法对数据的适用情况。在上述五种算法中，逻辑回归的数据离散程度较大，更适合该数据集，因此确定选择逻辑回归模型。下面对逻辑回归模型做进一步测试，如代码实例 15-27 所示。

代码实例 15-27

```
model = LogisticRegression()
model.fit(X_train_counts_tf, dataset_train.target)
X_test_counts = tf_transformer.transform(dataset_test.data)
predictions = model.predict(X_test_counts)
print(accuracy_score(dataset_test.target, predictions))
print(classification_report(dataset_test.target, predictions))

输出结果：
0.8448224852071006
             precision    recall  f1-score   support
          0       0.84      0.77      0.80       319
          1       0.74      0.80      0.77       389
          2       0.77      0.74      0.76       394
          3       0.71      0.74      0.73       392
          4       0.81      0.85      0.83       385
          5       0.86      0.77      0.81       395
          6       0.83      0.91      0.87       390
          7       0.97      0.97      0.97       398
          8       0.91      0.94      0.92       397
          9       0.96      0.97      0.96       399
         10       0.96      0.93      0.94       396
         11       0.79      0.79      0.79       393
         12       0.91      0.88      0.89       396
         13       0.90      0.92      0.91       394
         14       0.86      0.94      0.89       398
         15       0.75      0.92      0.83       364
         16       0.87      0.61      0.71       310
         17       0.75      0.60      0.66       251
avg / total       0.85      0.84      0.84      6760
```

实验准确率为 84.48%，与预期结果相差不大。

15.6.2 回归项目实例

本例使用回归模型对波士顿的房价进行预测。本例中使用的数据集来源于 1978 年美国的某经济学杂志。波士顿房价数据集包含波士顿房屋的价格及各项数据特征，分别是房屋均价及周边犯罪率、是否在河边等 14 个数据特征，共 506 条数据。下面列出了波士顿房价数据集的相关特征属性信息。

- CRIM：城镇人均犯罪率。
- ZN：住宅用地超过 25 000 平方英尺的比例。
- INDUS：城镇非零售商用土地的比例。
- CHAS：查理斯河空变量(如果边界是河流，则为 1；否则为 0)。
- NOX：一氧化氮浓度。
- RM：住宅平均房间数。
- AGE：1940 年之前建成的自用房屋比例。
- DIS：到波士顿五个中心区域的加权距离。
- RAD：辐射性公路的接近指数。
- TAX：每 10 000 美元的全值财产税率。
- PTRATIO：城镇师生比例。
- B：$1000(Bk - 0.63)^2$，其中 Bk 指代城镇中黑人的比例。
- LSTAT：人口中地位低下者的比例。
- MEDV：自住房的平均房价，以千美元计。

下面通过 Pandas 中的 read_csv 方法加载数据并打印出相关信息，如代码实例 15-28 所示。

代码实例 15-28

```
# 导入类库
import NumPy as np
from NumPy import arangef
rom matplotlib import pyplot
from pandas import read_csv
from pandas import    set_option
from pandas.plotting import scatter_matrix
from sklearn.preprocessing import StandardScaler
from sklearn.model_selection import train_test_split
from sklearn.model_selection import KFold
from sklearn.model_selection import cross_val_score
from sklearn.model_selection import GridSearchCV
from sklearn.linear_model import LinearRegression
from sklearn.linear_model import Lasso
from sklearn.linear_model import ElasticNet
from sklearn.tree import DecisionTreeRegressor
from sklearn.neighbors import KNeighborsRegressor
from sklearn.svm import SVR
from sklearn.pipeline import Pipeline
```

```
from sklearn.ensemble import RandomForestRegressor
from sklearn.ensemble import GradientBoostingRegressor
from sklearn.ensemble import ExtraTreesRegressor
from sklearn.ensemble import AdaBoostRegressor
from sklearn.metrics import mean_squared_error

filename = 'housing.csv'
names = ['CRIM', 'ZN', 'INDUS', 'CHAS', 'NOX', 'RM', 'AGE', 'DIS',
         'RAD', 'TAX', 'PRTATIO', 'B', 'LSTAT', 'MEDV']
dataset = read_csv(filename, names=names, delim_whitespace=True)
# 查看数据维度
print(dataset.shape)
# 数据特征字段类型
print(dataset.dtypes)

输出结果：
(506, 14)
  CRIM        float64
  ZN          float64
  INDUS       float64
  CHAS        int64
  NOX         float64
  RM          float64
  AGE         float64
  DIS         float64
  RAD         int64
  TAX         float64
  PRTATIO     float64
  B           float64
  LSTAT       float64
  MEDV        float64
dtype: object
```

从输出的数据形状和数据特征类型也可以看出，该数据集有 14 个特征、506 条数据。通过查看每个数据特征的分布图、不同的数据可视化图表，有助于更好地了解数据集特征，以便选择合适的算法。下面分别绘制出数据的直方图、密度图、箱线图以及散点矩阵图。

通过直方图可以看出数据的分布特征，如代码实例 15-29 所示。

代码实例 15-29

```
# 直方图
dataset.hist(sharex=False, sharey=False, xlabelsize=1, ylabelsize=1,figsize=(10,10))
pyplot.show()
```

输出结果如图 15-21 所示。

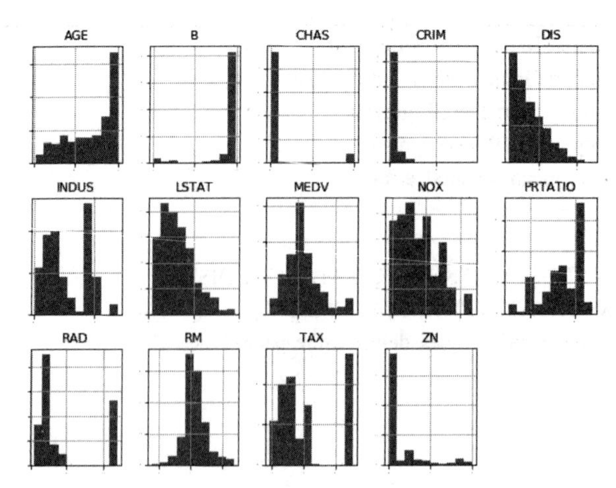

图 15-21　属性直方图

从图 15-21 中可以看出有些数据呈指数分布，比如 ZN、CRIM、AGE 和 B，而有些数据呈双峰分布，比如 RAD 和 TAX。

密度图与直方图相比，能更加平滑地展示数据分布情况，如代码实例 15-30 所示。

代码实例 15-30

```
# 密度图
dataset.plot(kind='density', subplots=True, layout=(4,4), sharex=False, fontsize=1,figsize=(10,10))
pyplot.show()
```

输出结果如图 15-22 所示。

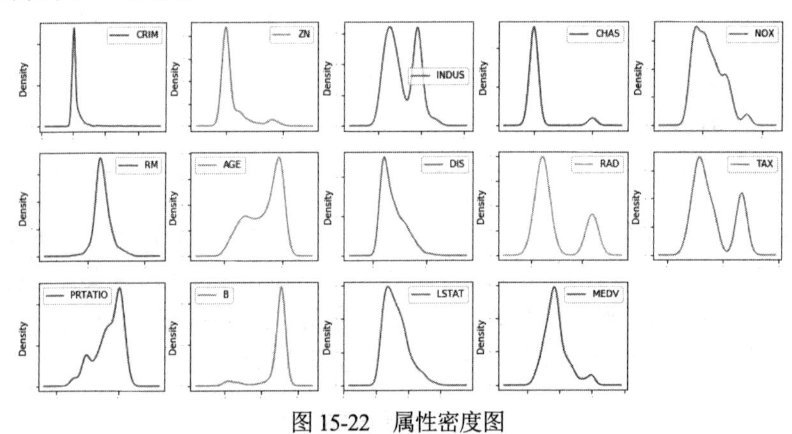

图 15-22　属性密度图

通过箱线图可以查看数据的离散状况，如代码实例 15-31 所示。

代码实例 15-31

```
# 箱线图
dataset.plot(kind='box', subplots=True, layout=(4,4), sharex=False, sharey=False,
fontsize=8,figsize=(10,10))
pyplot.show()
```

输出结果如图 15-23 所示。

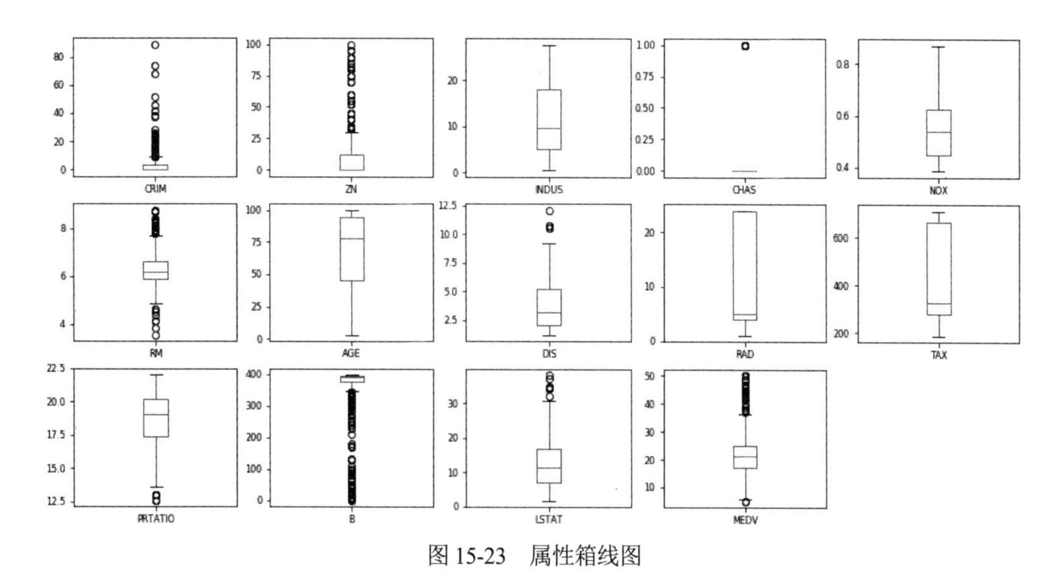

图 15-23　属性箱线图

查看散点矩阵图，如代码实例 15-32 所示。

代码实例 15-32

```
# 散点矩阵图
scatter_matrix(dataset,figsize=(10,10))
pyplot.show()
```

输出结果如图 15-24 所示。

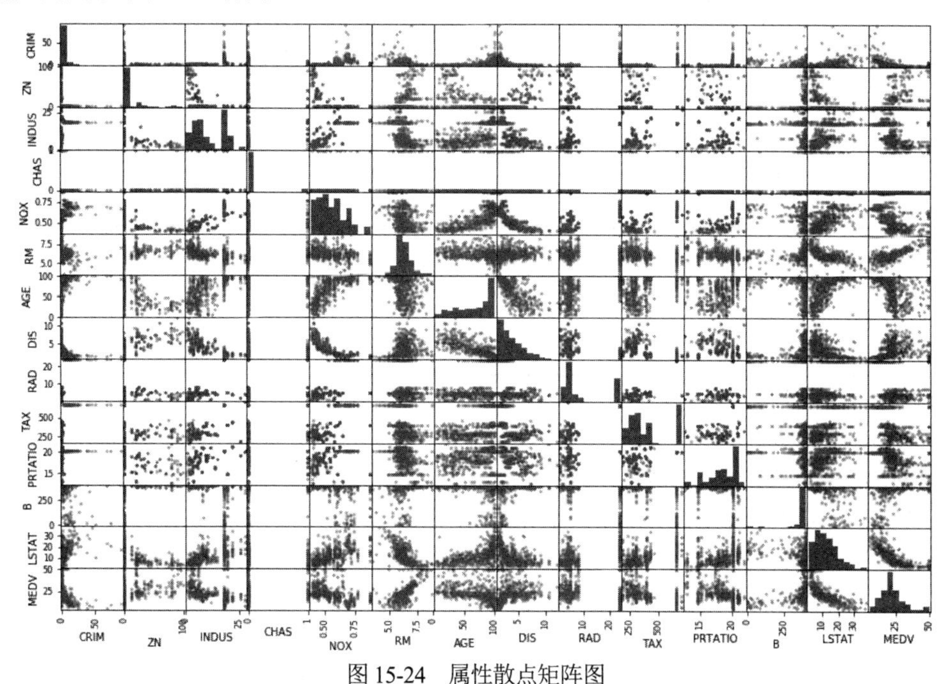

图 15-24　属性散点矩阵图

接下来将数据集分离为训练数据和测试数据，其中训练数据占 80%，测试数据占 20%，如代码实例 15-33 所示。

代码实例 15-33

```
# 分离数据集
array = dataset.values
X = array[:, 0:13]
Y = array[:, 13]
validation_size = 0.2
seed = 7
X_train, X_validation, Y_train, Y_validation = train_test_split(X, Y,test_size=validation_size, random_state=
seed)
```

在本例中，使用线性回归(LR)、分类和回归树(CART)、支持向量机(SVM)和 *K* 近邻算法(KNN)对数据进行拟合，如代码实例 15-34 所示。

代码实例 15-34

```
# 设置评估算法的基准
num_folds = 10
seed = 7
scoring = 'neg_mean_squared_error'
# 评估算法-基准
models = {}
models['LR'] = LinearRegression()
models['KNN'] = KNeighborsRegressor()
models['CART'] = DecisionTreeRegressor()
models['SVM'] = SVR()

输出结果:
LR: -21.379856 (9.414264)
KNN: -41.896488 (13.901688)
CART: -26.585604 (11.170227)
SVM: -85.518342 (31.994798)
```

下面通过箱线图评估各种算法的优劣，如代码实例 15-35 所示。

代码实例 15-35

```
#评估算法-箱线图
fig = pyplot.figure()
fig.suptitle('Algorithm Comparison')
ax = fig.add_subplot(111)
pyplot.boxplot(results)
ax.set_xticklabels(models.keys())
plt.savefig("e.png")
pyplot.show()
```

输出结果如图 15-25 所示。

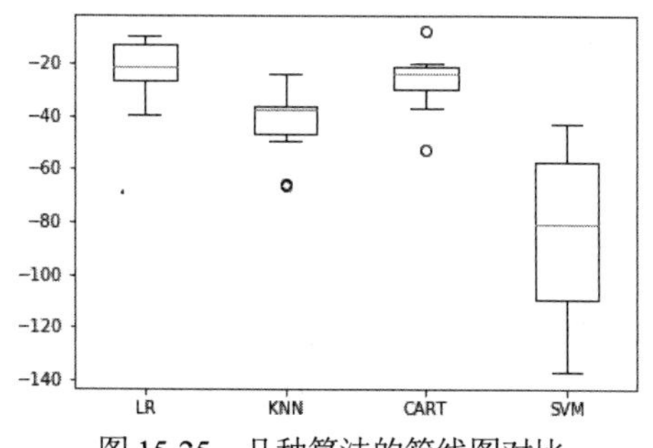

图 15-25　几种算法的箱线图对比

从执行结果来看，线性回归(LR)在四种算法中数据分布最为紧凑，且没有离群点，具有最优的执行结果。因此，该数据集适合使用线性回归(LR)算法进行拟合，如代码实例 15-36 所示。

代码实例 15-36

```
#训练模型
scaler = LogisticRegression()
scaler.fit(X_train,Y_train.astype('int'))
# 评估算法
train_score = scaler.score(X_train,Y_train.astype('int'))
cv_score = scaler.score(X_validation,Y_validation.astype('int'))
print('train_score:',train_score)
print('cv_score:',cv_score)
```

输出结果：

```
train_score: 0.2995049504950495
cv_score: 0.10784313725490197
```

15.7　本章小结

本章从机器学习的基础知识入手，对机器学习的定义、模型分类、开发流程、Python 与机器学习的关系进行了介绍，从而使读者对于机器学习有初步的认识。接着介绍了基于 Python 语言的第三方机器学习工具 scikit-learn 的特点、安装方式和常用模块的使用方法，之后运用大量实例展示了各种常用机器学习算法的原理及适用范围。最后通过三个不同规模的实例，使读者对使用 Python 进行机器学习算法实践有更加完整、系统的学习。鸢尾花实例侧重于机器学习开发流程，之后的文本分类实例和回归项目实例，分别作为分类与回归项目代表，按照机器学习常用开发流程，对各种算法的使用做具体对比分析。本章对机器学习的介绍由浅入深，不仅涉及理论，更有实际操作，相信通过本章的学习，读者对机器学习开发会有更为深入的理解。